张济忠 编著

分形
第 2 版

清华大学出版社
北京

内 容 简 介

本书是《分形》的第2版,第1版在1995年8月由清华大学出版社出版。本书以自然界中普遍存在的非平衡非线性复杂系统中自发形成的各种时空有序状态(或结构)为研究对象,介绍了分形理论的基本概念、数学基础和研究方法,及其在凝聚态物理学、材料科学、化学、生物学、医学、地震学、经济学等学科中的应用。

本书内容丰富、生动形象,并附有适量的计算机模拟程序,可作为对非平衡非线性研究感兴趣的各学科研究工作者学习分形理论的入门书,也可作为大学本科生和研究生学习分形理论的教材和参考书。

版权所有,侵权必究。侵权举报电话: 010-62782989 13701121933

图书在版编目(CIP)数据

分形/张济忠编著. —2版. —北京: 清华大学出版社,2011.3(2020.8重印)
ISBN 978-7-302-22455-6

Ⅰ. ①分… Ⅱ. ①张… Ⅲ. ①分形理论 Ⅳ. ①O189.12

中国版本图书馆 CIP 数据核字(2010)第 066983 号

责任编辑: 石 磊
责任校对: 刘玉霞
责任印制: 宋 林

出版发行: 清华大学出版社
    网 址: http://www.tup.com.cn, http://www.wqbook.com
    地 址: 北京清华大学学研大厦 A 座   邮 编: 100084
    社 总 机: 010-62770175   邮 购: 010-62786544
    投稿与读者服务: 010-62776969, c-service@tup.tsinghua.edu.cn
    质 量 反 馈: 010-62772015, zhiliang@tup.tsinghua.edu.cn
印 装 者: 北京九州迅驰传媒文化有限公司
经 销: 全国新华书店
开 本: 170mm×230mm   印 张: 20   字 数: 401千字
版 次: 2011年3月第2版   印 次: 2020年8月第6次印刷
定 价: 56.00元

产品编号: 032792-03

前 言

混沌论(chaos)是继相对论和量子力学问世以来20世纪物理学的第三次革命，它研究自然界非线性过程内在随机性所具有的特殊规律性。而与混沌论密切相关的分形理论(fractal theory)，则揭示了非线性系统中有序与无序的统一、确定性与随机性的统一。从字面上来说，"分形"是指一类极其零碎而复杂但有其自相似性或自仿射性的体系，它们在自然界中普遍存在着。虽然分形理论在20世纪70年代才首次提出，但经过多年的发展，已成为一门重要的新学科，被广泛应用到自然科学和社会科学的几乎所有领域，成为当今国际上许多学科的前沿研究课题之一。

自然界大部分不是有序的、稳定的、平衡的和确定性的，而是处于无序的、不稳定的、非平衡的和随机的状态之中，它存在着无数的非线性过程，如流体中的湍流就是其中一个例子。在非线性世界里，随机性和复杂性是其主要特征，但同时，在这些极为复杂的现象背后，存在着某种规律性。分形理论使人们能以新的观念、新的手段来处理这些难题，透过扑朔迷离的无序的混乱现象和不规则的形态，揭示隐藏在复杂现象背后的规律、局部和整体之间的本质联系。分形理论在某些学科中的成功尝试，极大地激发了研究工作者的兴趣，他们把分形理论广泛而深入地运用在各自的研究领域中，这样反过来又促使分形理论得到进一步发展。目前国内外定期召开有关分形的学术会议，出版会议论文集和关于分形的专著，在重要期刊上经常发表涉及分形理论和应用的论文。从发表的论文来看，所涉及的领域包括哲学、数学、物理学、化学、材料科学、电子技术、表面科学、计算机科学、生物学、医学、农学、天文学、气象学、地质学、地理学、城市规划学、地震学、经济学、历史学、人口学、情报学、商品学、电影美术、思维、音乐、艺术等。以Mandelbrot为荣誉编辑的《分形》杂志已从1993年开始出版发行。

本书按照由浅入深的原则，使不同学科的读者在掌握基本概念后，能逐步把分形理论应用到本学科的研究课题之中。在第1章至第4章中，介绍了非线性复杂系统与非线性热力学，以及分形的基本概念与分形维数的测定。第5、6章分别介绍了分形生长模型及计算机模拟。第7章介绍了作者研究材料在气固相变时分形生长所获得的结果，包括实验以及按核晶凝聚模型进行的计算机模拟结果。第8章介绍了在其他实验条件下观察到的分形生长。第9章介绍了不同体系中的分形生长。第10

章介绍了自组织生长。第 11 章列举了分形理论在一些学科中的应用。最后一章介绍了分形理论的最新进展以及相关的学说,这部分内容对初次接触分形理论的读者来说有一定的难度,可以先不作为重点来阅读。

  本书的重点是阐述分形理论及其应用,而分形与混沌关系密不可分,是你中有我,我中有你,所以在书中也引入了一些与混沌有关的概念。对非线性科学有兴趣的读者,可以在读了本书后,再去看介绍混沌的书以及其他相关的专著,如耗散结构、协同学、负熵论、突变论、元胞自动学等。

  另外,分形是一门新的学科,它的历史很短,目前正处于发展之中,它涉及面广但还不够成熟。本书在介绍概念及研究方法时,尽可能采用一些实际例子和直观的解释,避开一些抽象的数学定义和推理,这可能会影响论述的严密性,但目的是让更多的读者易于接受。对于具有大学本科数理知识的读者来说,理解并逐步掌握分形理论不会有太大的困难,至于把它应用在具体的学科研究之中,可能需要一段时间。

  本书是作者在为清华大学本科生和研究生开设的选修课程的讲稿基础上整理补充而成的。在第 2 版中增加了两章(第 9 章和第 10 章),均为实验研究成果,其中第 9 章 9.2 节和 9.3 节是与安徽大学的沈玉华教授和谢安建教授共同研究获得的,9.4 节是与北京科技大学的沙其骞教授合作研究的,9.5 节是与北京科技大学的柳德鲁教授合作研究的,9.6 节的研究由泰国清迈大学的 T. Vilaithong 教授领导的研究组完成,照片也是他们提供的。相关的研究论文发表在 *Physical Review E*,*Journal of Physics*:*Condensed Matter*,*Physica B*,*Physica Status Solodi*(*a*),*Physica Status Solodi*(*b*),*Defect and Diffusion Forum* 等杂志上。由于作者水平有限,加上时间仓促,书中肯定会有错误和不妥之处,衷心希望读者批评指正。

  作者在分形生长研究以及本书编著出版过程中,得到了国家自然科学基金(项目批准号 70371074)、清华大学基础研究基金以及清华大学实验室开放基金的支持,也得到了清华大学教务处、研究生院、科研院、清华大学出版社的支持。光华基金会为本书第 1 版的出版提供了资助。另外,校内外多名专家学者对本书的出版给予了支持和帮助。本课题组的合作研究者有清华大学的华苏教授,安徽大学的沈玉华教授、谢安建教授,北京科技大学的柳德鲁教授、沙其骞教授。先后参加本课题的实验和理论研究、计算机模拟、文稿抄写以及插图绘制的同学有张崇宏、阳晓军、叶晖、莫钧、林蓉榕、杨涛、陈永华、王悦、徐忠华、刁伦、王伟强、李娜、魏绎郦、杨帆、唐小龙、冉杰、李德兴。如果没有他们的支持和帮助,本书是不可能与读者见面的。作者谨向他们表示衷心的感谢。

张济忠
2011 年 1 月于清华大学

目 录

绪论 ··· 1

第1章 非线性复杂系统与非线性热力学 ····································· 4

1.1 自组织现象 ··· 4
1.2 自相似性 ·· 8
1.3 标度不变性 ·· 12
1.4 非线性非平衡态热力学 ··· 14

第2章 分形的数学基础 ·· 30

2.1 非欧氏几何学 ·· 30
2.2 Hausdorff 测度和维数 ·· 32
2.3 维数的其他定义 ··· 38
2.4 非均匀线性变换 ··· 45
2.5 重正化群 ··· 50

第3章 经典分形与 Mandelbrot 集 ·· 54

3.1 Cantor 集 ·· 54
3.2 Koch 曲线 ··· 57
3.3 Sierpinski 集 ··· 59
3.4 Julia 集 ··· 62
3.5 Mandelbrot 集 ·· 65

第4章 分形维数的测定 ·· 73

4.1 基本方法 ··· 73
    4.1.1 改变观察尺度求维数 ··· 73
    4.1.2 根据测度关系求维数 ··· 75
    4.1.3 根据相关函数求维数 ··· 76

4.1.4 根据分布函数求维数 ………………………… 77
 4.1.5 根据频谱求维数 ………………………………… 78
4.2 盒维数 …………………………………………………… 79
4.3 函数图的维数 …………………………………………… 83
4.4 码尺与分形维数的关系 ………………………………… 89

第 5 章 产生分形的物理机制与生长模型 ………………… 92
5.1 产生分形的物理机制 …………………………………… 92
5.2 分形与混沌 ……………………………………………… 94
5.3 分支与自组织 …………………………………………… 99
5.4 有限扩散凝聚(DLA)模型 ……………………………… 108
5.5 弹射凝聚(BA)模型 ……………………………………… 114
5.6 反应控制凝聚(RLA)模型 ……………………………… 117
5.7 粘性指延与渗流 ………………………………………… 121

第 6 章 分形生长的计算机模拟 …………………………… 128
6.1 DLA 生长的 Monte Carlo 模拟 ………………………… 128
6.2 DLCA 生长模拟 ………………………………………… 130
6.3 各向异性 DLA 凝聚 …………………………………… 134
6.4 扩散控制沉积的模拟 …………………………………… 138
6.5 复杂生物形态的模拟 …………………………………… 141

第 7 章 气固相变与分形 …………………………………… 146
7.1 氧化钼的分形生长 ……………………………………… 146
7.2 碘的分形生长 …………………………………………… 153
7.3 氧化钨的分形生长 ……………………………………… 156
7.4 核晶凝聚(NA)模型 ……………………………………… 159

第 8 章 分形生长的实验研究 ……………………………… 163
8.1 合金薄膜 ………………………………………………… 163
8.2 电解沉积 ………………………………………………… 164
8.3 溅射凝聚 ………………………………………………… 172
8.4 非晶态膜的晶化 ………………………………………… 173
8.5 粘性指延 ………………………………………………… 176
8.6 电介质击穿 ……………………………………………… 179

8.7	水溶液结晶	181

第 9 章 不同体系中的分形生长　184

9.1	氧化亚锡从结晶生长到分形生长	184
	9.1.1　快速冷却	184
	9.1.2　慢速冷却	186
9.2	猪胆汁从结晶生长到分形生长	188
9.3	人胆汁的分形生长	191
9.4	硼酸晶体的分形生长	195
9.5	真空中非晶碳的分形生长	197
9.6	电子辐照在聚丙烯中引发的分形生长	198

第 10 章 自组织生长　199

10.1	自然界的自组织生长	199
	10.1.1　北极的地表砾石组成的环形图形	199
	10.1.2　沙漠的有序图形	200
	10.1.3　变幻莫测的云	200
	10.1.4　人类基因 DNA 序列图	201
	10.1.5　海贝壳	202
	10.1.6　珊瑚表面的有序结构	203
10.2	氧化镉的自组织生长	204

第 11 章 分形理论的应用　212

11.1	生物学	212
11.2	地球物理学	217
11.3	物理学和化学	225
11.4	天文学	229
11.5	材料科学	233
11.6	计算机图形学	238
11.7	经济学	242
11.8	语言学与情报学	245
11.9	音乐	248

第 12 章 分形理论的发展　251

12.1	广义维数和广延维数	251

12.2 多重分形…………………………………………………………… 256
12.3 分形子与无序系统………………………………………………… 263
　　12.3.1 分形固体的振动（分形子的引入）…………………………… 263
　　12.3.2 分形子的实验观察……………………………………………… 263
　　12.3.3 分形子动力学理论……………………………………………… 265
　　12.3.4 分形子与谱维数………………………………………………… 265
12.4 小波变换的应用…………………………………………………… 266
12.5 涨落与有序………………………………………………………… 273
　　12.5.1 涨落……………………………………………………………… 273
　　12.5.2 涨落和关联……………………………………………………… 274
　　12.5.3 涨落的放大……………………………………………………… 275
12.6 研究方向…………………………………………………………… 277

附录　计算机模拟源程序………………………………………………… 280

参考文献…………………………………………………………………… 301

绪 论

自然界是宇宙万物的总称，是各种物质系统相互作用相互联系的总体，它包括大至宇宙天体的形成演化，小至微观世界中基本粒子的运动，呈现在人们面前是如此的千变万化、瑰丽多彩，又是广阔无垠、奥秘无穷。人类在认识自然改造自然的过程中，正在一层层地揭去其面纱，来探索其"庐山真面目"。应该说，物理学家们在解析宇宙和基本粒子方面花了极大的精力。随着牛顿经典力学的创立，以及爱因斯坦相对论和量子力学的发展，人类在自然科学方面已经取得了辉煌的成就；随着天体物理学以及其他相关学科的迅速发展，人类已经登上月球，进入太空；人类对微观世界由质点组成的简单系统的运动规律也有了全面而正确的认识。

尽管如此，只要稍微留心一下周围环境中发生的大量非线性不可逆现象，就会发现人们对这些现象所知甚少，有许多问题甚至束手无策。就以天空中发生的大家习以为常的现象为例，当你仰望蔚蓝的天空，往往可以看到一团团白云漂浮其间，一派诗情画意，但如果用不同倍数的望远镜来观察云团时，就会发现，白云的形态似乎和望远镜的放大倍数无关，不管放大倍数多大，它的形态几乎总是保持不变。

再看一个与天气有关的例子，那就是气象预报。事实证明，长期的气象预报是不可能很准确的，因为随机性总是存在的，而它是无法事先预见的。另外对一个特定的地点而言，完全相同的天气(指气温、湿度、风速、风向、阳光、雨、雪、雾等参数)也是绝对不会重现的。

以上几个例子都是一些与天气相关的自然现象，其主要特点是不可逆性和随机性。除了气象之外，还有许许多多的非线性不可逆现象在科学研究和日常生活中存在，如流体力学中的湍流、对流、电子线路的电噪声、某些化学反应等。远离平衡的宏观体系中自发产生时空有序状态(结构)是十分普遍的自然现象和社会现象。自然界的各种变化都不是过去的简单重复，而是不可逆地向前变化、发展的，这些变化过程中都包含着偶然性和必然性的统一。

经典物理学所研究的是可逆过程，这类过程的反演也仍然遵循经典物理定律，无论是宇宙中的星系还是地面上的物体，无论是生物还是非生物，它们的机械运动无一不服从经典力学的规律。量子力学研究对象是能量不连续的微观世界，而爱因斯坦的相对论则提供了一幅适用于光速或近光速运动的、比牛顿力学更为普遍的宇宙统一图景。对于非线性科学而言，经典力学、量子力学、相对论都无用武之地，必须有新的理论来研究这些集有史以来人类的全部智慧尚不能解决的科学难题。

随着混沌(chaos)、分形(fractal)、耗散结构(dissipative structure)、协同学(synergetics)、负熵论(negentropics)、突变论(catastrophe theory)以及元胞自动学(cellular automata)等相继问世,从不同角度来研究非线性不可逆问题,形成了不同的学派[1—8]。

"分形"这个名词是由美国 IBM(International Business Machine)公司研究中心物理部研究员暨哈佛大学数学系教授曼德勃罗特(Benoit B. Mandelbrot)在1975年首次提出的,其原意是"不规则的、分数的、支离破碎的"物体,这个名词是参考了拉丁文 fractus(弄碎的)后造出来的,它既是英文又是法文,既是名词又是形容词。1977年,他出版了第一本著作《分形:形态,偶然性和维数》(Fractal: Form, Chance and Dimension)[9],标志着分形理论的正式诞生。五年后,他出版了著名的专著《自然界的分形几何学》(The Fractal Geometry of Nature)[10]。至此,分形理论初步形成。由于他对科学作出的杰出的贡献,他荣获了1985年的 Barnard 奖。该奖是由全美科学院推荐,每五年选一人,是非常有权威的。在过去的获奖者中,爱因斯坦名列第一,其余的也全部都是著名科学家。目前,分形是非线性科学中的一个前沿课题,在不同的文献中,分形被赋予不同的名称,如"分数维集合"、"豪斯道夫测度集合"、"S 集合"、"非规整集合"以及"具有精细结构集合"等。一般来说,可把分形看作大小碎片聚集的状态,是没有特征长度的图形和构造以及现象的总称。由于在许多学科中的迅速发展,分形已成为一门描述自然界中许多不规则事物的规律性的学科。

长期以来,自然科学工作者,尤其是物理学家和数学家,由于受欧几里得几何学及纯数学方法的影响,习惯于对复杂的研究对象进行简化和抽象,建立起各种理想模型(绝大多数是线性模型),把问题纳入可以解决的范畴。对这种逻辑思维方法,大家都是很熟悉的,因为从中学到大学,每个学生在课堂学习中已经多次反复地被灌输、熏陶,已习以为常。应该指出的是,这种线性的近似处理方法也很有效,在许多学科中得到了广泛的应用,解决了许多理论问题和实际问题,取得了丰硕的成果,推动了各门学科的发展。但是在复杂的动力学系统中,简单的线性近似方法不可能认识与非线性有关的特性,如流体中的湍流、对流等。虽然从数学上,这种近似方法也可以对一些非线性系统列出微分方程(组)来加以定量描述,但是除了极个别的例子可以在某一特定条件下求出其特解以外,大多至今都解不出来。对于复杂一些的非线性系统和过程,则连微分方程(组)也列不出来。而分形则是直接从非线性复杂系统的本身入手,从未经简化和抽象的研究对象本身去认识其内在的规律性,这一点就是分形理论与线性近似处理方法本质上的区别。

需要指出的是,应用分形理论来研究非线性科学中的各种课题,丝毫也不贬低线性近似处理方法的重要性,因为在一定的范围之内,应用线性近似处理方法可以迅速得到有效的结果。但是对远离平衡的非线性复杂系统（过程）来说，就只能用分形理论来进行研究，正如对低速运动的物体，用牛顿三大定律来处理完全正确；而对微观世界中粒子的高速运动，就只能用量子力学和相对论来加以描述。

分形理论诞生后，人们意识到应该把它作为工具，从新的角度来进一步了解自然界和社会，范围包括所有的自然科学和社会科学领域。本书的目的就是向读者介绍分形的基本概念、数学基础、研究方法，以及分形理论的应用和最新进展。

第1章 非线性复杂系统与非线性热力学

1.1 自组织现象

所谓**自组织现象**就是在某一系统或过程中自发形成时空有序结构或状态的现象,也可以称为**合作现象**或非平衡非线性现象。在人类生活的自然界里充满了自组织现象。很早以来,人们就发现了许多令人费解的自然现象和实验观察,贝纳(Bénard)流——流体力学中的对流有序现象,就是其中一个例子[11—12]。1900年法国学者 Bénard 在如图1.1所示的水平容器中,注入一薄层液体,然后从下面均匀缓慢地加热,同时维持上面温度不变。当上下液体的温度梯度较小时,流体中的热交换主要是靠热传导方式进行的,此时没有宏观的运动发生,流体保持静止;当温度梯度达到某个临界值时,原来静止的流体会突然产生上下运动。一般来说,流体下层被加热的部分膨胀,密度变小,这部分液体由于浮力而向上运动,热交换后冷却,然后回到底部形成对流,这是符合常规的一个过程。但令人非常惊奇的是,在这个实验中,流体产生的上下运动是很规则的,从侧面观察到相互紧挨得非常有序的流体"卷",如图1.1所示。图1.1(a)是实验装置示意图,在水平放置的扁形容器中,充入液体,T_1和T_2分别代表上、下液面的温度,$T_2 > T_1$。图1.1(b)是一个稳定的对流有序图形,它是 Bénard 流的一种,产生该图形的容器的形状是矩形。仔细分析一下这个有序图形,可以发现,该图形的基本组成单元是以相反方向旋转的两个流体"卷",这个基本组成单元的宽度是流体层深度的两倍。另外,在这个矩形容器中,流体"卷"与矩形的短边相平行。更有意思的是,对流有序图形的平面形状完全取决于流体层的边界(容器的几何形状),在一个圆形的容器中,对流有序图形为同心圆环,如图1.1(c)所示。一般来说,只有当流体没有自由表面时,才能观察到一个稳定的流体"卷"图形。

现代常用硅油做实验,为了使图案清晰,还在硅油中加入少量悬浮的铝粉。当温度梯度进一步增加,又有新的现象发生,这些"卷"开始沿着它们各自的轴做波状运动,而且它们的幅度随时间振荡。于是在完全均匀的状态中出现了动力学上完全有序的时-空振荡,这就是所谓的 Bénard 流。有趣的是,所形成的"卷"的大小比液体分子之间的距离大很多,这说明,分子之间相互作用的范围要比它们本身的尺度大得多。那么,各处的液体分子(例如水分子)是怎样协调它们的行动,来构成规则的上升和下降交替排列的图案呢?无序的热运动是如何导致了有序的运动呢?显然要回答

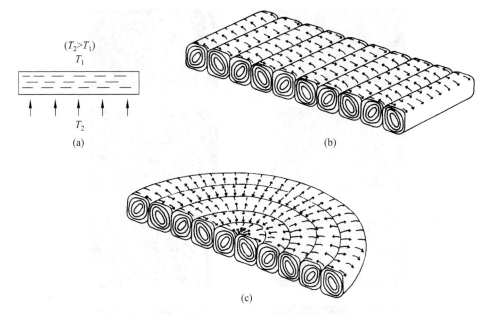

图 1.1　Bénard 流实验的示意图

这个问题并不容易。

化学反应中的别洛索夫—扎鲍庭斯基(Belousov-Zhabotinsky,以下简称 B-Z)反应,则是相当有趣的又一个例子。在一般情况下,当把几种物质放在一起进行化学反应时,它们会达到一个均匀的状态,但是他们发现,在金属铈离子作催化剂的情况下,一些有机酸(如丙二酸,柠檬酸)的溴酸氧化反应,会呈现出组分浓度和反应介质随时间周期变化的现象。如把 $Ce_2(SO_4)_3$、$KBrO_3$、$CH_2(COOH)_2$、H_2SO_4 及几滴试亚铁灵(氧化还原指示剂)混合在一起并搅拌,再把得到的均匀混合物倒入试管,试管里立刻会发生快速的振荡:溶液周期地由红(表示 Ce^{3+} 超量)到蓝(表示 Ce^{4+} 超量)地改变颜色,一会儿红色,一会儿蓝色,像钟摆一样发生规则的时间振荡。因此这类现象常称为化学振荡和化学钟[13—17],当然在通常的化学反应中,是没有振荡发生的。

后来 Zhabotinsky 等人在实验中又发现,在某些条件下,体系中组分的浓度分布并不是均匀的,而是可以形成规则的空间分布,形成许多漂亮的花纹;并且在某些条件下,花纹会成同心圆或螺旋状向外扩散,像波一样在介质中传递。这就是所谓的浓度花纹和化学波现象[18]。图 1.2 为 Zhabotinsky 花纹,从(a)到(h)的 8 个花纹分别对应于 8 个不同的时刻。现在已经发现还有不少反应体系能产生这种化学振荡、浓度花纹和化学波现象[19—21]。

其实,早在 1921 年 Bray 就报道了化学振荡现象,但一直未能引起人们的足够重视,因为化学振荡现象是和热力学第二定律及 Boltzmann 定律(即 $S = k \ln P$)相违背

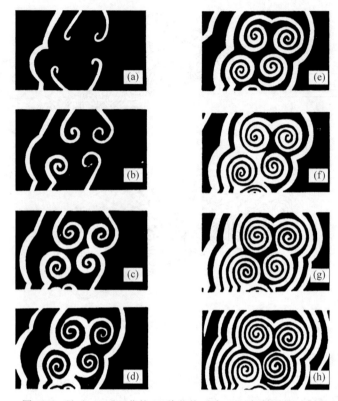

图 1.2 Zhabotinsky 花纹(8 种花纹对应于 8 个不同的时刻)

的,它的出现很难为化学家们所接受。在化学振荡的过程中,反应分子在宏观的空间距离上和宏观的时间间隔上呈现出一种长程的一致性,长程的相关,体系中的分子好像是接受了某个统一的命令,自己组织起来形成宏观的空间和时间上的一致行动。前面提到的 Bénard 流也是如此。

在半导体器件中也可以发现类似的现象。以砷化镓二极管为例,当其二端所加电压不太高时,二极管中通过的电流与外加电压成线性关系,服从欧姆定律;当所加电压达到一定值时,电流变成周期性的脉冲,这就是大家所熟悉的耿氏(Gunn)效应。

除了上面的例子以外,在各学科的实验研究中,还可以发现许多自发形成时间有序、空间有序或者二者结合起来的时—空有序的有序结构。在一定实验条件下,高度规则的空间花纹或时间振荡可以从原来静止的均匀的实验介质中自发形成并维持下去,这种现象已为许多实验工作者所观察到。

在高频感应加热实验中,将一石英管用机械泵抽真空,使之维持在低真空状态,然后通过高频感应炉的感应线圈对石英管施加一个高频交变电场,这时在石英管中就可以看到明暗相间的光环——一种空间有序结构。

在 20 世纪 60 年代出现的激光,也是一种时间有序现象,德国学者 Haken 对此进行了全面的研究[5]。当光泵向激光器中输入能量的功率低于某个临界值,激光器中的每个原子独立地无规则地发射光子,此时激光器就像一个普通灯泡,整个光场系统处于无序状态。但当输入功率超过某个临界值时,激光器就会发出单色的相干受激光,不同原子发出的光的频率和位相都变得十分有序。

在生物的种群动力学方面,也有许多这方面的例子。如亚得里亚海附近的渔民发现,鱼的种类也有周期性的变化,如图 1.3 所示。有甲、乙两种鱼,甲是吃乙的,乙是被甲吃的,图中曲线 a,b 分别表示甲、乙两种鱼的数目。由于乙种鱼被甲种鱼吃了,乙种鱼的数目就减少,此时甲种鱼数目就比较多。但乙种鱼减少到一定程度时,由于甲种鱼的食物减少了,甲种鱼的数目必然下降,于是就使得乙种鱼又得以较快地繁殖。如此反复进行,就形成了图中的振荡曲线[22]。在生态学中,这类课题被归结为捕食者与被捕食者的关系。Tinbergen 在 1960 年提出一个反映捕食关系的最基本、最简化的公式是

$$N = RDt \qquad (1.1)$$

式中,N 是时间 t 内捕捉到的被捕食者数,D 是被捕食者的密度,t 是捕捉的时间,R 是风险指数。N 与 t 成正比,搜寻时间越长,捕捉到的越多;N 与 D 在一定范围内也成正比,被捕食者密度越高,单位时间内捕捉到的就越多;R 则是由其他各种有关因素共同作用决定的,如被捕食者形体的大小、被捕食者的适口性、被捕食者的发育阶段、捕食者的捕食效率以及环境条件(即环境中是否还有其他被捕食者存在)等。由于捕食者和被捕食者的相互作用,使二者的种群密度长期维持在一定范围之内(又称为**守恒振荡**),这种状态被认为实现了种群相互平衡。

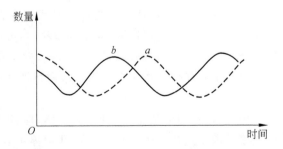

图 1.3 亚得里亚海两类鱼的数量变化曲线

鱼类的这种数目增减规律在别的生态系统中也可以看到。有人根据在加拿大 Hudson Bay 公司收购到的野兔和山猫的皮的数量随年份的变化画了一张图(图 1.4),图中的变化曲线很类似于亚得里亚海里甲、乙两种鱼的数目变化,呈现出一个明显的周期性变化[23]。在这里,野兔是被山猫吃的,相当于亚得里亚海里的乙种鱼。

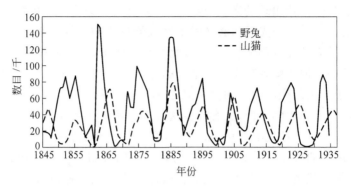

图 1.4　加拿大野兔和山猫的数量变化曲线

在人们日常生活中，同样可以观察到自发形成的各种有序结构，如松花蛋中常常出现漂亮的"松花"，就是一种司空见惯的三维空间有序结构。

1.2　自相似性

一个系统的自相似性是指某种结构或过程的特征从不同的空间尺度或时间尺度来看都是相似的，或者某系统或结构的局域性质或局域结构与整体类似。另外，在整体与整体之间或部分与部分之间，也会存在自相似性。一般情况下自相似性有比较复杂的表现形式，而不是局域放大一定倍数以后简单地和整体完全重合。但是，表征自相似系统或结构的定量性质如分形维数，并不会因为放大或缩小等操作而变化［这一点被称为**伸缩对称性**(dilation symmetry)］，所改变的只是其外部的表现形式。

人们在观察和研究自然界的过程中，认识到自相似性可以存在于物理、化学、天文学、生物学、材料科学、经济学以及社会科学等众多的学科中，可以存在于物质系统的多个层次上，它是物质运动、发展的一种普遍的表现形式，即是自然界的普遍规律之一。但是科学工作者真正把自相似性作为自然界的本质特性来进行研究还只是近二三十年的事。

在欧几里得几何学中，点、线、面以及立体几何（立方体、球、锥体等）等规则形体是对自然界中事物的高度抽象。这些人类创造出来的几何体可以是严格地对称的，也可以在一定的测量精度范围，制造出两个完全相同的几何体。然而自然界中广泛存在的则是形形色色不规则的形体，如地球表面的山脉、河流、海岸线等，这些自然界产生的形体具有自相似特性，它们不可能是严格对称的，也不存在两个完全相同的形体。

从飞机上俯视海岸线，可以发现海岸线并不是规则的光滑曲线，而是由很多半岛和港湾组成的，随着观察高度的降低（即相当于放大倍数增大），可以发现原来的半岛和港湾又是由很多较小的半岛和港湾所组成的。当你沿着海岸线步行时，再来观察脚下的海岸线,则会发现更为精细的结构——具有自相似特性的更小的半岛和港湾组成了海岸。如此一来,一个普通的问题被提了出来,一条海岸线的长度能精确测量吗？答案是否定的。人们无法精确地测量海岸线的长度,因为随着测量的尺子的长度的减小,海岸线的长度会逐渐增大。用 10 cm 长的尺子去测量海岸线所得的长度,比用 1 m 长的尺子去测量所得的长度要大得多。1967 年 Mandelbrot 在美国《科学》杂志上首次发表一篇题为"英国的海岸线有多长？"的论文,而使整个学术界大为震惊。应用分形理论,人们认识到海岸线的长度是不确定的,它依赖于所使用的测量单位。

在数学上,可以用一般的代数方程或者微分方程(组)来描述某一个物理系统。计算结果发现,有些系统往往存在一种无限嵌套的自相似的几何结构,而且结构本身的某些定量性质与该系统的具体内容无关。著名的 Logistic 方程 $x_{n+1}=Yx_n(1-x_n)$ 就是其中一个例子(详见 5.2 节)。

数学家们设想了许多不规则的几何图形,瑞典数学家科赫(H. von Koch)在 1904 年首次提出的 Koch 曲线就是其中一个例子,参见图 1.5。它的生成方法是把一条直线等分成三段,将中间的一段用夹角为 60°的两条等长的折线来代替,形成一个生成元,然后再把每个直线段用生成元进行代换,经无穷多次迭代后就呈现出一条有无穷多弯曲的 Koch 曲线,用它来模拟自然界中的海岸线是相当理想的。

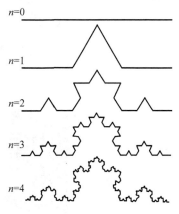

图 1.5 三次 Koch 曲线

从图 1.5 中可以看出,Koch 曲线是个分形,具有自相似特性。由于它是按一定的数学法则生成的,因此具有严格的自相似性,这类分形通常称为**有规分形**。而自然界里的分形,其自相似性并不是严格的,而是在统计意义上的自相似性,海岸线就是其中的一个例子。凡满足统计自相似性的分形称为**无规分形**。海岸线是无规分形,在绪论里提到云的形状也属于无规分形,它们都不具有严格的自相似性,而只具有在统计意义上的自相似性。

下面再来看几个例子。一棵大树由一个主干及一些从主干上分叉长出来的树枝组成,如果把一根树枝锯下来仔细看看,又会发现,该树枝也是由一些从该树枝上分叉长出来的更小的细枝条组成,其构成形式与一棵大树完全相似。再观察细枝条,可能在更小的层次上,还具有大树的构成特点。当然,这只能是在一定的尺度上呈现出自相似性,不会无限扩展下去。另外,树枝与树枝之间,树叶与树叶之间,也呈现出明显的自相似性。再仔细观察树叶的叶脉,也可以发现类似的自相似结构。

把太阳系的构造与原子的结构作一对比,就会发现这两个系统在某些方面具有惊人的相似。为什么自然界中尺度相差如此悬殊的物质系统之间存在着自相似的性质？对此，目前还不十分清楚，很可能与宇宙演化的动力学特征有关。

在社会科学中，人类历史上常常出现惊人的相似（但绝不是简单的重演），这也可以说是人类社会发展中自相似的生动表现。

物质系统之间的自相似性在生物界也广泛地存在着。以人为例，人是由类人猿进化到一定程度的产物，解剖学研究表明，人体中的大脑、神经系统、血管、呼吸系统、消化系统等在结构上都具有高度的自相似性。图 1.6 是人体小肠的结构，由图可以看到，当以不同的放大倍数观察小肠结构时，即从(a)到(e)，较大的形态与较小的形态之间的相似表明小肠结构具有自相似性。

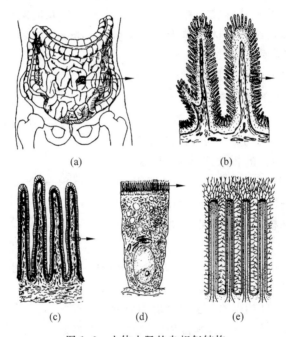

图 1.6 人体小肠的自相似结构

再来看一下由我国生物学家张颖清教授提出的全息胚理论[24—25]。植物的一块根茎、一根枝条、一片叶子都包含着这种植物的全部信息，或者说是一整套基因，它们可以培育成完整的植物体。从分形的角度来看，这正好反映了植物体本身所具有的自相似性，是动力学过程中本质特性的体现。这个规律不只是存在于植物之中，在动物中也同样适用，现已发展成生物学的一个新的分支学科——全息生物学，这是由中国人创建的新学科。全息生物学是研究生物体部分与整体或部分与部分之间在生物学特性上全息相关的规律以及其应用的学科。

无论是动物的体细胞，还是植物的体细胞，都具有潜在的发育成新整体的能力，这称为**全能性**。体细胞的全能性在动植物的个体本体上，在自然生长条件下就会表现出来。正是由于体细胞在动植物个体本体这样天然培养基上的自主发育,才使全息胚体现出整体缩形的胚胎性质,才使全息胚之间以及全息胚与整体之间有了生物全息律所揭示的关系。全息胚体现出整体缩形,这就反映了它们之间的自相似性。一般来说,全息胚是生物体上处于向着新整体发育的某个阶段上的机能单位,它在生物体上是广泛存在着的,任何一个在功能和结构上有相对完整性并与其周围部分有相对明确边界的相对独立的部分都是全息胚,真正的胚胎是能够发育成新整体的全息胚,是全息胚的特例。

在北方冬季,大白菜在自然储存条件下,在植株基部可以长出小的植株。吊兰常从叶丛中抽出细长柔韧下垂的枝条,顶端或节上萌发嫩叶和气生根,从而这些部位的全息胚得到高度的发育而成为小的完整植株。鹿蹄草的全息胚如图 1.7 所示,发育一年的全息胚只有几片叶;发育 3~4 年的全息胚才可以达到开花的阶段。

在原生动物中,可以由独立性较强的全息胚组成群体性个体。某些群体性鞭毛虫由群体组织中所分出的个别的未分化的细胞能够发育成新的群体性整体。海绵动物的大多数类型是群体性动物,分离出来的全息胚都可以继续发育而成为一个新的群体性整体。腔肠动物在其最发达的形态时,也是群体性的整体。淡水水螅在出芽生殖时,于母体上由体细胞的发育而形成的每一个幼年水螅个体就是一个胚性明显的全息胚。这样的全息胚已经从形态上可以看出是一个小的个体了,如图 1.8 所示。对腔肠动物来说,体细胞的全能性可以有很强的表现:由水螅茎干上切下的长仅数毫米的小块就可以发育成新的个体。

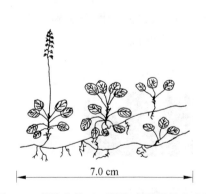

图 1.7 鹿蹄草处于不同发育阶段的全息胚

图 1.8 水螅的全息胚

以上仅仅是全息胚概念的一个简略介绍,之所以介绍全息胚学说,是由于它充分体现了自相似性。在全息胚学说的自身发展过程中,也已经引入了"**相似度**"这样一个概念,来表示对应部位之间生物学特性相似程度的大小。全息胚的相似度越大,则全息胚之间在形态和结构上越相似,如一株植物的各叶之间,或一株植物的各种子之间。

应该注意的是,在本节中强调的是自相似性,而不是相同或简单的重复。另外,自相似性通常只和非线性复杂系统的动力学特征有关。总而言之,随着人类对自然界中复杂的、非线性动力学系统行为认识的逐步深化,提出了自相似性这个新的概念,它是包括人类社会在内的自然界中普遍存在的一个客观规律,和自相似性有关的研究将促使非线性科学的进一步发展。

1.3 标度不变性

1.2节讨论了分形具有自相似性,在这一节中将讨论标度不变性,即一个具有自相似特性的物体(系统)必定满足标度不变性,或者说这类物体没有特征长度。

所谓**标度不变性**,是指在分形上任选一局部区域,对它进行放大,这时得到的放大图又会显示出原图的形态特性。因此,对于分形,不论将其放大或缩小,它的形态、复杂程度、不规则性等各种特性均不会发生变化,所以标度不变性又称为**伸缩对称性**。通俗一点说,如果用放大镜来观察一个分形,不管放大倍数如何变化,看到的情形都是一样的,从观察到的图像,无法判断所用放大镜的倍数。以前面提到的云为例,当用某一倍数的望远镜来进行观察时,会看到某种复杂的不规则的凹凸形态;如果继续用较高倍数的望远镜再来观察云的一个局部时,还会看到同样复杂而不规则的凹凸形态,与前面看到的图像完全类似;如果再用更高倍数的望远镜来观察,情况也是如此。

图1.9显示了一个自相似表面的投影图,图1.9(b)是图1.9(a)中一个凸出端的放大图,它同样显示出图1.9(a)的基本几何特征,从这两个图无法判断它们的放大倍数的大小,也就是说,这个自相似表面具有标度不变性。

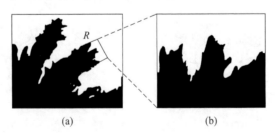

图1.9 一个自相似表面的投影图

按照分形的分类,图1.9中的自相似表面属于表面分形(surface fractal),并可用下式来描述:

$$S \sim R^{D_s} \tag{1.2}$$

式中,S是表面积,D_s是表面分形维数(surface fractal dimension),R是该表面的尺度。应该注意,对一个普通的致密的平整表面,$D_s=2$;而对分形表面,D_s可以是2和

3之间的非整数。实际上，D_s也提供了表面粗糙度的一个定量描述。

在1.2节中介绍的Koch曲线是具有严格的自相似性的有规分形，无论将它放大或缩小多少倍，它的基本几何特征都保持不变，很显然，它具有标度不变性。

从以上的例子可以看到，除了严格的数学模型外（如Koch曲线），对于实际的分形体来说，这种标度不变性只在一定的范围内适用。通常把下边界取到原子尺度，上边界取到宏观实物。对一般的物体而言，标度变换的范围往往可以达到好几个数量级。人们通常把标度不变性适用的空间称为该分形体的**无标度空间**，例如云的投影只在$1\sim 10^6$平方公里尺度内有自相似性，其维数为1.35，在此范围以外，就不是分形了。

随着分形理论的产生和发展，逐步地形成了分形几何学，这是近十几年才发展起来的数学的一个分支，又称为非欧氏几何学，与具有2000多年历史的欧几里得几何学相比，它们的差异是十分明显的，如表1.1所示。

表1.1　分形几何学与欧氏几何学的差异

	描述的对象	特征长度	表达方式	维　数
欧氏几何学	人类创造的简单的标准物体	有	用数学公式	0及正整数 （1、2或3）
分形几何学	大自然创造的复杂的真实物体	无	用迭代语言	一般是分数 （可以是正整数）

下面对表1.1中的特征长度这一名词，作一个简单的说明。自然界存在的所有物体的形状和人类迄今所考虑的一切图形，大致可分为如下两种：具有特征长度的图形和不具有特征长度的图形。对特征长度，并没有严密的定义，一般认为能代表物体的几何特征的长度，就称为该物体的特征长度。如一个球的半径，正方体的边长，人的身高，汽车的长度，这些都是各个物体（包括人，从几何学角度来看，人也是一个特定的几何体）的特征长度，它们很好地反映了这些物体的几何特征。对具有特征长度的物体的形状，对它们即使稍加简化，但只要其特征长度不变，其几何性质也不会有太大的变化。如竖起一个代替人的、与人具有相同高度的圆柱，那么从远处去看，也不会有太大的差错；如果再精细一点，以小圆柱代替手和腿，以矩形体代替身躯，以球代替头，那么就会很像人了；还可以添上手指、鼻子、嘴、眼睛等细微特征，那就更像一个人。换句话说，关于这类物体，可以用几何学上熟知的矩形体、圆柱、球等简单形状加以组合，就能很好地与其构造相近似。

具有特征长度的最基本形状，虽然有上述球、圆柱或矩形体这类几何学上的简单形状，但这些基本形状却具有共同的重要性质，那就是构成其形状的线和面的平滑（光滑）程度。球的表面处处都是光滑的，矩形体虽有棱角，但其面却是平滑的，也就是说，几乎任何位置都是可以微分的。自然界中物体的形状，凡是属于这一类的物体，一般如果不是真正平滑的，也是近似地平滑的。以地球为例，一般可以把它看作一个球，再确切一些，把它看作一个回转椭球。然而真正的地球表面却是凹凸不平的，既有山又有水，但这些差别与地球特征长度（地球的半径）相比是可以忽略的。

下面再来看不具有特征长度的物体的特点。以天空中的积雨云为例，翻滚的积雨云的各个部分，粗看时也像球的形状，但若仔细观察，可以发现，在认为是球的部分又存在着不可忽视的凹凸，必须取一些较小的球来进行近似；但更细致的观察又要求以更小的球来进行近似；随着观察范围的逐步缩小，一再要求以越来越小的球来进行近似，以至无穷。也就是说，若要把积雨云表现得更像一些，就必须准备无数不同大小的球。如果用矩形体或椭圆体去近似积雨云，情况也是如此。这说明，如果想用具有特征长度的图形去近似的话，那么与真正的云的形状相比，任何时候都会产生不可忽视的很大的差异，为减小这些差异，必须准备无数不同大小的几何体[26]。所以认为这类物体不具有特征长度，或者说具有标度不变性。

在前面的讨论中已经指出，云是具有自相似性的物体，所以具有自相似性是没有特征长度的物体（或图形）的一个重要性质。自相似性指的是若把所考虑的图形的局部放大，则其形状与整体（或者大部分）完全相似或者在统计意义上自相似（参见 1.2 节）。由 1.2 节和本节所述，可以看到，自相似性与标度不变性是密切相关的，具有自相似性的结构（或图形），一定会满足标度不变性。应该指出的是，自相似性和标度不变性是分形的两个重要特性。

1.4 非线性非平衡态热力学

经典热力学通常假定其处理的对象是处于平衡的，并且所考虑的过程是无限缓慢的。一个初始具有不均匀浓度分布或不均匀温度分布的孤立体系，总是自发地并且单方向地趋于一个均匀分布的状态，即**热力学平衡态**，简称**平衡态**，一个在分子水平上最混乱最无序的状态，此时体系内部不再有任何宏观过程（如宏观的热传导，扩散或化学反应）。如将一滴蓝墨水滴到一杯水中，蓝色的墨水"分子"总是很快地向周围扩散，最后得到的是一杯均匀的浅蓝色溶液，此时墨水"分子"和水分子达到均匀的混合，体系是一个宏观静止的平衡态，对应于这个平衡态，体系的熵达到极大值。

在解释体系自发趋于平衡和趋于无序的这种行为方面，经典热力学已经取得了巨大的成功。但是趋于平衡和趋于无序并不是自然界的普遍规律，以生物体系为例，从达尔文的生物进化论可以看到，在生物界，进化的结果总是导致种类繁多和结构的复杂化，即有序的增加。因而生物学家认为，在空间和功能方面的有序是生命的基本特性，而这一类宏观范围的时空有序，只有在非平衡条件下通过和外界环境间的物质和能量的交换才能维持。这类体系在热力学中被称为**开放体系**。生物体系显然属于开放体系，因为生物体总是不断地和环境交换着物质和能量。除了生物界以外，开放体系在非生命系统中也大量存在,如 1.1 节中列举的那些产生自组织现象的体系。对生物体系和非生命系统存在的大量有序结构的起因,经典热力学是无法解释的。

热力学的近代发展是将热力学概念和方法推广到非平衡态的线性区(即近平衡态),通常称为**线性非平衡态热力学**,简称为**线性热力学**[4,18,27]。线性热力学已是一门比较成熟的理论,它的主要内容有 Onsager 在 1931 年确立的 Onsager **倒易关系**[28]和 Prigogine 在 1945 年确立的**最小熵产生原理**[29—30]。线性热力学对许多输运现象包括生物体中的输运现象有重要的应用。但它仍无法解释时空有序结构的形成,因为这类有序结构本质上是在远离平衡的条件下形成和维持的。

随着对远离平衡的非线性体系的研究的逐步深入,逐步产生了研究远离平衡条件下的热力学,通常称**非线性非平衡态热力学**,简称为**非线性热力学**。

非线性热力学迄今还没有成熟的理论,它所涉及的许多概念还是目前人们争论的对象[18],但是非线性热力学已能从原则上为认识宏观范围的时空有序结构的起因提供线索,其主要观点是:任何一种新出现的有序结构总可以看成是某种无序状态失去稳定性的结果,是在不稳定性之后某种涨落被放大的结果。即在某些条件下,体系通过和外界环境不断交换能量和物质以及通过内部的不可逆过程,无序态可能失去稳定性,某些涨落可以被放大而使体系达到某种有序的状态。比利时的 Prigogine 把这样形成的有序状态称为耗散结构,因为它们的形成和维持需要能量的耗散[31—32]。

应该看到,非线性非平衡态热力学和经典热力学一样,其结论是很一般的。要处理一个具体的问题,还必须采用动力学分析的手段。因为耗散结构还只是一种概念,是一种在不稳定性之后可能出现的东西,要在理论上证实它们的存在以及揭示它们的行为必须具体地分析体系以及体系中发生的过程,就必须依靠动力学方程以及适当的数学分析方法。但是无论采用何种方法,首先要确定产生不稳定的条件。经验表明,远离热力学平衡仅仅是产生不稳定性的一个必要条件,而不是充分条件。从动力学观点看,产生不稳定的另一个必要条件是动力学过程中必须包括适当的非线性反馈。这些非线性反馈使得体系中各个单元有可能合作起来行动而形成有序的耗散结构。这些有序结构的产生都是不稳定性的结果,在这个过程中,涨落的行为起着决定性的作用。因此,对这类现象的研究也可以一般地叫做关于结构、稳定性和涨落的科学[18,32]。与耗散结构理论类似的学派还有协同学、突变论和负熵论等,它们的研究对象是相同的,都是通过非线性动力学分析和对涨落的研究来弄清有序现象的宏观行为和微观起源,只是从各自的角度进行探索,起了不同的名称而已。

为了了解热力学的发展过程及熟悉非线性热力学的理论,下面列出从经典热力学到非线性非平衡热力学的主要研究成果[18]。

热力学第一定律可由一个数学表达式予以表达:

$$\Delta E = Q - A \tag{1.3}$$

式中，ΔE 为始态到终态体系内能的增量，Q 代表环境传递给体系的热量，A 代表体系对环境做的功。

熵是体系的一个状态函数，用 S 表示。熵的变化可以分成两部分：一部分是由体系和外界环境间的相互作用引起的，即由物质和能量的流出或流入的过程引起的，用 $d_e S$ 表示；另一部分是由体系内部的不可逆过程产生的，用 $d_i S$ 表示，于是有如下关系：

$$dS = d_i S + d_e S \tag{1.4}$$

热力学第二定律最一般的数学表达式可写成：

$$d_i S \geqslant 0 \tag{1.5}$$

式中，$d_i S$ 为体系内部产生的熵的变化，当体系内经历可逆变化时为零，而当体系内经历不可逆变化时为正，即

$$\begin{cases} d_i S = 0 & （可逆过程） \\ d_i S > 0 & （不可逆过程） \end{cases} \tag{1.6}$$

对于封闭体系(与环境间没有物质变换，但可以有能量交换的体系)，经典热力学的一个重要关系式是：

$$d_i S = dS - \frac{\delta Q}{T} \geqslant 0 \tag{1.7}$$

这就是经典的 Carnot-Clausius 不等式，它是普遍适用的。如果体系内部没有不可逆过程，即 $d_i S = 0$，有

$$dS = d_e S = \frac{\delta Q}{T} \tag{1.8}$$

对于封闭体系，物质的总量不变，内能 E 和体积 V 可选作独立变量，S 是它们的函数

$$S = f(E, V) \tag{1.9}$$

对于开放体系(与环境间既可以有物质交换，也可以有能量交换的体系)，体系内的物质的总量不再保持不变，每种物质的量也是独立变量，即

$$S = f(E, V, \{N_i\}) \tag{1.10}$$

其中，N_i 为第 i 种物质的摩尔数，$\{N_i\}$ 代表 $N_1, N_2, \cdots, N_i$。

一个体系如果处于平衡态，则其中必不再有任何不可逆过程，于是平衡的条件为

$$d_i S = 0 \tag{1.11}$$

Boltzmann 有序原理(Boltzmann's Order Principle)可以写为 $S = K_B \ln P$，其中 P 为某一状态出现的概率，K_B 为 Boltzmann 常数。它很好地解释了液体和固体中有序结构的形成。在高温，体系处于某种相对无序的状态(如气态)，低温下体系处于某种相对有序的状态(如液态)，进一步降低温度可得到更有序的状态(如固态的晶体)。无论是无序状态还是有序状态，都是在相应条件下的**最可几状态**(概率最大的状态)。

在液体和固体(更典型的是晶体)中出现的有序结构常叫做**平衡结构**,因为它们不仅可以在平衡的条件下形成,还可以在平衡的条件下(甚至孤立的条件下)维持而不需要任何物质和能量的补充。这种平衡结构中的有序是在分子水平上定义的,它们是靠分子间的相互作用来维持的,分子间相互作用距离通常为 10^{-8} cm,所以平衡结构中有序的特征长度也在这个量级上。

但是 Boltzmann 有序原理解释不了生命科学和非生命科学中种种自组织有序现象,而且这些有序现象与 Boltzmann 有序原理是根本相违背的。

应该清醒地看到,经典热力学的结论只是从孤立体系(与环境之间没有任何相互作用,即既无物质交换又无能量交换的体系)中以及在偏离平衡不远的条件下总结出来的规律,而在 1.1 节中列举的大量自组织现象中,体系是处于开放的和远离平衡的条件下。热力学上开放体系和孤立体系的主要差别在于:对于开放体系,随着和环境间的物质和能量的交换,存在一个非零的熵流 d_eS。按照式(1.4),只要维持一个足够的负熵流($d_eS<0$),原则上体系有可能被维持在某种比平衡态低熵的状态,这种低熵状态可对应于某种有序状态[33]。

以比利时 Prigogine 为首的布鲁塞尔学派长期研究非平衡态和不可逆过程的热力学理论,他们在研究相变现象(如水变成冰这样一种突变现象)时得到启发,突变现象是一种失稳现象,任何一种有序状态的出现都可以看作是某种无序的参考态失去稳定性的结果。如水变成冰这样的相变过程是由于分子间的相互作用使得原来无序的均匀状态变得不稳定的结果。所以为了找到自组织现象的起因,首先要弄清产生不稳定性现象的原因。在平衡条件下最多只能形成在分子水平上定义的平衡结构,而不能形成宏观的时空有序结构。在后面将会看到,当体系处于远离热力学平衡的时候(宏观上不随时间变化的恒定状态,简称为**定态**)有可能失去稳定性,从而在原则上表明了宏观的有序结构有可能在远离平衡的体系中形成,这在概念上是一个大的突破,冲破了热力学第二定律所提出的不可能在非生命体系中形成宏观有序结构的观念的束缚。

下面介绍非平衡态热力学基础,首先介绍的是局域平衡假设。为了能继续保持热力学的含义而又能绕过定义非平衡态热力学量的困难,在非平衡态热力学中引入了所谓的**局域平衡的假说**(Assumption of Local Equilibrium),其基本意思如下:设想把所讨论的体系分成许多很小的体积元,每个体积元在宏观上是足够小,以至于它的性质可以用该体积元内部的某一点附近的性质来代表,但所有的体积元在微观上又是足够大,每个体积元内部包含有足够多的分子(泛指体系中的基本结构单元),因而仍能满足统计处理的要求。局域平衡假设是把从平衡态热力学中得到的结果推广到非平衡态热力学中的第一步,目前绝大部分理论工作是基于这样一个假设的[34—37]。

在局域平衡假设的基础上,非平衡态热力学还是以热力学第一定律和第二定律为基础。因为对非平衡体系来说,态变量的值可能随位置而变。总体描述可能失去意义而必须采用局域描述,所以必须寻找各种局域热力学量之间的定量关系,其出发点是各种守恒定律和连续性方程。

在非平衡体系中,一切态变量是时间 t 和空间位置 r 的函数。假定在体系中的任何一个特定的时空点,这样的函数是存在并连续的,也就是说体系可以作为某种连续介质来处理。下面列出任何一个守恒量在连续介质中必须满足的一般的连续性方程:

$$\frac{\partial \rho_Q(r,t)}{\partial t} = -\nabla \cdot j_Q(r,t) \tag{1.12}$$

式中下标 Q 被设为某个广延量,并且是个守恒量,体系在 t 时刻和位置 r 处的 Q 的密度为 $\rho_Q(r,t)$,流密度为 $j_Q(r,t)$。

若考虑质量守恒方程,设某体系中有 l 种组分,它们在单位体积中的摩尔浓度分别为 $n_1, n_2, \cdots, n_l$。原则上在每一个小体积元内这些量的值可以通过两种方式发生变化:一是通过和外界环境的交换,二是通过内部的化学反应。如以 $\frac{d_e n_i}{dt}$ 表示交换过程对 n_i 变化的贡献,用 $\frac{d_i n_i}{dt}$ 表示化学反应的贡献,则

$$\frac{dn_i}{dt} = \frac{d_e n_i}{dt} + \frac{d_i n_i}{dt} \tag{1.13}$$

利用式(1.12)表示的连续性方程,并且设 $j_i(r,t)$ 为第 i 种组分在位置 r 处的物质流,$\nu_{i\rho}$ 为参与第 ρ 个反应的反应物(或反应产物)的化学计量系数,ω_ρ 为第 ρ 个反应的速度,则有总的质量守恒方程为

$$\frac{dn_i}{dt} = -\nabla \cdot j_i + \sum_\rho \nu_{i\rho} \omega_\rho \tag{1.14}$$

再来看熵平衡方程。在没有外力场和机械平衡的条件下,如果局域平衡假设成立,则按 Gibbs 公式

$$TdS = dE + PdV - \sum_i \mu_i dN_i \tag{1.15}$$

有

$$\frac{ds}{dt} = \frac{1}{T}\frac{de}{dt} - \frac{1}{T}\sum_i \mu_i \frac{dn_i}{dt} \tag{1.16}$$

式中,s 和 e 分别为熵密度和内能密度,μ_i 为第 i 种组分的化学势。

由能量守恒原理及连续性方程,可得到无外场无对流情况下的熵平衡方程

$$\frac{ds}{dt} = -\nabla \cdot \left[\frac{j_q - \sum_i \mu_i j_i}{T}\right] + j_q \cdot \nabla\left(\frac{1}{T}\right)$$

$$- \sum_i j_i \cdot \nabla\left(\frac{\mu_i}{T}\right) - \sum_{i,\rho} \frac{\nu_{i\rho} \mu_i}{T} \omega_\rho \tag{1.17}$$

下面来讨论当存在外力场以及体系内部存在粘滞性流动时的熵平衡方程,先分析质量守恒方程。如果在时刻 t 位于位置 r 处的流体体积元的质心速度为 $u(r,t)$,第 i 种组分的质心流速为 u_i,质量密度为 ρ_i,质量扩散流为

$$j_i^m = \rho_i(u_i - u) \tag{1.18}$$

则在没有化学反应时,有

$$\frac{d_e \rho_i}{dt} = -\rho_i \nabla \cdot u - \nabla \cdot j_i^m \tag{1.19}$$

如果考虑到化学反应的贡献,则有

$$\frac{d\rho_i}{dt} = -\rho_i \nabla \cdot u - \nabla \cdot j_i^m + \sum_\rho \nu_{i\rho} M_i \omega_\rho \tag{1.20}$$

式中,M_i 为第 i 种组分的分子量。

再看动量守恒定律,可写作如下形式

$$\frac{\partial \rho u}{\partial t} = -\nabla \cdot (\rho uu + P) + \sum_i \rho_i F_i \tag{1.21}$$

式中,ρu 为动量密度,$(\rho uu + P)$ 为动量流,$\sum_i \rho_i F_i$ 为动量源,F_i 为作用于单位质量的第 i 种组分上的作用力。

而能量守恒方程可写为

$$\frac{\partial}{\partial t}(\rho E) = -\nabla \cdot j_\varepsilon \tag{1.22}$$

式中,j_ε 为能量流密度(单位时间通过单位面积的能量),ε 为单位质量的介质所包含的总能量。

在分析了质量守恒方程、动量和能量守恒方程后,就可得出单位体积中的熵平衡方程

$$\begin{aligned}\frac{\partial s}{\partial t} = \frac{\partial}{\partial t}(\rho \bar{s}) = &-\nabla \cdot \left[su + \frac{1}{T} j_q - \sum_i \frac{\mu_i}{T} j_i \right] \\ &+ j_q \cdot \nabla \left(\frac{1}{T}\right) - \sum_i j_i \cdot \left[\nabla \left(\frac{\mu_i}{T}\right) - \frac{M_i F_i}{T}\right] \\ &- \frac{1}{T}\Pi : \nabla u - \sum_{i,\rho} \frac{\nu_{i\rho} \mu_i}{T} \omega_\rho \end{aligned} \tag{1.23}$$

式中,$\bar{s}$ 为单位质量介质的熵,μ_i 为化学势,j_q 为热流,F_i 为外力,Π/T 为粘性应力张量。

由于熵不是一个守恒量,一个体系的总熵随时间的变化可以写作如下形式

$$\frac{ds}{dt} = \frac{d}{dt} \int_v s \, dv = \int_v \frac{\partial s}{\partial t} dv = -\int_\Sigma d \sum n \cdot J_s + \int_v dv \sigma \tag{1.24}$$

其中,J_s 代表通过单位面积的熵的交换速率,简称**熵流**;σ 代表单位体积中产生熵的

速率,即**熵源强度**,简称**熵产生**。熵流可以写成

$$J_s = su + \frac{j_q}{T} - \sum_i \frac{\mu_i}{T} j_i \tag{1.25}$$

式(1.25)右边第一项代表由对流过程引起的熵流,第二项为由热传导引起的熵流,而第三项为由扩散过程引起的熵流。熵产生可以表示成

$$\sigma = j_q \cdot \nabla\left(\frac{1}{T}\right) + \sum_i j_i \cdot \left[-\nabla\left(\frac{\mu_i}{T}\right) + \frac{M_i F_i}{T}\right]$$

$$- \frac{1}{T} \Pi : \nabla u + \sum_\rho \frac{-\sum_i \nu_{i\rho} \mu_i}{T} \omega_\rho \tag{1.26}$$

式(1.26)右边第一项与热传导有关,第二项和扩散过程(包括自然扩散和在外力场作用下的扩散)有关,第三项与粘滞流动有关,而第四项和化学反应有关。热流 j_q、扩散流 j_i、粘性应力张量 Π/T 和化学反应速率 ω_ρ 可以广义地称为**不可逆过程的热力学流**,简称"**流**"。式(1.26)右边各项中的另一个因子和引起相应的"流"的推动力有关,这些和推动力有关的因子可以广义地称为不可逆过程的热力学力,简称"力"。如果用 J_k 代表第 k 种不可逆过程的流,用 X_k 代表第 k 种不可逆过程的力,则式(1.26)可写作如下的一般形式

$$\sigma = \sum_k J_k X_k \tag{1.27}$$

这就是说,熵产生可以写作不可逆过程的广义流和相应的广义力的乘积之和的形式。表 1.2 为扩散过程、热传导过程、粘滞流动及化学反应过程的广义热力学流和广义热力学力的具体形式。

在引入了热力学力和热力学流以后,可以知道经典热力学(即平衡态热力学,又叫可逆过程热力学)是研究当热力学力和热力学流皆为零时的情况。对于开放体系,当边界条件迫使体系离开平衡态时,宏观的不可逆过程随即开始,于是热力学力和热力学流皆不为零。

表 1.2 不可逆过程的流 J_k 和力 X_k

不可逆过程	J_k	X_k
扩散	物质流 j_i	$-\nabla\left(\frac{\mu_i}{T}\right) + \frac{M_i F_i}{T}$
热传导	热流 j_q	$\nabla\left(\frac{1}{T}\right)$
粘滞性流动	粘性应力张量 Π/T	$-\nabla u$
化学反应	反应速率 ω_ρ	$-\sum_i \nu_{i\rho} \mu_i / T$

当热力学力很弱时,即体系的状态偏离平衡态很小时,可以认为热力学流是热力学力的某种线性函数,并以平衡态作为参考态,对它作 Taylor 展开,对单一过程可以得到热力学力和热力学流之间的唯象关系:

$$J = LX \tag{1.28}$$

式中比例系数 L 称为**唯象系数**,它被定义为

$$L = \left(\frac{\partial J}{\partial X}\right)_0 \tag{1.29}$$

像式(1.28)那样的唯象关系表明,热力学力和热力学流之间满足线性关系,满足这种线性关系的非平衡态叫做非平衡态的线性区。研究线性区的特性的热力学称为**线性非平衡态热力学**或**线性不可逆过程热力学**,它是热力学发展的第二阶段,现在已经有了比较成熟的理论。而热力学研究的第一阶段是研究当热力学力和热力学流皆为零的情况,这就是平衡态热力学,或者叫可逆过程热力学或经典热力学。经典热力学早已有成熟的理论,它对物理学、化学和自然科学的其他领域产生过并继续产生着重要的作用,但它主要限于描述处于平衡态和经受可逆过程的体系,因此它主要适用于研究孤立体系或封闭体系。

当热力学力不是很弱时,即体系远离热力学平衡时,则在热力学流和热力学力的函数的 Taylor 展开式中,包含有热力学力的高次幂的那些项的贡献可能不再是很小的,因而必须在展开式中保留这些非线性高次项,于是热力学流是热力学力的非线性函数。热力学力和热力学流之间超过线性关系而必须考虑到上述的非线性关系的非平衡态叫做非平衡态的非线性区。研究这种非线性区的特性的非平衡态热力学称为**非线性非平衡态热力学**或**非线性不可逆过程热力学**。研究非线性区的非平衡态热力学是热力学发展的第三阶段。这个阶段开始的时间还不长,目前还没有成熟的理论。介绍线性非平衡态热力学和非线性非平衡态热力学是本节的主要目标,下面依次介绍这两部分的内容。

有许多实验事实,特别是有关物质和能量的输运过程的实验事实表明,在某些条件下力和流之间确实满足式(1.28)表达的线性唯象关系。例如,在各向同性介质中热流确实正比于绝对温度(或绝对温度的倒数)的梯度,这就是热传导的 Fourier 定律

$$W = -\frac{L}{T^2}\frac{\partial T}{\partial r} = -\lambda\frac{\partial T}{\partial r} \tag{1.30}$$

其中

$$\lambda = \frac{L}{T^2} \tag{1.31}$$

为热导系数,W 为热流。另外描述二元系中扩散过程的 Fick 扩散定律以及电导的 Ohm 定律等也都满足这种线性关系。

对于化学反应,情况有所不同,线性关系只在化学反应十分接近于化学平衡的条

件下才适用。

应该注意,线性关系式(1.28)中的唯象系数 L 并不是一个常数,可以是体系的某些特征参数的函数,例如它可以取决于化学平衡时组分的浓度,即它与体系对应的平衡态的性质有关。但唯象系数与参数的变化速率无关,因此与它所关联的力和流无关。

式(1.28)所表示的线性关系适用于体系中只有一种非平衡过程的情况,因而体系中只有一种过程推动力和一种非零的速率过程,即只有一种热力学力和一种热力学流。但如果体系中同时发生着多种非平衡过程,实验表明,一种非平衡过程的速率(流)不仅决定于该过程的推动力,而且还可以受到其他非平衡过程的影响,即不同的非平衡的不可逆过程之间可以存在某种耦合。例如非平衡的温度分布不仅能引起热流,还可以引起物质流,这就是热扩散现象。浓度分布的不均匀不仅能引起物质流,还会引起热流和能量流。还有压强差不仅能引起物质流,还能引起电流,即动电效应。因此,一般来说,一种流 J_k 是体系中各种力 $\{X_l\}$ 的函数

$$J_k = J_k(\{X_l\}) \tag{1.32}$$

将式(1.32)作 Taylor 展开,如体系中所有不可逆过程都十分接近于平衡,所有的过程推动力 $(X_l, X_m, \cdots)$ 都是足够弱,以至于可以忽略展开式中所有关于力的高次幂的项而只保留其线性项,同时考虑到

$$J_k(\{X_{l,0}\}) = 0 \tag{1.33}$$

则可得到线性唯象关系

$$J_k = \sum_l L_{kl} X_l \tag{1.34}$$

其中已定义

$$L_{kl} = \left(\frac{\partial J_k}{\partial X_l}\right)_0 \tag{1.35}$$

唯象系数 $L_{kl}(l \neq k)$ 反映了各种不同的不可逆过程间的交叉耦合效应,它可能与体系的内在特性如温度、压力或组分浓度等有关,但与这些参数的变化速率无关。

线性唯象关系本身应被看作是热力学以外的一种假设,但一旦作了这样一种假设,热力学方法便可以提供许多关于唯象系数 L_{kl} 的性质的知识,这些知识的获得并不需要特定的动力学模型,它们可以从一般的热力学原理或其他的自然原理对唯象关系的限制演绎出来。

由热力学第二定律,体系中总的熵产生总是正的,即

$$\sigma = \sum_k J_k X_k = \sum_{k,k'} L_{kk'} X_{k'} X_k \geqslant 0 \tag{1.36}$$

这一不等式定义了一个关于力的正定二次型,它代表了热力学第二定律对唯象系数 $L_{kk'}$ 的限制。

Curie-Prigogine 对称性原理(空间对称性原理)对唯象系数的限制如下:在各向

同性介质中,不同对称特性的流和力之间不存在耦合[38]。例如在各向同性介质中化学反应和扩散(或传导)之间不存在耦合,这是因为化学反应的力是标量,它不能产生像热流和扩散流这样具有较少对称元素的矢量流,它们之间的耦合系数必须为零。上述结论仅适用于各向同性介质的情况,在非各向同性介质中,唯象定律可以允许不同对称特性的力和流之间的耦合,例如在生物膜中所谓的活性输运过程——某些组分逆着浓度梯度减小的方向扩散。

唯象系数还受到微观可逆性原理的限制,这一限制导致了线性不可逆过程热力学的最重要的结论:线性唯象系数具有对称性,其数学表达式为

$$L_{kk'} = L_{k'k} \tag{1.37}$$

其物理意义是:当第 k 个不可逆过程的流 J_k 受到第 k' 个不可逆过程的力 $X_{k'}$ 影响时,第 k' 个不可逆过程的流 $J_{k'}$ 也必定同样受到第 k 个不可逆过程的力 X_k 的影响,并且表征这两种相互影响的耦合系数相同。上述结论在不可逆过程热力学理论的发展过程中起着关键的作用,可以说是线性不可逆过程热力学的奠基石。唯象系数间的这种关系首先由 Onsager 于 1931 年确定的,因此它又被称为 Onsager 倒易关系(The Onsager reciprocity relations)[26]。

Onsager 倒易关系的重要性在于它的普适性,它已得到许多实验的支持。它的这种普适性首次表明了非平衡态热力学和平衡态热力学一样,可以产生与特定的微观模型无关的一般性结果。从实践的观点看,Onsager 关系的重要性还在于它大大减少了实验分析的困难和工作量。因为,虽然线性唯象关系恰当地关联了各种缓慢的不可逆过程,它们的应用仍有很多困难,比如即使在只有两种力和两种流的最简单情况下,还有四个唯象系数需确定,也就是说至少需要四个独立的实验。至于有更多的力和流的情况,需要确定的唯象系数大为增加,使实验分析十分困难。有了 Onsager 关系,所需确定的唯象系数的数目大为减少,所需的实验工作也大为简化。

应该注意,只有在所定义的力和流满足

$$\sigma = \sum_k X_k J_k \tag{1.38}$$

的情况下,式(1.37)的倒易关系才是正确的,也就是说力和流的乘积必须具有熵产生的量纲。

Onsager 倒易关系本身是一种宏观的唯象关系,但其起源是微观的,是由于力学方程的时间可逆性。它的推导需要统计力学的理论把宏观性和微观性联系起来,其主要依据是 Einstein 的涨落理论[39]和微观可逆性原理[40]。Einstein 的涨落理论指出:一个体系处于某一状态的概率 p 取决于该状态的熵与其平衡态的熵之差,即

$$p \sim e^{\frac{S-S_0}{k}} = e^{\Delta_i S/k} \tag{1.39}$$

式中 k 是 Boltzmann 常数,$\Delta_i S$ 是熵差[4]。

而微观可逆性原理指出:单个粒子的一切力学方程对 $t \to -t$ 的变换是不变的。

线性非平衡态热力学的另一个重要结果是 Prigogine 于 1945 年确立的最小熵产生原理[4,29]。按照这个原理，在接近平衡的条件下，和外界强加的限制(控制条件)相适应的非平衡定态的熵产生具有极小值。利用变分原理可以证明，和一定的限制相适应的定态的熵产生具有极小值。

最小熵产生原理反映了非平衡定态的一种"惰性"行为：当边界条件阻止体系到达平衡态时，体系将选择一个最小耗散的态，而平衡态仅仅是它的一个特例，即熵产生为零或称零耗散的态。

从最小熵产生原理可以得到一个重要结论：在非平衡态热力学的线性区，非平衡定态是稳定的。该结论很容易通过将非平衡定态的熵产生和平衡态的熵函数的行为作类比而得到。

应该强调最小熵产生原理所依赖的条件要比线性唯象关系所依赖的条件更严。在证明最小熵产生原理的过程中，除了利用了 Onsager 倒易关系外，还假定了唯象系数是常数，这些对实际体系是很强的限制。另外，当体系中存在着像储存能量这样的"惯性"过程，例如在带有电容的电路中或具有"记忆"的介质中，即使力和流之间满足线性关系，但熵产生对时间的导数却不一定是负的，即最小熵产生原理并不一定成立。因此最小熵产生原理不是普适的，即使在非平衡态的线性区，其实并不能肯定定态总是稳定的。

从前面的讨论可知，线性非平衡态热力学作了如下几个假定：
(1) 热力学力和流间满足线性唯象关系；
(2) Onsager 倒易关系是有效的；
(3) 唯象系数可当作常数处理。

这些假设实际上比局域平衡的假设所要求的条件要严格得多，要求体系中所有不可逆过程都十分接近于平衡态。但是人们关心的大部分体系是远离平衡的，并且不满足线性关系，唯象系数也不是常数，因此有必要延伸前面讨论的线性理论来研究具有非线性唯象关系的情况。

当体系远离平衡时，虽然体系仍可发展到某个不随时间变化的定态，但是这个远离平衡的定态不再总能像平衡态或接近平衡的非平衡定态那样用某个适当的热力学势函数(例如平衡态的熵或自由能和近平衡的非平衡定态的熵产生)来表征。

由于在远离平衡时缺乏任何热力学势函数，便不再有一个确定的普适的过程发展规律。一个远离平衡的体系将随时间发展到哪个极限状态取决于动力学过程的详细行为，这和体系在近平衡时的发展规律形成鲜明的对照。在近平衡情况下，不管体系中的动力学机制如何，发展过程总是单向地趋于平衡态或与平衡态有类似行为的非平衡定态。在平衡态热力学中，不可逆的动力学过程只是暂时的，体系发展的极限状态可由纯粹的热力学因素决定。而非平衡态热力学所研究的体系中存在着非平衡的不可逆过程，热力学和动力学是紧密相关的，因此在远离平衡的条件下，过程的发展方向不能依靠纯粹的热力学方法来确定,必须同时研究动力学的详细行为。

下面讨论非线性非平衡态热力学的主要研究结果。前面已经提到,为了解释自组织现象的出现,需要确定在什么样的情况下参考态会变得不稳定。在非平衡态的非线性区,最小熵产生原理不再有效,体系的稳定性也就不能再从熵函数或熵产生的行为来判断,也就是说在非线性区熵或熵产生不再具有热力学势函数的行为。如果想继续从热力学角度来探索非线性区的稳定特性,则必须另外寻找适当的热力学势函数,从这个函数的行为可以判断非线性区的稳定特解。Lyapunov确立的关于非线性微分方程的解的稳定性理论是解决这个问题的一条有效的途径。

虽然稳定性的概念并不十分复杂,但要确定由非线性方程组所描述的体系的稳定性却并不是件容易的事,因为大多数非线性微分方程组是不可能或很难精确求出其解的解析表达式,这使得直接从特定的动力学方程组作稳定性分析显得十分困难,因此希望最好能在不具体解出方程组的解的情况下判断体系的稳定性,正如在确定平衡态和非平衡态线性区的稳定性时那样。在这方面,Lyapunov建立了讨论非线性方程组的解的稳定性问题的较普遍的理论。

关于微分方程的解的稳定性的确切数学定义是:对于一个任意的高阶常微分方程,如果把各阶导数当作未知数处理,总可以用一组一阶方程来代替。例如下面的二阶微分方程

$$\frac{\mathrm{d}^2 X}{\mathrm{d}t^2} = f\left(X, \frac{\mathrm{d}X}{\mathrm{d}t}\right) \tag{1.40}$$

总可以用如下两个一阶方程

$$\begin{cases} \dfrac{\mathrm{d}X}{\mathrm{d}t} = Y \\ \dfrac{\mathrm{d}Y}{\mathrm{d}t} = f(X, Y) \end{cases} \tag{1.41}$$

来代替。在下面的讨论中,仅考虑如下一般的一阶微分方程组

$$\frac{\mathrm{d}X_i}{\mathrm{d}t} = f_i(X_1, X_2, \cdots, X_n) \quad (i = 1, 2, \cdots, n) \tag{1.42}$$

设在初始条件 $X_i(t_0) = X_i^0$ 的情况下式(1.42)的方程组有解 $X_i(t)$,如果当初始条件发生一个小的扰动而成为 $X_i'(t_0) = X_i^0 + \eta_i$ 时,方程组有新解 $X_i(t, \{\eta_i\})$,则稳定性的定义为[41]:如果对于任意给定的 $\varepsilon > 0$,总有 $\delta > 0$(δ 一般与 ε 和 t_0 有关),使得条件 $|\eta_i| \leqslant \delta$ 满足时,对一切 $t \geqslant t_0$ 总有

$$|X_i(t, \{\eta_i\}) - X_i(t)| < \varepsilon \quad (i = 1, 2, \cdots, n) \tag{1.43}$$

则称方程组的解 $X_i(t)$ 为稳定的,否则为不稳定的。这样定义的稳定性称为 **Lyapunov 稳定性**。

如果 $X_i(t)$ 是稳定的,并且满足

$$\lim_{t \to \infty} |X_i(t, \{\eta_i\}) - X_i(t)| = 0 \quad (i = 1, 2, \cdots, n) \tag{1.44}$$

则称 $X_i(t)$ 是渐近稳定的。

定义 设 $V(X_1, X_2, \cdots, X_n)$ 为在坐标原点 $(X_1 = X_2 = \cdots = X_n = 0)$ 某个邻域 Ω 内定义的连续的单值函数，$V(0, 0, \cdots) = 0$。如果 V 在域 Ω 内不变号，则称 V 在域 Ω 内是**定号的**；如果在域 Ω 内恒有 $V \geqslant 0$，则称 V 在域 Ω 内为**常正的**；如果在域 Ω 内除原点以外都有 $V > 0$，则称函数 V 为**正定的**；如果 $-V$ 是正定的（或常正的），则称 V 是**负定的**（或常负的）。

假定式(1.42)方程组（或通过坐标变换后的方程组）有零解 $(X_1 = X_2 = \cdots = X_n = 0)$，并设函数 $V(X_1, X_2, \cdots, X_n)$ 关于所有 $X_i (i = 1, 2, \cdots, n)$ 的偏导数存在且连续，以式(1.42)方程组的解代入，然后对 t 求导数

$$\frac{dV}{dt} = \sum_i \frac{\partial V}{\partial X_i} \cdot \frac{dX_i}{dt} = \sum_i \frac{\partial V}{\partial X_i} f_i(X_1, X_2, \cdots, X_n) \tag{1.45}$$

这样求得的导数 $\frac{dV}{dt}$ 称为函数 V 通过方程组(1.42)的全导数。

Lyapunov 稳定性理论的主要思想是利用函数 V 及其全导数 $\frac{dV}{dt}$ 的性质来确定方程组的解的稳定性。具有这种特性的函数 $V(X_1, X_2, \cdots, X_n)$ 称为 **Lyapunov 函数**。Lyapunov 确立了如下一个稳定性定理：

定理 如果对微分方程组(1.42)可以找到一个正定函数 $V(X_1, X_2, \cdots, X_n)$，其通过方程组(1.42)的全导数 $\frac{dV}{dt}$ 为常负的或恒等于零，则方程组(1.42)的零解 $(X_i = 0, i = 1, 2, \cdots, n)$ 为稳定的；如果 $\frac{dV}{dt}$ 为负定的，则零解是渐近稳定的；如果在除原点以外的某个邻域内恒有 $V \frac{dV}{dt} > 0$，则零解是不稳定的。

为了弄清在非平衡态的非线性区中体系的稳定特性和随时间的发展方向，下面研究在非线性区中熵产生的时间变化行为。

形式上，熵产生的时间变化可分解成两部分，一部分和热力学力的时间变化有关，另一部分和热力学流的时间变化有关：

$$\frac{d\mathscr{T}}{dt} = \int dV \sum_k J_k \frac{dX_k}{dt} + \int dV \sum_k X_k \frac{dJ_k}{dt} \equiv \frac{d_x \mathscr{T}}{dt} + \frac{d_j \mathscr{T}}{dt} \tag{1.46}$$

$\mathscr{T}$ 为体系中的总的熵产生；式(1.46)中右边第一项代表由力的时间变化对熵产生变化的贡献，第二项代表由流的时间变化对熵产生变化的贡献。

在非平衡态的非线性区，虽然 $\frac{d\mathscr{T}}{dt}$ 没有任何一般的普适行为，但是可以证明，如果边界条件与时间无关，则有

$$\frac{d_x \mathscr{T}}{dt} \leqslant 0 \tag{1.47}$$

式(1.47)表明,在局域平衡假设成立的条件下,即使在非平衡态的非线性区,只要边界条件与时间无关,在熵产生的时间变化中,力的时间变化部分的贡献总为负或为零。因为这个结论同时适用于线性区和非线性区(当线性唯象关系和Onsager倒易关系满足时,式(1.47)等价于最小熵产生原理),它是在非平衡态热力学中迄今得到的最一般的结果,所以有时称为**一般发展判据**(the general evolution criterion)[42]。

用一般发展判据来分析非平衡定态的性质,发现在非线性区定态的稳定性并没有一般的规律,为了弄清体系在非线性区的行为,需要具体分析非平衡定态的稳定性条件。

下面的分析假定体系处于等温等压的条件下,其中只有化学反应和扩散两种动力学过程。体系偏离定态时的熵和熵产生的值必定与相应的定态值不同,设其差别为 ΔS 和 $\Delta \mathcal{T}$。如果体系的状态对定态的偏离很小,可以将 ΔS 和 $\Delta \mathcal{T}$ 展开

$$\Delta S = \delta S + \frac{1}{2}\delta^2 S + \cdots \tag{1.48}$$

$$\Delta \mathcal{T} = \delta \mathcal{T} + \frac{1}{2}\delta^2 \mathcal{T} + \cdots \tag{1.49}$$

式(1.48)中 $\delta^2 S$ 称为**超熵**。计算表明,$\frac{1}{2}\delta^2 S$ 的时间导数正好等于超熵产生 $\delta_x \mathcal{T}$,即

$$\frac{\mathrm{d}}{\mathrm{d}t}\left(\frac{1}{2}\delta^2 S\right) = \delta_x \mathcal{T} \tag{1.50}$$

根据动力学的具体情况,$\delta_x \mathcal{T}$ 的符号可正、可负,也可为零,因此 $\frac{\mathrm{d}}{\mathrm{d}t}\left(\frac{1}{2}\delta^2 S\right)$ 也可能是正的、负的或为零。另一方面,在局域平衡假设成立的条件下,$\delta^2 S$ 总是小于零的(只有在定态 $\delta^2 S$ 为零)。

由此可见,在局域平衡假设的基础上,相对于参考态的熵的二级偏离(超熵)总是负的。

$$\delta^2 S < 0 \tag{1.51}$$

当体系接近平衡态时,有

$$\begin{cases} \delta J_k = J_k \\ \delta X_k = X_k \\ \dfrac{\mathrm{d}}{\mathrm{d}t}\left(\dfrac{1}{2}\delta^2 S\right) = \delta_x \mathcal{T} = \displaystyle\int \mathrm{d}V \sum_k J_k X_k = \mathcal{T} \geqslant 0 \end{cases} \tag{1.52}$$

因此在近平衡时 $\delta^2 S$ 可以看作是体系的一个 Lyapunov 函数,这保证参考态是渐近稳定的。

对于远离热力学平衡的情形,虽然式(1.51)仍然成立,但 $\frac{\mathrm{d}}{\mathrm{d}t}\left(\frac{1}{2}\delta^2 S\right)$ 没有确定的

正负号,它取决于动力学过程的详细情况。如果对于 $t \geqslant t_0$,对于参考态总有

$$\frac{\mathrm{d}}{\mathrm{d}t}\left(\frac{1}{2}\delta^2 S\right) > 0 \tag{1.53a}$$

则参考态是渐近稳定的。如果

$$\frac{\mathrm{d}}{\mathrm{d}t}\left(\frac{1}{2}\delta^2 S\right) < 0 \tag{1.53b}$$

则参考态是不稳定的。而当

$$\frac{\mathrm{d}}{\mathrm{d}t}\left(\frac{1}{2}\delta^2 S\right) = 0 \tag{1.53c}$$

则参考态处于临界稳定性。整个情况如图 1.10 所示。

上述非平衡态热力学稳定性理论是人们迄今第一次用热力学量给出了不稳定现象的热力学含义的理论,它第一次指出了偏离热力学平衡的"距离"对于体系的稳定特性的重要作用。稳定性判据式(1.53)是第一次给导致不稳定现象的动力学过程作了自然的分类,这种分类表明了像自动催化这一类非线性过程的特殊作用。

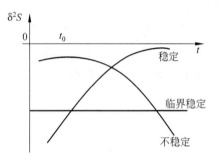

图 1.10 $\delta^2 S$ 的时间变化和参考态的稳定性

对于一般的情况,体系的动力学方程可以写作如下的形式

$$\frac{\mathrm{d}X}{\mathrm{d}t} = f(X, \lambda) \tag{1.54}$$

式中,X 为组分的浓度,λ 代表某个(或一组)控制参数。在平衡态时 $\lambda = \lambda_0$,当 λ 的取值偏离 λ_0 时,体系将偏离平衡态;当 λ 偏离 λ_0 的程度越大,体系偏离平衡态的程度也越大,即 λ 的值表征了体系偏离平衡态的程度以及体系受外界控制的程度。

当体系的状态接近于平衡态时,即在非平衡态的线性区,也就是当控制参数 λ 的值接近于 λ_0 时,最小熵产生原理将保证非平衡定态的稳定性。自发过程总是使体系回到和外界条件相适应的定态(在孤立体系的条件下为平衡态)。在空间均匀和不随时间变化的边界条件下,这样的非平衡定态通常也和平衡态相似的定性行为,例如保持空间均匀性、时间不变性和对各种扰动的稳定性。因此在这种条件下体系中不可能自发产生任何时空有序结构。而当体系远离热力学平衡时,即在非平衡态的非线性区,当控制参数 λ 的值超过某一临界值 λ_c,即当体系偏离平衡态超过某个临界距离时,非平衡参考定态有可能失去稳定性,对该参考定态的一个很小的扰动可使体系越来越偏离这个空间均匀的缺乏任何时空特性的状态而发展到一个新的状态。这个新的状态可能保持那个不稳定的扰动的(当然是放大了的)时空定性行为,于是这个由参考定态失稳而导致的新状态可以对应于某种时空有序结构,这常称为**耗散结构**。

上述情况可借助于图 1.11 来说明。设体系在 $t\to\infty$ 时的极限状态可以用组份的浓度 $\|X_i\|$ 来描述(当体系为均匀并不随时间变化时，$\|X_i\|$ 为平均浓度;当体系为不均匀或随时间变化时 $\|X_i\|$ 代表 X_i 的最高浓度)。很显然，$\|X_i\|$ 的值取决于体系所处的条件，即它会随控制参数 λ 的值而变化。假如在 $\lambda=\lambda_0$ 时体系的极限状态是平衡态，其组分的平衡浓度为 $\|X_i^0\|$;随着 λ 偏离 λ_0，与 λ 的值相适应的极限状态(非平衡定态)的浓度 $\|X_i\|$ 会随之偏离 $\|X_i^0\|$;在到达 $\lambda=\lambda_c$ 之前(即定态保持渐近稳定性时)，$\|X_i\|$ 随 λ 的变化是连续

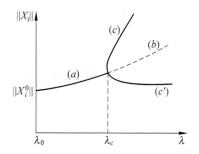

图 1.11　分叉现象：(a)热力学分支；(b)热力学分支的不稳定部分；(c)和(c')耗散结构分支

的和平滑的,用图 1.11 中的曲线(a)来描述。在曲线(a)上的每一点所对应的状态的行为很类似于平衡态的行为,例如保持空间均匀性和时间不变性,它们可以看作是热力学平衡态的自然延伸,因而曲线(a)可叫做**热力学分支**(thermodynamic branch)[34]。当 $\lambda\geqslant\lambda_c$ 时,热力学分支(a)的延续(b)分支变得不稳定。此时一个很小的扰动便可强迫体系离开热力学分支而跳跃到另外某个稳定的分支(c)或(c')。分支(c)或(c')上的每一个点可能对应于某种时空有序状态,这样的有序状态只有在 λ 的值偏离 λ_0 足够大,即体系离开平衡态的距离足够远的情况下才有可能出现,而且它们是以突变的方式产生的,其行为和热力学平衡态有本质的差别。这样的有序态属于耗散结构,分支(c)和(c')叫做**耗散结构分支**。在 $\lambda=\lambda_c$，热力学分支刚开始变得不稳定,一个或两个新的分支从这里产生(由热力学讨论并不能确定新分支的数目及其行为,它们的确定需要进行具体的动力学讨论)。在 $\lambda=\lambda_c$ 点附近,几个分支组成的图案很像一把叉子,因此这类现象称为**分叉现象**或**分支现象**(bifurcation)。$\lambda=\lambda_c$ 这个点称为**分叉点**或**分支点**,超过分支点 λ_c 以后,耗散结构分支上每一点可能对应于某种时空有序状态,这就可能破坏体系原来的对称性,因而这类现象也常叫做**对称性破缺不稳定性**(symmetry breaking instabilities)现象。

综上所述,非平衡态热力学指出了在远离平衡时出现分支现象和对称性破缺不稳定性现象的可能性,为用物理学或化学原理来解释自然界中出现的各种宏观有序现象扫清了最主要的障碍。非平衡态热力学并不是抛弃经典热力学的基本结论,而是给以新的解释和重要的补充,从而使人们对自然界的发展过程有了一个比较完整的认识:在平衡态附近,发展过程主要表现为趋向平衡态或与平衡态有类似行为的非平衡定态,并总是伴随着无序的增加和宏观结构的破坏。而在远离平衡的条件下,非平衡定态可以变得不稳定,发展过程可以经受突变,并导致宏观结构的形成和宏观有序的增加。这种认识不仅为弄清物理学、化学、材料科学等学科中各种有序现象的起因指明了方向,也为阐明像生命起源、生物进化以至宇宙发展等复杂问题提供了有益的启示,更有助于人们对宏观过程不可逆性的本质及其作用的认识深化。

第 2 章 分形的数学基础

2.1 非欧氏几何学

本节先讨论欧氏空间中非规整几何图形的几何量的计算。在讨论非规整几何图形前,作为比较,我们先简略地回顾一下研究规整几何图形的欧几里得几何学(简称欧氏几何学)[43]。欧氏几何学是一门具有 2000 多年历史的数学分支,它是以规整几何图形为其研究对象。所谓规整几何图形就是我们熟悉的点、直线与线段,平面与平面上的正方形、矩形、梯形、菱形、各种三角形以及正多边形等,空间中的正方体、长方体、正四面体等;另外一类就是由曲线或曲面所组成的几何图形,平面上的圆与椭圆,空间中的球、椭球、圆柱、圆锥以及圆台等。这些点、直线、平面图形、空间图形的维数(欧氏维数)分别为 0,1,2 和 3。对规整几何图形的几何测量是指长度(边长、周长以及对角线长等)、面积与体积的测量。所以在欧氏几何测量中,可以把上述两类几何图形(分别以正方体和球作为代表)归纳为如下两点:

(1) 长度$=l$,面积$=l^2$,体积$=l^3$(正方体)

(2) 长度(半径)$=r$,面积$=\pi r^2$,体积$=\frac{4}{3}\pi r^3$(球)

从上面两式可以看到,长度、面积和体积的量纲分别是长度单位的 1,2 与 3 次方,它们恰好与这些几何图形存在空间的欧氏维数相等,而且均为整数。除了正方体和球以外的那些几何图形的体积,都可以用正方体或球来进行测量。

总结欧氏几何的测量可以看到:第一类几何图形的测量是以长度 l 为基础;第二类几何图形也是以长度(两点间的距离 r)为基础的,平面图形以圆为基础,空间图形以球为基础。所以,在欧氏几何中对规整几何图形的测量,可以用下式来表示:

$$\left.\begin{array}{l}长度 = l \\ 面积\ A = al^2 \\ 体积\ V = bl^3\end{array}\right\} \quad (2.1)$$

式中 a 和 b 为常数,称为几何因子,与具体的几何图形的形状有关。如对圆,$a=\pi$;对球,$b=\frac{4\pi}{3}$。由式(2.1)可以得出如下的结论:

它们是以两点间的直线距离为基础的,而且,它们的量纲数分别等于几何图形存在的空间的维数。

当几何图形的周界曲线或曲面可以用解析函数给出时,几何量的计算可以用微积分给出。如计算曲线的弧长,弧长的微分公式是以欧氏几何为基础的,其长度的量纲也是长度单位的一次方。在计算曲边梯形的面积时,其积分是以小矩形的面积进行叠加的,求得的面积的量纲是长度单位的 2 次方。而在计算曲顶柱体的体积时,是以直六面体为标准的,求得的体积的量纲是长度单位的 3 次方。由此可见,微积分是以欧氏几何为基础的,它所给出的几何量(长度、面积和体积)的量纲是长度单位的整数次幂,分别是长度单位的 1,2 和 3 次幂。

在物理学中,大于三维的空间也是存在的,如把时间和空间一起加以考虑,就得到了所谓的四维空间。

以上讨论的维数都是整数,它们的数值与决定几何形状的变量个数及自由度数是一致的。也就是说,直线上的任意点可用 1 个实数表示,平面上的任意点可用由 2 个实数组成的数组来表示,依此类推。

把自由度数作为**维数**(又称为**经验维数**)的设想是很自然的,也没有特别使人产生怀疑的地方。但早在 1890 年就有人对经验维数提出了较深刻的疑问,这是因为可以只用一个实数来表示二维的正方形上的任意点。用一条曲线即可把平面完全覆盖的最好例子是 Peano 曲线,如图 2.1 所示,Peano 曲线可定义为图中折线的极限[26]。从图中可以看出,此曲线同样可以把平面完全覆盖住。此曲线属于自相似,与 Koch 曲线一样,处处都不能微分,是分形的一个例子,被称为非规整几何图形。属于非规整几何图形的还有康托尔(Cantor)集,谢尔宾斯基(Sierpinski)集等(详见第 3 章),它们又被

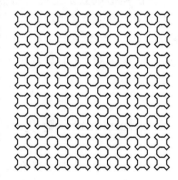

图 2.1　Peano 曲线

称为病态几何图形。研究非规整几何图形的几何学是非欧几里得几何学的一种。

Peano 曲线的考虑方法也适用于三维以上,即可以用一个实数来表示 n 维空间图形中的任意点。也就是说,如果从自由度角度来考虑,也可把 n 维空间看成一维,这样就产生了矛盾。为了避免这一矛盾,必须从根本上重新考虑维数的定义。为此,提出了不少有关维数的定义,其中最易理解且与分形维数有密切关系的是**相似维数**(similarity dimension)。

根据相似性,现在来看线段、正方形和立方体的维数。首先,把线段、正方形和立方体的边分成两等份,这样,线段成为一半长度的两个线段,正方形则是边长为原来边长的 1/2 的四个小正方形,而立方体则可分为八个小立方体,其边长也为原来边长的 1/2。这样,原来的线段、正方形、立方体可被看成为分别由 2,4,8 个把全体分成 1/2 的相似形组成。2,4,8 可改写为 $2^1,2^2,2^3$,这里出现的指数 1,2,3 分别与其图形

的经验维数相一致。一般来说，如果某图形是由把全体缩小为 $1/a$ 的 a^D 个相似图形构成的，那么此指数 D 就具有维数的意义。此维数被称为**相似维数**。按此定义，Peano 曲线是由全体缩小 $1/2$ 的四个图形构成的，$4=2^2$，所以它的相似维数为 2，与正方形的欧氏维数相一致，前面提到的矛盾就得以解决了。

相似维数常用 D_s 表示。按照其定义，D_s 完全没有是整数的必要。如某图形是由全体缩小 $1/a$ 的 b 个相似形所组成，即 $b=a^{D_s}$，所以相似维数 D_s 为

$$D_s = \frac{\ln b}{\ln a} \tag{2.2}$$

在 1.2 节中讨论的 Koch 曲线，是由把全体缩小成 $1/3$ 的四个相似形构成的，因此，按式(2.2)，Koch 曲线的相似维数可表示为

$$D_s = \frac{\ln 4}{\ln 3} = 1.2618 \tag{2.3}$$

这是一个非整数值，它定量地表示了 Koch 曲线的复杂程度。分形图形虽然一般都比较复杂，但其复杂程度可用非整数维数去定量化。

提出相似维数是把经验维数扩大为非整数值的划时代的进展，但按照其定义，它的适用范围就非常有限，因为只有对具有严格的自相似性的有规分形，才能应用这个维数。所以，定义适用于包括随机图形在内的任意图形的维数是很必要的，现在已有几种这样的维数，其中最有代表性的是 Hausdorff 维数，它适用于包括随机图形在内的任意图形。

2.2 Hausdorff 测度和维数

在 2.1 节中，我们知道在欧氏空间中，直线或曲线的欧氏维数为 1，平面图形的欧氏维数为 2，空间图形的欧氏维数是 3；而非规整几何图形的相似维数可以是非整数值。为了能定量地描述包括非整数值在内的维数，波恩大学数学家豪斯道夫(Felix Hausdorff)在 1919 年从测量的角度引进了 Hausdorff 维数的定义。在讨论 Hausdorff 维数以前，先来看一下 Hausdorff 测度[43]。

如果 U 为 n 维欧氏空间 $\mathbb{R}^n$ 中任何非空子集，U 的直径定义为 $|U|=\sup\{|\boldsymbol{x}-\boldsymbol{y}|:\boldsymbol{x},\boldsymbol{y}\in U\}$，即 U 内任何两点距离的最大值，式中的 sup 是上确界的缩写。如果 $\{U_i\}$ 为可数(或有限)个直径不超过 δ 的集构成的覆盖 F 的集类，即 $F\subset\bigcup_{i=1}^{\infty}U_i$，且对每一个 i，都有 $0<|U_i|\leqslant\delta$，则称 $\{U_i\}$ 为 F 的一个 δ-覆盖。

设 F 为 $\mathbb{R}^n$ 中的任何子集，s 为一非负数，对任何 $\delta>0$，定义

$$\mathcal{H}_\delta^s(F) = \inf\left\{\sum_{i=1}^{\infty}|U_i|^s : \{U_i\} \text{ 为 } F \text{ 的 } \delta\text{-覆盖}\right\} \tag{2.4}$$

式中 inf 是下确界的缩写。于是考虑所有直径不超过 δ 的 F 的覆盖，并试图使这些

直径的 s 次幂的和达到最小(见图 2.2)。当 δ 减少时,式(2.4)中能覆盖 F 的集类是减少的,所以下确界 $\mathcal{H}^s_\delta(F)$ 随着增加且当 $\delta\to 0$ 时趋于一极限(集合的上确界与下确界直观地被认为是集合的最大值与最小值)。记

$$\mathcal{H}^s(F) = \lim_{\delta\to 0}\mathcal{H}^s_\delta(F) \tag{2.5}$$

对 $\mathbb{R}^n$ 中的任何子集 F,这个极限都存在,但极限值可以是(并且通常是)0 或 ∞。$\mathcal{H}^s(F)$ 就被称为 F 的 s-维 Hausdorff **测度**。

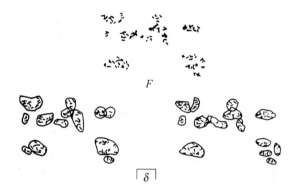

图 2.2 集 F 和 F 的两个可能的 δ-覆盖。取遍所有这样的 δ-覆盖 $\{U_i\}$ 而得的 $\sum |U_i|^s$ 的下确界给出 $\mathcal{H}^s_\delta(F)$

通过一定的努力可以说明 $\mathcal{H}^s$ 为一测度,因为测度基本上只是赋予集以数值"大小"的一种方式,如果集以合理的方式分解为有限或可数个部分,则整体的数值应该是所有各部分数值之和。可以证明,对于空集合 $\varnothing$, $\mathcal{H}^s(\varnothing)=0$;如果 E 包含于 F 内,则 $\mathcal{H}^s(E)\leqslant\mathcal{H}^s(F)$。若 $\{F_i\}$ 为任何可数不交波雷尔集序列,则

$$\mathcal{H}^s\left(\bigcup_{i=1}^{\infty}F_i\right) = \sum_{i=1}^{\infty}\mathcal{H}^s(F_i) \tag{2.6}$$

所谓**波雷尔集**是 $\mathbb{R}^n$ 中满足下列性质的最小集类:

(1) 每一个开集和每一个闭集都是波雷尔集。

(2) 每一个有限个波雷尔集的交或并,每一个可数个波雷尔集的交或并都是波雷尔集。

实际上,在本书中讨论的任何 $\mathbb{R}^n$ 的子集都是波雷尔集。

Hausdorff 测度推广了长度、面积和体积等类似概念。可以证明 $\mathbb{R}^n$ 中任何子集的 n 维 Hausdorff 测度与 n 维勒贝格(Lebesgue)测度,即通常的 n 维体积,相差一常数倍[44]。更精确地,若 F 是 $\mathbb{R}^n$ 中波雷尔子集,则

$$\mathcal{H}^n(F) = C_n V_0\mid^n(F) \tag{2.7}$$

式中常数 $C_n = \pi^{\frac{1}{2}n}\Big/\left(2^n\left(\dfrac{1}{2}n\right)!\right)$,即直径为 1 的 n 维球的体积。

类似地,对$\mathbb{R}^n$中"好的"低维子集,$\mathscr{H}^0(F)$是F中点的数目;$\mathscr{H}^1(F)$给出了光滑曲线F的长度;若F为光滑曲面,则$\mathscr{H}^2(F)=\frac{1}{4}\pi\times\text{area}(F)$;$\mathscr{H}^3(F)=\frac{1}{6}\pi\times V_0|(F)$;若$F$为$\mathbb{R}^n$中光滑$m$维子流形(即经典意义上的$m$维曲面),则$\mathscr{H}^m(F)=C_m\times V_0|^m(F)$。另外应该指出的是,Hausdorff 测度是平移不变的,而且也是旋转不变的。

长度、面积和体积的比例性质是众所周知的。当比例放大λ倍时,曲线的长度放大λ倍,平面区域的面积放大λ^2倍,三维物体的体积放大λ^3倍。正如可以预料到的,s维 Hausdorff 测度放大λ^s倍,见图 2.3。这个比例性质是分形理论的基础。

下面来讨论 Hausdorff 维数。在式(2.4)中,容易看出对任何给定的集F和$\delta<1$,$\mathscr{H}^s_\delta(F)$对s是不增的,因此由式(2.5),$\mathscr{H}^s(F)$也是不增的。事实上,有更进一步的结论:若$t>s$,且$\{U_i\}$为F的δ-覆盖,则有

$$\sum_i |U_i|^t \leqslant \delta^{t-s} \sum_i |U_i|^s \tag{2.8}$$

取下确界,得$\mathscr{H}^t_\delta(F)\leqslant\delta^{t-s}\mathscr{H}^s_\delta(F)$。令$\delta\to 0$,对于$t>s$,若$\mathscr{H}^s(F)<\infty$,则$\mathscr{H}^t(F)=0$。所以$\mathscr{H}^s(F)$关于$s$的图(图 2.4)表明,存在$s$的一个临界点使得$\mathscr{H}^s(F)$从$\infty$"跳跃"到 0。这个临界值称为$F$的 Hausdorff 维数,以$\text{Dim}_H F$表示,常简写为$D_H$,或$D_H(F)$。精确地

$$D_H = \inf\{s: \mathscr{H}^s(F)=0\} = \sup\{s: \mathscr{H}^s(F)=\infty\} \tag{2.9}$$

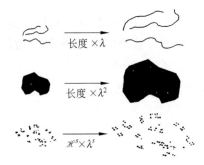

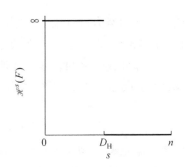

图 2.3 用比例λ放大集合,长度放大λ倍,面积放大λ^2倍,S维 Hausdorff 测度放大λ^s倍

图 2.4 集F的$\mathscr{H}^s(F)$对s的图。Hausdorff 维数是使从∞跳跃到 0 发生的s的数值

所以

$$\mathscr{H}^s(F) = \begin{cases} \infty & (若 s<D_H) \\ 0 & (若 s>D_H) \end{cases} \tag{2.10}$$

如果$s=D_H$,则$\mathscr{H}^s(F)$可以为零或者无穷或者满足

$$0 < \mathscr{H}^s(F) < \infty$$

满足最后这个条件的波雷尔集称为s-集。

Hausdorff 维数满足下面的性质：

（1）开集　若 $F \subset \mathbb{R}^n$ 为开集，因 F 包含一个具有正 n 维体积的球，所以 $D_H = n$。

（2）光滑集　若 F 为 $\mathbb{R}^n$ 中光滑（即连续可微）m 维流形（即 m 维曲面），则 $D_H = m$。特别地，光滑曲线维数为 1，光滑曲面维数为 2。

（3）单调性　若 $E \subset F$，则 $D_H E \leqslant D_H F$。这可从对每一 s，$\mathcal{H}^s(E) \leqslant \mathcal{H}^s(F)$ 这个测度性质立即得到。

（4）可数稳定性　若 $F_1, F_2, \cdots$ 为一（可数）集序列，则 $D_H \bigcup_{i=1}^{\infty} F_i = \sup_{1 \leqslant i < \infty} \{D_H F_i\}$。由单调性，对每一 j，必然有 $D_H \bigcup_{i=1}^{\infty} F_i \geqslant D_H F_j$。另外，若 $s > D_H F_i$，则对所有的 i，$\mathcal{H}^s(F_i) = 0$，所以 $\mathcal{H}^s(\bigcup_{i=1}^{\infty} F_i) = 0$，从而给出反向不等式。

（5）可数集　若 F 是可数的，则 $D_H F = 0$。若 F_i 是一单点，有 $\mathcal{H}^0(F_i) = 1$，$D_H F_i = 0$，所以由可数稳定性，$D_H(\bigcup_{i=1}^{\infty} F_i) = 0$。

大部分维数的定义都基于"用尺度 δ 进行量度"这样的设想，忽略尺寸小于 δ 时的不规则性，并且查看当 $\delta \to 0$ 时，这些测量值的变化。所以，也可以用类似的方式来描述 Hausdorff 维数[45]。

设有一条长度为 L 的线段，若用一长为 r 的"尺"作为单位去量它，量度的结果是 N，我们就说这条线段有 N 尺。显然 N 的数值与所用尺的大小有关，它们之间具有下列关系：

$$N(r) = L/r \sim r^{-1} \tag{2.11}$$

同理，若测量的是一块面积为 A 的平面，这时就用边长为 r 的单位小正方形去测量它，才能得出确定的 N 值，其 N 值为

$$N(r) = A/r^2 \sim r^{-2} \tag{2.12}$$

r 越小，测得越准，所需小方块的数目总是比例于 A/r^2。

如果不是用单位小方块去测量，而仅是用 r 的尺去直接测量，那是测不出这块面积大小的。由此可见，测量任何一个物体都必须要用一种适合于它的"尺"去量度，才能给出正确的数值。同样，可以用半径为 r 的小球来填满一块体积 V，所需小球的数目比例于 V/r^3。

数学家们把上述事实归纳为下述结论：对于任何一个有确定维数的几何体，若用与它相同维数的"尺"去量度，则可得到一确定的数值 N；若用低于它维数的"尺"去量它，结果为无穷大；若用高于它维数的"尺"去量它，结果为零。其数学表达式为

$$N(r) \sim r^{-D_H} \tag{2.13}$$

对式(2.13)两边取自然对数，再进行简单运算后，可得下式

$$D_H = \ln N(r)/\ln(1/r) \tag{2.14}$$

式中的 D_H 就称为 Hausdorff 维数。它可以是整数，也可以是分数。在某些文献中，把 D 称为豪斯道夫—贝塞科维奇维数(Hausdorff-Besicovitch dimension)。在欧氏几何学中所讨论的几何体，它们光滑平整，其 D 值为 1,2 或 3,均为整数。但自然界造就的各种物体，它们的形态千奇百怪，并不都是光滑平整的，如弯弯曲曲的海岸线、起伏不平的山脉、迂回曲折的河流等，如何确定这些不规则、不平整物体的维数呢？数学家为此设想了许多病态的几何图形，如第 1 章中提到的 Koch 曲线就是一例，可以用它来模拟自然界中的海岸线。应用上面的公式，我们可以求出 Koch 曲线的维数，其基本单元由 4 段等长的线段构成，每段长度为 1/3,即 $N=4, r=1/3$,

$$D_H = \ln 4/\ln 3 = 1.2618$$

D_H 是个比 1 大的分数，这反映了 Koch 曲线要比一般的曲线来得复杂和不规则，它是一条处处连续但不可微的曲线。另外，D_H 与 2.1 节中的相似维数 D_s 值是相同的。

人们常把 Hausdorff 维数是分数的物体称为分形，把此时的 D_H 值称为该分形的分形维数，简称分维，也有人把该维数称为**分数维数**。显然 Koch 曲线是个分形。当然，严格地说，在确定一个物体是否是分形时，除了看其 Hausdorff 维数值以外，还必须看其是否具有自相似性和标度不变性(参见第 1 章)。

在欧氏几何学中，维数表示为确定空间中一个点所需独立坐标的数目。确定直线上一个点只需一个坐标，维数为 1;确定平面上一个点需两个坐标，维数为 2;确定立体中一个点需三个坐标，维数为 3。对欧氏几何学中的规整几何图形，其维数的计算也可以按如下的方法进行。

把一个几何对象的线度放大 L 倍，若它本身成为原来的几何体的 k 倍,则该对象的维数是

$$D = \ln K/\ln L \tag{2.15}$$

例如，把一个正方形每边放大 4 倍，图形本身将变为原来的正方形的 16 倍，即 $L=4$,$K=16$,所以 $D=\ln 16/\ln 4 = 2$,也就是说正方形的维数为 2。

或者，我们按相反的方式，把一个图形划分为 N 个大小和形态完全相同的小图形，每一个小图形的线度是原图形的 r 倍，此时维数为

$$D = \ln N(r)/\ln(1/r) \tag{2.16}$$

式(2.16)与式(2.14)具有相同的形式，这也不奇怪，因为它们的思路实际上是相同的。还以正方形为例，如把一个正方形分成 16 个小正方形，每个小正方形的边长为原来正方形边长的 1/4(每个小正方形的线度是原来正方形的 1/4 倍),16 个小正方形之和等于原来的正方形，即 $N=16, r=1/4$,所以,$D=\ln 16/\ln 4 = 2$。

下面再来看一个例子，该例子说明如何采用不同的方法来获得一个二维的分形，

并且比较它们的 Hausdorff 维数,如图 2.5 所示[46]。

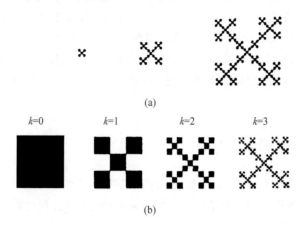

图 2.5　在二维平面上分形的构成
(a) 重复叠加;(b) 逐步分割

图 2.5(a)表明,人们可以通过一个重复叠加的过程来形成一个分形,而在图 2.5(b)中,把一个原来的方块一步步地分割,也构成了一个类似的图形。当 $k\to\infty$ 时,上述的两个过程都导致一个分形的形成。下面来算一下它们的 Hausdorff 维数 D_H,对重复叠加的情况,很显然,

$$N(L) = 5^k, \quad L = 3^k$$

这里的 k 表示重复的次数。所以

$$D_H = \ln 5^k / \ln 3^k = 1.465\cdots$$

类似地,对逐步分割的情况

$$N(L) = 5^k, \quad l = 3^{-k}$$

$$D_H = \ln 5^k / \ln(1/3^{-k}) = 1.465\cdots$$

这表明,它们具有相同的 Hausdorff 维数,$D_H=1.465$。

综上所述可以发现,那些至今为止认为是异常的分形集在某种意义上说应该是规则的,被认为是病态的结构应该自然而然地从非常具体的问题中演化出来。分形几何可以用来描绘自然物体的复杂性。不管其起源或构造方法如何,所有的分形都具有一个重要的特征:可通过一个特征数,即分形维数测定其不平度、复杂性或卷积度。对分形几何的这一表征并不只限于包含在某一平面之内的数学图形或形态,人们还能计算出诸如河流、海岸线、树木、闪电、云层、血管、神经网络或肠壁绒毛之类真实物体的分形维数。例如,人的动脉的分形维数大约为 2.7;按理查森经验公式挪威海岸线的分形维数应为 $D=1.52$。理查森(L. F. Richardson)在 1961 年对挪威东南部海岸线进行测量后得到下面的经验公式:

$$L(a) = C \times a^{1-D}$$

式中，a 为比例尺（如取 1 cm 代表 a km），当 $a \to 0$ 时，L 不会趋于定值。如果海岸线长度符合欧氏几何学原理，则 D 应等于 1，L 应等于 C，至少当 a 很小时应如此。但是，测量结果却是 $D=1.52$。不独挪威海岸线是这样，其他国家的海岸线也是分形（分形维数值可能不同）。自然界就是如此的奥秘无穷，正如 Mandelbrot 所指出的："云团不是球，山岳不是锥体，海岸线不是圆，树皮不是光滑的，闪电也不是沿直线传播的。"

2.3　维数的其他定义

在上两节中，我们讨论了非规整几何图形、相似维数以及 Hausdorff 维数。然而，除了上述两个维数以外，还有其他一些经常用到的维数，在讨论这些维数以前，先来看一下分形的定义。

Koch 曲线是一个非规整几何图形，但具有严格的自相似性，属于有规分形，其 Hausdorff 维数 $D_H = 1.2618$，那么其拓扑维数是多大呢？拓扑维数是比分形维数更基本的量，以 D_T 表示，它取整数值，在不作位相变换的基础上是不变的，即通过把空间适当地放大或缩小，甚至扭转，可转换成孤立点那样的集合的拓扑维数是 0，而可转换成直线那样的集合的拓扑维数是 1。所以拓扑维数就是几何对象的经典维数，在一般情况下，点是 0 维，线是 1 维，面是 2 维，体是 3 维。拓扑维数是不随几何对象形状变化而变化的整数维数。显然，Koch 曲线的拓扑维数 $D_T = 1$，而其 Hausdorff 维数 $D_H = 1.2618$，所以有 $D_H > D_T$。由此，我们可以引入分形的定义。

定义 1　如果一个集合在欧氏空间中的 Hausdorff 维数 D_H 恒大于其拓扑维数 D_T，即

$$D_H > D_T \tag{2.17}$$

则称该集合为**分形集**，简称为**分形**。

这个定义是由 Mandelbrot 在 1982 年提出的，四年以后，他又提出了一个实用的定义：

定义 2　组成部分以某种方式与整体相似的形体叫**分形**。

这里的"某种方式"是指"自相似"。这个定义很通俗且直观，很受实验科学家的欢迎，它突出了分形的自相似性，反映了自然界中广泛存在的一类物质的基本属性，即局部与局部、局部与整体在形态、功能、信息、时间与空间等方面具有统计意义上的自相似性。但应该注意一点，这里提到的"自相似性"与欧氏几何学中的"相似性"是两个不同的概念，如两个三角形是相似的，就不能说它们是分形。

应当指出的是，虽然有上述两个定义，但迄今为止对分形尚未有严密的定义，对分形给予严密的定义还为时过早。有的学者认为，对"分形"的定义可以用生物学中对"生命"定义的同样方法处理。生物学中"生命"并没有严格和明确的定义，但都可

以列出一系列生命物体的特性,如繁殖能力、运动能力及对周围环境的相对独立的存在能力等。大部分生物都有上述的特性,虽然有一些生物对上述某些性质有例外。同样,对分形似乎最好把它看成具有下列性质的集合,而不去寻找精确的定义,因为这种定义肯定总要排除掉一些有趣的情形。一般来说,称集 F 是分形,即认为它具有下述典型的性质:

(1) F 具有精细的结构,即有任意小比例的细节。

(2) F 是如此的不规则,以致它的整体与局部都不能用传统的几何语言来描述。

(3) F 通常有某种自相似的形式,可能是近似的或是统计的。

(4) F 的"分形维数"(以某种方式定义的)一般大于它的拓扑维数。

(5) 在大多数令人感兴趣的情形下,F 可以以非常简单的方法来定义,可能由迭代产生。

另外,就分形维数而言,一个集合的分形维数还不能给出该集合的基本信息,如已知某个集合的分形维数为 1.25,但是仅靠这一点,就连这个集合是分散点的集合还是由皱折的线组成的都不得而知。有关这个集合的信息可以由其他的维数来给出,如拓扑维数。

正如在 2.2 节中所指出的,大部分形维数的定义都基于"用尺度 δ 进行量度"这样的指导思想,在测量时忽略尺寸小于 δ 时的不规则性,观察当 $\delta \to 0$ 时,这些测量值的状况如何。例如,当 F 是平面曲线,则测量值 $M_\delta(F)$ 可以用两脚间距为 δ 的两脚规度量整个 F 所需的步数确定,而 F 的维数则由 $M_\delta(F)$ 服从的幂定律(如果有的话)决定,即当 $\delta \to 0$,如果对常数 c 和 s,有

$$M_\delta(F) \sim c\delta^{-s} \tag{2.18}$$

则可以说 F 具有"维数",而 c 则可以看成是集 F 的"δ-维长度"。取对数得

$$\ln M_\delta(F) \approx \ln c - s \ln \delta \tag{2.19}$$

在式(2.19)两端的差随 δ 趋于零而趋于零的意义下,有

$$s = \lim_{\delta \to 0} \frac{\ln M_\delta(F)}{-\ln \delta} \tag{2.20}$$

由于 s 可以利用 δ 值的一个适当范围内作出的双对数图的斜率来估计(见图 2.6),所以把上述这些公式用于计算和实验是令人感兴趣的(在实际现象中,当然只能对 δ 在有限范围内进行讨论。因为在尺度达到原子的尺寸之前,理论结果与实验就会有很大的差别)。另外,用常用对数或自然对数来作图,结果都是相同的。

也可能 $M_\delta(F)$ 不服从精确的幂定律,但与之是接近的,由此可得到式(2.20)中的上、下

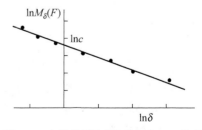

图 2.6 在服从幂定律 $M_\delta(F) \sim c\delta^{-s}$ 的假定下,对集 F 维数的经验估计

极限。

应该看到，并不存在严格的规则来确定某个量是否能合理地被当成一个维数。确定一个量能否作为维数，通常是去寻找它的某种类型的比例性质，在特殊意义下定义的自然性以及维数的典型性质。

应注意一些表面上很相似的维数定义，它们具有的性质可能差别很大。不应当假定不同的定义对同一个集合能给出相同的维数值，即使对很"规则"的集也是如此。这样的假定在过去已造成了很大的误解和混乱。对任一维数应当从它的定义去研究它的性质，Hausdorff 维数所具有的性质，别的维数未必都具有[43]。

下面介绍几种维数的定义，为了区别起见，分别采用不同的下标。另外，为便于比较，把 Hausdorff 维数和相似维数也一起列了出来[43,45]。

(1) Hausdorff 维数 D_H

由式(2.14)，可写出 Hausdorff 维数的数学表达式如下：

$$D_H = \lim_{\delta \to 0} \frac{\ln N(\delta)}{\ln(1/\delta)} \tag{2.21}$$

式中的 $N(\delta)$ 表示 δ-覆盖 $\{U_i\}$ 的个数。D_H 又可称为**覆盖维数**和**量规维数**。

(2) 信息维数 D_i

在 Hausdorff 维数 D_H 的定义中，只考虑了所需 δ-覆盖的个数 $N(\delta)$，而不考虑每个覆盖 U_i 中所含分形集元素的多少。设 P_i 表示分形集的元素属于覆盖 U_i 中的概率，则信息维数为

$$D_i = \lim_{\delta \to 0} \frac{\sum_{i=1}^{N} P_i \ln P_i}{\ln \delta} \tag{2.22}$$

在等概率 $P_i = 1/N(\delta)$ 的情况下，信息维数等于 Hausdorff 维数，即 $D_i = D_H$。令 $P_i = 1/N(\delta)$ 并代入式(2.22)，经过简单的运算，就可得到这个结果。有时，D_i 也被称为**信息量维数**。

(3) 关联维数 D_g

若分形中某两点之间的距离为 δ，其关联函数为 $C(\delta)$，则关联维数为

$$D_g = \lim_{\delta \to 0} \frac{\ln C(\delta)}{\ln(1/\delta)} \tag{2.23}$$

式中

$$C(\delta) = \frac{1}{N^2} \sum_{i,j=1}^{N} H(\delta - |x_i - x_j|) = \sum_{i=1}^{N} P_i^2$$

关联维数便于从实验中直接测定，应用很广，它是由 P. Grassberger 和 I. Procaccia 在1983年提出的。

(4) 相似维数 D_s

设分形整体 S 是由 N 个非重叠的部分 $s_1, s_2, \cdots, s_N$ 组成，如果每一个部分 s_i 经

过放大 $1/r_i$ 倍后可与 S 全等($0<r_i<1, i=1,2,\cdots,N$),并且 $r_i=r$,则相似维数为

$$D_s = \ln N/\ln(1/r) \tag{2.24}$$

如果 r_i 不全等,则定义

$$\sum_{i=1}^{N} r_i^{D_s} = 1 \tag{2.25}$$

如对不等分两标度(r_1,r_2)康托尔分形,有 $r_1^{D_s}+r_2^{D_s}=1$;当 $r_1=0.25, r_2=0.4$ 时,$D_s=0.6110$。

(5) 容量维数 D_c

容量维数是由 Kolmogorov 推导的,它的定义与 Hausdorff 维数很相似,也是以包覆作为基础的。假定要考虑的图形是 n 维欧氏空间 $\mathbb{R}^n$ 中的有界集合,用半径为 ε 的 d 维球包覆其集合时,假定 $N(\varepsilon)$ 是球的个数的最小值,则容量维数 D_c 可用下式来定义

$$D_c \equiv \lim_{\varepsilon \to 0} \frac{\ln N(\varepsilon)}{\ln(1/\varepsilon)} \tag{2.26}$$

在上面的定义中,首先用同样大小的 n 维球尽量无浪费地把给予的图形包覆并加以近似。每个球的 D 维测度因与 ε^D 成比例,用球近似的图形的 D 维测度,大致可与 $N(\varepsilon) \cdot \varepsilon^D$ 成比例。在 ε 的极限值为 0 时,若 D 比某值 D_c 小,这样测得的 D 维测度为无限大;若 D 比 D_c 大,则其 D 维测度为 0;而当 $D=D_c$ 时为有限。$N(\varepsilon) \cdot \varepsilon^{D_c}$ 在 $\varepsilon \to 0$ 时为有限,这意味着当 ε 接近 0 时,$N(\varepsilon)$ 与 ε^{-D_c} 成比例。所以,$\varepsilon \approx 0$ 时,下式成立

$$\ln N(\varepsilon) \approx -D_c \ln \varepsilon = D_c \ln(1/\varepsilon) \tag{2.27}$$

用式(2.26)即可定义维数。在 Hausdorff 维数中,虽然把球的大小作为比 ε 还小的任意球,但如果把它限定在 1 的特殊情况下则为容量维数了。D_c 虽常与 D_H 相一致,但有时也取不同的值,一般的关系是

$$D_c \geqslant D_H \tag{2.28}$$

维数的这些定义,在数学上都是很严密的,但要广泛用于实际之中,有时也有不适合之处。例如,这些定义往往都把包覆球的半径的极限考虑为 0,但是在物理学中,在严密考虑长度为 0 的极限时,要想同时正确测定某一组物理量(如坐标和速度、能量与时间)在原理上是不可能的。考虑长度为 0 的物体时,动量的不确定性将变得无限大。即使不是这样,要进行实验测定,也是离不开界限的。

(6) 谱维数 $\widetilde{D}$

在研究具有自相似性分布的随机过程,如研究作随机行走的粒子的统计性质以及可用渗流模型来描述的多孔介质、高聚物凝胶、无规电阻网络中的输运规律等这一类"蚂蚁在迷宫中"的问题时,引入了**谱维数** $\widetilde{D}$,又叫做**分形子**(fracton)**维数**。

这里所说的随机行走是指每经过一个离散的时间 Δt,就在格子上移动一个格子

的随机行走。因此，现在研究的分形结构是由格子组成的分形结构，在空间和时间上是离散的，可以进行计算机模拟，也可以进行重正化群的理论解析[47—48]。

首先，离原点(出发点)距离的平方的平均期望值$\langle R^2 \rangle$可用下式表示：

$$\langle R^2 \rangle \propto N^{\tilde{D}/D} \tag{2.29}$$

式中，D 是所要考虑的分形结构的分形维数，$\tilde{D}$ 是谱维数。对于一般维数为整数的欧几里得的几何结构，则 $\tilde{D}=D$。式(2.29)给出了大家熟知的有关随机行走的关系，但一般来说，$\tilde{D} \neq D$，所以分形的随机行走与通常的随机行走的性质是大不相同的。

作随机行走的粒子在经过时间间隔 N 后所通过的不同格子总数 S_N，只用谱维数就可表示：

$$\langle S_N \rangle \propto \begin{cases} N^{\tilde{D}/2} & (\tilde{D} < 2) \\ N & (\tilde{D} > 2) \end{cases} \tag{2.30}$$

另外，在 N 间隔后，回到原点的概率 $P_0(N)$ 也可只用 $\tilde{D}$ 来表示：

$$P_0(N) \propto N^{-\tilde{D}/2} \tag{2.31}$$

可以说这些关系把欧几里得几何的情况自然地扩展到分形，因为当 $\tilde{D}=n$ 时，式(2.30)和式(2.31)也同样成立。

由于 $\tilde{D}$ 是包含时间的量，而分形维数 D 纯粹是几何学上的量，因而只给出分形维数 D 是不能求出 $\tilde{D}$ 的。可以把式(2.29)～式(2.31)中的任何一个看作是谱维数 $\tilde{D}$ 的定义式，因为如果用一个公式就能决定 $\tilde{D}$，那么其他关系式也就自动地得到满足。在理论上用重正化群的方法解析粒子迁移概率，就可得到下列 $\tilde{D}$ 值。对 $\mathbb{R}^n$ 中的 Sierpinski 集(参看 3.3 节)，$\tilde{D}$ 值为

$$\tilde{D} = \frac{2\ln(n+1)}{\ln(n+3)} \tag{2.32}$$

$$D = \frac{\ln(n+1)}{\ln 2} \tag{2.33}$$

对于渗流构造，则有下式

$$\tilde{D} = \frac{2(d\nu - \beta)}{\mu - \beta + 2\nu} \tag{2.34}$$

式中，ν 和 β 是临界指数，μ 是与电导率 Σ 有关的临界指数。

$$\Sigma \propto (P - P_c)^\mu \tag{2.35}$$

如果 $\mu = \xi + (d+2) \cdot \nu$，那么 $\xi \approx 1$。如果在 $2 \leq n \leq 6$ 范围内，用式(2.34)求 $\tilde{D}$，则 $\tilde{D}$ 值为

$$\tilde{D} \approx 4/3 \tag{2.36}$$

这暗示着渗流构造中的随机行走几乎不依赖被填进的空间维数这样一种普遍的性质。

谱维数对研究分形的随机行走是个非常重要的概念。为什么要取名谱维数？我们来考虑这样一种情况，即 Sierpinski 集和渗流构造这类分形结构被看成是用橡胶弹性体制成的。因为是弹性体，如果发生微小变形，就要恢复原状，而开始振动。其振动谱密度 $\rho(\omega)$ 是作为振动数 ω 的函数，可表示为

$$\rho(\omega) \propto \omega^{\tilde{D}-1} \tag{2.37}$$

由于分形结构的振动谱受 $\tilde{D}$ 控制，所以 $\tilde{D}$ 被取名为**谱维数**。

另外，还有一个与谱维数有关的有趣的话题。那就是在 D 维分形结构上的自我回避的随机行走分形维数 D' 会是个什么样的问题。Flory 公式的 $D' = (n+2)/3$，在非整数的 $D \approx n$ 时是否也同样成立呢？答案是否定的，此时 D' 的表达式如下

$$D' = \frac{D}{\tilde{D}} \cdot \frac{\tilde{D}+2}{3} \qquad (\tilde{D} \leqslant 4) \tag{2.38}$$

所以，把 Flory 公式原封不动地应用在非整数维数是不能成立的，必须引进谱维数[49]。

(7) 填充维数 D_P

1982 年 Tricot 提出了填充 (packing) 测度和维数。这种测度和维数与 Hausdorff 测度和维数有着类似之处。Hausdorff 维数是可以利用最少的小球覆盖去定义 (即等价定义：$N_\delta(F)$ 是覆盖 F 的半径为 δ 的最少闭球数)。计盒维数 (box-counting dimension)(详见 4.2 节) 可以看成是这样的维数，它依赖于互不相交的半径相等的尽可能稠密的小球的填空。由半径不同的互不相交的小球尽可能稠密的填充定义的维数就称为填充维数 (packing dimension)。

先试着用 Hausdorff 测度和维数定义的模式去定义这种新的维数，令

$$\mathscr{P}_\delta^s(F) = \sup\left\{\sum_i |B_i|^s : \{B_i\} \text{ 是球心在 } F \text{ 上，}\right.$$
$$\left.\text{半径最大为 } \delta \text{ 的互不相交的球族}\right\} \tag{2.39}$$

因为 $\mathscr{P}_\delta^s(E)$ 随 δ 减少而递减，极限

$$\mathscr{P}_0^s(F) = \lim_{\delta \to 0} \mathscr{P}_\delta^s(F) \tag{2.40}$$

存在。但从对可数稠密集的考虑中就容易看出，$\mathscr{P}_0^s(F)$ 不是测度，因此修改这个定义为

$$\mathscr{P}^s(F) = \inf\left\{\sum_i \mathscr{P}_0^s(F_i) : F \subset \bigcup_{i=1}^\infty F_i\right\} \tag{2.41}$$

可以证明 $\mathscr{P}^s(F)$ 是 $\mathbb{R}^n$ 上的测度，一般称为 **s-维填充测度**。接下来可以用通常的方法定义填充维数如下：

$$D_P(F) = \sup\{s : \mathscr{P}^s(F) = \infty\} = \inf\{s : \mathscr{P}^s(F) = 0\} \tag{2.42}$$

这基本的测度结构立即保证了对可数集类$\{F_i\}$

$$D_P\left(\sum_{i=1}^{\infty} F_i\right) = \sup_i D_P(F_i) \tag{2.43}$$

因为如果对所有i，$s > D_P(F_i)$，则

$$\mathscr{P}^s(\cup_i F_i) \leqslant \sum_i \mathscr{P}^s(F_i) = 0,$$

因而$D_P(\cup_i F_i) \leqslant s$，所以式(2.43)成立。

与 Hausdorff 维数的情形一样，在填充维数的研究中可以利用强有力的测度论技巧。在某种程度上，由于填充测度在许多方面可以"对偶"到 Hausdorff 测度，所以填充测度的引入已经导致对分形几何测度理论的进一步了解。尽管如此，仍然不能指望填充维数和测度能便于应用和计算，为了使它成为测度而在定义中增加的式(2.41)使它比 Hausdorff 维数更难于应用。

(8) 分配维数 D_d

特殊形式的曲线产生了几种维数的定义，人们定义一曲线或称若当(Jordan)曲线 C 为在连续双射

$$f : [a, b] \to \mathbb{R}^n \tag{2.44}$$

下区间$[a, b]$的像（这里仅讨论非自交的曲线）。如果 C 是一曲线，且$\delta > 0$，设 x_0，$x_1, \cdots, x_m$ 是 C 上的点且满足对 $k = 1, 2, \cdots, m$，$|x_k - x_{k-1}| = \delta$，定义 $M_\delta(C)$ 为点 x_0，$x_1, \cdots, x_m$ 的最大数目，则$(M_\delta(C) - 1)\delta$可以看成是利用两脚间隔距离为δ的两脚规测量 C 所得的"长度"。所以**分配维数**(divider dimension)定义为

$$D_d = \lim_{\delta \to 0} \frac{\ln M_\delta(C)}{-\ln \delta} \tag{2.45}$$

假设这个极限存在（否则可以利用上、下极限定义上、下分配维数），容易看出，曲线的分配维数至少等于盒维数（假定它们都存在）。在简单的自相似集的例子中，像 Koch 曲线，它们是相等的。英国海岸线的维数为 1.2 的结论一般是利用分配维数定出的，这个经验值是对δ值大约在 20 m 到 200 km 之间对式(2.45)的比值进行估计得到的。

(9) Lyapunov 维数 D_l

这个维数是作为混沌的吸引子维数，它是利用 Lyapunov 指数来定义的。对混沌的深入研究发现，Hénon 映射和洛伦兹体系中的奇异吸引子的断面图总是呈分形构造，因此也就可以测定其分形维数。根据报道，从利用改变观测尺度的方法和利用相关函数的方法测量维数来看，Hénon 映射和洛伦兹体系中的奇异吸引子的维数分别为 1.26 和 2.06 左右[50]。也就是说，用分形维数可以定量地给出奇异吸引子的特征并对其进行分类。从奇异吸引子与分形的密切关系来看，称它为分形吸引子是很确切的。

如果能够知道稍为离开的两个点之间距离的伸缩量而且是经定量化了的以及 Lyapunov 指数的话，那么利用这些参数就可以推定出吸引子的分形维数。Lyapunov 指数 λ_α 的定义如下：考虑在某个时刻 t，两个点在方向为 α 的方向上仅相隔距离 $L_\alpha(t)$。经过时间 τ 后，这两点间的距离为 $L_\alpha(t+\tau)$。下式表示的平均扩率就是 Lyapunov 指数：

$$\lambda_\alpha \equiv \frac{1}{\tau} \left\langle \log \frac{L_\alpha(t+\tau)}{L_\alpha(t)} \right\rangle \tag{2.46}$$

假如 λ_α 为正（或负）数的话，那么，这两点应该指沿方向 α 按指数函数逐渐地离开（或接近）。为了使表示方向的参数 α 更加清楚，适当地考虑直角坐标，把那个轴的方向记为 α，也就是说，λ_α 应该正好与全部空间的自由度的数目相等。把这些 Lyapunov 指数按大小顺序编号，重新表示为 $\lambda_1, \lambda_2, \cdots, \lambda_d$，这时，就可以按下式推定吸引子的分形维数[51]：

$$D_1 = j - \frac{\lambda_1 + \lambda_2 + \cdots + \lambda_j}{\lambda_j} \tag{2.47}$$

式中，j 为使 $\lambda_1 + \lambda_2 + \cdots + \lambda_j$ 之和为负值的最后一个 λ（即 λ_j）的下标值，即

$$j \equiv \min\left\{ n \,\Big|\, \sum_{j=1}^{n} \lambda_j < 0 \right\} \tag{2.48}$$

例如，对 Hénon 映射和洛伦兹体系，当分别为 $\lambda_1 = 0.42, \lambda_2 = -1.58$ 和 $\lambda_1 = 1.37, \lambda_2 = 0.00, \lambda_3 = -22.4$ 时，其维数就可以分别估算为 1.26 和 2.06[52]，这与前面所述的结果相一致。利用式(2.47)定义的维数被称为 **Lyapunov 维数**（或者 **Kaplan-York 维数**）。

除了上述的几种维数以外，常见的还有集团维数、质量维数、微分维数、布里格维数、模糊维数以及广义维数等，它们各自有不同的定义以及不同的应用。

在有关分形的论文中，有不少关于维数的定义，这是因为还没有找到对任何事物都适用的定义。由于测定维数的对象不同，有的适用，有的就不适用。

2.4 非均匀线性变换

分形几何学的主要内容可分为两部分：**线性分形**和**非线性分形**。线性分形理论的基本观点是维数的变化是连续的，研究的对象具有自相似性和非规则性。自相似性即局部是整体按比例缩小的性质。人们常用分形维数来定量地描述这种自相似性，如在 2.2 节和 2.3 节中所介绍的 Hausdorff 维数、相似维数、谱维数等。线性分形又称为**自相似分形**，它研究在所有方向上以同一比率收缩或扩展一个几何图形的线性变换群下图形的性质，在一定范围（区域）内，由一个分形维数就可以加以描述。线性分形又可分为**有规分形**和**无规分形**两类。

非线性分形研究在非均匀线性变换群或非线性变换群下几何图形的性质,它可以分为三类:**自仿射分形**(非均匀线性变换群)、**自反演分形**(非线性变换群)和**自平方分形**(非线性变换群)。可以看出,在非线性分形中,与线性分形最接近的是自仿射分形(self-affine fractal),因为仿射是在不同方向进行不同比率的收缩或扩展的线性变换。所以,仿射是非均匀的线性变换,而相似是均匀的线性变换,是仿射的特例。在分形几何学中,在用变换定义分形时,为与其他非均匀线性变换群和非线性变换群相区别,把均匀线性变换群作用下的分形——自相似分形称为**线性分形**,其余的均称为**非线性分形**,可以用下图表示:

$$\text{分形几何}\begin{cases}\text{线性分形(均匀线性变换群)}\begin{cases}\text{有规分形}\\\text{无规分形}\end{cases}\\\text{非线性分形(非均匀线性变换群和}\\\text{非线性变换群)}\end{cases}\begin{cases}\text{自仿射分形}\\\text{自反演分形}\\\text{自平方分形}\end{cases}$$

在自仿射分形中,对一个图形(结构)的描述是由多重维数来表征的,如间隙维数、质量维数、整体维数和局部维数等。自仿射分形比自相似分形更为复杂,但也更为重要,因为它本质地反映了大自然的复杂性和丰富性;另外在图像的存储和传送中,利用仿射映射,可以对图像进行压缩[53—55]。

本节讨论非均匀线性变换群下的自仿射集。自仿射集组成一类重要的集类,它包括自相似集作为它的特殊情形。仿射映射 $S: \mathbb{R}^n \to \mathbb{R}^n$ 是具有下面形式的映射:

$$S(\boldsymbol{x}) = T(\boldsymbol{x}) + \boldsymbol{b} \tag{2.49}$$

式中 $\boldsymbol{T}$ 是 $\mathbb{R}^n$ 上的线性变换(可以表示成一个 $n \times n$ 矩阵),而 $\boldsymbol{b}$ 是 $\mathbb{R}^n$ 中的一个向量,于是仿射变换是平移、旋转、胀缩,可能还有反射的组合。例如,S 把球映射成椭球,把正方形映射成平行四边形等。与相似映射不同之处在于,仿射映射在不同的方向上有不同的胀缩比。

设 D 是 $\mathbb{R}$ 的闭子集,下面引入定理 2.1。

定理 2.1 设 $S_1, S_2, \cdots, S_m$ 是 $D \subset \mathbb{R}^n$ 上的压缩映射,使

$$|S_i(\boldsymbol{x}) - S_i(\boldsymbol{y})| \leqslant C_i |\boldsymbol{x} - \boldsymbol{y}| \quad (\boldsymbol{x}, \boldsymbol{y} \in D)$$

对每个 i,$C_i < 1$,则存在唯一的对 S_i 不变的非空子集 F,即满足

$$F = \bigcup_{i=1}^{m} S_i(F) \tag{2.50}$$

而且,如果在非空紧子集类 φ 上定义变换 S,使

$$S(E) = \bigcup_{i=1}^{m} S_i(E) \tag{2.51}$$

如果记 S^k 为 S 的 k 次迭代,它由 $S^0(E) = E, S^k(E) = S(S^{k-1}(E))$ ($k \geqslant 1$) 定义,如果 E 是 φ 上的任意集,且满足对任意 i,$S_i(E) \subset E$,则

$$F = \bigcap_{k=1}^{\infty} S^k(E) \tag{2.52}$$

证明从略[56]。

如果 $S_1, S_2, \cdots, S_m$ 是 $\mathbb{R}^n$ 上的仿射压缩映射，由定理 2.1 保证的唯一的紧不变集 F 称为**自仿射集**。图 2.7 是一个例子，S_1, S_2 和 S_3 是这样明显地定义的，它们把正方形 E 映射成三个矩形。（在图中不变集 F 表成由 $S_{i_1}, S_{i_2}, \cdots, S_{i_k}(E)$ 对充分大的 k 取遍全部 $i_j = 1, 2, 3$ 的系列 $(i_1, i_2, \cdots, i_k)$ 所组成的集。显然，F 是由它的 3 个仿射样本 $S_1(F), S_2(F)$ 和 $S_3(F)$ 组成的。）

应该指出的是，自相似集的维数可以用公式表达，但自仿射集的情形要复杂得多，虽然自仿射映射以连续的方式变化，但自仿射维数却可以不连续改变，所以除了某些特殊的例子以外，要想得到自仿射集的维数的表达式是相当困难的。

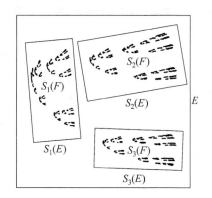
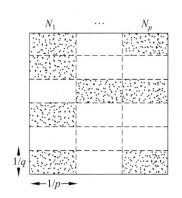

图 2.7 在仿射变换 S_1, S_2 和 S_3 下不变的自仿射集，S_1, S_2 和 S_3 把正方形 E 变换成所示的矩形

图 2.8 自仿射集的一个形式。仿射变换把正方形映射成一些选择出来的矩形，这些矩形是在正方形内按 $p \times q$ 排列的

下面是一个特殊的例子。把单位正方形 E_0 分割成按 $p \times q$ 排列的边长各为 $1/p$ 和 $1/q$ 的矩形，其中 p 和 q 都是正整数且 $p < q$。从这些矩形中选取一个子集类组成 E_1，并且用 N_j 表示从第 j 个柱集中选出的矩形数，$1 \leqslant j \leqslant p$，见图 2.8。按通常的方法重复这个过程，即把 E_1 中的每一个矩形用 E_1 的一个仿射样本代替，并设 F 是得到的极限集，则 F 的 Hausdorff 维数和计盒维数分别为

$$D_H(F) = \ln \Big(\sum_{j=1}^{p} N_j^{(\ln p / \ln q)} \Big) \frac{1}{\ln p} \tag{2.53}$$

$$D_B(F) = \frac{\ln p_1}{\ln p} + \ln \Big(\frac{1}{p_1} \sum_{j=1}^{p} N_j \Big) \frac{1}{\ln q} \tag{2.54}$$

计盒维数 $D_B(F)$ 中的 p_1 是至少包含 E_1 的一个矩形的柱集数。计算从略。

在这个例子中，维数不仅依赖于每一步选出的矩形的个数，同时也与它们的相对

位置有关，而且 $D_H(F)$ 和 $D_B(F)$ 一般不相等。上例中考虑的自仿射集的构造可以画成如图 2.9 的形式。

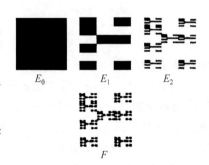

上面的例子是相当特殊的，因为其中的仿射映射都是可以相互平移的。

定理 2.2 设 $T_1, T_2, \cdots, T_m$ 是线性压缩映射，又设 $\boldsymbol{b}_1, \boldsymbol{b}_2, \cdots, \boldsymbol{b}_m \in \mathbb{R}^n$ 是向量，如果 F 是满足

$$F = \bigcup_{i=1}^m (T_i(F) + \boldsymbol{b}_i)$$

图 2.9 在图 2.8 中考虑的一类自仿射集的构造

的仿射不变集，则 $D_H(F) = D_B(F) = d(T_1, T_2, \cdots, T_m)$ 在 mn 维勒贝格测度意义下对几乎所有的 $(\boldsymbol{b}_1, \boldsymbol{b}_2, \cdots, \boldsymbol{b}_m) \in \mathbb{R}^{mn}$ 成立。

这个定理的一个推论是：除非非常不巧地碰到参数的一个例外集，按定理所设条件，仿射不变集的 Hausdorff 维数和计盒维数相等[57]。

在图 2.10 中，每一个分形在把正方形映射到三个不同的矩形的变换集下都是不变的，对每个分形的仿射变换只有平移方面的差别，所以由定理 2.2，这三个分形的维数都相等。可以算出它们的 Hausdorff 维数和计盒维数大约等于 1.42。

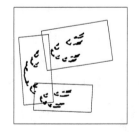

图 2.10 只有平移的差别的三个仿射变换，具有相同的分形维数

前面对自仿射集的描述主要是从集合论的角度出发的，下面用函数形式对自仿射和自相似性分别进行定义，然后讨论二者的关系。

定义 1 如果

$$f(\lambda^{p_1} x^1, \lambda^{p_2} x^2, \cdots, \lambda^{p_n} x^n) = \lambda^q f(x^1, x^2, \cdots, x^n) \tag{2.55}$$

恒成立，则称 n 元函数 $f(x^1, x^2, \cdots, x^n)$ 具有自仿射性质。

定义 2 如果

$$f(\lambda^p x^1, \lambda^p x^2, \cdots, \lambda^p x^n) = \lambda^q f(x^1, x^2, \cdots, x^n) \quad (2.56)$$

成立,则称 n 元函数 $f(x^1, x^2, \cdots, x^n)$ 具有自相似性质。也就是只有当变量 x^i ($i=1, 2, \cdots, n$) 作相同的标度变换：$x'^i = \lambda^p x^i$,此时式(2.56)成立。

从上面两个定义可以看出,当各分量 x^i 的标度变换不同时,定义了自仿射性；当各分量 x^i 的标度变换相同时,自仿射就变成了自相似。所以,自相似是自仿射的一个特例。这两个概念之间的差别可以用平面矢量场来表示,如图 2.11 所示[58]。在图 2.11(a)中,$\boldsymbol{X} = (x^1, x^2, \cdots, x^n)$ 表示欧氏空间中一个点或径矢量,

$$\beta \boldsymbol{X} = \beta(x^1, x^2, \cdots, x^n) = (\beta x^1, \beta x^2, \cdots, \beta x^n)$$

而在图 2.11(b)中,$\boldsymbol{X}' = (r_1 x^1, r_2 x^2, \cdots, r_n x^n)$,其中 $r_1, r_2, \cdots, r_n$ 不全相等。

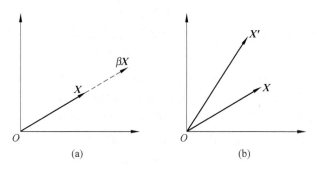

图 2.11 自相似与自仿射的差别
(a) 自相似；(b) 自仿射

在自相似中,矢量 $\beta \boldsymbol{X}$ 的模是矢量 $\boldsymbol{X}$ 的模的 β 倍,当 $\beta > 0$ 时,二者同向；当 $\beta < 0$ 时,二者反向。而在自仿射中,不但改变了矢量 $\boldsymbol{X}$ 的模,也改变了矢量 $\boldsymbol{X}$ 的方向。

在定义了自相似与自仿射后,再来看自相似集与自仿射集。自相似集沿各个方向的伸缩比 r 都相同。如果沿各个方向的伸缩比 r_i 不全相同,则得到自仿射集。如果某一有界集合的子集(不包括相重叠的子集)经过仿射变换之后能和原集合全等,则称为**自仿射集**。如果某一集合的统计性质经过仿射变换仍和原集合全等,则称为**统计自仿射集**。

布朗运动的轨迹是自仿射分形的经典例子,自然界的许多地理形貌和状态(山川、河流、湖泊、森林等)都可以由布朗运动创造出来。平面布朗运动轨迹的局部维数为 $(2-H)$,其中 H 为赫斯特(Hurst)指数,而整体维数为 1。

对自相似集,目前研究得比较充分。一般来说,它们都是分形集,其本质特征是其局部与整体相似。也就是说,只要进行适当的放大,则任何一个任意小的部分都可以和整体重合。按集合论术语来说就是,若一有界集合 S 包含有 N 个不相重叠的子集,当子集放大 r 倍后能与原集合重合,则叫做**自相似集**。Koch 曲线就是其中一例。构成自相似分形的方法较多,如不断分支和连续内插都可以得到自相似分形。

2.5 重正化群

重正化群(renormalization group)的方法是在量子场论中提出来的,在研究高能渐近行为中有很重要的应用。美国康奈尔大学的威尔逊(Kenneth G. Wilson)把量子场论中的重正化群方法应用于临界现象的研究,并提出重正化群在不动点附近的性质决定了体系的临界行为,建立了相变的临界现象理论,这是临界现象研究中的重大突破,他因而荣获 1982 年度诺贝尔物理奖。

那么,什么是重正化群呢?下面先作一个简单的说明。在临界点上没有唯一的特征尺度,小到原子尺寸,大到关联长度的各种长度的涨落都在起作用,因此要进行计算是极其困难的。能不能先将小尺度上的运动平均掉,而将平均留下的"痕迹"体现在稍大尺度的有效相互作用强度上?这就是 Wilson"重正化变换"的基本思想,这些重正化变换的整体就构成所谓"重正化群"。由于重正化群与分形的关系很密切,如在实空间中的重正化,因此本节介绍重正化群的基本要点。

重正化群的目的是在观测中改变尺度时定量地获取物理量的变化[59—60]。例如,把在某种尺度下所测得的物理量记为 p,把在比这个尺度大两倍的尺度下测得的物理量记为 p',利用适当的尺度变换 f_2,可以把 p' 和原来的 p 的关系表示为

$$p' = f_2(p) \tag{2.57}$$

式中,f 的下标 2 表示两倍的尺度变化。如果把观测的尺度再放大两倍,那么下列关系式成立

$$p'' = f_2(p') = f_2 \cdot f_2(p) = f_4(p) \tag{2.58}$$

如果把这个式(2.58)变成一般化的关系式,那么就得知变换 f 具有下列性质

$$f_a \cdot f_b = f_{ab} \tag{2.59}$$

$$f_1 = 1 \tag{2.60}$$

式中 1 表示恒等变换。变换 f 一般不具有逆变换 f^{-1},因为在给定的某种状态下,总是可以把它的尺度变化的。但相反,即使预先给定了经过尺度变化的状态,也不能恢复其原始状态。在数学上把具有这种性质的变换称为**半群**,按理说,把这种 f 变换称为重正化半群是正确的,但在物理学中,把这种利用尺度变化的变换取名为**重正化**,因而现在已习惯于**重正化群**这一叫法。

这种重正化,从其定义也可看到,它与分形有密切关系。所谓分形,因为它是指即使经过尺度变换也不产生变化的状态、结构及图形,所以也可以说重正化群的 f 变换后的不变状态就是分形。从历史上来说,分形和重正化群是在同一时期独立地提出来的,它们的目标都是在改变观察尺度的变换的基础上解析其不变的现象。它们的差别是,分形以几何学的形状作为焦点,而重正化群以物理量作为焦点。在最近,因为分形也包括物理量,而在实空间中,重正化也处理几何学的对象,所以,二者的差

别就不大了。

重正化群是研究相变的临界现象最有力的工具。以液相和气相临界点附近水的状态为例。假定状态 p 非常接近于临界点的液相，从微观角度来看，只能看见这个状态的液体和气体呈随机分布；但是，在经过多次 f 变换后的状态 p' 中，液相所占的比例将会增加，而且，可以把经过无限次变换后的极限状态看成全部都是液相。另外，与此相反，假如微观的状态接近于气相，也可以反复进行 f 变换，将会得到全部都是气相的宏观状态。也就是说，经 f 变换后，不变的状态是临界点，解析其附近的状态可以归结为研究 f 变换的性质。

下面利用重正化群来分析导电渗流问题。所考虑的状态是在二维正方格的格子点上，金属呈随机分布的状态，并把金属的占有概率作为物理量 p'。

先来看一下在一个假想的格子点上对 2×2 格子点的尺度变换问题。把这个新的格子叫做**超格子**，把被尺度变换的 2×2 的格子点叫做**块**。当块内的四个点中都有金属时，则可认为对这个块进行尺度变换后的超格子点上也有金属。当块内的三个格子点上有金属时，因为这个块在纵横两个方向都可通过电流，因此，也可以认为在超格子点上有金属。但是，如果块内的点数在两个以下时，这个块至少在纵向或横向不能通过电流。所以，此时应该对应于在该超格子点上没有金属时的状态，参见图 2.12。假如把超格子点上金属的占有率假定为 p' 时，则下列方程式成立，即

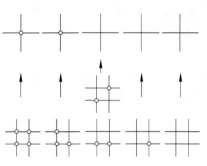

图 2.12　从块到格子的重正化

$$p' = f_2(p) = p^4 + 4p^3(1-p) \tag{2.61}$$

式中第一项表示块内的四个点都有金属存在时的状态，第二项表示三个点都有金属存在时的状态。因为利用这个公式就决定了变换 f，因此，在后面只要研究 f 的性质，就应该可以解析相变。

正如前面所论述过的那样，临界点 p_c 是经变换 f 后的不变点，就是说，是不动点。假如把不动点假定为 p^*，那么，根据式(2.61)，下式成立

$$p^* = p^{*4} + 4p^{*3}(1-p^*) \tag{2.62}$$

并可得出

$$p^* = 0, 1, \frac{1\pm\sqrt{3}}{6}(\approx 0.768, -0.434) \tag{2.63}$$

其中，因为 p 表示概率，所以，$p^* = -0.434$ 应该排除。如果 $p^* = 0, 1$ 分别表示完全没有金属和全部有金属时，那么，很明显，其他的就是有金属时的不动点。所以，相变点就是 $p_c = 0.768$ 时的状态。这个值虽然比利用模拟求出的 $p_c = 0.59$ 大得多，但

是,它与实验值 $p_c=0.752$ 大体一致。如果 p 比 p_c 小时,下式成立,即

$$p_c > p > f_2(p) > f_{2^2}(p) > \cdots > f_{2^n}(p) \quad (2.64)$$

每进行一次重正化,p 就变小,在经历过无限次重正化后的极限处,$f_\infty(p)=0$。这表明,如果进行非常大的尺度变换,就会看不见金属。如果 p 比 p_c 大时,相反的公式成立,那么,$f_\infty(p)=1$。就是说,在尺度变换的极限处,全部都是金属。正如上面所述,p_c 附近的点,每进行一次重正化,就要更离开 p_c。因此,临界点 p_c 就成为变换 f_2 的不稳定的不动点,这是可想而知的(图 2.13)。

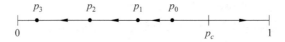

图 2.13 经重正化变换后 p 的变化情况

因为临界点 p 已经决定了,下面来求在临界点渗流集团的分形维数。若超格子点是金属时,在块内就有三个点或四个点有金属。这个块内金属格子点数的期望值 N_c 为

$$N_c = \{4 \cdot p_c^4 + 3 \cdot 4 \cdot p_c^3(1-p_c)\}/p_c \approx 3.45 \quad (2.65)$$

用 p_c 去除是因为这个期望值是指超格子为金属这样条件下的期望值。如果与超格子相比,格子间隔为 $1/2$,就是说,在超格子中,由于把观察单位长度定为 $1/2$,所以,在平均 N_c 个金属点中,应该只能看见一个金属点。如果把上述关系式写成一般的关系式,那么,当观察的单位长度为 $1/b$ 倍时,能看见的金属点的数目 $N_c(b)$ 为

$$N_c(b) = b^{-D} \quad (2.66)$$

对现在讨论的渗流集团而言,将会满足下列关系:

$$D = \frac{\ln N_c}{\ln 2} \approx 1.79 \quad (2.67)$$

式中,D 值就是要求的渗流集团的分形维数。$D=1.79$ 这个值与利用模拟求出的值完全一致,也近似于实验值 1.9,这表明了重正化群的优越性。

渗流集团在临界点的分形维数已经求出,除此之外,利用重正化群还可阐明临界点附近的动态,特别是临界指数。下面来求与相关长度有关的临界指数。

虽然 p 比临界点 p_c 小,但是当 p 非常接近临界点时,格子之间的相关长度 ξ 是有限的,它可写成如下的形式

$$\xi = \xi_0 \mid p_c - p \mid^{-\nu} \quad (2.68)$$

式中,ξ_0 是具有长度因次的量,是格子之间隔大小的比例常数;ν 是临界指数。假如考虑的是在格子已经过一次重正化后的超格子上,那么,相关长度 ξ 的绝对大小应该是不会改变的,与尺度变换无关,所以下式成立:

$$\xi = \xi_0' \mid p_c - p' \mid^{-\nu} \quad (2.69)$$

其中,由于进行了重正化,格子间隔是原来的两倍,所以 ξ_0' 为

$$\xi'_0 = 2\xi_0 \tag{2.70}$$

如果把式(2.68)～式(2.70)合在一起,则临界指数 ν 可表示为

$$\nu = \frac{\ln 2}{\ln\{(p_c - p')/(p_c - p)\}} \tag{2.71}$$

当 p 无限地近似于临界点时,因为下式成立

$$\frac{p_c - p'}{p_c - p} \to \left.\frac{\partial p'}{\partial p}\right|_{p=p_c} \tag{2.72}$$

所以,可根据下式求出 ν,即

$$\nu = \frac{\ln 2}{\ln\left.\dfrac{\partial f_2(p)}{\partial p}\right|_{p=p_c}} \tag{2.73}$$

如果使用式(2.61)计算此值,则 $\nu \approx 1.40$,它与利用模拟和实验所得的值 $\nu = 1.35$ 大体一致。

如果使用这样的重正化群,可以比较简单地求出分形的维数和临界指数。但是,必须注意的是,因为重正化群终究是近似理论,所以必须继续设法提高近似的精度。所谓重正化群是近似,这是因为正如图 2.14(a)所反映出来的,在格子上没有连接着的点在超格子上是连接的;而在图 2.14(b)中,在格子上连接着的点在超格子点上是完全分离的。为了减少这样的误差,经过一次重正化的块的大小应是越大越好。但是,假定块的一边的长度为 b,那么,在块内的点数有 b^2 个,整个块内的全部状态为 2^{b^2} 个,所以,要用解析的方法决定变换 f_b,其限度是 $b=4$。因此,虽然用解析的方法可以求出变换 f_b,但是,一般还是考虑使用统计方法决定 f_b 的蒙特卡洛(Monte Carlo)的重正化。例如,先假定 $b=100$ 左右,在 100×100 的格子上,当改变 p 值时,可利用计算机,求出渗流的占有概率 p',这样,就可推断 f_b 的函数类型。虽然缺点是不能精确地决定 f_b 的类型,但是,因为可以对大的块进行一次重正化,这样就大大提高了重正化的精度。

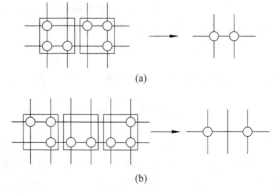

图 2.14 格子与超格子之间的转换

(a) 在格子上点虽未连接着,但在超格子上却连接着;(b) 相反的情况

第 3 章 经典分形与 Mandelbrot 集

3.1 Cantor 集

康托尔(G. Cantor)在 1883 年构造了如下的一类集合。选取一个欧氏长度为 L_0 的直线段,将该线段三等分,去掉中间一段,剩下两段。将剩下的两段分别再三等分,各去掉中间一段,剩下四段。将这样的操作继续下去,直至无穷,则可得到一个离散的点集,点数趋于无穷多,而欧氏长度趋于零。经无限次操作,达到极限时所得到的离散点集称为 **Cantor 集**,如图 3.1 所示。从连通性看,这个集合是非连通的。

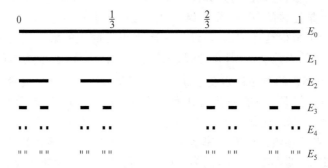

图 3.1 三分 Cantor 集

去掉中间三分之一的 Cantor 集,也称为**三分 Cantor 集**,它是一种人们最了解,同时也是最容易构造的分形,显示出许多典型的分形特征。设 E_0 是闭区间 $[0,1]$ (即满足 $0 \leqslant x \leqslant 1$ 的实数 x 组成的集合), E_1 表示由 E_0 除去中间 1/3 之后得到的集,即 E_1 包含 $\left[0, \frac{1}{3}\right]$ 和 $\left[\frac{2}{3}, 1\right]$ 两个区间。分别去掉这两个区间的中间 1/3 而得到 E_2, 即 E_2 包含 $\left[0, \frac{1}{9}\right]$、$\left[\frac{2}{9}, \frac{1}{3}\right]$、$\left[\frac{2}{3}, \frac{7}{9}\right]$、$\left[\frac{8}{9}, 1\right]$ 四个区间。按此种方法继续下去,则 E_k 是由 2^k 个长度各为 3^{-k} 的区间(线段)组成。三分 Cantor 集 F 是由属于所有 E_k 当 k 趋于无穷时的极限,是一个不可数的无穷集。显然,不可能画出带有无穷小细节的 F 自身,所以 F 的图实际上只是一个 k 充分大时对 F 较好逼近的 E_k 的图。

下面列出三分 Cantor 集的一些性质:

(1) F 是自相似的。很明显,在区间 $\left[0,\frac{1}{3}\right]$ 和 $\left[\frac{2}{3},1\right]$ 内的 F 的部分与 F 是几何相似的,相似比为 1/3。在 E_2 的四个区间内,F 的部分也与 F 相似,相似比为 1/9。以此类推,这个集包含许多不同比例的与自身相似的样本。

(2) F 有"精细结构"。它包含有任意小比例的细节,越放大三分 Cantor 集的图,间隙就越清楚地呈现出来。

(3) 尽管 F 有错综复杂的细节结构,但 F 的实际定义却非常简单明了。

(4) F 是由一个迭代过程产生的,持续的步骤得到的 E_k 是 F 的越来越好的逼近。

(5) F 的几何性质难以用传统的术语来描述,它既不是满足某些简单条件的点的轨迹,也不是任何简单方程的解集。

(6) F 的局部几何性质也是很难描述的,在它的每点附近都有大量被各种不同间隔分开的其他点。

(7) 虽然 F 在某种意义上是相当大的集(是不可数无穷的),然而它的大小不适用于用通常的测度和长度来度量,用任何合理定义的长度来度量,F 的长度总为零。

按相似维数的计算公式,可得三分 Cantor 集的维数

$$D_s = \frac{\ln 2}{\ln 3} = 0.6309$$

显然,三分 Cantor 集的相似维数小于 E_0 的欧氏维数(为一维)。

一个平面中的 Cantor 集,称为"Cantor 尘",如图 3.2 所示。构造"Cantor 尘"的步骤与三分 Cantor 集的类似。它的每一步骤是把正方形等分成 16 个小正方形,保留其中四个而把其余的去掉。当然,保留不同次序或个数不同的小正方形,可以构造出不同的集。显然"Cantor 尘"具有与在三分 Cantor 集中指出的那些性质相似的性质。

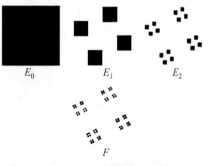

图 3.2 "Cantor 尘"的构造

Cantor 集的构造还可以有随机的类似形式。以三分 Cantor 集为例,它的构造可以用几种不同的方法随机化,如图 3.3 所示。每次把线段分成三部分,但不是总去掉中间的一段,可以用掷骰子来决定去掉哪部分。另外,也可以在每步的构造中随机地选择区间的长度,可以在第 k 步,得到 2^k 个不同长度的区间,最终得到一个看起来很不规则的分形[61]。

一般地说,在构造随机的 Cantor 集时,有两个条件是可以改变的:其一是对初

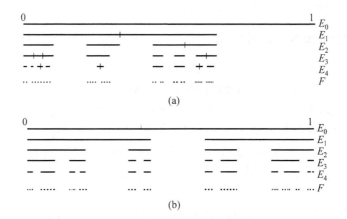

图 3.3　Cantor 集的两种随机构造
(a)每个区间三等分,随机地保留其中两部分；(b)每个区间被随机长度的两个子区间代替

始长度 L_0 进行多少等分或不等分；其二是留下哪些部分,去掉哪些部分。在图 3.3(a)中,每个区间三等分,随机地保留其中的两部分；在图 3.3(b)中,每个区间分三部分,每部分的长度是随机变化的。下面来考虑对 L_0 进行 n 等分($n>3$,而且可以不是整数),留下两端的 $\frac{1}{n}$ 段,去掉中间的 $\frac{n-2}{n}$ 段,这样得到的随机 Cantor 分形集的相似维数为多大呢？它可以由下式求出：

$$D_s = \frac{\ln 2}{\ln n} \tag{3.1}$$

当 n 取 3.5,4,4.5 和 5 时,相似维数分别为 0.5533,0.500,0.4608 和 0.4307。很显然,当 n 趋于无穷大时,相似维数趋于零。

应该指出的是,在计算经典分形集的相似维数时,D_s 与初始操作时图形的尺度（如线的欧氏长度,面的欧氏面积,体的欧氏体积等）无关,而只与操作的机制（即 N 和 r）有关,参见式(2.24)。所以,如果在操作过程中随机地去掉一些几何图形,但保持剩下的几何图形的个数不变,即 N 不变,而且使 r 也不变,这样最终得到的几何图形虽然与非随机有规分形是不全等的,但它们的相似维数 D_s 却是相同的。

就随机分形而言,既然称之为随机的,应该在所有的尺度上表现随机性,所以应当在构造过程中的每一步引进随机的成分。通过把尺度变化及构造规则的变化随机化,可以使分形（即得到的极限集）是统计自相似的,即把某一个小部分放大以后,它与整体具有相同的统计分布。

随机分形虽然没有与它们相对应的非随机的有规分形的严格的自相似性,但它们不一致的外表通常与自然现象,如海岸线、地形表面或云彩的边界更接近。的确,随机分形的构造是许多给人深刻印象的由计算机绘制的风景图的基础。

3.2 Koch 曲线

科赫(H. von Koch)构造的曲线在第 1 章已经提到过了,在这里只是为了与其他经典分形进行比较,才把它的图形重复画出。

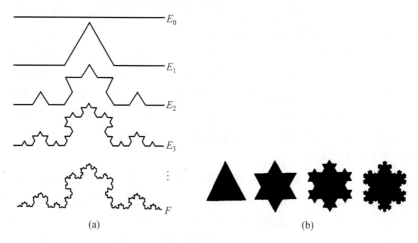

图 3.4
(a)三次 Koch 曲线;(b)由 Koch 曲线构成的 Koch 雪花

图 3.4(a)中的曲线称为三次 Koch 曲线。按相似维数的计算公式,由于 $N=4$, $r=\frac{1}{3}$,可求得它的相似维数

$$D_s = \frac{\ln 4}{\ln 3} = 1.2618$$

这个数与 Koch 曲线大于一维(具有无限的长度)但小于二维(具有零面积)的结论是相一致的,另外应注意的是,它比 E_0 的欧氏维数(为一维)要大。

由图 3.4(a)可以清楚地看到,三次 Koch 曲线每操作一次,曲线的欧氏长度有规律地增加,计算表明 E_k 的长度为 $\left(\frac{4}{3}\right)^k$,令 k 趋于无穷,则 F 的长度趋于无穷大,所以从测度的角度来说 Koch 曲线的一维测度是无限大。它的二维测度是 0,因为 F 在直观上是曲线,在平面内的面积为零,所以表示面积的二维测度自然就等于 0。在这里,长度和面积对 F 的形状和大小都没有提供很有效的描述。进一步的数学解析发现,Koch 曲线的 Hausdorff 测度,在 $D<\log_3 4$ 时为无限大,当 $D>\log_3 4$ 时为 0,$D=\log_3 4$ 为有限。根据 Hausdorff 维数的定义,Koch 曲线的 $D_H = \log_3 4 = \ln 4/\ln 3$,即 $D_H = 1.2618$,与相似维数相一致。

Koch 曲线在许多方面的性质与三分 Cantor 集列出的那些性质类似,它由四个与总体相似的"四分之一"部分组成,但比例系数是 1/3。它在任何尺度下的不规则性反映了它的精细结构,但这样错综复杂的构造却出自于一个基本的简单结构。虽然称 F 为曲线是合理的,但它是如此不规则,以至于在传统的意义下,它没有任何切线。

图 3.4(b) 显示了由三次 Koch 曲线构成 Koch 雪花的迭代过程。实际上,Koch 雪花是由三条三次 Koch 曲线组成,它是一条连续的回线,永远不会自我相交,因为每边上新加的三角形都足够小,以至彼此碰不上。每一次变换在曲线内部增加一点面积,但总面积仍是有限的,事实上比初始的三角形大不了许多。如果画一个外接圆把初始的三角形包起来,Koch 曲线永远不会超出这个圆之外。然而,曲线本身却是无限之长,同任何伸向无边无际的宇宙深处的欧几里得直线一样长。就像第一次变换把长 1 m 的每边换成 4 个各长 1/3 m 的线段一样,每一次变换使总长度乘上 4/3。在有限空间里的无限长度,这是个自相矛盾的结果,它违反了一切关于形状的合理直觉,从而使许多数学家感到烦恼。

另外,还可以将 Koch 曲线的构造原则加以推广。第一种推广是改变等分数目。例如,将一条欧氏长度为 L_0 的直线段进行四等分,保留两端的两个小段,而中间的两段改成一个向上,另一个向下的小段,使得和原来的两小段构成两个小正方形,如图 3.5 所示。将上述操作重复下去,得到一条具有相似结构的折线,常称为四次 Koch 曲线。这样,四等分之后,$k=1$ 时,长度为 $L_0/4$ 的小线段共有八个。所以,相似维数为

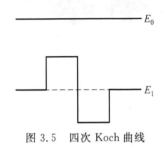

图 3.5 四次 Koch 曲线

$$D_s = \frac{\ln 8}{\ln 4} = 1.5000$$

第二种推广,是将上述的直线段向二维欧氏平面推广。例如,将一个等边三角形四等分,再将中间的小等边三角形改为向上凸起的三个全等的三角形,和原来中间的小三角形构成一个正四面体。对该四面体的三个小等边三角形再分别进行四等分(四面体的底面不考虑),并将三个中间的更小的三角形改成三个相同的正四面体。无限次操作后,原来的等边三角形成了具有相似结构的不均匀地向上凸起的面。并且,设原来等边三角形的周长为 $3a$,在第一次操作以后变成新的图形,其棱长为 $6a$,而小等边三角形的个数为 6,其边长为原来等边三角形的边长的二分之一。所以,相似维数为

$$D_s = \frac{\ln 6}{\ln 2} = 2.5850$$

又如,将一个正方形进行九等分,把中间的小正方形改成向上凸起的五个小正方形,和原来的小正方形形成立方体。可以看出,边长是三等分,经过第一步操作后的

图形共有 13 个小正方形,于是,其相似维数为

$$D_s = \frac{\ln 13}{\ln 3} = 2.3347$$

在日常生活中,我们可以找到与这种构造原则形成的结构相类似的物体,如菜花,仔细观察就可以发现,它的结构与我们这里讨论的构造原则几乎完全一致,其生成元是具有相似结构的不均匀地向上凸起的曲面(球苞)。对一个具体的菜花而言,可以看作是经过有限次数的操作而形成的结构。从理论上讲,它也可以进行无穷次的操作,而形成一个表面积无限大的不均匀地向上凸起的面。但是,它与推广的 Koch 曲线的构造原则还是有差别的,首先,与严格的结构相比,菜花表面只具有统计自相似性,而不是数学上严格的自相似。其次,如以菜花的根部为球心,那么在其生长过程中(相当于不断地进行操作),每个生长元除了按一定的规律形成越来越多的向上凸起的曲面外,还各自沿径向向外扩展,以获得更多的发展空间。所以,它比 Koch 曲线的构造原则更加复杂,更富有生命力。

Koch 曲线也可以"随机生成",图 3.6 表示一个随机 Koch 曲线。在构造的每一步,每次去掉区间中间三分之一的部分,而用与去掉部分构成等边三角形的另两条边来代替,再用掷硬币的方法来决定新的部分位于被去掉的部分的"上边"或"下边"。经过几步以后,得到一个看起来相当不规则的随机 Koch 曲线。它仍然保留了 Koch 曲线的某些特征,如具有精细的结构,但 Koch 曲线具有的严格自相似性已被它所具有的"统计自相似性"所取代。

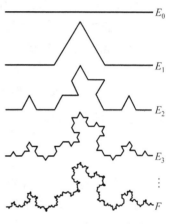

图 3.6 随机 Koch 曲线

3.3 Sierpinski 集

Cantor 集与 Koch 曲线的初始操作都是一个欧氏长度为 L_0 的直线段,二者的差别在于:Cantor 集是去掉中间的一段,而 Koch 曲线在去掉中间的一段后,还增加一些线段。在这一节中,我们将长度为 L_0 的直线段推广到欧氏平面上的规整几何图形,如等边三角形和正方形。也可以推广到三维欧氏空间中的规整几何图形,如正六面体和正四面体,等等。

首先将一个等边三角形四等分,得到四个小等边三角形,去掉中间的一个,保留它的三条边。将剩下的三个小等边三角形再分别进行四等分,并分别去掉中间的一个,保留它们的边。重复操作直至无穷,就可以得到如图 3.7 所示的图形,人们称这样的集合为**谢尔宾斯基缕垫**(Sierpinski gasket),或者 Sierpinski 垫。

图 3.7　Sierpinski 缕垫

该集合的面积是零,而线的欧氏长度趋于无穷大。下面来求其相似维数,$N=3$,$r=\frac{1}{2}$,所以相似维数为

$$D_s = \frac{\ln 3}{\ln 2} = 1.5850$$

其次,将一个正方形九等分,去掉中间的一个,保留四条边,剩下八个小正方形。将这八个小正方形再分别进行九等分,各自去掉中间的一个,保留它们的边。重复上述操作直至无穷,就可得到如图 3.8 所示的图形,人们称这样的集合为**谢尔宾斯基地毯**(Sierpinski carpet)。

同样地,该集合的面积趋于零,而线的欧氏长度趋于无穷大。一个原来规整的正方形,经上述操作之后成了千"窗"百孔。在这里,$N=8$,$r=\frac{1}{3}$,所以,相似维数为

$$D_s = \frac{\ln 8}{\ln 3} = 1.8928$$

第三,匈牙利的 Vicsek 提出了一个操作方法,它将一个正方形九等分,去掉四个角上的四个小正方形,保留它们的边,还剩下五个小正方形($N=5$)。重复上述操作直至无穷,得到如图 3.9(a)所示的几何图形[62]。这种几何图形称为 Vicsek **图形**,其相似维数为

$$D_s = \frac{\ln 5}{\ln 3} = 1.4650$$

图 3.8　Sierpinski 地毯

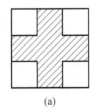

图 3.9　Vicsek 图形

类似地,九等分一个正方形之后,只保留四个角上的小正方形,其余的去掉。这样得到的图形如图 3.9(b)所示。它的相似维数为

$$D_s = \frac{\ln 4}{\ln 3} = 1.2618$$

第四,对一个正六面体,将它的六个面均进行九等分,这等价于将正六面体进行 27 等分,而后去掉体心与面心处的七个小立方体,剩下 20 个小立方体($N=20$),并保留它们的表面。将上述操作重复下去直至无穷,得到如图 3.10 所示的图形,人们称之为**谢尔宾斯基海绵**(Sierpinski sponge)。

经过上述操作后,使正六面体千"窗"百孔,类似于海绵的结构。很显然,Sierpinski 海绵的相似维数为

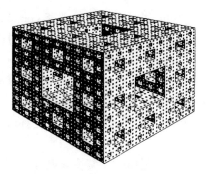

图 3.10 Sierpinski 海绵

$$D_s = \frac{\ln 20}{\ln 3} = 2.7268$$

对 Sierpinski 海绵而言,其体积趋于零,而其表面的欧氏面积趋于无穷大。对一个正四面体,也可经过类似的反复操作,获得具有类似性质的结构。

Sierpinski 集的共同特征是:①它们都是经典几何无法描述的图形。在 Sierpinski 缕垫中,它的面积趋于零,而其周长趋于无穷大,因此它的维数只可能介于 1 和 2 之间;Sierpinski 海绵的体积趋于零,而其表面积却趋于无穷大,所以它的维数只能介于 2 和 3 之间。因此,它们常被称为病态的几何图形,是一种"只有皮没有肉"的几何集合。如果把化学反应中的催化剂作成 Sierpinski 海绵那样的结构,由于其表面积无限之大,那将是最理想的结构形式。②它们都具有无穷多个自相似的内部结构。任何一个分割后的图形经适当放大后都是原来图形的翻版。如令初始图形(正三角形、正方形与正六面体)为 E_0,每操作一次后得到的集合依次用 $E_1, E_2, \cdots, E_i$ 来表示,则 Sierpinski 集合为

$$E = \bigcap_{i=1}^{\infty} E_i \tag{3.2}$$

即由无穷多个闭集的交集来构成,从而,E 也是闭集。

从本章介绍的 Cantor 集、Sierpinski 集和 Koch 曲线这些经典分形的生成来看,大体上有两种方式:第一种方式是以 Cantor 集和 Sierpinski 集为例的,其特点是从 E_0 中按一定原则向下"挖",结果 Cantor 集和 Sierpinski 集的相似维数 D_s 小于 E_0 的欧氏维数,这种生成常称为**降维生成**。第二种方式是以 Koch 曲线和布朗运动为例的,它们的特点是在 E_0 的基础上增加一些线或面,结果是 E 的相似维数 D_s 大于 E_0 的欧氏维数,这种生成称为**升维生成**。分形结构的上述两种形成规律,对于发展分形动力学的理论体系,可能会有所启示[63]。

3.4 Julia 集

Julia 集是由法国数学家 Gaston Julia(1918 年)和 Pierre Faton(1919 年)在发展了复变函数迭代的基础理论后获得的。当时 Julia 一边在一所军队医院里治疗在第一次世界大战中所受的伤,一边潜心研究复变函数,研究 $z_{k+1}=z_k^2+c$ 这一变换在复平面中所生成的一系列令人眼花缭乱的变化。当时没有计算机,他依靠高度的想象力和百折不挠的探索精神,获得了如此巨大的智力成就。Faton 的工作可以被包括在 Julia 集中,所以 Faton 集是 Julia 集的余集。但在当时,两人的工作并不为世人所重视。

Julia 集由一个复变函数 f 的迭代生成。在复平面 C 上,像 $f(z)=z^2+c$ 这样一个带有常数 c 的简单函数,由很简单的迭代过程,就能生成非常复杂的集,或者说具有奇异形状的分形,如图 3.11 所示[64]。

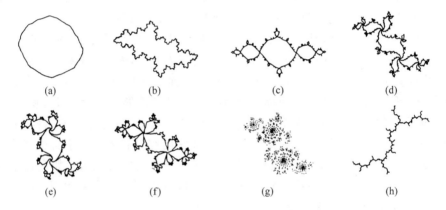

图 3.11 二次复变函数 $f(z)=z^2+c$ 的一组 Julia 集
(a) $c=0.1+0.1i$;(b) $c=0.5+0.5i$;(c) $c=-1+0.05i$;(d) $c=-0.2+0.75i$;
(e) $c=0.25+0.52i$;(f) $c=0.5+0.55i$;(g) $c=0.66i$;(h) $c=-i$

在图 3.11(a)中,$c=0.1+0.1i$,f_c 有吸引不动点,J 为拟圆;在图 3.11(b)中,$c=0.5+0.5i$,f_c 有吸引不动点,J 为拟圆;在图 3.11(c)中,$c=-1+0.05i$,f_c 有周期为 2 的吸引轨道;在图 3.11(d)中,$c=-0.2+0.75i$,f_c 有周期为 3 的吸引轨道;在图 3.11(e)中,$c=0.25+0.52i$,f_c 有周期为 4 的吸引轨道;在图 3.11(f)中,$c=0.5+0.55i$,f_c 有周期为 5 的吸引轨道;在图 3.11(g)中,$c=0.66i$,f_c 没有吸引轨道且 J 为全不连通;在图 3.11(h)中,$c=-i$,$f_c^2(0)$ 是周期的且 J 为无圈曲线。

在 3.5 节中,将会清楚地看到,一个 Julia 集对应于 Mandelbrot 集内(或集外)的每个点,所以 Julia 集实际上是无穷的。

一般地,Julia 集是动力系统中的斥子(repeller),通过对复平面上的解析函数的深入研究,可得到关于排斥集构造的很多知识。

为了说明斥子的定义,先看一下吸引子的定义。粗略地说,一个吸引子就是一个集合并且使得附近的所有轨道都收敛到这个集合上。精确的定义如下:

设 D 是 $\mathbb{R}^n$ 的一个子集(通常就是 $\mathbb{R}^n$ 本身),并且设 $f: D \to D$ 是一个连续映射,则 f^k 表示 f 的 k 次迭代。称 D 的子集 F 为 f 的**吸引子**,如果 F 是一个闭集,并且在 f 的作用下是不变的(即 $f(F)=F$),使得对包含 F 的一个开集 V 中的所有点 x, $f^k(x)$ 到 F 的距离随 k 趋于无穷大而趋于零。集 V 称为 F 的**吸引域**。

类似地,对一个闭不变子集 F,如果 F 附近(但不在 F 中)的所有点经迭代后远离 F,那么 F 就称为**斥子**。

在这里,一个迭代函数图 $\{f^k\}$ 就称为一个离散的**动力系统**。吸引子和斥子可能正好是一个周期为 p 的轨道。通常,如果 f 有分形吸引子或分形斥子 F,那么 f 在 F 上的性质表现为"混沌"的。

为了叙述的方便,令 $f: C \to C$ 为复系数的 $n \geq 2$ 阶的多项式 $f(z) = a_0 + a_1 z + \cdots + a_n z^n$。注意到,如果 f 是拓广的复平面 $C \cup \{\infty\}$ 上的有理函数 $f(z) = p(z)/q(z)$(此处 p, q 都是多项式),只要稍微修改一下,一般理论仍然正确。若 f 为任一亚纯函数(除去有限个极点外,在 $C \cup \{\infty\}$ 上是解析的),一般理论的大部分也是成立的。

照例,记 f^k 为函数 f 的 k 重复合 $f \circ \cdots \circ f$,所以 $f^k(w)$ 为 w 的第 k 次迭代 $f(f(\cdots(f(w))))$。如果 $f(w)=w$,就称 w 为 f 的**不动点**。如果存在某个大于或等于 1 的整数 p,使 $f^p(w)=w$,则称 w 是 f 的**周期点**,使 $f^p(w)=w$ 的最小 p 称为 w 的**周期**。称 $w, f(w), \cdots, f^p(w)$ 为周期 p 的**轨道**。设 w 是周期为 p 的周期点,且复变微商 $(f^p)'(w) = \lambda$。点 w 称为

$$\begin{cases} \text{超吸引的,} & \text{如果 } \lambda = 0 \\ \text{吸引的,} & \text{如果 } 0 \leq |\lambda| < 1 \\ \text{中性的,} & \text{如果 } |\lambda| = 1 \\ \text{斥性的,} & \text{如果 } |\lambda| > 1 \end{cases} \tag{3.3}$$

f 的 Julia 集 $J(f)$ 可以定义为 f 的斥性周期点集的闭包(当函数很明确时,用 J 代替 $J(f)$),Julia 集的余集称为 **Faton 集**或稳定集,记为 $F(f)$。对多项式的 Julia 集的几何性质与分形性质的研究表明,$J(f)$ 在 f 下是完全不变的,即 $J = f(J) = f^{-1}(J)$,且 J 为非空紧集,f 在 J 上表现出"混沌"性质,而且 J 通常为分形。有关这些性质的证明从略。

下面是一个最简单的例子。设 $f(z) = z^2$,所以 $f^k(z) = z^{2^k}$。满足 $f^p(w) = w$ 的点为 $\{\exp(2\pi i q/(2^p - 1)): 0 \leq q \leq 2^p - 2\}$。因为在这些点上,$|(f^p)'(z)| = 2$,因此它们通常是斥性的,于是 Julia 集 $J(f)$ 是单位圆 $|z|=1$。显然,$J = f(J) = f^{-1}(J)$,并且当 $k \to \infty$ 时,如果 $|z|<1$,则 $f^k(z) \to 0$,而如果 $|z|>1$,则 $f^k(z) \to \infty$,但是如果 $|z|=1$,则 $f^k(z)$ 总在 J 上。Julia 集 J 是在迭代中分别趋于 0 和 ∞ 的点集之间的分

界。当然,在这个特殊的情况下,J 不是分形,见图 3.12(a)。

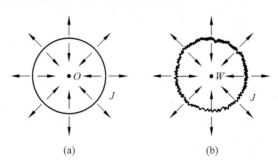

图 3.12

(a) $f(z)=z^2$ 时的 Julia 集为圆 $|z|=1$;(b) $f(z)=z^2+c$ 且 c 为较小的复数时,Julia 集仍为两类不同形式的集的分界,但它是分形曲线

如果在本例中取 $f(z)=z^2+c$(c 为较小的复数),容易看出,如果 z 也较小,则 $f^k(z)\to w$,这里 w 是 f 的接近于零的不动点;而如果 z 较大,则 $f^k(z)\to\infty$。虽然 Julia 集也是两类不同表现形式的集之间的分界,但现在却显现出 J 是分形曲线,如图 3.12(b)所示。

在研究 Julia 集的基本性质时,不能回避正规解析函数族的概念和 Montel 定理。下面先来看关于解析函数族的概念。

设 U 是 C 中的开集,$g_k:U\to C$ 为一解析函数族(于是函数在 U 上在复数的意义下可微)。$\{g_k\}$ 在 U 上称为正规的,如果从 $\{g_k\}$ 中选出的每一函数序列都有子序列在 U 的每一紧子集上一致收敛,并且或者收敛到有界解析函数或者收敛到无穷。注意到根据普通复变函数理论,这意味着在 U 的每一连通区域上,子序列或者收敛到有限解析函数或者收敛到无穷。在前面的情形中,子序列的导数必定收敛于极限函数的导数。称函数族 $\{g_k\}$ 在 U 内的点 w 上为**正规的**,如果存在 U 的某个包含 w 的开子集 V,使 $\{g_k\}$ 是 V 上的正规族。注意到这等价于存在 w 的一个邻域 V,使 $\{g_k\}$ 的每一序列都有在 V 上的一致收敛于有界解析函数或 ∞ 的子列。

Julia 集理论的基本结果出自于 Montel 定理,这个深刻的定理断言,非正规函数族在每一点附近除去一个可能的复数值外可取到任何值。Montel 定理如下:

定理 3.1 设 $\{g_k\}$ 为开区域 U 上的一族解析函数,如果 $\{g_k\}$ 为非正规族,则对所有的 $w\in C$,至多除去一个例外值,存在 k 和 $z\in U$,使 $g_k(z)=w$。

这个定理的证明可参见有关复变函数论的文献。下面讨论有关复变多项式 f 迭代后的正规性,如果定义

$$J_0(f)=\{z\in C:\text{函数族}\{f^k\}_{k\geqslant 0} \text{ 在 } z \text{ 非正规}\} \tag{3.4}$$

利用 Montel 定理,可以说明 $J_0(f)$ 与斥性周期点集的闭包 $J(f)$ 是一致的。事实上,式(3.4)经常被用来作为 Julia 集的定义。

虽然关于 $J(f)$ 的定义很直观,更能引起人们的兴趣,但用 $J_0(f)$ 却相当容易处理问题,因为复变量的技巧可以很快地得到应用。为了说明 $J(f)=J_0(f)$,下面列出 $J_0(f)$ 的一个基本性质,即余集

$$F_0(f) \equiv C/J_0(f)$$
$$= \{z \in C: 存在 z \in V 的开集,使\{f^k\} 在 V 上是正规的\} \qquad (3.5)$$

显然是开集。

作为小结,对 Julia 集可以摘要叙述如下:

(1) Julia 集 $J(f)$ 为多项式 f 的斥性周期点集的闭包。它是不包含孤立点的不可数紧子集,而且在 f 与 f^{-1} 下不变。如果 $z \in J(f)$,则 $J(f)$ 是 $\cup_{k=1}^{\infty} f^{-k}(z)$ 的闭包。Julia 集是 f 的包括无穷远点在内的每一吸引不动点的吸引域的边界,而且对每一正整数 $p, J(f) = J(f^p)$。

(2) 在 Julia 集上可以发现 f 的许多动态性质,可以证明"f 在 J 上是混沌的"。由定义,f 的周期在 J 内稠,另外,J 包含相应的迭代 $f^k(z)$ 在 J 内稠的点 z。更进一步,f 在 J 上对"初始条件有敏感的依赖关系",因此,无论同时属于 J 的 z,w 如何接近,对于某个 $k, |f^k(z) - f^k(w)|$ 将很大,这使得迭代的精确计算成为不可能。

3.5 Mandelbrot 集

下面考虑 C 上二次函数的情形,研究具有形式

$$f_c(z) = z^2 + c \qquad (3.6)$$

的多项式的 Julia 集。如果 $h(z) = \alpha z + \beta$ ($\alpha \neq 0$),则

$$h^{-1}(f_c(h(z))) = (\alpha^2 z^2 + 2\alpha\beta z + \beta^2 + c - \beta)/2 \qquad (3.7)$$

通过适当地选取 α, β, c 的值,可以使表达式变成我们所期望的任何二次函数 f。于是 $h^{-1} \circ f_c \circ h = f$,所以对所有的 $k, h^{-1} \circ f_c^k \circ h = f^k$,这意味着在 f 下点 z 的迭代序列 $\{f^k(z)\}$ 是在 f_c 下点 $h(z)$ 的迭代序列 $\{f_0^k(h(z))\}$ 在 h^{-1} 下的像。映射 h 将 f 的动态图像变换为 f_c 的动态图。特别,z 为 f 周期为 p 的点当且仅当 $h(z)$ 是 f_c 的周期为 p 的点,所以,f 的 Julia 集是 f_c 的 Julia 集在 h^{-1} 下的像。

变换 h 称为 f 与 f_c 之间的**共轭**,每个二次函数与一个带有某个 c 的 f_c 共轭,所以通过研究 $c \in C$ 的 f_c 的 Julia 集,能很有效地研究所有二次多项式的 Julia 集。因为 h 为一相似变换,所以任何二次多项式的 Julia 集几何相似于带有某个 $c \in C$ 的 f_c 的 Julia 集[65]。

定义 Mandelbrot 集 M 为使 f_c 的 Julia 集连通的参数 c 的集,

$$M = \{c \in C: J(f_c) 是连通的\} \qquad (3.8)$$

M 看来似乎与 $J(f_c)$ 的一个相当特殊的性质有关,事实上,如下面将会看到的,M 包含了关于 Julia 集构造的无穷信息。

定义式(3.8)不适合计算的目的,下面将导出一个等价定义,它在确定参数 c 是否在 M 中及在研究 M 的非常复杂的结构时十分有用,见图 3.13。

为此,首先需要了解一些变换 f_c 在光滑曲线上的作用。简要地称复平面中的一条光滑(即可微)、闭合的、简单(即不自交)的曲线为一个**回路**;分别称平面 C 上位于这样曲线以内和以外的部分为回路的**内部**和**外部**。8 字形图是自交于一个单点的光滑闭合曲线。

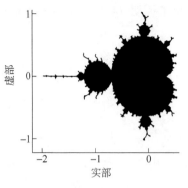

图 3.13 复平面上的 Mandelbrot 集 M

定理 3.2

$$M = \{c \in C : \{f_c^k(0)\}_{k \geqslant 1} \text{ 有界}\} \tag{3.9}$$

$$= \{c \in C : f_c^k(0) \not\to \infty (k \to \infty)\} \tag{3.10}$$

证明从略。这就是 M 的等价定义,它是 Mandelbrot 集的计算机制图的基础。在式(3.9)与式(3.10)中考虑原点迭代的理由是对于每一个 c,原点是 f_c 的临界点,即满足 $f'_c(z)=0$ 的点,临界点是使 f_c 不成为局部 1—1 映射的点,在定理 3.2 的证明中具有区分两种情形的关键性质的点。至于式(3.9)与式(3.10)等价是因为存在数 r 使得当 $|z|>r$ 时,$|f_c(z)|>2|z|$,显然 $f_c^k(0) \to \infty$ 并且仅当 $\{f_c^k(0)\}$ 有界,所以式(3.9)与式(3.10)等价。

选取数 r, k_0,比如都取 100 以上,对每一个 c 连续计算 $\{f_c^k(0)\}$ 系列的各项,如果在 $k=k_0$ 之前 $|f_c^k(0)|>r$,此时,我们就认为 c 在 M 外,否则就取 $c \in M$。对一个区域的每一个 c 值都重复这个过程,以保证 M 的图像能被画出。根据使 $|f_c^k(0)|>r$ 的第一个整数 k 的不同值,区分出 M 的余集的不同区域,而设计并涂上不同的颜色。

Mandelbrot 集的图(见图 3.13)说明它有非常复杂的结构。它有某些明显特征:一个主要的心形图与一系列圆盘形的"芽苞"凸起连结在一起。每一个芽苞又被更细小的芽苞所环绕,以此类推。然而,这并不是全部,还有精细的"发状"分枝从芽苞向外长出,这些细发在它的每一段上都带有与整个 Mandelbrot 集相似的微型样本。计算机制图中容易遗漏掉这些细发,然而精细的图形说明 M 为连通集,并且在数学上已由康奈尔大学的 John H. Hubbard 和巴黎高等师范学院的 Adrien Douady 给予了证明。

Mandelbrot 集既神秘莫测又非常美丽,然而,它的美丽图案只是其深刻内涵的外在表现,这些图案体现了各种类型的混沌和有序。实际上,Mandelbrot 集过去一直是,并且将来继续是数学研究的一个巨大难题[66—68]。

尽管 Mandelbrot 集是数学中最复杂的几何体，然而用来产生它的计算程序却极为简单。在复数平面内对映射 $z \to z^2 + c$ 进行迭代，取一个数，乘上自己，再加上最初的数，反复进行下去，就可以得到 Mandelbrot 集。公式中的 z 和 c 都是复数，z 从 0 开始，c 是一个初始复数。运算过程如下：

取 0 并自乘，再加上初始复数；

取结果（此时就是那个初始复数 c）并自乘，再加上初始复数；

取新的结果并自乘，再加上初始复数，依此类推。

结果得到一连串的复数，这些复数在复平面上漫游、徘徊或者进入到无穷远处。

在微型计算机上，只要编制一个简单程序，主体是一个指令循环，就可以进行算术运算，来产生 Mandelbrot 集的彩色图形。

从计算规则中可以看到，迭代运算的对象实际上就是那个初始复数，它在复平面内代表一个点。如果初始点不属于集合，那么迭代计算的总结果离开平面的中心越来越远，趋向无穷大。如果程序重复计算了多次，总结果仍保持有限，那么该初始点在集合之中。要确定一个初始点是否在集合之中，在微机上计算 100 次已经不算少了，到 1000 次就已经很可靠了。集合内的点可以用黑色，其余的点用白色。为了使图形更加生动诱人，白点可以换成不同颜色的点，如 10 次重复迭代后画一个红点，20 次重复后画橙色点，30 次重复后画黄点等。这些颜色恰恰在集合本身的外面勾画出一些优美的轮廓线。

至于 Mandelbrot 集边界上的点，程序可能要作几十万次以至百万次的迭代运算，以确定其是否在集合之中，因为边界是显示点的归属特性最不明显的区域。这样的计算必须在庞大的计算机或作并行处理的计算机上进行。Mandelbrot 集处处显示出海马尾巴的形状和形如整个集合的圆盘形的芽苞，以及无数个旋涡，它们相互嵌套，直至无穷。欧氏几何描述不了这个集合。如用语言或数字来描述它的轮廓，将需要大量的信息，用无限的时间也不足以观察它的全貌，某种意义上，它具有无限的深度（或广度）信息，就像我们太阳系所处的浩瀚无垠的宇宙一样。Mandelbrot 集充分地体现了"简单性孕育着复杂性"这一哲理，那么反过来，复杂的自然现象（如生物的信息编码）是否也可能用类似的简明信息来加以描述呢？这对人们在研究各自的专业领域里的或者边缘交叉学科里的难题，也许有点启发吧！

下面来看当参数 c 在复平面上变化时，Julia 集 $J(f_c)$ 的构造将发生一些什么样的变化，从而使 Mandelbrot 集各个不同部分的意义变得更加明显。

f_c 的吸引周期点是 $J(f_c)$ 结构的关键。可以证明，若 $w \neq \infty$ 是多项式 f 的吸引周期点，则存在临界点（满足 $f'(z)=0$ 的点）z 使得 $f^k(z)$ 被吸引到包含 w 的周期轨道上。因为 f_c 的唯一临界点为 0，所以 f_c 至多有一个吸引周期轨道。而且若 $c \notin M$，则由定理 3.2，$f_c^n(0) \to \infty$，所以 f_c 不能有吸引周期轨道。可以猜想使得 f_c 有吸引周

期轨道的 c 的集充满 M 的内部,但这还没有被证明。

自然地,可以根据(有限)吸引轨道的周期 p 对 f_c 进行分类,如果这种轨道存在的话。相应于不同 p 的 c 值对应于 Mandelbrot 集 M 的不同区域。

定理 3.3 设 $|c|>\frac{1}{4}(5+2\sqrt{6})$,则 $J(f_c)$ 是全不连通的,而且对 J 附近的 z,$J(f_c)$ 是由 $f_c^{-1}(z)$ 的两个分支定义的两个压缩变换的不变集。当 $|c|$ 充分大时,有

$$D_B(J(f_c)) = D_H(J(f_c)) \sim 2\log 2/\log|c|$$

证明从略。下面来研究 c 较小的情形。已知 $c=0$,则 $J(f_c)$ 为单位圆。如果 c 较小,z 也充分小,则当 $k \to \infty$,$f_c^k(z) \to w$,这里 w 是接近于 0 的吸引不动点 $\frac{1}{2}(1-\sqrt{1-4c})$。另一方面,若 z 较大,则 $f_c^k(z) \to \infty$。有理由希望当 c 移动离开 0 时,圆"变形"为简单闭曲线(即没有自交点),这个闭曲线把这两种类型的点分离开了。

事实上,这就是 f_c 有一个吸引不动点的情形,即在一个根 $f_c(z)=z$ 上,$|f_c^1(z)|<1$。简单的代数方法可以证明,如果 c 在心形线 $z=\frac{1}{2}\mathrm{e}^{i\theta}\left(1-\frac{1}{2}\mathrm{e}^{i\theta}\right)(0 \leqslant \theta \leqslant 2\pi)$ 内,就发生这种情形,这里心包线包围的部分正是 Mandelbrot 集的主心形图。

为了方便,下面处理 $|c|<\frac{1}{4}$ 的情形,但若 f_c 有任何吸引不动点,证明是容易修改的。

定理 3.4 若 $|c|<\frac{1}{4}$,则 $J(f_c)$ 为简单闭曲线。

推广这个论证,若 c 在 M 的主心形线上,则 $J(f_c)$ 为简单闭曲线,这样的曲线有时被称为**拟圆**。当然,若 $c>0$,则 $J(f_c)$ 是分形曲线。

下一个情形是考虑当 f_c 有周期为 2 的吸引周期轨道。通过直接计算,可知只要 $|c+1|<\frac{1}{4}$,就会发生这种情形,这也是 z 位于毗连 M 的主心形的突出圆盘上的情形。

因为 f_c^2 是 4 次多项式,f_c 有两个不动点及两个周期为 2 的周期点,设 w_1 和 w_2 是周期为 2 的吸引轨道的点。用与定理 3.4 相同的证明,可以说明 w_i 的吸引域(即 $\{z: f_c^{2k}(z) \to w_i, \text{当} k \to \infty\}$)为环绕 w_i 的简单闭曲线所围的区域,$i=1,2$。另外,由引理(设 w 是 f 的吸引不动点,则 $\partial A(w)=J(f)$,式中 ∂A 表示 A 的边界;若 $w=\infty$,结论同样正确)及命题(对于每一个正整数 p,$J_0(f^p)=J_0(f)$,有 $c_i \subset J(f_c^2) = J(f_c)$。曲线 c_i 由 f_c^2 以二对一的方式映射到自身,由此推出在每一 c_i 上存在 f_c^2 的不动点。周期为 2 的点严格地在 c_i 内,所以在每一 c_i 上存在 f_c 的不动点。因为 c_i 由 f_c 相互映射到对方,仅有的可能是 c_1 与 c_2 交于 f_c 的不动点中的一个。逆函数 f_c^{-1} 在 c_1 上是双值的。逆映像之一是 c_2(环绕 w_2)。然而,$f_c^{-1}(c_1)$ 的另一个分支是环绕 $f_c^{-1}(w_1)$ 的第二个值的更简单的闭曲线。用这种方式继续取逆像发现,$J(f_c)$ 由无穷

多简单闭曲线组成,它环绕所有阶的 w_1 与 w_2 的原像,相互交于一对"扭点",见图 3.11(c)。于是我们得到分形 Julia 集,它比前面一种情形有复杂得多的拓扑结构。

可以用同类型的想法去分析当 f_c 有周期 $p>2$ 的吸引周期轨道的情形。坐落在吸引轨道上周期为 p 的点的最近邻域由相交于一个共同点的一些简单闭曲线所围绕。Julia 集是由这些分形曲线与 f^k 之下的原像所组成的。

一些不同的例子在图 3.14 及图 3.11 中给出,相应于周期为 p 的吸引轨道的 Mandelbrot 集上的"芽苞"在图 3.15 中给出。

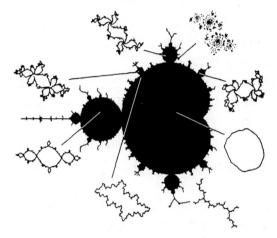

图 3.14　对应于 Mandelbrot 集中各种点 c 的 Julia 集

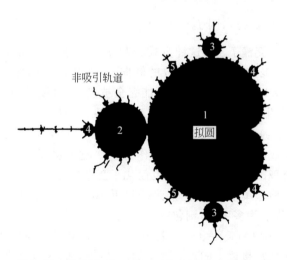

图 3.15　对应于 Mandelbrot 集 M 内的各部分 c 的
　　　　　f_c 的吸引轨道的周期

在图 3.14 中显示了对应于 Mandelbrot 集中各种点 c 的 Julia 集,更精细的 Julia 集请参见图 3.11。

在图 3.15 中可以看到,若 c 在主心形线中,f_c 有吸引不动点且 Julia 集 $J(f_c)$ 为拟圆。对于 c 在 M 的芽苞中,f_c 有显示周期为 p 的吸引轨道,与 Julia 集 $J(f_c)$ 内的 p 区域交于每一尖点上。在 M 外,函数 f_c 没有吸引轨道且 $J(f_c)$ 为全不连通的。

当 c 是在 M 的边界上的"例外"值,它所对应的 Julia 集 $J(f_c)$ 在数学上是最难分析处理的。若 c 在 M 的芽苞或心形图的边界上,则 f_c 有不同的周期点。若 c 在芽苞与母体接触的"颈部",则 $J(f_c)$ 包含一系列把它的边界与不同的周期点连接起来的"卷须"。对于 c 位于心形图边界的另外的点上,Julia 集可能包含"Siegel 吸盘"。Julia 集 $J(f_c)$ 由无穷多个包围着开区域的曲线组成,且 f_c 将每个这样的区域映射到"更大"的一个,直到得到包含不动点的区域为止。在这个 Siegel 盘内,f_c 使环绕不动点的不变图上的点在圆上转动。

还有一种可能性,如果 c 是在 M 的一个"发状"分枝上,则 $J(f_c)$ 可能是无圈曲线,即具有树状形式。在临界点 0 的迭代是周期的,也即对正整数 k 和 q,$f_c^k(0) = f_c^{k+q}(0)$ 时,就会发生这种情形。

前面已经指出,在 M 的发状树枝中有 M 的微型缩影,于是 $J(f_c)$ 可能是带有在 M 的主要部分 c 值相应的 Julia 集的微型缩影的无圈曲线,这些缩影镶嵌在这分枝的"末梢"。

确实,为探索 Julia 集的范围和其他函数的 Julia 集,使用计算机是一个好方法。在已经讨论的性质的基础上,通常有两种办法可以用来绘制 Julia 集。

在第一种方法中,选择斥性周期点 z,对适当的 k,可以计算逆像 $J_k = f^{-k}(z)$ 的集。由推论(如果 $z \in J_0(f)$,则 $J_0(f)$ 是 $\bigcup_{k=0}^{\infty} f^{-k}(z)$ 的闭包),这个 2^k 个点都在 J 中,而且随着 k 的变大将充满 J。以这种方式绘制 J 的困难是 J_k 的点不一定均匀分布在 J 上,它们可能有聚集在 J 的某部分的倾向,而在其他 J 的部分却可能是很稀疏的。经常甚至 k 很大时,J 的有些部分可能完全被遗漏(对接近 M 的边界的 c 相应的 f_c,这种情形可能发生)。有多种方式克服这个困难。例如,设 $J_0 = \{z\}$,对每一 k,我们不取 $J_k = f^{-1}(J_{k-1})$,而是在每一"小"丛聚集的点中只选出一点而舍去其他的点,用这些选出的点组成的 $f^{-1}(J_{k-1})$ 的子集作为 J_k。这就保证了在迭代的每一步都处理一个分布相当合理的 J 的点集,同时也简化了复杂的计算。

第二种方法是检验单个点,看它们是否接近 Julia 集。例如,假设 f 有两个或更多的吸引不动点(若 f 为多项式,则包括 ∞)。若 z 为 $J(f)$ 中的一点,则由引理(设 w 是 f 的吸引不动点,则 $\partial A(w) = J(f)$,若 $w = \infty$,结论同样正确)可知,在每一个吸引点的吸引域中存在任意接近 z 的点。为了确定 J,将 c 的区域分成更细的网格,检验每一网格正方形的四个顶点在 f 的迭代下的最终结果。若两个顶点吸引到不同点,认为这个网格正方形包含 J 的点。通常,对其他的正方形,即所谓的 Fatou 集,都根据正方形的顶点被吸引到不同的点而把它们涂上不同的颜色,可能还对某个固定的 k,根据第 k 次迭代时与吸引点的接近程度而使涂上的颜色有一定的深浅差别。

尽管要掌握它的数学意义并非易事,但 Mandelbrot 集现在已经是分形理论研究的内容之一,也成了混沌的一种国际标志,它美丽无比、色彩斑斓的图案给人以艺术享受。

在复数平面上的迭代过程可以产生许多分形形状,但 Mandelbrot 集却只有一个,下面来归纳一下它的主要特点:

(1) Mandelbrot 集是二维复数平面上大量点的堆积,它的形状不是由一次求解一个方程来定义,而是在复平面上通过反馈环进行迭代来定义。此时迭代的方程就变成了过程而不是描述,是动态而不是静态。Mandelbrot 集的产生就是无穷次迭代和精细化的结果,迭代产生大量的点并不满足一定的方程,而是产生一种行为,它可以有三种结果:一种是定态,一种是收敛到某一状态的周期重复,还有一种趋向无穷大。应该指出的是,在这里迭代的规则极其简单,而规则的迭代又与尺度无关地反复重演某种整体信息,这就表明这个迭代的规则确切全面地反映了该形状(即 Mandelbrot 集)的整体信息。

对 Mandelbrot 集而言,进行 $z \to z^2 + c$ 迭代时,将 z 的初始值永远定为 0,对 c 却另选一个不为 0 的数,使 c 在复平面的某个部分上有规律地变化,用不同 c 值反复进行迭代。那些即使进行了无数次的迭代运算之后 $z^2 + c$ 的值也是有限的复数 c 的集合,就构成了形状极其复杂的 Mandelbrot 集。

而产生 Julia 集的规则却正好相反,即把 c 值固定,而 z 则作为原始点在进行变化。按这种规则可以得到不计其数的 Julia 集,只要任选一个 c 值,就能产生出一个与众不同的 Julia 集。

(2) 跨越无限的尺度,具有无穷复杂的边界。虽然 Mandelbrot 集并非像经典分形集那样是数学上严格自相似的,但是它却具有一种相关特征。如将 Mandelbrot 集的边界放大,便会显示出该集无穷数量的微型缩影,而这些微型 Mandelbrot 集中没有一个是与母集完全一样的,它们自己也各不相同。而数学上已经证明,Mandelbrot 集是连通的,因此,即使看起来像是悬浮在平面上的微型 Mandelbrot 集也是通过细线同母集连结在一起的,只是在一个特定的放大倍数下,只有几个是可以看得见的。所以,Mandelbrot 数集被数学家称为是数学领域里最复杂的现象。

(3) 从某种意义上讲,Mandelbrot 集概括了所有可能的 Julia 集,它是无穷数量的 Julia 集的直观的图解目录表;或者说,Mandelbrot 集是一本很大的书,而一个 Julia 集只是其中一页。根据 c 点在 Mandelbrot 集中的位置,就能预测与之相关的 Julia 集的外形及大小。如果 c 点在 Mandelbrot 集内,相应的 Julia 集就是连通的;如果 c 点选自 Mandelbrot 集之外,则其 Julia 集就是不连通的。可以通过动态图案来解释这个普遍适用的理论。从 Mandelbrot 集内的任意一点向该集外的另一点画一

条直线 L，并想象 c 点不停地沿着 L 从 Mandelbrot 集的内部向其边界慢慢移动，此时相应的 Julia 集呈现出逐渐地收缩卷曲的形状。当 c 达到了 Mandelbrot 集的边界时，Julia 集已经收缩成了脆弱的树枝状脉络，不再包含任何区域。一旦 c 点穿出边界，Julia 集就猛然爆开，构成了一片迷蒙的分形图形。

最后，就 Mandelbrot 集和 Julia 集的程序编写作一个简短的讨论。①复数迭代理论的一个简单结果表明，要使 z 在迭代过程中趋向无穷大，其充要条件是在迭代运算的某一步，z 的大小等于或大于 2。因此，在研究 Mandelbrot 集和 Julia 集时，如果迭代值 z 的大小达到 2，那么 z 肯定是趋向无穷大，再也不能返回。②在迭代程序中，可以把 x^2+y^2（设复数为 $x+yi$）和 4 比较大小，而不是把 x^2+y^2 的平方根与 2 比较大小。这样结果不变，但却可以避免连续地求平方根，因为求平方根是一种比较费时间的运算。③Mandelbrot 集和 Julia 集的区域如下：

Mandelbrot 集：x 的范围　　-2.25 至 $+1.75$
　　　　　　　　y 的范围　　-1.8 至 $+1.5$
Julia 集：　　　x 和 y 的范围均为 -1.8 至 $+1.8$

第 4 章 分形维数的测定

4.1 基本方法

在分形研究中，对分形维数有不少定义，因为要找到一个对任何事物都适用的定义并不容易。由于测定维数的对象不同，就某一分形维数的定义而言，对有些对象可以适用，而对另一些就可能完全不适用。严格地说，对不同定义的维数应使用不同的名称以把它们区分开来。由于分形理论正处于继续发展的阶段，因而往往笼统地把取非整数值的维数统称为**分形维数**。

实际的测定分形维数的方法，大致可以分成如下五类[69]：

（1）改变观察尺度求维数；
（2）根据测度关系求维数；
（3）根据相关函数求维数；
（4）根据分布函数求维数；
（5）根据频谱求维数。

在论述这些方法之前，先讨论一下关于分形维数的上限和下限问题。分形维数的定义范围是客观存在的，也就是说存在一个上限和下限。以云的形状为例，虽然云是没有特征长度的分形构造，但若要使它具有一定的分形维数值，就必须有尺寸的上限和下限。如以地球的大小为基准，一个积雨云只不过是一个点，显示不出自相似性来；如以放大镜级的大小为基准，云也只不过是小水滴的聚集体，也没有显示出自相似性。所以，对于现实中存在的物体，说它具有分形的特性，那么在它成立的尺度内，必然存在上限和下限，只有在某种被限制的观测尺度的范围内，其自相似性才成立，分形维数所具有的意义当然也仅在此范围之内。

4.1.1 改变观察尺度求维数

本方法是用圆和球、线段和正方形、立方体等具有特征长度的基本图形去近似分形图形，例如用长度为 r 的线段集合近似海岸线那样的复杂曲线。先把曲线的一端作为起点，然后以此点为中心画一个半径为 r 的圆，把此圆与曲线最初相交的点和起点用直线连结起来，再把此交点重新看作起点，以后反复进行同样的操作，如图 4.1 所示。用长度为 r 的折线去近似海岸线时，把测得的线段总数记作 $N(r)$。如果改变

基准长度 r，则 $N(r)$ 也要变化。如果海岸线是笔直的，则

$$N(r) \propto \frac{1}{r} = r^{-1} \tag{4.1}$$

的关系式能够成立。但式(4.1)对形状复杂的海岸线不适用。如果把基准长度 r 变小，因为这时能测出 r 大时被漏掉的细致构造，所以需要更多的小线段（因 r 已变小）来近似海岸线。可以用 Koch 曲线来验证，从图 3.4 可知，$N(1/3)=4, N((1/3)^2)=4^2, \cdots, N((1/3)^k)=4^k$ 这一关系是满足的。也就是说，因 $(1/3)^{-\log_3 4}=4$，可知

$$N(r) \propto r^{-\log_3 4} \tag{4.2}$$

上式中的指数 $\log_3 4$ 与 Koch 曲线的相似维数和 Hausdorff 维数都相同。同时，式(4.1)中 r 的指数 1 也与直线的维数一致。因此，一般地说，如果某曲线具有

$$N(r) \propto r^{-D} \tag{4.3}$$

关系，即可称 D 为这一曲线的维数。对海岸线和随机行走轨迹的分形维数的测定，多数是采用这个方法的。

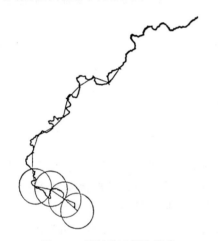
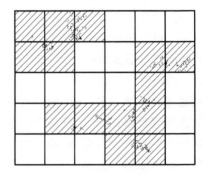

图 4.1　用折线近似海岸线　　图 4.2　改变正方形的尺度求平面上点的分布的维数

可以把此方法进行扩展，使之适用范围扩大到二维和三维，同时也适用于计算机计算。扩展方法是，把平面或空间分割成边长为 r 的细胞，然后来数所要考虑的形状（或构造）中所含的细胞数 $N(r)$。现在来看如何求平面上点的分布的分形维数。首先，用间隔为 r 的格子把平面分割成边长为 r 的正方形，数出此平面上至少包含一个点的正方形的个数，并把此数记为 $N(r)$，参看图 4.2。如果当 r 取不同的大小时，下式

$$N(r) \propto r^{-D} \tag{4.4}$$

成立，则 D 就是平面上点的分布的维数。如果平面上的点是均匀地致密排列并覆盖住整个平面，此时 $D=2$，与直线时一样，它与经验维数相一致。这个方法不仅适用于曲线和点的分布，也适用于像河流这样有大量分岔的图形，所以是个很有用的方法。

4.1.2 根据测度关系求维数

这个方法是利用分形具有非整数维数的测度来定义维数的。如把一个立方体每边的长度扩大到原来边长的 2 倍,那么二维测度的表面积即为 2^2 倍,三维测度的体积为 2^3 倍。因此若把一个量的单位长度扩大到 2 倍,并假定它能成为具有 2^D 的量,那么此量也可称为 D 维数的。

以 Koch 曲线为例,此时,具有非整数维数测度的量是曲线的长度。若把 Koch 曲线扩大 3 倍,曲线的长度将是原来的 $4 = 3^{\log_3 4}$ 倍。这说明,Koch 曲线的长度应具有 $\log_3 4$ 维的特性。

一般地,设长度为 L,面积为 S,体积为 V 时,则有下述关系式

$$L \propto S^{1/2} \propto V^{1/3} \tag{4.5}$$

上式的意义是,若把 L 扩大到 k 倍,那么 $S^{1/2}$ 和 $V^{1/3}$ 也都扩大到 k 倍。若把具有 D 维测度的量假定为 X,则可把上式变成一般化的公式

$$L \propto S^{1/2} \propto V^{1/3} \propto X^{1/D} \tag{4.6}$$

下面就可按式(4.6)来求维数,以测定岛屿海岸线的分形维数为例。设面积为 S,海岸线长度为 X,因岛的面积明显地是具有二维测度的量,所以根据 $S^{1/2} \propto X^{1/D}$ 即可求得海岸线的分形维数 D。在此认为 X 为未知数,先用很小的细格子把所考虑的平面分割成为小正方形的集合体,然后把那些即使包含一小点岛的正方形涂黑,如图 4.3 所示。为了清楚起见,岛内平面上的正方形没有涂黑。把黑正方形的个数记为 S_N,把与白正方形相接的黑正方形的个数记为 X_N。如果单位正方形的大小足够小的话,则可认为 $S \propto S_N, X \propto X_N$ 是成立的。对不同大小的岛屿可用同一方法求出其 S_N 和 X_N,如果存在一个 D,它能够满足下式

$$S_N^{1/2} \propto X_N^{1/D} \tag{4.7}$$

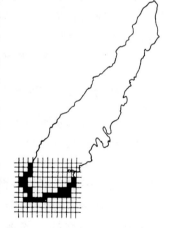

图 4.3 用尽可能小的正方形对岛屿平面进行分割

那么,D 就是该岛屿海岸线的分形维数。按此方法测定时,选用的单位正方形的大小越小,测量误差也越小。与改变观察尺度求维数的方法最大的区别在于,不改变单位正方形的大小,而是预先尽量把它选得小一点。

同一问题也可以不用面积和海岸线长度,而用海岸线长度和其直线距离 L 去考虑,即研究海岸线两端的直线距离 L 和海岸线长度 X_N 的关系。把所调查的海岸线范围进行各种变化,则可得到大量 L 和 X_N 的组合。此时,在 L 和 X_N 之间,如果下述关系式

$$L \propto X_N^{1/D} \tag{4.8}$$

成立,则 D 就是该海岸线的分形维数。

分布于空间的点的集合,如宇宙中星球的分布,也可用类似的考虑方式来定义分形维数。

下面再来考虑一下以某点为中心以 r 为半径的球,设含于此球内部的点的总数为 $M(r)$,如图 4.4 所示。如果点的分布是直线的,即有 $M(r) \propto r^1$;如果点的分布是平面的,即成为 $M(r) \propto r^2$;如果点分布在三维空间,那么就应成为 $M(r) \propto r^3$。因此,将此一般化,如能满足下式

$$M(r) \propto r^D \tag{4.9}$$

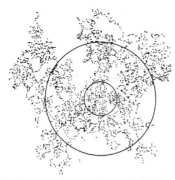

图 4.4 数出在半径为 r 的球内部点的个数

就可以说点的分布的分形维数就是 D。式中的 $M(r)$,也不一定非是点的个数不可,在求宇宙的质量分布的分形维数时,可以把 $M(r)$ 作为半径为 r 的球内的总质量。

用这一方法求点集合的分形维数时,实际上也存在把什么地方选为球心为好的问题。如果选择不好,一般很少出现像式(4.9)这样清晰的关系。变换几个中心进行测定,再取其平均值虽然也是可以的,但最快的方法是把点的分布的重心当作球的中心。如果点的分布是分形的话,那么采用本方法即可找到式(4.9)的关系。

4.1.3 根据相关函数求维数

相关函数是最基本的统计量之一,从这一函数型也可求得分形维数。如果把在空间随机分布的某量在坐标 x 处的密度记为 $\rho(x)$,则相关函数 $C(r)$ 可用下式定义

$$C(r) \equiv \langle \rho(x)\rho(x+r) \rangle \tag{4.10}$$

上式中符号 $\langle \cdots \rangle$ 表示平均。根据情况,平均可以是全体平均,也可以是空间平均。如果在各个方向分布均等,只能用两点间的距离 $r = |r|$ 的函数来表示相关函数。

作为相关函数 $C(r)$ 的函数型,虽然通常多把指数型 e^{-r/r_0} 和高斯型 $e^{-r^2/2r_0^2}$ 作为模式来考虑,但它们不是分形,因为它们都具有特征距离 r_0。在 $r_0 \ll r$ 区间,相关的衰减比在 $0 < r < r_0$ 区间的衰减更为急剧,也就是说,当两点间距离比 r_0 小时,这两点相互间强有力地影响着,但当两点距离比 r_0 大时,这两点之间几乎相互毫无影响。

与此相对应,当分布为分形时,相关函数则为幂型。如果为幂型就不存在特征长度,相关总是以同样比例衰减。例如,假如有

$$C(r) \propto r^{-a} \tag{4.11}$$

距离如果离开 2 倍,相关则为 $1/2^a$ 倍。这一关系不管距离大小,任何时候都应是存在的。此幂指数 a 与分形维数 D 的关系如下

$$a = d - D \tag{4.12}$$

式中 d 为欧氏空间维数。为了证实此式,现在来看 4.1.2 节中所述的质量分布。考虑质量在空间上为 D 维的分形分布,而且从某一点开始半径为 r 以内的总质量 $M(r)$ 与 r^D 成比例。在半径 r 和 $r+\Delta r$ 之间的球壳内的质量与 $r^{D-1} \cdot \Delta r$ 成比例,另外由于此球壳的体积与 $r^{d-1} \cdot \Delta r$ 成比例,所以其密度 $\rho(r) \propto r^{D-1}/r^{d-1} = r^{D-d}$,因此得到下式

$$C(r) \equiv \langle \rho(0)\rho(r) \rangle \propto r^{D-d} \tag{4.13}$$

相关函数经傅里叶变换后的波谱 $F(k)$,在 $0 < d - D < 1$ 时,成为下列的幂型

$$F(k) = 4\int_0^\infty dr \cos(2\pi kr) \cdot C(r) \propto k^{d-D-1} \tag{4.14}$$

若利用此式,当波谱 $F(k)$ 为式(4.14)的幂型时,从其幂指数就可求得分形维数 D。

4.1.4 根据分布函数求维数

月面照片上的各种不同大小的月坑,如果只看照片,其真实大小是完全看不出的。如果说照片上的月坑直径为 1000 km,就会觉得它相当之大,如果说它是 50 cm,也只会使人感到原来是如此之小,并不会特别使人抱有不自然之感。月坑的大小分布并没有特征长度,考虑这种大小分布时,从其分布函数的类型即可求得分形维数。

把月坑直径记为 r,另外把直径大于 r 的月坑存在概率记为 $p(r)$。若把直径的分布概率密度记为 $p(s)$,则有

$$p(r) = \int_r^\infty p(s) ds \tag{4.15}$$

这一关系式即可得到满足。能够变换照片和图的比例尺一事,说明可与变换 $r \to \lambda r$ 相对应。因此,若想变换比例尺而分布类型不变,对任意的 $\lambda > 0$

$$p(r) \propto p(\lambda r) \tag{4.16}$$

这一关系式就必须成立。能常满足上式的 r 函数型,只限于下面的幂型

$$p(r) \propto r^{-D} \tag{4.17}$$

若能按照下面那样考虑就容易理解其中幂指数 D 能给出分布的分形维数。如果在某一观察尺度 r 时看不见小于 r 的月坑,那么能看得见月坑的数目与 $p(r)$ 成比例。再改变观察尺度,在看不见小于 $2r$ 的月坑时,能看见的月坑数与 $p(2r)$ 成比例,此数是观察尺度为 r 时的 2^{-D} 倍。一般若把各种观察尺度(即不同大小的 r)时看到的个数假定为 $N(r)$,因 $N(r)$ 与 $p(r)$ 成比例,这里出现的 D 则与改变观察尺度的分形维数的定义式(4.4)相一致。

对式(4.17)必须注意的是,$p(r)$ 在 $r \to 0$ 时是发散的。解决这个问题有两个办法。一个是设定 r 的下限,使 $p(0)=1$ 那样进行规格化。另一个是不特别设定下限,但不单独采用 $p(r)$,而是考虑两个以上 $p(r)$ 的比。

社会科学中众所周知的 Zipf 法则,与分形有密切的关系。所谓 Zipf 法则,举个

例子说,按人口多少的顺序给某个国家的各个城市编号,那么人口与编号的乘积大约为一定值。由此例可以看出,考虑某一集团的分布时,k 编号的这个集团的量与 k^{-1} 成比例。这一法则不仅对城市人口,而且对不同国家的输入额以及语言学中单词频率等各个领域都适用。这种分布可以理解为是式(4.17)那种分布的特殊情况。若假定为式(4.17)那种类型分布,集团的大小 r 及其顺序 k 之间可有下述关系

$$r \propto k^{-1/D} \tag{4.18}$$

这是因为,集团的大小 r 的顺序之所以是编号 k,那是因为比 r 大的集团(包括自己在内)有 k 个的原因。在社会科学中常根据式(4.18)把量的大小的对数作纵轴,把顺序的对数作横轴,在图上画出各数据点,此图的斜率即表示 $1/D$。但此时如果考虑的不是大小为 1 维测度(长度)时,称此 D 为维数是不恰当的,而只应看作是分布的特征参数。

4.1.5 根据频谱求维数

根据观测对空间或时间的随机变量的统计性质进行调查时,往往可以较简单地得到与波数变化相对应的频谱。若把变动变换为电信号,以后只通过滤波器就能得到与功率谱 $S(f)$ 成比例的量。某变动是否为分形,如果是,它的分形维数有几个,类似这样的问题根据频谱的研究就能阐明。

从频谱的观点来看,所谓改变观察的尺度就是改变截止频率 f_c。此处的截止频率,指的是把较此更细小的振动成分舍去的界限频率。因此,如果说某变动是分形,那么也就等于说即使变换截止频率 f_c 也不改变频谱的形状。这也等同于:即使进行观测尺度的变换,$f \to \lambda$ 波谱形状也不变,具有这种性质的频谱 $S(f)$ 只限于下述幂型

$$S(f) \propto f^{-\beta} \tag{4.19}$$

频谱如为这种幂型,此幂的指数 β 与分形维数的关系可由下述事实得知。现在来看因某电路的电压 $V(t)$ 的波动而产生噪声的曲线图,电路电压 $V(t)$ 可以视为是时间的函数。当这种噪声频谱为式(4.19)那样时,若把曲线图的分形维数记为 D,则

$$\beta = 5 - 2D \tag{4.20}$$

这一关系式即可成立。不仅是电路,在各种场所普遍观测到的 $1/f$ 噪声是 $\beta \approx 1$,其分形维数 $D \approx 2$,也就是说,此图是大约能把二维平面全部掩盖的曲线。

当考虑地形和固体表面等的曲线时,可作如下这样的扩展。把用某平面去切割曲面时所得到的断面图的频谱假定为 $S(f)$,比如说,如果是地形,可用直线把两点之间连结起来,若把沿此线高低变动的频谱假定为 $S(f)$,地表的分形维数 D($2<D<3$)即可满足下式

$$\beta = 7 - 2D \tag{4.21}$$

这是因为,曲面的变动如果是等方的,曲面的分形维数只需在断面的分形维数上加上

1就可以了。

必须注意,在本节根据相关函数求维数的方法中介绍过波谱$F(k)$与式(4.14)的关系,但$F(k)$与这里的$S(f)$是不同的。虽然二者都是把相关函数变换为傅里叶的波谱(频谱),但分形维数D却是不同的类型(尽管使用相同的符号D),$F(k)$的D表示某物质区间分布的维数,而$S(f)$的D却表示图表曲线的维数。

在具体计算过程中,可以利用计算机图像处理系统来进行计算,也可以用普通微机。在利用普通微机进行计算之前,首先要把二维分形图形输入到微机,为了做到这一点,需要先编一个操作程序,该程序可以通过键盘控制光标(光点)在高分辨率显示器屏幕上随意运动。然后采用投影的办法,将分形图形投射到显示器的屏幕上,用键盘控制光标沿着图形边界运动,获得分形图形并存入到内存,接下来就可以进行数据处理了。但是,对复杂的图形来说,用光标绘图是相当困难的,所以如有条件用图像计算机来进行图像处理,那是最理想的了,此时可通过摄像机把底片或照片的图像输入到图像计算机,再选取不同的灰度值,来分析图像的细节,或求出图像的面积等。按照选定的计算方法,可以很快地求出图像的维数。一般来说,如图像计算机的显示器分辨率为512×512像素,对图像的维数计算来说已经足够了。

4.2 盒维数

盒维数又称**计盒维数**(box dimension,box-counting),是应用最广泛的维数之一,它的普遍应用主要是由于这种维数的数学计算及经验估计相对容易一些。对这种维数的研究可以追溯到 20 世纪 30 年代,并且对它赋予各种不同的名称:Kolmogorov 熵、熵维数、度量维数,对数密度等[70]。

设F是$\mathbb{R}^n$上任意非空的有界子集,$N_\delta(F)$是直径最大为δ,可以覆盖F的集的最少个数,则F的下、上盒维数分别定义为

$$\underline{\mathrm{Dim}}_B F = \varliminf_{\delta \to 0} \frac{\log N_\delta(F)}{-\log \delta} \qquad (4.22)$$

$$\overline{\mathrm{Dim}}_B F = \varlimsup_{\delta \to 0} \frac{\log N_\delta(F)}{-\log \delta} \qquad (4.23)$$

如果这两个值相等,则称这共同的值为F的盒维数,记为

$$\mathrm{Dim}_B F = \lim_{\delta \to 0} \frac{\log N_\delta(F)}{-\log \delta} \qquad (4.24)$$

盒维数有一些等价的定义,有时这些定义更适合应用。考虑$\mathbb{R}^n$中δ-坐标网立方体,即下列形式的立方体:

$$[m_1 \delta, (m_1+1)\delta] \times \cdots \times [m_n \delta, (m_n+1)\delta]$$

其中$m_1, m_2, \cdots, m_n$都是整数(显而易见,在$\mathbb{R}^1$中,"立方体"即表示为区间,而在$\mathbb{R}^2$中

表示为正方形)。设 $N'_\delta(F)$ 是 δ-网立方体与 F 相交的个数,显然这是 $N'_\delta(F)$ 个直径为 $\delta\sqrt{n}$ 的覆盖 F 的集类,因此有

$$N_{\delta\sqrt{n}}(F) \leqslant N'_\delta(F)$$

如果 $\delta\sqrt{n} < 1$,则

$$\frac{\log N_{\delta\sqrt{n}}(F)}{-\log(\delta\sqrt{n})} \leqslant \frac{\log N'_\delta(F)}{-\log\sqrt{n} - \log\delta}$$

令 $\delta \to 0$,取下、上极限

$$\underline{\text{Dim}}_B F \leqslant \varliminf_{\delta \to 0} \frac{\log N'_\delta(F)}{-\log\delta} \tag{4.25}$$

$$\overline{\text{Dim}}_B F \leqslant \varlimsup_{\delta \to 0} \frac{\log N'_\delta(F)}{-\log\delta} \tag{4.26}$$

另一方面,任何直径最大为 δ 的集合包含在 3^n 个边长为 δ 的网立方体内(由包含这个集的一些点的一个立方体以及与此立方体相邻的全部立方体组成),由此

$$N'_\delta(F) \leqslant 3^n N_\delta(F)$$

取对数并取极限可以得到与式(4.25)及式(4.26)反向的不等式。因此为求出由式(4.22)~式(4.24)定义的盒维数,可以等价地取 $N_\delta(F)$ 为与 F 相交的边长为 δ 的网立方体的个数。

盒维数的这个形式的定义在实际中有广泛的应用。为计算一个平面集 F 的盒维数,可以构造一些边长为 δ 的正方形或称为**盒子**,然后计算不同 δ 值的"盒子"和 F 相交的个数 $N_\delta(F)$——盒维数由此而得名。这个维数是当 $\delta \to 0$ 时,$N_\delta(F)$ 增加的对数速率,或者可以由函数 $\log N_\delta(F)$ 相对于 $-\log\delta$ 图的斜率值来估计。

这个定义给出了盒维数的一个解释,与集 F 相交的边长为 δ 的网立方体的个数正好表示了这个集是如何展开的,或者说是以尺度 δ 度量时这个集的不规则程度,维数反映了当 $\delta \to 0$ 时集合的不规则性是如何迅速表现出来的。

盒维数的另一个经常应用的定义还是具有式(4.22)~式(4.24)的形式,不过把其中的 $N_\delta(F)$ 取为覆盖所需要的边长为 δ 的任意立方体的最少个数。这个定义的等价性是由于网立方体的性质,注意到任一个边长为 δ 的立方体的直径都为 $\delta\sqrt{n}$,并且任意的直径最大为 δ 的集一定包含在一个边长为 δ 的立方体内。

类似地,如果在式(4.22)~式(4.24)中取 $N_\delta(F)$ 为覆盖 F 的半径为 δ 的最少闭球数,所得的维数值与原值也完全相等。

盒维数的另一个等价定义就不那么显然了,它涉及球心在 F 上,半径为 δ 的相互不交球的最多个数。用 $N''_\delta(F)$ 表示这个数,而 $B_1,\cdots,B_{N''_\delta(F)}$ 是半径为 δ,球心在 F 上相互不交的球。如果 x 属于 F,则 x 至少与 B_i 中一个球的距离小于 δ,否则可以把 x 为球心、半径为 δ 的球加进去,而组成更多的不交的球。这样,$N''_\delta(F)$ 个与 B_i 同心但半径为 2δ(直径 4δ)的球覆盖 F,而有

$$N_{4\delta}(F) \leqslant N'_\delta(F) \tag{4.27}$$

另一方面,设 $B_1, \cdots, B_{N'_\delta(F)}$ 是球心在 F 上,半径为 δ 的相互不交的球,设 $U_1, \cdots, U_k$ 是任意直径最大为 δ 且覆盖 F 的集类,由于 U_j 必然覆盖 B_i 的球心,每个 B_i 至少包含 U_j 的一个点,又由于 B_i 是不交的,知 U_j 至少与 B_i 一样多,因此

$$N'_\delta(F) \leqslant N_\delta(F) \tag{4.28}$$

对式(4.27)和式(4.28)取对数,表明如果用这样的 $N'_\delta(F)$ 取代原来的 $N_\delta(F)$,式(4.22)~式(4.24)的值是不变的。

这些不同方式的定义概括如下,并用图 4.5 表示之。

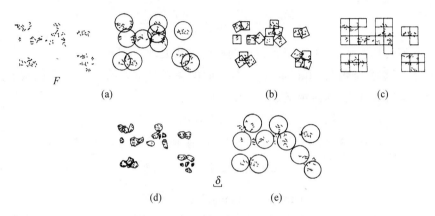

图 4.5 求 F 的盒维数的五种方法

(a)~(e)分别与等价定义中的(1)~(5)相对应

等价定义

$\mathbb{R}^n$ 子集 F 的下、上盒维数由下列两式给出

$$\underline{\operatorname{Dim}}_B F = \varliminf_{\delta \to 0} \frac{\log N_\delta(F)}{-\log \delta} \tag{4.29}$$

$$\overline{\operatorname{Dim}}_B F = \varlimsup_{\delta \to 0} \frac{\log N_\delta(F)}{-\log \delta} \tag{4.30}$$

F 的盒维数由下式定义

$$\operatorname{Dim}_B F = \lim_{\delta \to 0} \frac{\log N_\delta(F)}{-\log \delta} \tag{4.31}$$

(如果这个极限存在的话),其中 $N_\delta(F)$ 是下列五个数中的任一个:

(1) 覆盖 F 的半径为 δ 的最少闭球数;

(2) 覆盖 F 的边长为 δ 的最少的立方体数;

(3) 与 F 相交的 δ-网立方体的个数;

(4) 覆盖 F 的直径最大为 δ 的集的最少个数;

(5) 球心在 F 上,半径为 δ 的相互不交的球的最多个数。

应当指出,在式(4.29)~式(4.31)中,为考虑当 $\delta\to 0$ 时的极限,只要考虑通过任一满足 $\delta_{k+1}\geqslant c\delta_k(0<c<1)$ 的递减序列 δ_k 趋于零时的极限,特别是在 $\delta_k=c^k$ 的情形。为看清这一点,注意到如果 $\delta_{k+1}\leqslant\delta\leqslant\delta_k$,则

$$\frac{\log N_\delta(F)}{-\log\delta}\leqslant\frac{\log N_{\delta_{k+1}}(F)}{-\log\delta_k}\leqslant\frac{\log N_{\delta_{k+1}}(F)}{-\log\delta_{k+1}+\log(\delta_{k+1}/\delta_k)}$$

$$\leqslant\frac{\log N_{\delta_{k+1}}(F)}{-\log\delta_{k+1}+\log c}$$

因此有

$$\varlimsup_{\delta\to 0}\frac{\log N_\delta(F)}{-\log\delta}\leqslant\varlimsup_{k\to\infty}\frac{\log N_{\delta_k}(F)}{-\log\delta_k} \tag{4.32}$$

相反的不等式是平凡的,下极限也可用同样的方法处理。

另外,了解盒维数与 Hausdorff 维数之间的关系是重要的。如果 F 能被 $N_\delta(F)$ 个直径为 δ 的集覆盖,则由定义(参看 2.2 节)

$$\mathcal{H}^s_\delta(F)\leqslant N_\delta(F)\delta^s$$

如果 $1<\mathcal{H}^s(F)=\lim_{\delta\to 0}\mathcal{H}^s_\delta(F)$,只要 δ 充分小,就有 $\log N_\delta(F)+s\log\delta>0$,即

$$s\leqslant\varliminf_{\delta\to 0}\log N_\delta(F)/(-\log\delta)$$

所以

$$\mathrm{Dim}_H F\leqslant\underline{\mathrm{Dim}}_B F\leqslant\overline{\mathrm{Dim}}_B F$$

对任意的 $F\subset\mathbb{R}^n$ 成立。一般这里不能得到等号,虽然对许多"相当规则"的集,Hausdorff 维数与盒维数是相等的,然而,也有大量使不等号严格成立的例子。

如果 $s=\mathrm{Dim}_B F$,从式(4.24)粗略地可以看到,当 δ 充分小时,$N_\delta(F)\approx\delta^{-s}$,确切地,它说明

$$N_\delta(F)\delta^s\to\infty\quad(\text{如果 } s<\mathrm{Dim}_B F)$$

$$N_\delta(F)\delta^s\to 0\quad(\text{如果 } s>\mathrm{Dim}_B F)$$

但是

$$N_\delta(F)\delta^s=\inf\{\sum_i\delta^s:\{U_i\}\text{ 是 }F\text{ 的(有限的)}\delta\text{-覆盖}\}$$

它应当与

$$\mathcal{H}^s_\delta(F)=\inf\{\sum_i|U_i|^s:\{U_i\}\text{ 是 }F\text{ 的 }\delta\text{-覆盖}\}$$

比较,这是出现在 Hausdorff 测度和维数的定义中的。在计算 Hausdorff 维数中,给每个覆盖集 U_i 以不同的分量 $|U_i|^s$,而在盒维数的计算中给每个覆盖集以相同的分量 δ^s。盒维数可以被认为是表示一个集合能被相同形状的小集合覆盖的效率,而 Hausdorff 维数涉及的可能是相当不同形状的小集合的覆盖。

由于盒维数是由相同形状集的覆盖确定的,它计算起来比 Hausdorff 维数容易,

因而被人们广泛应用。

4.3 函数图的维数

在科学研究中，许多同时具有理论和实际重要性的令人感兴趣的分形是以函数图像形式出现的。确实，当许多现象被绘制成时间的函数时，就显示了分形的特性，如大气压强，容器中液体的水平高度，股票市场的价格，某种商品的价格等，至少当记录的数据跨越较长的时间间隔时便是如此[71]。以纽约市场上棉花的价格为例，每一次瞬间的变化是随机的，不能预言的，但长期的变化又是与尺度无关的：价格的日变化和月变化曲线完全一致。按 Mandelbrot 的分析，在经历两次世界大战和一次大萧条的 60 年动荡岁月中，价格变动的程度保持不变，这就说明，在大量无序的数据里存在着一种出乎意料的有序，或者说，具有分形的特性。

就函数图的维数而言，考虑函数 $f:[a,b] \to \mathbb{R}$，在一定的情形下，作为 (t,x) 坐标平面子集的图

$$\mathrm{graph}\, f = \{(t, f(t)): a \leqslant t \leqslant b\} \tag{4.33}$$

可能是分形。这里采用坐标 (t,x)，其中时间 t 为独立变量，x 为应变量。如果 f 是连续可微的，则容易看出 $\mathrm{graph}\, f$ 的维数是 1，而且确实它是规则 1-集。如果 f 是有界变差的，即对任意的分割 $a = t_0 < t_1 < \cdots < t_m = b$，$\sum_{i=0}^{m-1} |f(t_i) - f(t_{i+1})|$ 小于或等于某个常数，则结果也是一样的。然而，也可能有的连续函数是相当不规则的，并且具有维数严格大于 1 的图，人们最熟悉的例子是

$$f(t) = \sum_{k=1}^{\infty} \lambda^{(s-2)k} \sin(\lambda^k t) \tag{4.34}$$

其中 $1 < s < 2$ 且 $\lambda > 1$。这个函数本质上是 Weierstrass 的处处不可微的连续函数的例子，它的盒维数等于 s，一般认为它的 Hausdorff 维数也为 s。

下面导出一些简单的但能广泛应用的关于函数图的盒维数的估计。给定函数 f 和区间 $[t_1, t_2]$，记 R_f 为 f 在区间 $[t_1, t_2]$ 上的最大变化范围，即

$$R_f[t_1, t_2] = \sup_{t_1 < t, u < t_2} |f(t) - f(u)| \tag{4.35}$$

命题 设 $f:[0,1] \to \mathbb{R}$ 连续，又设 $0 < \delta < 1$，并且 m 是大于或者等于 $1/\delta$ 的最小整数。如果 N_δ 是 δ-网正方形与 $\mathrm{graph}\, f$ 相交的正方形个数，则

$$\delta^{-1} \sum_{i=0}^{m-1} R_f[i\delta, (i+1)\delta] \leqslant N_\delta \leqslant 2m + \delta^{-1} \sum_{i=0}^{m-1} R_f[i\delta, (i+1)\delta] \tag{4.36}$$

证明：由 f 的连续性，知与 $\mathrm{graph}\, f$ 相交且在区间 $[i\delta, (i+1)\delta]$ 之上的柱集内的

边长为 δ 的网正方形最少为 $R_f[i\delta,(i+1)\delta]/\delta$ 个,而最多为 $2+R_f[i\delta,(i+1)\delta]/\delta$ 个,对所有这样的区间求和,即得式(4.36),这由图 4.6 说明。

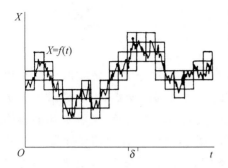

图 4.6　在宽度为 δ 的区间上面的柱集内与 f 的图相交的网正方形个数近似等于 f 的变化范围,对这些个数求和可得到 f 图的盒维数的估计值

这个命题立即可以应用到满足 Hölder 条件的函数上。Hölder 函数的定义如下:

函数 $f:X\rightarrow Y$ 称为指数为 a 的 Hölder 函数,如果存在某个常数 c,使得
$$|f(x)-f(y)|\leqslant c|x-y|^a \quad (x,y\in X)$$
当 $a=1$ 时,称 f 为**李普希兹函数**。如果对
$$0<c_1\leqslant c_2<\infty$$
$$c_1|x-y|\leqslant|f(x)-f(y)|$$
$$\leqslant c_2|x-y| \quad (x,y\in X)$$
称函数 f 为**双-李普希兹函数**。

推论　设 $f:[0,1]\rightarrow\mathbb{R}$ 是连续函数,

(a) 设 $|f(t)-f(u)|\leqslant c|t-u|^{2-s}$　$(0\leqslant t,u\leqslant 1)$　(4.37)

其中 $c>0$, $1\leqslant s\leqslant 2$,则 $\mathcal{H}^s(F)<\infty$,并且 $\text{Dim}_H\text{graph}\,f\leqslant\text{Dim}_B\text{graph}\,f\leqslant s$。如果对某 $\delta>0$,当 $|t-u|<\delta$ 时式(4.37)成立,则上述结论仍然成立。

(b) 设存在数 $c>0$, $\delta_0>0$ 和 $1\leqslant s\leqslant 2$,使得对每个 $t\in[0,1]$ 和 $0<\delta\leqslant\delta_0$,存在 u 满足 $|t-u|\leqslant\delta$ 和
$$|f(t)-f(u)|\geqslant c\delta^{2-s} \qquad (4.38)$$
则
$$s\leqslant\underline{\text{Dim}}_B\text{graph}\,f$$

证明:(a) 从式(4.37)立即知对 $0\leqslant t_1,t_2\leqslant 1$
$$R_f[t_1,t_2]\leqslant c|t_1-t_2|^{2-s}$$
利用上面命题中的记号,$m<(1+\delta^{-1})$,所以
$$N_\delta\leqslant(1+\delta^{-1})(2+c\delta^{-1}\delta^{2-s})\leqslant c_1\delta^{-s}$$
其中 c_1 与 δ 无关。由于大部分分形维数的"明显的"上界估计可以由小集合的自然覆盖得到,可以引入一个新的命题:

设 F 可以由 n_k 个半径最大为 δ_k 的集覆盖,且当 $k\rightarrow\infty$ 时,$\delta_k\rightarrow 0$,则
$$\text{Dim}_H F\leqslant\underline{\text{Dim}}_B F\leqslant\varliminf_{k\rightarrow\infty}\frac{\log n_k}{-\log\delta_k} \qquad (4.39)$$

且如果 $\delta_{k+1}\geqslant c\delta_k$ 对某个 $0<c<1$ 成立,则
$$\overline{\text{Dim}}_B F\leqslant\varlimsup_{k\rightarrow\infty}\frac{\log n_k}{-\log\delta_k} \qquad (4.40)$$

同时,如果当 $k\rightarrow\infty$ 时,$n_k\delta_k^s$ 保持有界,则 $\mathcal{H}^s(F)<\infty$。证明从略。事实上,Hausdorff 维数的明显的上界经常就是维数的实际数值。由这个命题,即可得到以上推论中的

结论。

(b) 同样的方法,式(4.38)意味着 $R_f[t_1,t_2] \geqslant c|t_1-t_2|^{2-s}$,因为 $\delta^{-1} \leqslant m$,由式(4.36)可以得出

$$N_\delta \geqslant \delta^{-1}\delta^{-1}c\delta^{2-s} = c\delta^{-s}$$

所以由盒维数的等价定义(3)——与 F 相交的 δ-网立方体的个数——可知,$s \leqslant \underline{\text{Dim}}_B \text{graph } f$。

需要指出的是,函数图的 Hausdorff 维数下界的估计比起盒维数来说要困难得多。

下面来看 Weierstrass 函数。设 $\lambda>1$ 和 $1<s<2$,由下式定义 $f:[0,1] \to R$

$$f(t) = \sum_{k=1}^{\infty} \lambda^{(s-2)k} \sin(\lambda^k t) \tag{4.34}$$

则如果 λ 充分大,$\text{Dim}_B \text{graph } f = s$。

给定 $0<h<1$,设 N 是使

$$\lambda^{-(N+1)} \leqslant h < \lambda^{-N} \tag{4.41}$$

成立的整数,则

$$|f(t+h) - f(t)| \leqslant \sum_{k=1}^{N} \lambda^{(s-2)k} |\sin(\lambda^k(t+h)) - \sin(\lambda^k t)|$$

$$+ \sum_{k=N+1}^{\infty} \lambda^{(s-2)k} |\sin(\lambda^k(t+h)) - \sin(\lambda^k t)|$$

$$\leqslant \sum_{k=1}^{N} \lambda^{(s-2)k} \lambda^k h + \sum_{k=N+1}^{\infty} 2\lambda^{(s-2)k}$$

其中在前 N 项应用了中值定理,而后一部分的估计是显然的。对这两个几何级数求和并利用式(4.41),得

$$|f(t+h) - f(t)| \leqslant \frac{h\lambda^{(s-1)N}}{1-\lambda^{1-s}} + \frac{2\lambda^{(s-2)(N+1)}}{1-\lambda^{s-2}} \leqslant ch^{2-s}$$

其中 c 与 h 无关。现在由上面推论(a)得出 $\overline{\text{Dim}}_B \text{graph } f \leqslant s$。

与上面同样的方法,但只是把求和部分分成三部分,即前 N 项,第 N 项和余下的部分。

如果 $\lambda^{-(N+1)} \leqslant h < \lambda^N$,我们得到

$$|f(t+h) - f(t) - \lambda^{(s-2)N}(\sin \lambda^N(t+h) - \sin \lambda^N t)|$$
$$\leqslant \frac{\lambda^{(s-2)N-s+1}}{1-\lambda^{1-s}} + \frac{2\lambda^{(s-2)(N+1)}}{1-\lambda^{s-2}} \tag{4.42}$$

设 $\lambda>2$ 充分大,则对所有的 N,式(4.42)的右边小于 $\frac{1}{20}\lambda^{(s-2)N}$。对 $\delta<\lambda^{-1}$,取 N 使 $\lambda^{-N} \leqslant \delta < \lambda^{-(N-1)}$,对每个 t,可以选择满足 $\lambda^{-(N+1)} \leqslant h < \lambda^{-N}$,使得 $|\sin \lambda^N(t+h) - \sin \lambda^N t| > \frac{1}{10}$,所以由式(4.42)可得

$$|f(t+h)-f(t)| \geqslant \frac{1}{20}\lambda^{(s-2)N} \geqslant \frac{1}{20}\lambda^{s-2}\delta^{2-s}$$

由上面推论(b)得出 $\underline{\operatorname{Dim}}_B \operatorname{graph} f \geqslant s$。

图 4.7 是 Weierstrass 函数的四种情形。

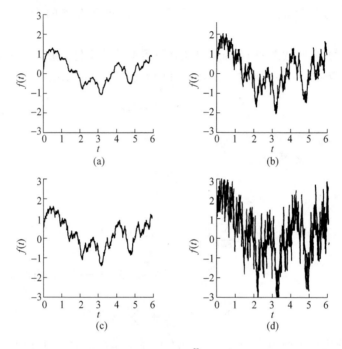

图 4.7 Weierstrass 函数 $f(t)=\sum\limits_{k=0}^{\infty}\lambda^{(s-2)k}\sin(\lambda^k t)$,取 $\lambda=1.5$
(a) $s=1.1$; (b) $s=1.3$; (c) $s=1.5$; (d) $s=1.7$

由上面的估计立即可以得到式(4.34)的 Weierstrass 函数图的 Hausdorff 维数最多为 s。普遍认为这个维数应当等于 s,至少对"大部分"的值是这样的。这个结论一直没有得到严格的证明,这是由于函数的图可以由很多形状不同的集所覆盖,可能给出较小值的维数,甚至证明 $\operatorname{Dim}_H \operatorname{graph} f > 1$ 也不是平凡的。已了解的下界是来自于质量分布方法,它依赖于对 $\mathscr{L}\{t:(t,f(t))\in B\}$ 的估计,其中 B 是圆,而 $\mathscr{L}$ 是勒贝格测度。函数 f 迅速的小尺度的振荡使得相对较少的函数图上的点落入 B 内,所以测度值较小。用这样的方法可能证明存在常数 c,使得

$$s \geqslant \operatorname{Dim}_H \operatorname{graph} f \geqslant s - c/\log\lambda$$

Weierstrass 函数(式(4.34))是可以利用这些方法的许多种类函数的代表。如果 g 是适当的周期函数,应用类似的方法通常可以证明

$$f(t) = \sum_{k=1}^{\infty}\lambda^{(s-2)k}g(\lambda^k t) \tag{4.43}$$

有 $\text{Dim}_B \text{graph} f = s$。初看起来,这样的函数似乎是人为设计出来的,但是,由于它们可以作为某些动力系统的斥子,因此具有新的重要性。

在 2.4 节中得知自仿射集经常是分形,由适当选择的仿射变换,它们也可以是函数的图。设 $s_i (1 \leqslant i \leqslant m)$ 是用下式表成矩阵形式的相对于 (t,x) 坐标的仿射变换

$$s_i \begin{bmatrix} t \\ x \end{bmatrix} = \begin{bmatrix} 1/m & 0 \\ a_i & c_i \end{bmatrix} \begin{bmatrix} t \\ x \end{bmatrix} + \begin{bmatrix} (i-1)/m \\ b_i \end{bmatrix} \qquad (4.44)$$

于是 s_i 把垂直线映射成垂直线,并且把满足 $0 \leqslant t \leqslant 1$ 条件的垂直窄条上的点映射到满足 $(i-1)/m \leqslant t \leqslant i/m$ 的窄条上。假设

$$1/m < c_i \leqslant 1 \qquad (4.45)$$

所以 t 方向的压缩强于 x 方向。

设 $p_1 = (0, b_1/(1-c_1))$ 和 $p_m = (1, (a_m+b_m)/(1-c_m))$ 是 s_1 和 s_m 的不动点,我们假设矩阵的表值都已选定,使得

$$s_i(p_m) = s_{i+1}(p_i) \qquad (1 \leqslant i \leqslant m-1) \qquad (4.46)$$

并使直线段 $[s_i(p_1), s_i(p_m)]$ 连结起来组成多角形曲线 E_1。为避免平凡的情形,设 $s_1(p_1), \cdots, s_m(p_1), p_m$ 不都共线。s_i 的不变集可以由反复地用 E_1 的仿射像取代直线段而构造出来。见图 4.8 和图 4.9。条件 (4.46) 保证了这些直线段连结起来的结果 F 是某个连续函数 $f : [0,1] \to R$ 的图。

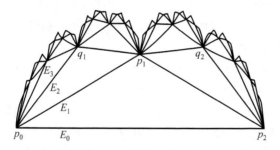

图 4.8　自仿射曲线 F 的构造过程

在图 4.8 中,仿射变换 s_1 和 s_2 把三角形 $p_0 p_1 p_2$ 分别变成 $p_0 q_1 p_1$ 和 $p_1 q_2 p_2$,把垂直线变成垂直线。多角形曲线 $E_0, E_1, \cdots$ 由 $E_{k+1} = s_1(E_k) \bigcup s_2(E_k)$ 得出,并给出 F 的越来越好的逼近。因此当 λ 比较大时,Hausdorff 维数不能比猜想的值小太多。

就自仿射曲线而言,设 $F = \text{graph} f$ 是上面所描述的自仿射曲线,则 $\text{Dim}_B F = 1 + \log(c_1 + \cdots + c_m)/\log m$。

计算　设 T_i 是表成矩阵的 S_i 的"线性部分"

$$\begin{bmatrix} 1/m & 0 \\ a_i & c_i \end{bmatrix}$$

设 $I_{i_1, \cdots, i_k}$ 是那些以 m 为底的展开式,为 $0, i'_1, \cdots, i'_k$ 的 t 组成的 t 轴上的区间,其中 $i'_j =$

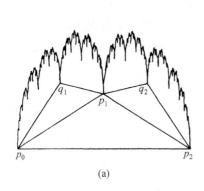
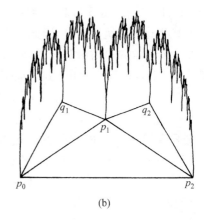

图 4.9 由把三角形 $p_0p_1p_2$ 映射成 $p_0q_1p_1$ 和 $p_1q_2p_2$ 的两个仿射变换定义的自仿射曲线。
(a) 两个变换的垂直压缩比都为 0.7，得 $\text{Dim}_B \text{graph} f = 1.49$；
(b) 垂直压缩比都为 0.8 时，$\text{Dim}_B \text{graph} f = 1.68$

$i_j - 1$。则 F 在 $I_{i_1,\cdots,i_k}$ 上面的部分是仿射像 $S_{i_1} \circ \cdots \circ S_{i_k}(F)$，它是 $T_{i_1} \circ \cdots \circ T_{i_k}(F)$ 的平移。表示 $T_{i_1} \circ \cdots \circ T_{i_k}$ 的矩阵容易导出，如下所示

$$\begin{bmatrix} m^{-k} & 0 \\ m^{1-k}a_{i_1} + m^{2-k}c_{i_1}a_{i_2} + \cdots + c_{i_1}c_{i_2}\cdots c_{i_{k-1}}a_{i_k} & c_{i_1}c_{i_2}\cdots c_{i_k} \end{bmatrix}$$

这是一个剪切映射。它以压缩比 $c_{i_1}c_{i_2}\cdots c_{i_k}$ 压缩垂直于 t 轴的直线，显然上面矩阵左下角的元素以下面的数为界

$$|m^{1-k}a + m^{2-k}c_{i_1}a + \cdots + c_{i_1}\cdots c_{i_{k-1}}a|$$
$$\leqslant ((mc)^{1-k} + (mc)^{2-k} + \cdots + 1)c_{i_1}\cdots c_{i_{k-1}}a \leqslant rc_{i_1}\cdots c_{i_k}$$

其中 $a = \max|a_i|$，$c = \min\{c_i\} > 1/m$ 和 $r = a/(1-(mc)^{-1})$。则像 $T_{i_1} \circ \cdots \circ T_{i_k}(F)$ 包含在一个高为 $(r+h)c_{i_1}\cdots c_{i_k}$ 的矩形中，其中 h 是 F 的高。另一方面，如果 q_1, q_2, q_3 是三个从 $S_1(p_1), \cdots, S_m(p_1), p_m$ 中选出的不共线的点，则 $T_{i_1} \circ \cdots \circ T_{i_k}(F)$ 包含点 $T_{i_1} \circ \cdots \circ T_{i_k}(q_j)(j=1,2,3)$，以这三点为顶点的三角形的高至少为 $c_{i_1},\cdots,c_{i_k}d$，其中 d 是从 q_2 点到直线段 $[q_1,q_3]$ 的垂直距离，于是函数 f 在 $I_{i_1,\cdots,i_k}$ 上的变化范围满足

$$dc_{i_1}\cdots c_{i_k} \leqslant R_f[I_{i_1,\cdots,i_k}] \leqslant r_1c_{i_1}\cdots c_{i_k}$$

这里 $r_1 = r + h$。

对固定的 k，我们对 m^k 个长度为 m^{-k} 的区间 $I_{i_1,\cdots,i_k}$ 求和，利用命题 4.1，得

$$m^k d \sum c_{i_1}\cdots c_{i_k} \leqslant N_m^{-k}(F) \leqslant 2m^k + m^k r_1 \sum c_{i_1}\cdots c_{i_k}$$

其中 $N_m^{-k}(F)$ 是与 F 相交的边长为 m^{-k} 的网正方形的个数。对每个 j，数 c_{ij} 取遍 $c_1, c_2, \cdots, c_m$ 这 m 个值，所以 $\sum c_{i_1}\cdots c_{i_k} = (c_1 + \cdots + c_m)^k$。于是

$$dm^k(c_1 + \cdots + c_m)^k \leqslant N_m^{-k}(F) \leqslant 2m^k + r_1 m^k(c_1 + \cdots + c_m)^k$$

取对数并利用盒维数的等价定义,就得到了所指出的维数的值。

自相似函数对分形插值法是有用的。如果想得到给定维数并且经过点$(i/m, x_i)$,$i=0,1,\cdots,m$ 的分形曲线,通过选择式(4.44)的变换,上面所描述的构造会得出一个具有通过给定点的图的自仿射函数,在这种方法中,对每个 i,S_i 把直线段$[p_1, p_m]$映射成直线段$[((i-1)/m, x_{i-1}),(i/m, x_i)]$。通过调整矩阵中的值,可以使曲线具有需要的盒维数,并且还有可能用其他方法去改变曲线的外貌。分形插值法已经非常有效地用来绘制山地的轮廓线。图4.10表示了一个分形插值法的例子。

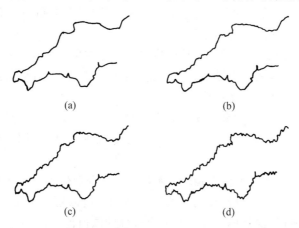

图 4.10　利用图(a)的多角形顶点为基准点,对英格兰西南部地图的北部和南部进行的分形插值法,相应的维数是(b)1.1,(c)1.2,(d)1.3

显然,自仿射函数可以推广到 S_i 在 t 方向上不具有相同的压缩比的情形,这就导致了在点的分形插值法中所用的间隔不相等。通过进一步的工作,可以求出这种曲线的盒维数。

4.4　码尺与分形维数的关系

在第 2 章讨论的分形的数学基础中指出,自相似的分形具有无穷嵌套结构。在实际的分形维数的测定中,分形维数的测量值与分形的结构层次 k 有关。以三次 Koch 曲线为例,只有当 $k=18$ 以后,测量维数 D_m 才收敛于 1.2618,这里的 D_m 是维数的测量值,以区别于维数的数学计算值。

在本节中,将讨论码尺 δ 与分形维数的关系。在分形维数的数学定义中,要求码尺趋于零时的极限存在。但是对于不同学科中研究的分形以及自然界存在的分形,一般说来并不存在无穷的嵌套结构,而只存在有限的嵌套层次,所以,码尺 δ 趋于零的这个要求,在测量中很难实现,而且对于不同的对象,其意义也不完全相同。另外,除了有限的结构层次外,实际存在的分形还有一个存在层次的问题。如材料宏观断裂面的分形结构的存在层次是一种与晶粒尺寸相当的材料组织；聚合物中高分子生长的分形结构是分子团尺度层次上的分形结构；地震过程中形成的分形断口，则是宏观尺度范围内(以千米计数)的分形结构；天体中星系的分形结构则是另一种更大尺度的分形结构。这样在研究材料断裂过程与地震过程时，所选择的相应码尺就必然是不同的。在研究金属或合金的分形断口时，一般选择微米级的尺度，而研究地震中形成的分形断口，则可能选取米级的尺度。对地震形成的分形断口，其存在层次的尺度单位为米，当 δ 取微米量级时，可以认为已是趋于零了；而对金属的分形断口而言，微米量级就是其存在层次的尺度单位，不能认为是趋于零，所以不仅选择的码尺不同，而且 δ 趋于零的含义也是不相同的。

码尺的选择原则是码尺的长度单位应与分形存在层次的尺度单位相一致。如上面举例说明的，对地震的分形断口，码尺的长度单位选作米，对金属或合金的分形断口，则选微米作为码尺的长度单位。

近几年来国内外一些学者的研究表明：对实际分形体而言，测量的分形维数值随码尺而变化，也就是说，对同一分形体由于选取的码尺不同，会得到不同的分维值[72—78]。

分维不确定性的产生原因是由于：实际存在的分形体不具有无限层次的自相似结构。把适用于无限层次分形体的公式用于实际的有限层次分形体，就有可能产生分维不确定性。所以，测量码尺 δ 存在一个合理的取值范围，当 $\delta_{max} \geqslant \delta \geqslant \delta_0$ 时，测得的有限层次分形体的分维是一确定值 D，在这里 δ_0 是下临界点，δ_{max} 是上临界点；当 $\delta < \delta_0$ 或 $\delta > \delta_{max}$ 时，测得的分维值 $D' < D$，而且 D' 是不确定的。码尺的临界值 δ_0 是由实际分形体的最小自相似结构层次所决定的，所以，在研究实际的分形体时，码尺的取值范围不是任意的，必须先对该分形体的结构特点进行细致的分析，即结构层次和存在层次，再选择码尺和确定临界点。实际分形体只在一定层次范围内才呈现为分形或准分形。记住这一点往往是有益的。

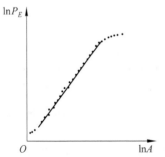

图 4.11 测量的分维值与码尺的关系

图 4.11 表明了测量得到的分维值与选取的码尺的关系。它是采用周长—面积关系方法来测定分形周界曲线的分形维数，此方法又称为**小岛法**，是由 Mandelbrot 首先提出并应用，Feder 也曾对其实验原理进行过研究[79—80]。目前，许多研究者采用的实验步骤为将小岛图形在金相显微镜下取得一定放大倍数的金相照片，放到图像处理仪的视场下进行测量，通过调整图像处理仪的焦距来实现改变码尺，以便测量到不同的结构层次。由于焦距的改变，在视场下所测量的小岛越来越少，其结果无法保证每个小岛均能测量到必要的结构层次。所以，改进了的合理的实验步骤应当

是：对于得到的具有小岛状的样品，在金相显微镜下取得不同放大倍数的金相照片，以便保证实现不同的结构层次或近似地取得最大的放大倍数照片，例如 1000 倍的金相照片；而后将这些照片放到图像处理仪的相同视场下测量周长 P_E 和面积 A，由此得到一组数据 (δ_i, P_{Ei}, A_i)。

在这里，P_E 是分形周界曲线的"真实长度"，即欧氏长度，以 E 作为下标；而 A 是平面图形的欧氏面积。当选取的码尺 δ 满足 $\delta_{\max} \geqslant \delta \geqslant \delta_0$ 时，得到的测量数据在 $\ln P_E - \ln A$ 的坐标系中都落在线性区（又称为**无标度区**）中，该直线的斜率即为该分形体的测量维数；当 $\delta < \delta_0$ 或 $\delta > \delta_{\max}$ 时，测量数据都落在非线性区，此时的测量维数是不真实的，因为用这些码尺是不能测量出分形体的自相似性，得到的维数值也不是唯一的。应该注意的是，由于实际问题中的分形往往具有近似的或者是随机的自相似性质和有限的结构层次，因此，上述不同放大倍数的照片数量不可能很多。

综上所述，分形理论用于实际分形体的研究是有条件的。在一定的条件下，它是成立的。而测量分维的码尺只有能够测量出分形体的自相似性，其测量的分维才是真实的，所以对于码尺而言，就存在一个合理的取值范围。在此范围之内，有限层次的分形体的分维是恒定的；超出此范围，则测量分维就会发生变化，出现分维不确定问题[75]。

第5章 产生分形的物理机制与生长模型

5.1 产生分形的物理机制

从宇宙的演化过程来看,开始是天地混沌一片,没有任何秩序和结构,完全处于无序的状态。经历一个相当漫长的时间之后,形成某些分子和结构,在一定条件下发展出生物大分子,进而产生了生命现象,同时物质的运动和结构也愈来愈复杂,逐步地形成了人类目前生活的自然界中的一切,当然它仍处于一个发展的过程之中。而唯心主义认识论则认为,上帝创造了世界,创造了生命,亚当和夏娃是人类之祖先;地球的转动则是由于上帝的推动所致。在中国的神话中也有类似的"盘古开天辟地"之说。

唯物主义认识论与唯心主义认识论是完全对立的,但这两个完全对立的认识论却有一个共同的看法,那就是现在的自然界是从无到有产生和逐步发展起来的,从混沌到有序和组织。基础自然科学的各个分支都在研究这个"自组织"过程的各个侧面。在混沌论和分形论产生以前,人们研究的主要对象局限于处于平衡态过程的封闭系统和守恒系统。而现在人们从平衡态过程转向认识非平衡态过程,从封闭系统转向认识开放系统,从守恒系统转向认识耗散系统,非线性系统、耗散系统与随机系统成为人们最感兴趣的前沿研究领域之一,如突变论、协同学、耗散结构论以及负熵论等就是从不同的学科角度进行研究所获得的成果[2—7,81,82]。1969年Prigogine把非平衡相变中产生的有序和结构概括为"**耗散结构**",它一般具有以下四个特点:

(1) 耗散结构发生在"开放系统"中,它必定与外界发生能量或物质的交换;
(2) 只有当控制参数(流速,温差等)达到某一"阈值"时,它才突然出现;
(3) 它具有时空结构,对称性低于达到阈值前的状态;
(4) 耗散结构虽是前一状态不稳定的产物,但是它一旦产生,就具有相当的稳定性,不会被任何小扰动所破坏。

应该注意,这后三个特点是与平衡相变一致的,只有第一个特点才是耗散结构所特有的,而该开放系统必然是个耗散系统。关于耗散结构论可参阅有关资料[2—4]。

迄今为止,人们在非线性系统的研究中,发现过种种分形结构,一般认为非线性、随机性以及耗散性是出现分形结构的必要物理条件。非线性是指运动方程含有非线性项,状态演化(相空间轨迹)发生分支,是混沌的根本原因。随机性可以分为两大类,即噪声热运动和混沌,它们反映了系统的内在随机性。可以证明,随机系统并不是完全无序的。耗散性可以用一个表达式来表述,即 $\frac{dE}{dt}<0$。耗散性破坏了宏观运动规律的时间反演不变性,它使系统处于最无序或熵增加的状态。因此,不论是研究坐标空间的分形结构,还是研究相空间的分形结构,都必须分析系统的耗散性。

那么系统产生分形结构的充分条件是什么呢?在回答这个问题以前,先得引入一个叫"**吸引子**"(attractor)的术语,不严格地说,一个吸引子就是一个集合并且使得附近的所有轨道都收敛到这个集合上。如下的吸引子结论回答了分形结构的充分性判据。

众所周知,非线性耗散系统可能会有局限于相空间有限区域内的无规运动解,耗散系统的无规运动,最终会成为趋向吸引子的无规运动,而无规运动的吸引子便是相空间的分形结构。吸引子可分为两大类:

a. 稳定解:稳定的定态解是一个零维的吸引子,在相空间中是一个点,称作**不动点**;稳定的周期解是一维的吸引子,在相空间中是一条封闭的曲线,称作**极限环**。

b. 无规运动解:又叫做**奇异吸引子**(strange attractor),在相空间中产生分形结构。

奇异吸引子有如下三个特征:

(1) 非常敏感地依赖于初始条件,即具有不稳定性。

(2) 相关函数在长时间以后趋于零,即

$$C(t) = \frac{1}{T}\int_0^T \Delta X(t+t')\Delta X(t')\,dt' \xrightarrow{t\to\infty} 0$$

式中

$$\Delta X(t) = X(t) - \overline{X}, \quad \overline{X} = \frac{1}{T}\int_0^T X(t)\,dt$$

(3) 没有周期性。

从耗散系统中稳定解与无规运动的差别和奇异吸引子的特征可以看出,奇异吸引子的产生必须以系统发生失稳为前提,如在相变和临界现象中的对称性破缺等,也就是说,耗散系统的非稳定性条件或者远离平衡条件有可能成为产生奇异吸引子(即产生分形结构)的充分条件。

在天气预报中,洛伦兹体系的非线性方程组为

$$\begin{cases} \dot{X} = -10(X-Y) \\ \dot{Y} = -XY + YZ - Y \\ \dot{Z} = XY - \frac{8}{3}Z \end{cases} \quad (5.1)$$

该方程组所具有的奇异性质如图 5.1 所示。由图可以看出，该解在一有界区域内，既不趋于某个固定值也不具有周期解，而且对于初始条件的依赖性非常敏感。

众所周知，在线性系统中是不会产生吸引子的。就非线性系统而言，现在的研究结果表明，二元的非线性方程组，虽然可以产生吸引子，但不可能产生奇异吸引子。而一个只含一个非线性项 xz 的三元非线性方程组，却会产生奇异吸引子[83]，该方程组如下：

$$\begin{cases} \dot{x} = -(y+z) \\ \dot{y} = x + 0.2y \\ \dot{z} = 0.2 + z(x-5.7) \end{cases} \tag{5.2}$$

一些非线性迭代变换，如 Hénon 映射

$$\begin{cases} x_{n+1} = 1 - ax_n + by_n \\ y_{n+1} = x_n \end{cases} \tag{5.3}$$

以及 Logistic 映射

$$x_{n+1} = rx_n(1-x_n) \quad (0 \leqslant r \leqslant 4) \tag{5.4}$$

它们都会产生奇异吸引子，分别如图 5.2 和下一节的图 5.4(a) 所示。

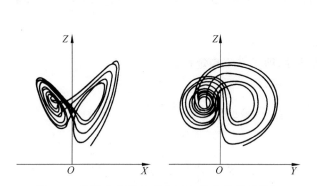

图 5.1 投影在 X-Z 和 Y-Z 面上洛伦兹体系的解

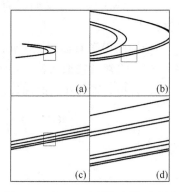

图 5.2 Hénon 映射的奇异吸引子

上面所提到的奇异吸引子，可以用相关函数法来测它们的分形维数，但到目前为止，还没有在理论上计算分形维数的方法。

5.2 分形与混沌

对混沌状态（或混沌运动）的研究至少可以追溯到 19 世纪 Poincaré 对三体运动的研究，但引起人们的重视还只是最近三十年间的事情[1]。近年来的进展是令人鼓舞的，人们不仅已在理论上（主要是通过数值模拟）发现了一些有关发生分支现象和混沌现象的普遍规律，并且已在自然界中和实验室中（包括流体力学、化学、生物学、

材料科学、电学、气象学以及天体物理等领域)观测到了混沌现象[84]。弄清这些现象的起因和规律无疑对于认识我们赖以生存的这个无序而又有序的自然界是十分重要的,在本节中将初步探讨混沌与分形的关系。

在 1.1 节中已经列举了生态学中一些自组织现象,如亚得里亚海中的甲乙两种鱼的数量变化,加拿大的野兔和山猫的数量变化等。本节将以数学模型来研究物种兴衰的规律,并探讨分形与混沌的关系。

生态学是有数学观念的生物学家在 20 世纪建立的一门新学科,它把种群数作为动力学系统,把一些影响因素加以简化来研究生命的盛衰。大自然是生态学家的实验室,其中生活着约 500 万物种,每时每刻都在进行着弱肉强食、适者生存的残酷竞争。用于种群生态学的数学方程,从形式上来看,实在太简单了,而生命科学所研究的现实现象却是非常之复杂,尽管如此,这些数学方程往往给出了生态学家所需的信息[1]。

经典的马尔萨斯种群增长模式是一个线性函数 $x_{n+1}=rx_n$,参数 r 是种群增长率,设 $r=1.1$,则如果今年的种群数是 100,明年就是 110,随着时间的推延,种群数愈来愈大。但是在现实中,这并不一定正确,如在一个池塘中,鱼的种群数绝对不会无限增大,所以往往需要修改马尔萨斯的无限增长模式,有代表性的方程是

$$x_{n+1} = rx_n(1-x_n) \tag{5.5}$$

这就是逻辑斯蒂(Logistic)差分方程,在上一节中已经出现过。式中因子 $(1-x_n)$ 把种群数的增长限制到一定范围之内,因为当种群数 x_n 增大时,$1-x_n$ 则下降;r 是代表种群增长率的参数。

为了对此方程有个定量的了解,下面对式(5.5)作一个非线性迭代计算。把池塘中的鱼的种群数表示成 0 与 1 之间的一个分数,0 表示绝种,1 代表池塘中可以设想的最大种群。设 $r=2.7$,初始种群数 $x_0=0.02$,以年为单位进行 31 次迭代,迭代结果如下:

迭代次数	结果
0	$x_0=0.02$
1	$x_1=0.0529$
2	$x_2=0.1353$
3	$x_3=0.3159$
4	$x_4=0.5835$
5	$x_5=0.6562$
6	$x_6=0.6092$
7	$x_7=0.6428$

随着迭代次数的增加,结果依次为

0.6199, 0.6362, 0.6249, 0.6328, 0.6273, 0.6312,
0.6285, 0.6304, 0.6291, 0.6300, 0.6294, 0.6298,
0.6295, 0.6297, 0.6296, 0.6297, 0.6296, 0.6296,
0.6296, 0.6296, 0.6296, 0.6296, 0.6296, 0.6296。

从上面的计算结果可以发现,迭代一次后,种群数 x_1 比初始种群数 x_0 增加一倍多;随着迭代次数的增加,种群数仍然很快地增大。迭代 5 次后,增长率已减慢下来,此时种群数达到最大值 $x_5=0.6562$。随着食物的减少,因饥饿导致鱼的额外死亡,种群数开始下降到 0.6092。然后是 0.6428,0.6199,0.6362,0.6249,这些数字似乎在上下跳动,但越来越接近一个固定的值:0.6296。最后,迭代 24 次后,收敛于 0.6296;再继续迭代下去,还是保持在这个值不变,从生态学研究的角度来说,这个精度已经足够。从十位计算器显示的数值看,十万分之一位的数字还在变化,直到迭代 60 次后,才收敛于 0.629 629 630,不再变化。

图 5.3 鱼种群数的变化示意图

把上面的计算结果画在一张图上,如图 5.3 所示。这张图表明,在参数 $r=2.7$ 时,池塘中鱼的种群数不会无限增大,而是保持在某一平衡值范围内,并趋向一个定态,即 0.6296。

Logistic 方程看来简单,但对它进行了大量的数值探索后发现,当参数 r 增大后,种群的平衡值也逐步增加,即最终种群数也稍有增加,形成一条自左向右逐步上升的曲线。当 $r>3$ 时,曲线产生了分叉,种群的平衡值一分为二,即种群数不再趋向单一数值,而是在不同年份交替地在两个点之间振荡。从一个低值开始,种群数将上升,然后涨落,直到在高低两个值之间不停地来回跳动,每两年为一个周期。把参数 r 再增加一点,振荡将再次分裂,产生出在 4 个不同值之间跳跃的一串数字,每 4 年为一个周期。例如,当 $r=3.5$,初值 $x_0=0.4$,进行迭代运算后可以得到如下的一串数字:

0.4000, 0.8400, 0.4704, 0.8719, 0.3908, 0.8332,
0.4862, 0.8743, 0.3846, 0.8284, 0.4976, 0.8750,
0.3829, 0.8270, 0.5008, 0.8750, 0.3828, 0.8269,
0.5008, <u>0.8750</u>, <u>0.3828</u>, <u>0.8269</u>, <u>0.5009</u>, 0.8750,
0.3828, 0.8269, 0.5009, 0.8750, ……

由上面计算结果可以看到,迭代 18 次后,种群数以 4 年为周期规则地变化,由最大值 0.8750 降到最低值 0.3828,再升到 0.8269,又降到 0.5009,共有 4 个稳定值为一个周期,接下来周而复始上面的循环。

把迭代运算的结果画成一个图,如图 5.4 所示。在图 5.4(a)中,横轴代表参数值 r,自左向右增大,纵轴为种群数。对于每个参数值,当系统达到稳定之后,把稳定值画在图上。当参数值 r 很低时,种群灭绝;当 r 较小时(如 $r=2.7$),对应于每个参数值,只得到一个稳定值(即定态),于是由不同的参数值可以画出一条从左向右逐步上升的曲线。当参数值大于第一个临界点时,即 $r>3$,曲线一分为二,形成一个分叉,它对应于种群变化从 1 年周期变成 2 年周期,如图 5.4(b)所示。随着参数 r 的继续增大,如 $r=3.5$,则周期从 2 年变为 4 年,而且种群数的初始值可以不同,但都以 4 年为 1 个周期收敛,最终的每组稳定值也都是相同的,如图 5.4(c)所示。不同的初始值并不会影响最终的稳定值,只有参数值 r 既决定了最终稳定值的大小,又决定了最终的状态。当 r 的值再继续增大到某一值后,就出现了混沌状态,如图 5.4(d)所示。

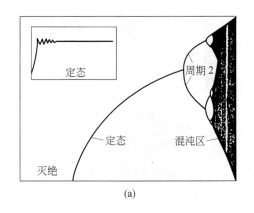
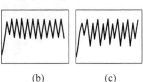

图 5.4 Logistic 方程的倍周期和混沌
(a) 分叉图;(b) 周期 2;(c) 周期 4;(d) 混沌

当参数值进一步增大时,最终的稳定值再次加倍;再增大参数值,稳定值将再次加倍,依此类推。如此复杂的行为,又是如此的有规则的周期性,使人们必须正视这个简单系统最终行为的深刻的变化规律。在一定的意义上,参数值 r 代表非线性,增大参数值,意味着对系统施加更强的驱动,增大它的非线性;而从上面的具体计算及分析中可以看到,参数值 r 反映了 Logistic 方程(即生命的盛衰模型)的重要性质,即种群数的大小及其变化规则,尽管这个模型没有反映出野生种群中的年龄、性别以及地理分布。

随着 r 值的增大,曲线分叉越来越快——4,8,16,32,…,然后在某一"累积点"之后,分叉突然中断,周期性消失,种群数经历着无穷多个不同的值,整个系统处于混沌之中,即一种永不落入定态的涨落,见图 5.5,此时图中整个区域完全变黑。如果观察处于混沌之中的一个动物种群,似乎每年种群数的变化是绝对地随机的,毫无规律可言。但是,随着参数 r 的继续增大,一个具有规则周期的窗口会突然出现:一个像

3或7这样的奇数周期,或者一个偶数周期。对于奇数周期来说,种群变化按照3年或7年周期重复,然后倍周期以更快的速率分叉,很快地经过3,6,12,…或7,14,28,…这些周期,又再次中断而进入新的混沌。

从图5.5可以看到,一个分叉图中的混沌区的结构是非常之错综复杂,它具有无穷的纵深,任何小部分被放大后,看起来都与整个图相像,也就是说具有自相似性——分形的基本特性之一。在5.1节中讨论了产生分形的条件,曾指出:耗散系统的无规运动的吸引子,或者说奇异吸引子便是相空间的分形结构。而Logistic映射会产生奇异吸引子,这就意味着它必然会具有分形结构(或特性),而在上面的分析中,还可看到,Logistic映射(或称为差分方程)不仅具有分形特性,还具有混沌区。

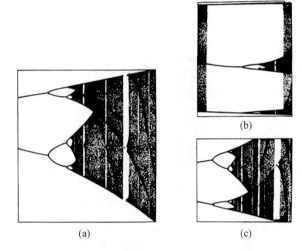

图5.5　混沌区的分形特性——自相似性
(a) 混沌中的有序窗口;(b) 稳定的周期3窗口;(c) 周期3窗口的中间一小段的放大图

从本节的讨论中可以看到,混沌理论与分形理论关系密切而含义又各不相同,要阐明它们的关系及差异,是相当之困难的。人们往往把它们放在一起加以解释,常有人说"混沌现象中包含分形",这虽然并不确切,但在一定程度上说明了它们之间的关系,就如本节中讨论的Logistic方程所描述的生物种群数变化规律那样。

对Logistic方程的迭代运算将会加深对它的理解,建议读者取一些数值,用计算器或微机编一个简单程序,进行一些运算。下面再看三个计算例子。

例1　当$r=2.7$,初始值分别为0.01,0.02,0.03,迭代运算的次数分别为22,24和23时,都得到一个共同的稳定值0.6296(此时小数点后面第五位以下的数仍在来回变动);继续运算后可以发现,当迭代运算的总次数分别为60,60和61时,稳定值都为0.629 629 630,再迭代也不再变化。

例2　当$r=3.0$,初始值$x_0=0.55$时,用计算器运算100 001次后,得到大量的数据,下面列出一些予以比较,x 的下标为迭代次数。

$$\begin{cases} x_{10} = 0.605\ 136\ 124\ 6 \\ x_{11} = 0.716\ 839\ 185\ 9 \end{cases}$$

$$\begin{cases} x_{150} = 0.647\ 540\ 522\ 8 \\ x_{151} = 0.684\ 695\ 382\ 4 \end{cases}$$

$$\begin{cases} x_{25\ 000} = 0.665\ 173\ 141\ 3 \\ x_{25\ 001} = 0.668\ 153\ 500\ 2 \end{cases}$$

$$\begin{cases} x_{100\ 000} = 0.665\ 920\ 547\ 6 \\ x_{100\ 001} = 0.667\ 411\ 115\ 7 \end{cases}$$

从上面的数据中可以看到,刚刚开始迭代时,得到的两个值相差较大,迭代 11 次后,两个值相差 0.1117;随着迭代次数的增加,这两个值都以基本相同的速率趋向某一个值,而且趋近的速率也逐渐减慢。当 $n=151$ 时,两者相差 0.0371;当 $n=25\ 001$ 时,相差 0.0030;当 $n=100\ 001$ 时,这两个值相差 0.0015。继续迭代下去,必将得到一个稳定值。由上面的运算过程也可以看出,$r=3.0$ 确实是一个临界点。

例 3 当 $r=3.5$,初始值分别为 0.2,0.4,0.65,那么,迭代运算的次数分别为 30,19 和 35 时,都会得到一组完全相同的稳定值,即 0.8750,0.3828,0.8269 和 0.5009。继续运算后发现,当总的迭代运算分别为 38,27 和 43 时,在十位计算器中,这一组稳定值分别为 0.874 997 264,0.382 819 683,0.826 940 707,0.500 884 210,再迭代运算,也不会改变。

5.3 分支与自组织

在 1.4 节中通过热力学分析已经知道,当一个体系足够远离热力学平衡并且内部涉及某些合适的非线性动力学机理时,均匀的不随时间变化的非平衡定态可以变得不稳定。但是仅仅依靠热力学分析并不能知道在到达和超过不稳定临界点以后体系会发展到一个什么样的状态。热力学分析的重要性在于从原则上指出了非平衡体系中出现不稳定现象的可能性以及由此而导致产生时空有序结构的自组织现象的可能性。为了能定量地说明各种自组织过程及显示出在不稳定点以后出现的时空有序结构,必须仔细地分析体系内部的动力学过程[85]。

以下的讨论主要限于仅有化学反应和扩散过程的体系,但其结论具有一般性,同样适用于其他动力学过程,如核反应、能量的释放和吸收过程、生态学中的繁殖—死亡过程和竞争过程等。从数学的观点看,主要涉及一类非线性的反应——扩散方程。为了适当地描述一个物理—化学过程,除了反应—扩散方程外,还应有边界条件(在有些问题中还要给出初始条件),用来表明体系与外界环境间的关系。

一旦体系中的动力学过程可以用一组适宜的反应—扩散方程以及边界条件和初

始条件来模拟,那么原则上体系发展的一切宏观行为应该可以通过解方程来弄清楚。但是一般来说非线性偏微分方程的严格求解是极为困难的,因此目前反应—扩散方程的分析主要通过一些近似方法来实现。作为了解体系的定性和半定量行为,主要的近似方法的依据有稳定性理论、分支理论和奇异摄动理论等,其中尤以稳定性分析最为简单,并且可以从中获得大量信息。这些信息是其他近似方法的基础,因为从稳定性分析不仅可以知道在什么情况下原来的参考态可能失去稳定性,而且可以从原来的参考态对什么样的扰动是不稳定的结论,来粗略地判断在发生不稳定之后什么样的新态可能出现,因为新出现的态可以看作是不稳定的扰动放大(当然可能是极大地变形了)的结果。

在 1.4 节中介绍了稳定性的定义以及 Lyapunov 稳定性理论。如果确能找到一个和定态相关的 Lyapunov 函数,则可以确定在定态的某一有限范围内的稳定性,或者说定态对于有限大小的扰动的稳定性,但是对于大多数实际遇到的反应—扩散方程来说,寻找一个 Lyapunov 函数并不是一件容易的事。因此在定性分析反应—扩散方程时,人们常常不是去讨论定态对于有限大小的扰动的稳定性,而是讨论定态对于无限小的扰动(微扰)的稳定性。处理这样的稳定性问题的一个极为有效而简便的办法是线性稳定性分析。

目前的文献中,通常假定扩散过程满足常系数的 Fick 扩散定律,并且假定各组分的扩散流之间的耦合可以完全忽略,于是扩散过程引起的组分浓度的变化速率可表示为

$$\left(\frac{\partial X_i}{\partial t}\right)_{扩散} = D_i \nabla^2 X_i \tag{5.6}$$

式中,X_i 为第 i 种组分的摩尔浓度,D_i 为其扩散系数,t 为时间。

由局域质量守恒方程可写出反应—扩散方程如下:

$$\frac{\partial X_i}{\partial t} = f_i(\{X_i\},\lambda) + D_i \nabla^2 X_i \tag{5.7}$$

式中,f_i 描述单位体积中第 i 种组分的浓度 X_i 通过化学反应而产生或消耗所引起的总的变化速率,它是体系中各组分浓度 $\{X_i\}$ 的函数,λ 为控制参量。

下面讨论只有一个变量并且在一维空间上定义的反应—扩散方程

$$\frac{\partial X}{\partial t} = f(X,\lambda) + D_0 \frac{\partial^2 X}{\partial r^2} \tag{5.8}$$

上式中 $f(X,\lambda)$ 仍然代表化学反应的贡献,λ 为控制参量,r 代表空间变量。

设方程(5.8)有一个与空间无关的均匀定态解 X_0,该解满足

$$f(X_0,\lambda) + D_0 \frac{\partial^2 X_0}{\partial r^2} = 0 \tag{5.9}$$

因为这个解是空间均匀的,因此实际上也满足

$$f(X_0,\lambda) = 0 \tag{5.10}$$

如果反应动力学满足质量作用定律，$f(X_0,\lambda)$是关于X_0的一个多项式。在大多数情况下多项式中X_0的最高次幂的次数不超过3，因此，可以从式(5.10)中求出X_0的表达式。现在假定在时间t，组分X的浓度$X(r,t)$和均匀定态浓度X_0有一个很小的偏离

$$X(r,t) = X_0 + u(r,t)$$

$$\left|\frac{u}{X_0}\right| \ll 1 \tag{5.11}$$

将式(5.11)代入式(5.8)，并忽略所有包含u的高次幂而仅保留u的一次项，同时考虑式(5.9)或式(5.10)，则可以得到

$$\frac{\partial u}{\partial t} = \left(\frac{\partial f(X,\lambda)}{\partial X}\right)_0 u + D_0 \frac{\partial^2 u}{\partial r^2} \tag{5.12}$$

方程(5.12)通常称为方程(5.8)关于参考态(定态)X_0的线性化方程，在扰动非常小的情况下，它能较好地近似非线性方程(5.8)。

下面引入线性稳定性原理。

定理1 设以非线性方程组

$$\frac{\partial X_i}{\partial t} = f_i(\{X_j\},\lambda) + D_i \nabla^2 X_i \quad (i,j = 1,2,\cdots) \tag{5.13}$$

的某组特解$\{X_{i,0}\}$为参考态的线性化方程组为

$$\frac{\partial u_i}{\partial t} = \sum_j \left(\frac{\partial f_i}{\partial X_j}\right)_0 u_j + D_i \nabla^2 u_i \quad (i,j = 1,2,\cdots) \tag{5.14}$$

如果方程(5.14)的零解是渐近稳定的，那么参考态$\{X_{i,0}\}$是非线性方程组(5.13)的一个(组)渐近稳定解；而如果方程(5.14)的零解是不稳定的，则$\{X_{i,0}\}$也是不稳定的。

从这个定理可知，当一个线性化方程组的零解是渐近稳定的或不稳定的时候，该零解和它对应的非线性方程组的特解有相同的稳定性。换句话说，在上述情况下可以从线性化方程组的零解的稳定性来确定非线性方程组的特解的稳定性。但是上述定理并没有回答当线性化方程组的零解虽在Lyapunov意义上是稳定的但并不是渐近稳定的时候(即处于所谓的临界稳定性的时候)与其对应的非线性方程组的特解是否稳定这样一个问题。为了回答这个问题必须研究非线性方程组本身，这是分支理论研究的对象。

分支现象在1.4节中已简单介绍过了。通过分支现象，从原来空间均匀和时间不变的参考定态不仅可以产生出新的随时间振荡的时间有序态，也可以产生出随空间位置变化的空间有序态，还可以产生出虽保持原参考态的时空特性(例如空间均匀性和时间不变性)但呈现不同内在行为(如状态变量和控制条件间的依赖关系)的新状态。热力学分析从原则上表明当体系远离热力学平衡且内部包含适当的非线性动力学步骤的时候有可能发生分支现象，而动力学方程的线性稳定性分析可以帮助人

们去发现可能发生分支现象的具体条件。但是热力学分析和动力学方程的线性稳定性分析并不能确定在一定的控制条件下分支解的个数、分支解的稳定性以及分支解的详细行为(例如数学表达式)。要解决这些问题,必须求解非线性动力学方程本身。

对于认识自组织现象的宏观规律来说,在弄清发生不稳定性的条件之后的下一个任务,是弄清在不稳定临界点附近分支解的行为。研究在临界点附近分支解的存在性以及采用精确的或近似的方式确定其表达式是属于分支理论(分支分析)的研究范畴。由于分支现象只能发生在非线性动力学体系,研究分支理论属于非线性数学(非线性微分方程)的范畴。详细地介绍分支理论需要用到泛函分析的知识,这超过了本书的范围,本节将简略介绍分支理论中关于分支解稳定性的有关结论,以及分支现象和自组织现象之间的关系。

设有一个非线性微分方程组

$$\frac{\partial}{\partial t}X(r,t) = G[X(r,t),\lambda] \tag{5.15}$$

它可以用来圆满地描述体系中的物理—化学过程,例如其中 X 可代表反应—扩散体系中某些中间产物的浓度,λ 代表一组控制参量,函数 G 同时描述化学反应和各种输运过程对于 X 变化的贡献。

假定体系所受的边界条件并不随时间变化。当 λ 的值限于某个范围内时(比如说比较小的时候),在 $t\to\infty$ 时对应于某个确定的 λ 值,方程组可能只有一组满足一定物理要求(例如当 X 代表浓度时,它必须为正的和有界的)的解 X_s,这组解随 λ 的变化而平滑地变化,也就是说这样的解在热力学分支上。当 λ 的值达到某临界值 λ_c,热力学分支会失去稳定性,也就是说在 $\lambda=\lambda_c$,以热力学分支为参考态的线性化方程的某个本征值变为零(或实部变为零),在 $\lambda>\lambda_c$,该本征值变为正(或实部变为正),于是新的分支解可以从临界点 λ_c 长出来,也就是说发生分支现象。

在真实体系中,只有稳定的分支解能抗扰动而长时间存在,因此人们最为关心的是在什么情况下能有稳定的分支解。对于这个问题,有一个定理可以部分地给予回答。在给出这个定理前,先介绍一个定义,另外,从下面开始,仅用 X 的某个分量(简单记作 X)的值来表征体系的状态。

定义 设有两个分支,一个是**参考(态)分支**,用 (X_s,λ) 表示,另一个是从该参考(态)分支分出来的,叫做**分叉分支**,用 (X_s',λ) 表示,它们都取决于某个标量参数 λ,并且在临界点相交($X_s=X_s',\lambda=\lambda_c$)。假定参考(态)分支 (X_s,λ) 上的各点对应的解 X_s 在 $\lambda<\lambda_c$ 时是渐近稳定的,则称

对于 $\lambda<\lambda_c$,解 $X(\lambda)$ 是**亚临界**的(subcritical);

对于 $\lambda>\lambda_c$,解 $X(\lambda)$ 是**超临界**的(supercritical)。

如果分叉分支 (X_s',λ) 上的各点是亚临界的,则称分叉分支 (X_s',λ) 是亚临界的;如果分叉分支 (X_s',λ) 上的各点是超临界的,则称分叉分支 (X_s',λ) 是超临界的。

下面给出关于分支解的存在性和稳定性的一个重要定理[86]。

定理 2 假定非线性方程组(5.15)总有一个定态参考分支 $X_s(\lambda)$,当 λ 通过 λ_c 时,该参考分支对应的线性化方程组的一个单重(简单)本征值 $\omega(\lambda)$ 的实部 $\mathrm{Re}\omega(\lambda)$ 从负的变成正的(虚部 $\mathrm{Im}\omega(\lambda)$ 可为零或非零),并且

$$\mathrm{Re}\omega(\lambda_c) = 0$$

$$\mathrm{Re}\left.\frac{\mathrm{d}\omega}{\mathrm{d}\lambda}\right|_{\lambda=\lambda_c} \neq 0 \tag{5.16}$$

那么会有一个非平庸的分叉分支从参考分支 $X_s(\lambda)$ 上的点 $(\lambda_c, X_s(\lambda_c))$ 分出来,并且

(1) 分出来的超临界的分叉分支是渐近稳定的,而亚临界的分叉分支是不稳定的。

(2) 如果 $\mathrm{Im}\omega_c(\lambda_c)=0$,则分出来的分叉分支解是不随时间变化的(即分叉分支解是定态解)。

(3) 如果 $\mathrm{Im}\omega_c(\lambda_c)\neq 0$,则分出来的分叉分支解是随时间振荡的。

上述情况可用图 5.6 来表示。通过满足式(5.16)的单重零(实部)本征值发生的分支现象可叫做横截分支现象(transverse bifurcation)。图 5.6(a)中有一个定态分叉分支解 X'_s,图 5.6(b)有两个稳定的定态分叉分支解 X'_{s1} 和 X'_{s2},图 5.6(c)有两个不稳定的定态分叉分支解 X'_{s1} 和 X'_{s2},图 5.6(d)有一个极限环型分叉分支解 X'_0,其中 X'_{01} 和 X'_{02} 仅相差某个位相。图中,——表示稳定的;----代表不稳定的;〰〰代表随时间周期振荡的。

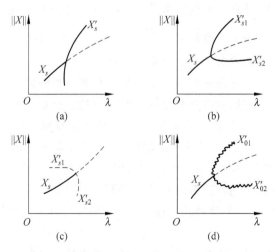

图 5.6 从定态解 X_s 通过一个简单的本征值发生的(横截)分支现象

下面对定理中的两个概念作一点解释。先解释一下单重本征值的概念。设与非线性方程组(5.15)对应的线性化方程组为

其中 L 是一个线性化算符(矩阵)。另外 I 是一个与 L 阶数相同的单位矩阵,如果有

$$\frac{\partial X}{\partial t} = LX$$

$$|L - \omega I| = (\omega - \omega_k)^l h(\omega)$$

且

$$h(\omega_k) \neq 0$$

则称 ω_k 是一个 l 重的本征值。当 $l=1$ 时称 ω_k 是一个单重本征值或简单本征值(simple eigenvalue)。条件(5.16)则对分支点附近本征值 ω 的实部和分支参数 λ 之间的依赖关系作了一定的限制,它要求点$(\lambda_c, \omega_c(\lambda_c))$不是 $\mathrm{Re}\omega$-λ 关系曲线的驻点。例如当 $\mathrm{Re}\dfrac{\mathrm{d}\omega}{\mathrm{d}\lambda}\Big|_{\lambda=\lambda_c} > 0$ 时,$\mathrm{Re}\omega$-λ 曲线如图 5.7 所示。在这种情况下,分叉分支是一条简单的曲线,正如图 5.6 中所显示的那样。

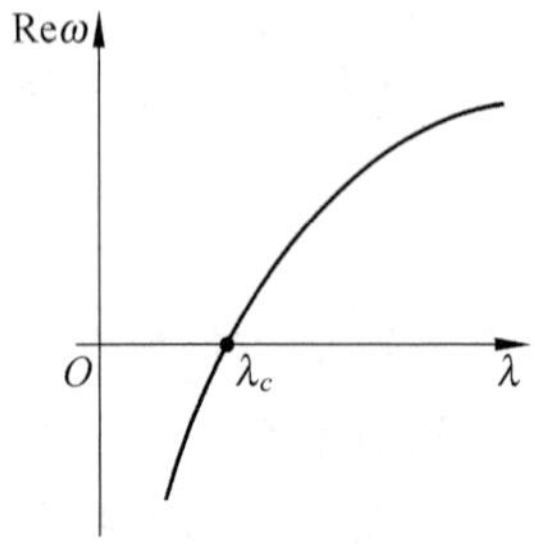

应该注意,上面引述的定理并没有回答当零本征值为多重本征值的时候,以及 $\mathrm{Re}\dfrac{\mathrm{d}\omega}{\mathrm{d}\lambda}\Big|_{\lambda=\lambda_c} = 0$ 的时候,分叉分支是否存在以及是否稳定的问题。这是一个相当复杂的问题。拓扑分析表明:如果零本征值是奇数重的时候,必定存在分叉分支;但当零本征值为偶数重的时候,有可能不出现分叉分支。另外拓扑分析还表明,当 $\mathrm{Re}\dfrac{\mathrm{d}\omega}{\mathrm{d}\lambda}\Big|_{\lambda=\lambda_c} = 0$ 时,只要零本征值是一个简单本征值,分支现象仍能发生,但是不再能保证分叉分支是一条简单的曲线,可能会有几条分支解曲线在分支点相交。

图 5.7 $R_e\omega$-λ 曲线

从图 5.6 可以看出,在超临界区对于给定的控制参数的值,可以同时存在一个以上稳定的分叉分支解,它们可以具有不同的时空特性。从这里可以提出一个问题,体系实际上将选择哪个分支?这一方面取决于这些分支的相对稳定性,也就是说可能其中的一个分支比其他分支更稳定,于是体系选择这个较稳定的分支的可能性较大;另一方面还决定于涨落(扰动)的具体形式。因此仅从宏观的动力学分析不能完全回答这个问题,要回答这个问题需要研究涨落的行为。从理论上和实验上确定不同分支的相对稳定性显然是一个重要的有现实意义的问题,目前对这一问题的研究还处于初始的阶段[87—88]。

下面考虑另一个问题,假定体系已经选择了其中某个稳定的分支,在该分支上的点所对应的状态将对有限大小的涨落保持其稳定性,除非受到足够大的扰动才有可能跳跃到另一个稳定的分支上去,否则体系将留在原先选择的分支上。问题是当控制条件发生变化时,比如体系进一步远离平衡时,各分支的稳定性是否会发生进一步

的变化呢？分支理论的回答是肯定的。随着控制参数值的变化，各分支解又会改变其稳定性而导致所谓的二级分支和高级分支现象[2]。图5.8粗略地代表了发生高级分支现象的情况。其中从热力学分支（A分支）上的 O 点分出来的耗散结构分支（B分支和 C 分支）是一级分支，而从一级分支进一步分出来的分支（如 D 分支）是二级分支，依此类推。

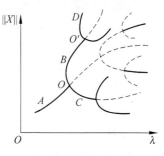

图 5.8　高级分支现象

仅仅依靠一级分支现象，只能赋予体系一种特征时间（例如极限环的周期）或一种特征长度（例如随空间振荡的波长），因为一级分支仅仅是一种不稳定涨落分量长大的结果。因此虽然能用一级分支现象来解释某些简单的时空有序的自发出现，但是它并不能用来模拟人们在实际体系（例如生物体系）中所观察到的各种复杂的时空行为（例如同时有多种振荡频率和多种波长）。但通过高级分支现象，由于多个不同的不稳定分量间的相互作用，体系可以呈现出复杂的时空行为。

特别值得一提的是二级分支和高级分支现象给物理学和化学带来了"历史"或"记忆"的概念[89—90]，比如说体系的状态现在处于图5.8中 D 分支上的某一点，它必定是通过分支点 O 和 O' 沿着分支 A 和 B 演变来的，而不是从 C 分支来的。这意味着在 D 分支上某点的现状包含着它的历史的内容，也就是说它储存着初始状态的信息。

另外由于二级分支和高级分支现象，在超临界区，体系可以处于许多种不同的状态，在分支图（如图5.8所示）上这些态是彼此隔开的，并且只是当控制参数 λ 的值超过某些临界值时才出现新的状态，这很像微观世界中的量子化特征，因此也有人把高级分支现象看作是某种宏观量子化的现象[91]。

当体系足够远离平衡时，随着高级分支的发生，体系中将允许出现越来越多的振荡频率，它们对应于各种不稳定的涨落分量，这些涨落分量的相互作用最终可能引起巨大的涨落，在分支图上将出现所谓的**混沌区**（chaotic region），在那里，体系的行为完全是随机的，体系的瞬时状态不可预测，例如处于流体力学中的湍流状态的情况，于是决定性的概念将会不适用。因此不能把这里所说的混沌状态简单地看作一种高度复杂的运动状态，在混沌态和人们平常所说的复杂态之间有着本质上的差别，例如它们在相平面（或相空间）中对应的图像可以有着完全不同的几何特征。我们知道，定态在相平面中对应着一个点，极限环型振荡状态在相平面中对应于一条封闭的线。任何一个复杂态只要仍有一定的规律，它在相平面（或相空间）中仍对应于一条线（在某些情况下还可对应于一个面或体）。这些点、线（或面、体）都是体系在确定的控制条件下从相平面（或相空间）的某一区域中各点（初始状态）出发得到的极限状态的集合,或者说它们都是相平面(或相空间)中某个区域的吸引中心(简称吸引子)。这类吸引子的一个重要特征是它们都具有整数维数(点是零维的,线是一维的……)。在一定意义上说,混沌态也是一种吸引子,但它具有非常复杂的内部结构,因而可具有非整数的维数——分数维数。另外,混沌态的运动轨迹对于初始条件十分敏感,初始条件稍有不同,运动轨道可截然不同。与此相反,定态或极限环型振荡态这类吸引子的运动轨道对于初始条件是不敏感的。正因为如此,现在人们流行地把混沌态这种吸引子称为奇异吸引子,它的特征已经在 5.1 节中加以说明。现在知道,奇异吸引子的出现是不可逆的耗散运动(它使相体积收缩)和运动轨道不稳定性(它使运动轨迹沿某些方向指数分离)两者共同作用的结果,它在相空间中会产生分形结构(参见 5.1 节)。

由此可以看到,随着与平衡态偏离程度的不同,体系发展的极限状态的行为可以有本质上的差别。在接近平衡的时候,在相平面(或相空间中)从各种不同的初始条件所对应的点出发的轨线总是到达一个孤立的极限点,这就是相应的唯一的定态点。随着偏离平衡的程度的增加,极限点的数目可以增加,比如出现几个孤立的点,即出现多定态现象,或许多极限点形成一条封闭的线,即极限环的情况。当偏离平衡的程度再进一步增加的时候,极限点或极限环线的数目可无止境地增加,最后产生一个奇异吸引子,即导致混沌态的出现。有研究表明,随着偏离平衡程度的增加,在分支图上还可发生有序的周期振荡区和混沌区的交替出现[92]。因此人们平常所见的有序可能是夹在热平衡的无序和混沌态的无序之间的一种状态。当然热平衡无序和上面所说的混沌态的无序是本质上不同的两种无序。在热平衡无序中,空间和时间的特征量级为分子的特征量级,而在像湍流这样的混沌无序中,空间和时间的尺度有宏观的量级。从这种观点看,生命是存在于这两种无序之间的一种有序,它必须处于非平衡的条件下,但又不能处于过分远离平衡的条件下,否则混沌无序态的出现将完全破坏生物有序。

另外发现,高级分支和混沌态的出现对于不同的动力学模型(例如微分方程)有着许多共同的规律[93]。虽然即使对于很简单的非线性方程,分支点的结构可能相当复杂,然而不同的非线性方程却又具有十分相似的分支点结构。例如对于一类倍周期分支现象,在各级分支之间存在着一种普适关系

$$\lim_{n\to\infty}\frac{\lambda_n-\lambda_{n+1}}{\lambda_{n+1}-\lambda_{n+2}}=\delta=4.669\,201\,6\cdots$$

其中 λ_n 代表第 n 级分支点对应的分支参数的值,δ 为与具体动力学模型无关的普适常数。当 λ 超过 λ_∞ 之后,将出现大量非周期的混沌状态,但其中仍嵌入许多具有不同周期的周期带,这些周期带的排列次序也有某种普适规律[92]。

通过对理想化的化学反应和扩散动力学过程的模型的分析来研究分支现象,分支解的解析的数学形式表明,远离平衡的、遵循非线性动力学的物理—化学体系确能呈现丰富多彩的自组织现象。这些分支现象模型有 Schlögl 模型(多定态和非平衡

相变)[94],Lotka-Volterra 模型(守恒振荡)[95]以及 Brusselator 三分子模型(耗散结构)[96—97]。其中 Lotka-Volterra 模型的例子在 1.1 节关于自组织现象中已经出现过,像亚得里亚海中两种鱼的数量随时间振荡,交替变化。这个动力学模型最早是由美国生态学家 Lotka(1910 年)和意大利数学家 Volterra(1931 年)为模拟一些生态现象而提出来并进行研究的,其研究对象是一个有两个中间变量的化学反应体系。设总的反应过程中包括如下几个反应步骤:

$$\begin{cases} A+X \xrightarrow{k_1} 2X \\ X+Y \xrightarrow{k_2} 2Y \\ Y \xrightarrow{k_3} E \end{cases} \tag{5.17}$$

这些反应步骤的总效果是

$$A \xrightarrow{k} E \tag{5.18}$$

式(5.17)所代表的动力学模型不仅在生态现象的研究中得到广泛的应用,而且也被应用在其他的物理—化学体系的研究中。

最后,再简略地提一下在外场中的分支现象——非平衡系统的灵敏性和图形选择。在远离平衡的条件下,一个物理-化学体系可以通过分支现象从原先空间均匀的各向同性的状态自发地发展到几种都是稳定的,但时-空特性可能不同的有序状态。而外场(重力场、静电场、静磁场或电磁场)对平衡系统与非平衡系统的影响是完全不同的。对平衡系统而言,按照平衡态热力学的观点,平衡态是最无序的状态,除了在相变点附近,体系中的分子之间没有任何合作效应。这样的体系对外界的影响是不灵敏的,其主要原因是:第一,平衡态是稳定的,任何小的扰动会很快衰减,不能增强;第二,外场(如重力场和弱的电磁场)与体系中每个分子的相互作用能和分子的热运动能量相比,通常是比较小的。而对远离平衡的系统而言,在分支点附近,外场的作用大大提高了。换句话说,体系在分支点附近对外场的灵敏度大大提高了。如果说在接近平衡时外场的作用和分子热运动的涨落引起的作用大致相当,因而外场的作用基本上显示不出来,那么在分支点附近,外场的作用可以比分子热运动的涨落引起的作用高几个数量级。于是外场可对图形的选择起决定性的作用,这种效应很类似于人们在平衡相变点附近所看到的情况。例如在铁磁相变点,一个极小的外磁场可以决定铁磁体的磁化方向。但是在远离平衡的条件下,因体系的发展极限有多种选择,因此外场对图形的选择作用的灵敏性显得更为重要。

远离平衡的分支现象赋予体系的高度灵敏性这一点可能有着重要的潜在应用价值。由于它能使体系感觉得出十分微弱的环境的非对称性,因此可以推测在非对称介质中,化学反应在分支点附近的行为会与在平常条件下的不同,于是有可能优先地合成某些非对称的化学物质,这对合成某些具有特定手性的生物分子是很有意义的。

5.4 有限扩散凝聚(DLA)模型

随着对分形生长的研究的逐步深入,提出了各种动力学生长模型,它们基本上可以分成三类,即:

(1) 有限扩散凝聚模型(diffusion-limited aggregation),简称为 **DLA 模型**。
(2) 弹射凝聚模型(ballistic aggregation),简称为 **BA 模型**。
(3) 反应控制凝聚模型(reaction-limited Aggregation),简称为 **RLA 模型**。

这三类模型中的每一种又分成两部分,单体(monomer)凝聚和集团(cluster)的凝聚。在 DLA 模型中,单体凝聚称为 Witten-Sander 模型,集团凝聚称为有限扩散集团凝聚模型(diffusion-limited cluster aggregation),简称为 DLCA 模型。在 BA 模型中,单体凝聚称为 Vold 模型,集团凝聚称为 Sutherland 模型。在 RLA 模型中,单体凝聚称为 Eden 模型,而集团凝聚称为反应控制集团凝聚模型(reaction-limited cluster aggregation),简称为 RLCA 模型[98]。

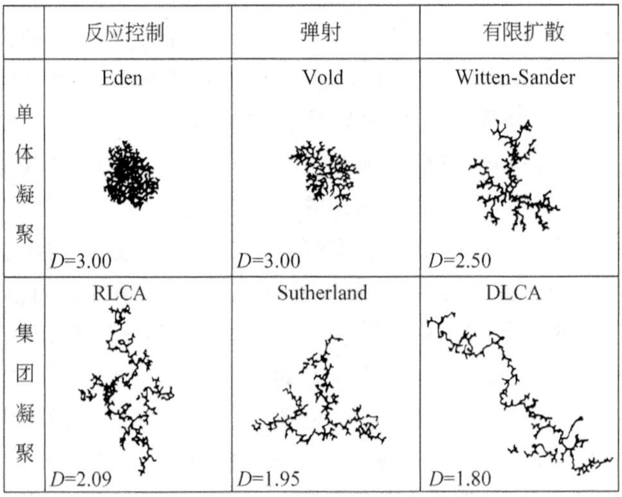

	反应控制	弹射	有限扩散
单体凝聚	Eden $D=3.00$	Vold $D=3.00$	Witten-Sander $D=2.50$
集团凝聚	RLCA $D=2.09$	Sutherland $D=1.95$	DLCA $D=1.80$

图 5.9 分形生长的三类基本模型

图 5.9 显示了上述三类模型在二维平面上的示意图。这个图是由 P. Meakin 用计算机模拟后得到的,其中列出的分形维数 D 是在三维空间中得到的分形维数值。为了清楚起见,只画了二维平面上的示意图。

本节讨论 DLA 模型中的 Witten-Sander 模型。这个模型是由 Witten 和 Sander 在 1981 年提出的,他们试图用它来解释观察到的烟尘微粒的分形聚集[99—100]。Witten-Sander 模型的规则极其简单:先在一个平面的中心处放一个粒子,它被称为种子,然后在远离种子的地方释放出另一个粒子,该粒子可以随机地行走(或称为扩散),当它运动到种子旁边时,停止行走,留在该处不动;接下来第二个粒子被释放出来,也是随机行走,当它靠近种子或第一个粒子时,也停留不动;如此反复地进行下去,就可以获得一个大的凝聚体(或称为聚集体),该凝聚体的结构具有有限扩散条件下生成物的特征,即树枝状的标度不变的复杂结构。在三维空间中,它的分形维数 $D=2.50$。

按照上述的 Witten-Sander 模型,可以容易地在计算机上进行模拟。图 5.10 就是一个含有 3000 个粒子的典型的 DLA 凝聚体。从图中可以看到,该凝聚体具有随机分叉的开放的结构,有明显的自相似性。凝聚体的几何特征表明,它受到屏蔽效应的影响。

这个凝聚体显示的自相似性是在统计意义上的自相似性,如果把一个较大的树枝状的分支缩小,并且略去其细致的结构,那么它具有与较小的树枝状的枝杈相同的形态。屏蔽

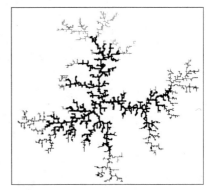

图 5.10 包含 3000 个粒子的 DLA 凝聚体

效应的影响是很明显的,即最前面的分支的尖端能最有效地俘获住扩散过来的粒子。这样,使得小的涨落被扩大,或者说被强化,这个不稳定性与本模型固有的随机性结合起来,形成了一个具有综合特性的凝聚体。通常,人们习惯把 Witten-Sander 模型称为 DLA 模型,以下我们也按习惯称之,而不加以区分。

在图 5.10 中,为了显示屏蔽效应,把组成凝聚体的前 1500 个粒子以小圆圈表示,即颜色比较深的那些,它们构成了凝聚体的内部组织;而后 1500 个粒子则以小点表示,由图可以看到,由于屏蔽效应,它们基本上都分布在该凝聚体的外围部分,只有极少数的粒子能进入内部[101]。

在胶体的有限扩散凝聚中,如二氧化硅胶体微粒在空气与水界面上的凝聚,也会发生微粒之间的聚集,这样的系统就不属于单体聚集生长模式[98]。所以 Witten-Sander 模型并不能精确地用来解释烟尘的分形凝聚。然而,在许多实验中都观察到了这类团粒聚集生长,如金属在电极上的淀积等。很自然地,Witten-Sander 模型被扩展为包括粒子簇(集团)的凝聚,即 DLCA 模型。在 DLCA 模型中,许多的粒子(单体)被随机地分布在二维或三维的格点位置上,这些粒子都处于随机行走(布朗运动)状态。当相邻的格点被随机行走的粒子占据后,这些粒子形成一个联合体,然后该联合体作为一个单位再随机运动。这样不断地继续下去,联合体就会像滚雪球那样越来越大,当到达某一尺度时,令其停止随机运动。最终得到的聚集体将是一种更加开放、没有明显中心的结构,如图 5.11 中所示。图中所形成的大集团都呈分支状,很不均匀,说明粒子进入集团内部的概率比起粒子吸附于集团表面的概率要小得多,显然,集团凝聚时存在屏蔽效应。

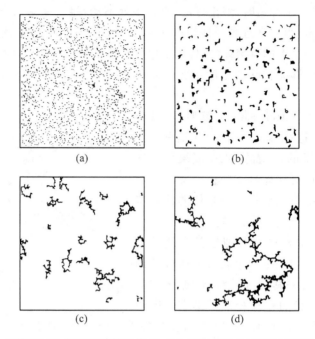

图 5.11 二维 DLCA 凝聚的计算机模拟,从(a)到(d)显示了凝聚过程的四个阶段

在三维空间中,DLCA 的分形维数 $D=1.80$,比 Witten-Sander 模型的分形维数要小得多。另外,在某些文献资料中,把它称作为 CCA(cluster-cluster aggregation)模型。

DLCA 模型是粒子或集团通过它们的随机行走而彼此接近,进而达到彼此吸附以形成较大的集团。这个模型对集团之间的聚合凝聚过程给了一定的限制,具体地说,在此模型中,两个随机选定的集团 i,j(i,j 表示所选定的集团的粒子数),对给定的随机变数 X(X 在区间 $[0,1]$ 内均匀分布),在 DLCA 凝聚中两集团中的反映核 $K(i,j)$,当其满足条件 $K(i,j) > X K_{max}$ 时(K_{max} 为 $K(i,j)$ 中的最大值),则所选定的两集团必在其随机行走中彼此结合成 $(i+j)$ 的大集团。反之,当反映核不满足上述条件时,两集团在随机行走中将彼此远离。于是再重新随机地选择另一对集团,并按上述程序进行组合,如此不断地进行,直到只剩下几个彼此远离的大集团为止。当然,在适当的条件下,还可能达到完全聚合成一个大集团的情况。

DLCA 模型中的反映核常被选择为如下形式:
$$K(i,j) \sim (i^{1/D} + j^{1/D})(i^{-1/D} + j^{-1/D}) \tag{5.19}$$

这种核有一个性质,它的平均 $K(i,j)$ 是一个常数。事实上,对式(5.19)取平均,则有
$$\langle K(i,j) \rangle = 1 + 1 + \langle i^{1/D} \rangle \langle j^{-1/D} \rangle + \langle i^{-1/D} \rangle \langle j^{1/D} \rangle$$

注意到对 i,j 值,总有 $\langle i^n \rangle = \langle j^n \rangle$,故有

$$\langle K(i,j)\rangle = 常数 \tag{5.20}$$

为简化计,常取$\langle K(i,j)\rangle=1$。这表明,平均地说来,DLCA 凝聚中的反映核与集团线度无关,是一个常数,通常令这个常数为1,即$\langle K(i,j)\rangle=1$。

集团凝聚过程在平均场近似下可以由所谓 Smoluchowski 动力学方程来描写。Smoluchowski 方程的近似是略去集团的几何位形,而只考虑一定线度下的集团数$n_i(t)$的动力学过程,此时它可表示为

$$\frac{\mathrm{d}}{\mathrm{d}t}n_s(t) = \frac{1}{2}\sum_{i+j=s}K(i,j)n_i(t)n_j(t) - n_s(t)\sum_i K(s,i)n_i(t) \tag{5.21}$$

上式的意义是很明显的。该式右端第一项表示线度为 i 和 j 的两种集团,通过反映核 $K(i,j)$ 而结合成 $s(s=i+j)$ 集团。由于反映核对 i 和 j 是对称的,故交换 i,j 不改变结果,所以在第一项中引入$\frac{1}{2}$的因子。式中第二项则是由于 s 集团和线度为 i 的其他集团结合成 $i+s$ 集团,从而使 s 集团数 $n_s(t)$ 减少。反映核 $K(i,j)$ 取决于集团的形态和结构。式(5.21)可以有两方面的作用:(1) 已知核函数 $K(i,j)$,由方程(5.21)可以求解分布函数 $n_s(t)$;(2) 已知分布函数,可以探求反映核,从而了解集团的形态和结构。

对于 DLCA 凝聚过程,其反映核平均说来是常数。只要重整标度,总可以令此常数等于 1,即 $K(i,j)=1$。对这一简单反映核,可以求解方程(5.21)(求解过程省略),最后解得

$$n_s(t) = n_0\frac{\left(\frac{n_0}{2}t\right)^{s-1}}{\left(1+\frac{n_0t}{2}\right)^{s+1}} \tag{5.22}$$

式中 n_0 为 $t=1$ 时刻存在的单粒子集团数。上式还可改写成

$$n_s(t) = \frac{2}{t\left(1+\frac{n_0t}{2}\right)}\exp[-as] \tag{5.23}$$

$$a = \ln\left[\frac{1+\frac{n_0}{2}t}{\frac{n_0t}{2}}\right] > 0 \tag{5.24}$$

由式(5.22)和式(5.23)可求得总集团数 G 和总质量 M

$$G = \sum_{s=1}^{\infty}n_s(t) = \frac{n_0}{1+\frac{n_0t}{2}} \tag{5.25}$$

$$M = n_0 \tag{5.26}$$

还可以求出一个集团的平均粒子数(即平均线度)$\langle S\rangle$。

$$\langle S \rangle = \frac{M}{G} = 1 + \frac{n_0 t}{2} \tag{5.27}$$

从已得到的式(5.22)到式(5.26),可以对以常数反映核所引起的有限扩散集团凝聚过程的性质作出如下的基本认识:①$t=0$ 时,除 $n_i(0)=n_0$ 外,$n_s(0)=0$ ($s>1$)。而 $M=n_0$ 表示总质量守恒。②在任何有限时刻,$n_s(t)$ 对 s 按指数衰减。③$t\to\infty$ 时,$a\to 0$,这时只有当 $s\to\infty$ 才能保证 $n_s(t)$ 有限。因此,当时间无限增长时,将只有无限大集团才有存在的条件。④集团的平均线度与时间成正比,即$\langle S \rangle \sim t$。

常数反映核是一种统计平均的反映核,用它求解 DLCA 凝聚过程只能是一种初步近似。如果想直接采用式(5.19)求解式(5.21)将困难得多。不过,按 DLCA 凝聚的程序以及式(5.19)核的定义进行数值计算,仍然可以确定这种情况下的近似解。图 5.12 就是在三维中按式(5.19)反映核进行计算机模拟所得的 DLCA 凝聚的线度分布图,图中每一条曲线都对应一个确定的 $s=1$ 的单粒子集团数 $n_1(t)$(图中最高的 $n_1(0)$ 值取为 10^6 个)。

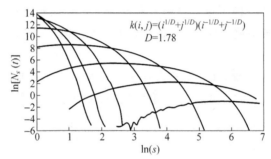

图 5.12 计算机模拟所得的三维 DLCA 凝聚的线度分布图

计算机模拟程序规定如下:随机地从盒中选取质量为 i 和 j 的两个集团。如果对于 $0\leq X\leq 1$ 的区间中均匀分布的随机变数 X,两集团的反映核 $K(i,j)$ 恒有 $K(i,j)>XK_{max}$(K_{max} 为反映核的最大值),则将它们组合成 $i+j$ 集团,同时将这个 $i+j$ 集团放回盒中。反之,如果核 $K(i,j)<XK_{max}$ 时,则 i,j 不结合,并将 i,j 两集团放回盒中。每次选择一对集团进行试验的时间标度取为 $(K_{max}\langle N \rangle^2)^{-1}$。按此程序,每改变一个 $n_1(t)$ 就得到一条曲线 $n_s(t)$,而所有 $n_s(t)$ 曲线的包迹应当给出实际的集团凝聚曲线。事实上,对于任何一个给定的 s 值,只有包迹上的点才对应最大的 n_s 值(也就是出现的概率最大),因此实际凝聚过程应沿包迹曲线进行,而包迹中的直线区段,将给出 $n_s(t)$ 对 s 的自相似区,而直线斜率将给出 $n_s(t)$ 对 s 的指数 τ,也即按标度律 $n_s(t) \sim s^{-\tau}$ 给出的指数。由图 5.12 的斜率确定的分形维数 $D\approx 1.78$[102]。

对有限扩散生长模式得到的凝聚体的分形维数的计算,一般可以用如下两种方法：

(1) 密度相关函数法

$$C(r) \sim r^{-\alpha} \tag{5.28}$$

式中 $C(r)$ 为密度相关函数，它与围绕一个给定点的空间中密度分布成正比。α 是一个大于零小于 d（欧氏维数）的非整数，r 是两个粒子之间的距离。图 5.13 表示在一个二维正方形表面上由 11 260 粒子形成的 DLA 凝聚体的 $C(r)$ 与 r 的关系，在双对数坐标图上，与数据相拟合的直线的斜率表明，$C(r)$ 与 r 的关系符合式(5.28)，并且在 $d=2$ 时，$\alpha \approx 0.3$。而分形维数 $D=d-\alpha$，所以 $D \approx 1.7$。

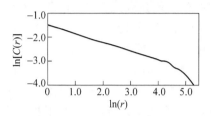

图 5.13　密度相关函数 $C(r)$ 的双对数曲线图

(2) 确定作为粒子数 N 的函数的凝聚体的回转半径 $R(N)$

$$R(N) \sim N^{\nu} \tag{5.29}$$

式中 $\nu = 1/D$，所以可由 $R(N)$ 与 N 的双对数坐标曲线图的斜率求得 $1/D$ 的值。应该注意，对式(5.29)作了如下的假定：

① 回转半径 R 与凝聚体的总的半径成线性比例；

② 不考虑边界效应；

③ 凝聚体不是一个几何上的多重分形。

对二维的 Witten-Sander 模型，测得 $\nu = 1/D \approx 0.585$，所以 $D \approx 1.70$，它与前面 $D = d-\alpha \approx 1.70$ 符合得很好。

下面，再把实验测得的分形维数 D 与平均场理论预言值进行比较。M. Tokuyama 和 K. Kawasaki 在 1984 年提出了计算 DLA 分形凝聚体的分形维数 D 的公式

$$D = \frac{d^2 + 1}{d + 1} \tag{5.30}$$

由上式可以算出在二维和三维欧氏空间中，DLA 凝聚体的分形维数：$D_2 = 1.667$，$D_3 = 2.500$。而实验测量所得的二维和三维 DLA 凝聚体的分形维数分别为：$D_2 = 1.70 \pm 0.06$，$D_3 = 2.53 \pm 0.06$。可以看到，它们符合得非常好。

最后要指出的是，在自然界或实验室中所观察到的各种现象是形形色色的，它们实际的物理过程也是完全不同的，但只要其动力学过程与 DLA 模型的相一致，那么最终得到的结构（几何图形）的整体性质与 DLA 模型的也是完全一致的：具有随机分叉的开放结构，具有统计的自相似性和标度不变性，而且其维数也往往是分数的。

5.5 弹射凝聚(BA)模型

弹射凝聚模型简称 BA 模型，是由 M. Vold 在 1963 年最先提出[103]，主要研究悬浮胶体粒子形成絮凝体的过程。其后 D. Sutherland 在 1966 年，Leamy 等在 1980 年，A. C. Levi 等在 1986 年均对此模型进行了扩展和修正，提出了新的模型，如 Sutherland 模型和随机雨模型——RR(random rain)模型[104,105]。

当单体的平均自由程比生长中的聚集体的尺度要大时，就会产生弹射凝聚，即 Vold 模型。此时，单体以直线轨迹向聚集体运动，这与有限扩散生长模式中的布朗运动完全相反。所以，与有限扩散生长相比，在 Vold 模型中，单体很容易进入一个聚集体的内部，最终形成的聚集体的结构也比 Witten-Sander 模型的要更加致密，其分形维数也要大得多。以直线轨迹向聚集体运动的单体在撞上正在生长的聚集体后，就停留在其表面，这种动力学在日常的实验中是屡见不鲜的，如在低密度的蒸汽中，分子的运动就是一例。所以 Vold 模型可以用来解释一些重要的技术过程，如胶体凝聚，气相凝聚，以及在一个温度较低的基体表面上的气相沉积。

从 5.4 节的图 5.9 中可以看到，在 BA 模型中，按单体凝聚形成的聚集体（Vold 模型）在三维欧氏空间中的分形维数 $D=3$，也就是说 $D=d$（d 为欧氏空间维数），比 Witten-Sander 模型的要高得多。这也说明了 Vold 模型的结构是相当密实的。

弹射集团凝聚（即 Sutherland 模型）适用于低密度下的集团凝聚过程。这种模型考虑两集团的接触概率 $P(i,j)$，一般 $P(i,j)$ 表示为

$$P(i,j) = (R_i + R_j)^2 [(i+j)/ij]^{1/2} \tag{5.31}$$

与 DLCA 模型一样，也从盒中随机地选出两个集团，如果这两个集团的接触概率 $P(i,j)$ 对在 $0 \leqslant X \leqslant 1$ 之间均匀分布的随机数 X 来说，有 $X > P(i,j)/P_{max}$（P_{max} 是 $P(i,j)$ 中的极大值），则将这两个集团返回盒中。反之，当 $P(i,j) > XP_{max}$ 时，则以一个集团为中心，以 $R_i + R_j$ 为半径作圆，转动中心集团的方位，以一定的接触参量 b，沿一弹道射线射向另一个集团。如果两集团进入接触区，则两集团组合成 $i+j$ 的大集团，同时将组合的大集团放回盒中。如果两者未进入接触区，则两集团不结合，仍将 i,j 两集团放回盒中。一次程序进行完毕后，再从盒中抽取两个集团，按以上程序重复进行，如此反复进行下去，可以得到逐渐长大的集团。

再把 Sutherland 模型的分形维数与 DLCA 的相比，虽然 Sutherland 模型的分形维数要大一些，但它们之间差别相对来说不算太大，它们的结构都比较疏松、开放，它们的分形维数都比各自对应的单体凝聚模型（即 Vold 模型和 Witten-Sander 模型）的分形维数要小得多，这一点是不难理解的。

在弹射凝聚模式中，不管是由单体凝聚成聚集体还是由集团凝聚成聚集体，最终

得到的聚集体的分形维数都比在有限扩散凝聚模式中相应的单体凝聚或集团凝聚的分形维数要大,这是因为在弹射凝聚模式中,按弹道发射单体或集团,它们可以较深地插入聚集体内部,使聚集体能以比有限扩散凝聚模式高得多的概率获得单体(或集团)。

弹射集团凝聚中的反映核具有齐次形式:

$$K(i,j) \sim (i^{1/D} + j^{1/D})^2 \left(\frac{i+j}{ij}\right)^{1/2} \tag{5.32}$$

若令 i,j 增加 λ 倍,则核应增加 λ^ω。由式(5.32)可知,$\omega = \frac{2}{D_\beta} - \frac{1}{2}$,此处 D_β 为集团的分形维数,$D_\beta \approx 1.95$,则可求得 $\omega \approx 0.5256$。

在实验上能近似地用弹射集团凝聚模型描述的过程很多,如将聚乙炔在扩散燃烧室中燃烧(氧化),得到高温的小线度的碳黑粒子(粒径约 20~30 nm)。这种粒子在弹道上的弛豫时间比起它经过聚集体直径所需的时间大得多(对小聚集体更是如此)。同时,碳黑的凝聚在这种情况下接近自由分子极限的凝聚形式。对这个实验中形成的碳黑聚集体的图形作了多次的测量后发现,对小凝聚体,测得的分形维数约为 1.5~1.6;对 5~12 μm 量级的聚集体,测得的分维达到 1.82;大于 12 μm 的聚集体,测得的分维为 1.9~1.95,这个结果与 Sutherland 模型的模拟结果($D=1.95$)符合得相当之好。图 5.14 为由这些碳黑粒子凝聚形成的 12 μm 量级的大集团,该集团的分形维数 $D \approx 1.85$,其几何形态与图 5.9 中的 Sutherland 模型的模拟图形也十分相似。

雾状二氧化硅(也称为热解硅石)的气相生长是弹射凝聚的又一个例子[98]。雾状二氧化硅烟灰具有极大的表面积。现已进行商业性生产,制备方法是让四氯化硅在氢气和氧气的气氛中燃烧,年产量达 4500 t 以上。

图 5.14 碳黑粒子凝聚形成的 12 μm 量级的聚集体

在生产过程中会形成高度分叉的二氧化硅聚集体,它们被广泛地使用在颜料、食品中用作调节流度的填充剂。另外,在制备光导纤维的初级材料时,也采用类似的工艺。

对比表面为 200~400 m²/g 的雾状硅石,采用光学和中子散射技术,以不同的散射角来测定散射强度随颗粒尺寸的变化。研究结果表明,四氯化硅在氢气和氧气气氛中燃烧,产生雾状硅石的过程可用两个模型来予以解释。在开始阶段,单体(粒子)的轨迹是弹道状的,形成的聚集体尺度较小,且表面粗糙;随着尺度逐渐增大,由于退火使表面逐步平滑,此时尺度增加到约 90 Å,这一阶段的生长方式属于单体弹射凝聚生长,可用 BA 模型来描述。在燃烧的后一阶段,这些已形成的细微的聚集体开始凝聚为更大一些的分形体,一般认为是通过有限扩散的方式进行的,即 DLCA 模型。在其他一些体系中也观察到了类似的转变,从小尺度的均匀致密体转变为大尺度的分叉的聚集体,如在胶体溶液中二氧化硅的凝聚,二氧化硅聚合物,以及氧化铝聚合物等[106,107]。这种变化通常都伴随着生长机理的改变,即从单体凝聚转变为集团凝聚,在此例中即从 Vold 模型变为 DLCA 模型。

下面我们来讨论气相沉积中的随机雨模型,即 RR 模型。在 RR 模型中,把"原子或原子团"看作"雨点",按随机的直线运动方式"下"到正在生长的聚集体上。开始时,把一个种子放在一个大圆的中心,然后"原子团"从圆周上随机的位置,沿着随机的弦(即随机的方向)向内部运动。当这些"雨点"遇到正在生长的聚集体时,就附着在它上面。图 5.15 是一个按 RR 模型生长的聚集体。

图 5.15　由随机雨模型所得的聚集体图形

由图中可以看到,这个聚集体也具有树权状的结构(但与 DLA 模型相比要少得多),其原因是,在形成聚集体的过程中,"雨点"附着在分枝上的概率要比附着在中心区的概率高得多。

对由 RR 模型得到的聚集体的 Hausdorff 维数的测定是按如下方法进行的:采用式(5.29),以种子为圆心,对不同半径 R 的圆,计算圆内的"原子团"数或"雨点"数 $R(N)$,再测定 R 与 $R(N)$ 的双对数坐标曲线图的斜率。测定结果是 $D=1.86\pm0.03$。但是,一般认为此值有待于修正,在对 RR 模型进行进一步的扩展以及数学分析以后,R. Ball 和 T. Witten 认为,由 RR 模型所得的聚集体的分形维数应该等于 2,也就是说,1.86 这个值不是最终的。随着聚集体的尺寸逐步增大,它将逐渐增加到 $2^{[108]}$。

在随机雨模型中,应该同时考虑附着与逸出这两个因素。如果只有附着而没有逸出,那意味着在流体(运动体)与聚集体之间的化学势差为无穷大。而实际上化学势差为一个有限值,原子既会附着于聚集体,也会从聚集体逸出。所以在进行 RR 模拟时,已经粘附在聚集体上的原子可以随机地从聚集体的边缘脱离出去。这些逸出的原子继续沿直线运动,在碰到该聚集体的另一部分时,可以再次粘附到聚集体上,或者远离聚集体而消失。

在实际的结晶生长过程中,还应考虑几个重要的影响因素,如表面张力,在固体中的热扩散,晶体的宏观对称性,以及表面扩散等。在考虑表面张力的影响时,可以简单地认为,粘附容易发生在有许多近邻原子的地点。当一个"原子"附着到一个聚集体时,潜热会通过聚集的固体传导,热流与相邻的晶粒间的温差成比例,盈余的热将从聚集体向外辐射出去。在随机雨模拟中,考虑晶体的宏观对称性的影响是比较难的,但应该注意到,它与粘附概率有关。而考虑到表面扩散的影响,在模拟时允许"原子"沿着聚集体的边界迁移,直到它发现一个合适的附着地点,就停留并粘附在那儿,那个地点可能有较多的近邻原子,或者在那儿容易把热量耗散掉。

图 5.16 是由随机雨模型模拟所得的两个聚集体。在图 5.16(a)中,只考虑了不同的粘附概率,如果附着的原子组成一个线段,一个三角形,或者一个六角形,那么它们的粘附概率分别为 0.02,0.3 和 1。而在图 5.16(b)中,除了考虑不同的粘附概率,还考虑了聚集体内的热输运,聚集体向外的热辐射,附着"原子"的表面扩散以及附着"原子"的逸出。

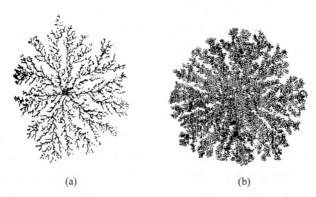

图 5.16 考虑影响生长的不同因素后得到的随机雨模拟结果

对比这两个聚集体可以看到,图 5.16(a)上的聚集体有许多明显的树枝状结构和分叉,有一个中心,图形的结构特点与 Witten-Sander 模型的比较接近。而图 5.16(b)上的聚集体则非常致密,树枝状结构和分叉不太明显,显示了随机雨模型的基本特点。

5.6 反应控制凝聚(RLA)模型

反应控制凝聚模型又称为**化学控制**(chemically-limited)**凝聚模型**,它包括两种基本类型:单体生长的 Eden 模型和集团生长的 RLCA 模型(参见图 5.9)。可以用二氧化硅在水溶液中的聚合来说明反应控制生长模型的基本特征。在反应控制生长的动力学过程中,存在一个势垒,只有克服此势垒,才能进行生长。这个势垒必定会减少"附着概率",所以在产生一个成功的附着以前,需要多次的接触。在计算机上进行反应控制生长模拟时,是把有限扩散凝聚模型(DLA)进行扩充,即规定必须有反复的接触才能产生一个生长事件。由此可以看到,反应控制生长过程比扩散生长的要慢得多,所以容易对它进行实验研究,如把此模型应用于聚合和胶体凝聚问题中。下面分别对 Eden 模型和 RLCA 模型进行对比。

反应控制单体生长过程用 Eden 模型来描述,在三维欧氏空间中,它的分形维数

$D=3.00$。Eden 模型可以简单地叙述为：在所有的生长点上，生长概率都是相同的一个生长过程。这个模型是由 M. Eden 在 1961 年首次提出的，用来模拟肿瘤的生长[109]。除了在医学、生物学的应用以外，这个模型还用来解释许多其他的在稳定的或一定程度上稳定的界面上发生的随机生长现象。当一个 Eden 聚集体长大时，它将随机选择邻近聚集体周围边界的许多未被占用的格点之一（聚集体周围的空间被等分为许多小格点），占领该格点，使它成为聚集体的一部分。把上面的过程重复许多次以后，就可以得到一个大的聚集体。由于选择格点的具体方法略为不同，所以 Eden 模型派生出 A，B，C 三种模型[110]。

在最常用的 Eden-A 模型中，聚集体周围边界上的一个格点被选择的概率是 $1/N_p$，N_p 是边界上格点的总数。所以在一个给定的时间间隔中，与聚集体最邻近的每一个格点被粒子占据的几率是相同的。在 Eden-B 模型中，一个自由键被粒子占据的概率是 $1/N_b$，而 N_b 是在格点平面上连接一个已占据的格点与一个尚未被占据的格点的键的总数。这样，如果边界上的一个格点与聚集体相连接的键数大于 1，它就有较多的机会被占据。这与 Eden-A 模型不同，在 Eden-A 模型中，边界上各个格点被占据的概率是完全相同的。在 Eden-C 模型中，聚集体所有的表面点（它们都有最近邻的尚未被占据的格点）在下一步都有相同的概率去占据与它们近邻的格点。在该模型中，一个表面格点被占据的概率是 $1/N_s$，这里的 N_s 是表面格点的总数；一个新的粒子被随机地加到与聚集体邻近的空格点之一。这三种模型都被指望具有相同的尺度特性，但是趋近这个特性的程度却强烈地取决于所采用的具体变量。一般来说，Eden-C 模型比另外两种显示出更快的收敛性。

图 5.17 是用 Eden-A 模型模拟所得的聚集体图形，该聚集体是由一个种子生长起来的，它包含有 5000 个粒子，周围边界上的格点是被随机地占据的。该聚集体的结构十分致密，基本上是一个球形，而且有一个粗糙的表面。

图 5.17 含有 5000 个粒子的 Eden-A 模型模拟的聚集体

由 Eden 模型得到的分形图形是空集的（体内允许有少量的孔洞），而表面是粗糙的，且随着长大表面越来越粗糙，得到 $D_s=2$。在一定范围内，粗糙的范围与簇内的粒子数间存在幂函数关系，从而具有一定的标度不变性[111—112]。

下面讨论反应控制集团凝聚模型，即 RLCA 模型。反应控制集团凝聚与有限扩散集团凝聚（DLCA）很相似，所不同的是两集团在凝聚中以更小的结合概率进行。在这里，不仅两集团的粒子之间的接触是随机的，而且在其接触中，两集团的粒子只按一定的概率 p 产生结合，当 p 接近于 1 时，模型就变成了 DLCA。而当 $p \to 0$ 时，模型变成纯粹的反应控制集团凝聚。在 RLCA 模型中，反映核具有如下的形式：

$$\begin{cases} K(i,j) \sim i \cdot j^{\lambda-1} & (i \gg j) \\ K(i,j) \sim i^{\lambda} & (i \approx j) \end{cases} \tag{5.33}$$

式中 λ 是一个接近 1 的指数。

RLCA 模型的计算机程序除有限扩散模拟程序外,还要"加上"接触中的吸附程序。这个程序规定如下:对 $0 \leqslant y \leqslant 1$ 的随机变数 y,当 $p < y$ 时,两集团粒子在接触中不吸附,反之,当 $p > y$ 时,才吸附。

分级吸附模型是反应控制集团凝聚模型中最简单的形式,这种模型中,每一次聚合(凝聚)都是等线度集团间的配对聚合。因此由这种模型建立的集团总具有 2^m 个基元(单体、分子、微晶等)。其中 m 是聚合次数,由数值模拟,对 $d=2,3,4$ 维所计算出的分形维数分别是 1.53 ± 0.04,1.98 ± 0.04,2.32 ± 0.04。在分级吸附模型中,含有 N 个基元的一对集团,在其配对中彼此接触的组态数 C_N 与 N 之间的关系是自相似的,因此有

$$C_N \sim N^{\lambda'} \tag{5.34}$$

指数 λ' 对 $d=2,3,4$ 维时,分别取值 $0.74,1.16,1.44$。

分级吸附模型只考虑单分散体系中相同大小集团间的配对,这当然是很苛刻的限制,如果去掉这个限制,即对多分散集团的系统,任何大小集团之间允许进行随机配对,那么这样的模型所给出的分形维数比分级吸附模型要大些。例如,$d=3$ 时,分形维数 $D=2.11\pm0.03$;$d=2$ 时,$D=1.59\pm0.01$。

RLCA 模型在进行计算机模拟时,一般从含有大量粒子的系统开始,随机地选择一对粒子,按接触程序令其接触。如果所选的这对粒子属于同一集团,则去掉这种选择,重新再选一对;如果这对粒子包含于两个不同的集团中,当令其接触后,运动两集团中所有的粒子,以保证两集团中所有粒子都能在随机选择中彼此接触;如果两集团互相覆盖,则另选新粒子配对。只有当所选择的是两个不覆盖的集团中的粒子对时,我们就按接触程序令它们作不可逆的结合。

图 5.18 中 (a)、(b)、(c) 就是按以上叙述的 RLCA 模型,在计算机上对 16 332 个粒子进行模拟所生成的聚集体在三个彼此垂直的平面上的投影图。

图 5.19 是该集团的回转半径 R_g 对线度 S(聚集体具有的粒子数)的双对数曲线,它的直线部分的斜率为 $\ln(R_g/\sqrt{S})/\ln S = -0.021$,由此可得 $\beta = \ln R_g/\ln S = +0.479$(其中 β 是 $R_g \sim S^\beta$ 标度中的幂指数),从而可以确定集团的分形维数 $D_\beta = \frac{1}{\beta} \approx 2.087$。

下面来看一个化学反应中的例子。在聚合过程中,处处存在着反应控制集团凝聚(RLCA),在三维空间中,其分形维数 $D=2.09$。在反应控制生长中,反应化学起着十分重要的作用,它将确定何时由单体—集团生长过渡到集团—集团生长(即集团凝聚生长)。例如在二氧化硅聚合时,改变化学生长条件就可以使该体系从单体—集团生长区进入到集团—集团生长区,并且形成一个枝状的聚合物,它的分形维数近似

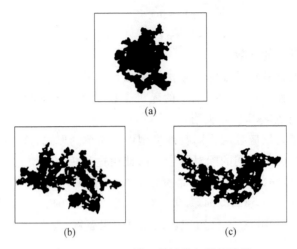

图 5.18 RLCA 模型的计算机模拟结果

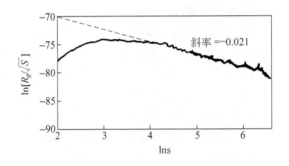

图 5.19 RLCA 模型的双对数曲线

等于 2.0。至少有两种方法可实现这个转变,如酸催化或二步聚合法。

由于在酸催化时,凝聚反应不要求结构转换,所以系统容易由集团—集团反应而生长。另外,在酸催化条件下,水解反应进行得很快,而凝聚则很慢,导致了反应的单体间的分离,这些分离的单体接下来就以集团—集团的形式聚集长大。最后得到的聚集体称为质量分形体,即它的表面积与质量成正比,其质量 M 与其尺度 R 之间符合

$$M \sim R^D \tag{5.35}$$

D 即为分形维数。在大的长度尺度时,得到的质量分形体的分形维数 $D=2$。

在采用二步聚合法时,首先把少量水加入到酸催化的溶液中就会形成小的集团,但由于微化学当量水解的影响,而使小的集团停止生长。接下来再加水使聚合反应开始进行。由于在第一步反应中,单体基本上已被耗尽,所以在第二步反应中必然只发生集团凝聚生长过程,而与催化条件无关。实际上,用二步聚合法生产的硅酸盐,其第二阶段的结构(长度大于 1nm)基本上与第二步反应条件无关,而与集团凝聚生

长模型所得到的图形相符,参见图5.9。

5.7 粘性指延与渗流

除了前三节中介绍的 DLA 模型、BA 模型以及 RLA 模型外,还有其他许多模型,它们是根据非平衡态系统的不同的动力学生长条件以及不同的物理化学过程而被提出的,如 Niemeyer 等人在 1984 年提出的电介质击穿模型,即 DBM 模型(Dielectric Breakdown Model)[113]。该模型被用来模拟各种电介质击穿现象,从天空中的闪电到高分子聚合物的导电的树枝状组织。在这些现象中,虽然实际的物理过程是完全不同的,但最终的放电图形的整体性质是很类似的:它们都具有与 DLA 模型相像的随机分叉的开放结构。正因为如此,所以常把 DBM 模型归纳到有限扩散生长这一类中。在 DBM 模型中,在放电图形的尖端发生的复杂物理过程的细节没有被考虑,在作了一些假设后,列出了相应的方程。先假设在导电相中 $\phi=\phi_0=0$,此处 ϕ 是满足 Laplace 方程的电势,即

$$\nabla^2 \phi = 0 \tag{5.36}$$

又假设生长速率是随机地正比于局域电场 $E=-\nabla\phi$ 的幂 η。如果幂 $\eta=1$,那么对 DBM 模型和 DLA 模型而言,两者的生长几率都正比于满足式(5.36)的一个分布的梯度局域值,这是由于在一个给定点发现一个扩散粒子的概率也由 Laplace 方程给出。

在这一节中,主要讨论**粘性指延**(viscous fingering)和**渗流**(percolation)。在有些文献上粘性指延被称为粘性指进,粘滞指凸,粘性指化,粘滞分叉等。20 世纪末,英国造船工程师海利—肖(Henry S. Hele-Shaw)根据他的研究工作发展了一个实验装置,该装置后来被称为 Hele-Shaw 槽。在 Hele-Shaw 槽中,一种粘性流体(如甘油)盛在两块平行板之间。当把一种粘度较低的流体(例如空气)注入甘油中间时,空气便把甘油挤开,于是形成一个气泡,同时有许多"手指",即突出的尖端,从泡上长出来,见图 5.20。这一现象被称为粘性指延是很恰当的[114]。其原理是因为流体的运动也满足 Laplace 方程,并且流体体积元的流速和压强梯度成正比。流体的不可压缩性使流速的散度为零,可以推出流体压强的 Laplace 场,其生长速率是由流速与压强梯度成正比给出的。

图 5.20 甘油中空气泡的"粘性指延"形态

粘性指延是一种具有实际意义的现象,1958 年英国物理学家 G. I. Taylor 和 Philip G. Saffmann(剑桥大学)在用水驱赶地层中的石油,以提高石油产量的研究中提出了粘性指延模型,他们采用相距 0.5 mm 的 Hele-Shaw 槽(圆状或长条状)来研究低粘度液体对高粘度液体的驱赶现象。在采油时,为了提高石油的回采率,需将水注入油田中,此时会出现粘性指

延现象,而这一现象使石油的回采率大大降低。如果不采取专门的方法,将只有很少一部分粘性油会被驱赶到油田边缘上的油井里[115]。

粘性指延过程所产生的形态与计算机模拟生长的由有限扩散凝聚(DLA)过程所产生的图案很相似。这种相似的原因何在呢?澳大利亚联邦科学和工业研究组织的 Lincoln Paterson 认为,有限扩散凝聚与粘性指延这两种过程的原理是相同的。前者的生长是由随机游动粒子的净内流引起的,而这种内流又来源于这样一个事实:粒子从聚集体外密度较大的区域游动进来的机会比从密度较小的区域游动进来的机会要大。具体地说,流量是与聚集体外密度的变化率成正比的。

在粘性指延中,甘油的流体压力类似于粒子的密度。这一压力在空气泡与甘油的界面上为最大,当甘油从气泡上向外流动时,压力就减小。其流量正比于气泡外各点上压力的变化率。指状物之所以会长大,就是由于流体最容易从指状物上向外流开。因为流体流开时,界面也跟着移动,"指尖"便变得更长。其结果是出现一种生长不稳定性,它与有限扩散凝聚的生长不稳定性相类似。

金属在电极上沉积,粘性流体的指延以及电介质击穿图形的形成等现象有其共同性,用偏微分方程可以很容易地把这种共同性显示出来。如用一块四周绷紧,中间压上一个正在生长的分形图形的橡皮来作个简单类比,也可以对上述现象的基本效应有个形象的认识,见图 5.21。

在图 5.21 中,将一块橡皮拉伸后,将其四周绷紧,中间压入一个正在生长的分形图形。在橡皮下陷得最陡峭的地方(也就是分形图形的"指尖"处),分形图形生长最快,因此接下来指尖就变得更尖锐,压在橡皮上,这一过程就这样反复进行下去。

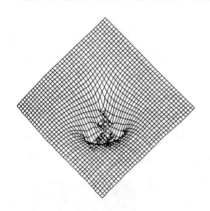

图 5.21 用一块四周绷紧的橡皮来作为有限扩散凝聚的一个简单模拟

表示粒子随机游动的概率、Hele-Shaw 槽中的压力以及电介质击穿通道附近的电压等函数都属于调和函数,这种函数是一类偏微分方程的解。调和函数具有净零曲率,即当它在某一方向上向上弯曲时,就会在与其相垂直的方向上向下弯曲(有点类似于马鞍的形状)。橡皮也具有零曲率,它的高度可以看作是概率、压力或电压,而在分形图形的边缘处的斜率则可作为生长速率。斜率最大的地方出现在尖端附近,而尖端是生长最快的地方。下一步就是长得更尖锐的尖端压在橡皮上,如此不断地进行下去。

在 DLA 模型、DBM 模型以及粘性指延中,其相应的参数都满足 Laplace 方程,所以有时也把它们统称为 Laplace 分形。在这些模型中,它们的共同点是满足长程的 Laplace 方程,边界条件相同,所不同的是生长速率准则。分形生长的图形可由上述模型的数值模拟而得到。由于 Laplace 方程具有标度不变性和生长概率具有的一致性,才使得生长出来的图形具有标度不变性。

下面讨论渗流模型。所谓渗流,粗略地说就是流体在随机介质中的运动。渗流现象在自然界中广泛存在着。人体和动物体内存在多孔结构的组织和器官,如肺、心、肝和肾等,体液在其中流动着,以维持正常的生命活动;植物的茎、枝、根和叶等,也是多孔结构,也有液体在其中进行着输运;生物细胞的细胞壁也始终不停地在进行着液体渗析;地层里多孔岩石和砂土中石油和水的流动等,这些都属于渗流现象。在有的文献中,也称为逾渗[116]。用渗流模型所描述的无序体系称为**渗流体系**。这类体系非常多,常见的有多孔介质;随机网络;有机支联,网联体;烟尘、病毒和超微粒;森林火灾等。

渗流概念作为描述流体在随机介质中运动的数学模型,是由 K. Broadbent 和 M. Hammersley 在 1957 年首次提出来的,它是概率论的一个分支。考虑一个二维方形点阵,假定在点阵上的格点可以被随机地占据,设每一个格点被占据的几率为 P,不被占据的概率为 $1-P$。若相邻的格点都被占据时,这些格点就组合成为一个集团。显然当 P 增加时,集团的大小也会相应地增大,但仍然是有限的。当 P 达到某一临界数值 P_c 时,点阵上就会出现一个无限大集团,这时我们认为发生了渗流相变,并称 P_c 为**渗流阈值**,或**渗流临界值**。对于二维方形点阵,已计算出 $P_c=0.59$。图 5.22 是在 $P<P_c$,$P=P_c$ 和 $P>P_c$ 三种情况下渗流相变的示意图[117]。

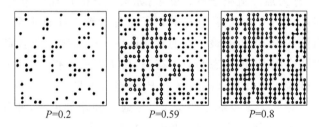

$P=0.2$ $P=0.59$ $P=0.8$

图 5.22 渗流相变示意图

上面简略地介绍了渗流相变,下面来观察一个渗流实验。图 5.23 是实验装置示意图,在一个玻璃槽中无规则地放入大小相同的白色玻璃球和黑色钢球,槽两端各设置一个电极,并连接成如图中所示的电路。设钢球所占比例为 P,则玻璃球占的比例为 $1-P$。当 P 较小时,钢球只能形成一些很小的孤立集团,不可能形成电流通道。逐渐增加钢球的数目,并使钢球在玻璃槽中的分布仍然是完全无规的,钢球与玻璃球的总数目保持不变。当钢球的比例达到 $P=0.27$ 时,开始出现电流。这是因为在玻璃槽中形成延展的具有分形结构的

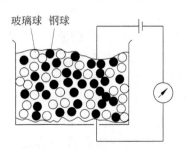

图 5.23 渗流实验示意图

导电集团,很明显,渗流阈值 $P_c=0.27$,这一点也是渗流的相变点。由于发生渗流相变往往与渗流体系中介质之间的相互几何位置有关,所以有时也将渗流相变称为**几何相变**。

渗流模型分为**点渗流**、**键渗流**和**点键混合渗流**三类,其中点渗流模型应用最多。图 5.24 为点渗流和键渗流模型的示意图,图(a)为点渗流,图(b)为键渗流。

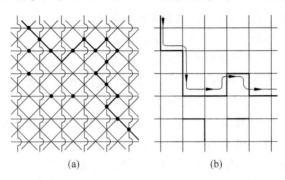

图 5.24　渗流模型示意图
(a) 点渗流;(b) 键渗流

在平面方格点阵上,如果格子上所有的键都被导通键占据,只剩下可随机占有的点集,这样的格点称为**点渗流格子系**。反之,如果所有的点都已布上了粒子(被粒子占有),只剩下可随机占有的键集,这样的格子系称为**键渗流格子系**。当点集和键集都处于随机占有形式时,这就是最一般的渗流体系——**点键混合渗流**。对于点渗流,假定每一格点有两个状态,占有态和非占有态,用 1 表示占有态,用 0 表示非占有态,令每个格点进入被粒子占有状态的概率为 P,点空着的概率为 q,那么 $q=1-P$。同样,对于键渗流,对每一个键也赋予两个态:导通态和非导通态,并假定每一个键进入导通态的几率为 P,则键处于非导通态的几率为 q,且 $q=1-P$。

渗流体系最基本之点是确认这种体系必然至少存在一个阈值态,或临界态。因此,它的关键问题是在给定条件下能否实现(或达到)临界态的问题。如在点渗流问题中,点占有概率存在一个临界阈值 P_c,当点占有概率 $P<P_c$ 时,格点上只形成有限大小的集团;当 $P>P_c$ 时,格子上明显地出现了无限大集团;当 $P=P_c-0$ 时,即从 P_c 的下方(小于 P_c 的值)趋向 P_c 时,格子上将出现一个初始无限大集团。只要格子上一出现无限大集团,我们就说格子体系已进入渗流态,或者说发生了渗流相变。渗流相变是个二级相变,在相变时,一个很重要的物理量是渗流概率,它的定义是,当占据几率为 P 时,点阵上任一格点属于无限大集团的概率称为**渗流概率**,记为 $\rho(P)$。由此定义立即可以看出,从 $P=0$ 到 $P=P_c$,渗流概率是恒等于零的,即 $\rho(P)\equiv 0$;当 $P>P_c$ 后,渗流概率 $\rho(P)$ 会随着 P 的增加而很快地上升,$\rho(P)$ 是 P 的光滑的增函数;最后当 P 趋近于 1 时,$\rho(P)$ 也趋近于 1,这表示无限大集团吞并了其他有限大小的集团,整个点阵被一个无限大集团所占领。所以,渗流概率起着渗流相变时序参量的作用,它标志着在渗流阈值 P_c 处,点阵上从无到有地出现了长程关联性。因此,渗流体系中最关键的问题是研究发生渗流相变时的渗流概率 $\rho(P)$。与通常的相变问题一样,$\rho(P)$ 在 P_c 点上也存在奇异性。当 $P \to P_c$ 时,按相变的普适性规律,序参量满足的标度律为

$$\rho(P) \sim |P - P_c|^\beta \tag{5.37}$$

或写成如下的形式

$$\lim_{P \to P_c} \rho(P) \approx A_\rho |P - P_c|^\beta \tag{5.38}$$

式中 β 为渗流概率的**临界指数**,而 A_ρ 称为渗流概率的**临界幅度**。与铁磁体磁化强度或气—液两相密度差在临界温度上(由其下端趋于临界点)按幂次 β 趋于零一样,在这里当 P 从下端趋于 P_c 时,渗流概率 $\rho(P)$ 为

$$\rho(P)|_{P = P_c - 0} = 0 \tag{5.39}$$

在描述渗流过程中,还要引入两点间的关联函数 $G(x)$。$G(x)$ 表示当原点被占据时,距原点为 x 远的格点也被属于与原点同一集团的点占据的概率,也即原点与 x 点之间至少存在一条键联路径的概率。以一维为例,当 $x=0$ 时,显然有 $G(0)=1$;当最近邻点也被占据时,这一点必然属于同一集团,故有 $G(1)=P$。而对距原点为 x 远的关联点,则要求 $x,(x-1),(x-2)\cdots$ 直到 $x=0$ 所有点皆一一被占有,因此有

$$G(x) = P^x \tag{5.40}$$

当 $P < P_c = 1$ 时,一维关联函数将随 x 按指数规律趋于零:

$$G(x) \sim \exp\left(-\frac{x}{\zeta}\right) \quad (P < P_c = 1) \tag{5.41}$$

再利用式(5.40),则可求得 ζ 的表达式

$$\zeta = -\frac{1}{\ln |P|} = \frac{1}{|1-P|} \quad (\text{当 } P \to 1 \text{ 时}) \tag{5.42}$$

ζ 称为**关联长度**,它标志着渗流集团的特征线度。式(5.42)表明,当 $P \to 1$ 时,关联长度 $\zeta \to \infty$,集团变成无限大集团,这种状态就是渗流态,而 $P_c = 1$ 这个值称为**一维渗流体系的临界值**。式(5.42)还表明,当 $P \to 1$ 时,ζ 按 $|1-P|$ 的负 1 次幂发散。

在高维情况下(空间维数 $d=2$ 和 3 时),P_c 值不再等于 1,此时关联函数 $G(x)$ 将遵循如下规律:

$$G(x) \sim \begin{cases} \exp\left(-\dfrac{x}{\zeta}\right) & (P < P_c) \\ \left(\dfrac{1}{x}\right)^{d-2+\eta} & (P \to P_c) \end{cases} \tag{5.43}$$

式中 d 是空间维数,η 为临界指数。对于一维,$\eta=1$。在高维中,关联长度 ζ 对 P 的关系由下式给出:

$$\zeta \sim \frac{1}{|P_c - P|^\nu} \tag{5.44}$$

式中 ν 是另一个临界指数,只与空间维数 d 有关。对于一维,$d=1,\nu=1$;对于二维,$d=2,\nu=\frac{4}{3}$。

在渗流体系中,参量 P(格点占有概率)和关联长度 $\zeta(P)$ 是两个很重要的量。P 相当于热力学中温度这一控制参量,而 $\zeta(P)$ 则是渗流集团唯一的长度标度。渗流集团在 P 参量控制下基本上可以分为如下三类:

(1) 当 $P < P_c$ 时,$\zeta(P)$ 有限。体系中出现了绝大多数线度为 $\zeta(P)$ 的有限大小集团。这时虽也有极少数大于 $\zeta(P)$ 的集团出现,但与主流集团相比较,完全可以忽略。由于在 $P < P_c$ 的情况下,格点占有几率不高,集团的形成基本上是按一定的模式"逐次建造"的,因此,这时所形成的线度 $R \leqslant \zeta(P)$ 的集团是自相似的。

(2) 当 $P = P_c - 0$(即从 P_c 的下端趋于 P_c)时,体系中开始出现无限大集团,称为**初始无限大集团**。这种集团的出现标志着体系正好进入临界状态,因此,初始无限大集团仍然具有自相似性,只不过此时的自相似性是由临界状态下起伏的自相似性造成的,集团的线度 $R \sim \zeta(P_c) \to \infty$。$\zeta(P_c)$ 称为**初始无限大集团的特征标度**。

(3) 当 $P > P_c$ 时,体系中出现了大量的无限大集团。集团自身的密度向均匀化发展,集团线度 $R \geqslant \zeta(P_c) \to \infty$,此时体系不再具有自相似性。

下面讨论利用初始无限大集团的标度特性来确定集团的分形维数 D 和渗流的临界指数之间的关系。设体系中出现了一个初始无限大集团,集团的线度 $R \sim \zeta(P_c) \to \infty$。在此初始无限大集团上选取原点 O,则在该集团上另一点 $r(r \leqslant \zeta(P_c))$ 也被占据的几率 $P_\infty(r)$ 对 r 的依赖形式应表示为

$$P_\infty(r) \sim \frac{N(r)}{V(r)} \sim \frac{r^D}{r^d} = r^{D-d} \quad (r \ll \zeta(P_c)) \tag{5.45}$$

如果要一般地表示 $P_\infty(r)$,还应乘上一个依赖于初始无限大集团特征标度 $\zeta(P_c)$ 的标度函数 $f\left(\frac{r}{\zeta}\right)$,即

$$P_\infty(r) = r^{D-d} \cdot f\left(\frac{r}{\zeta}\right) \tag{5.46}$$

标度函数 $f(x)$ 的特性可以按如下分析确定。事实上,当 $x \ll 1$(即 $r \ll \zeta$)时,按式(5.45)的要求应有 $P_\infty(r) \sim r^{D-d}$,这就要求 $f(x)$ 是一个不依赖于 x 的常量(即不依赖于 x 的量);当 $x \gg 1$(即 $r \gg \zeta$)时,r 点将不再属于该初始无限大集团。因此,这类点占有与否完全与该集团无关,也就是说,当 $r \gg \zeta$ 时,$P_\infty(r)$ 将是一个不依赖于 r 的量。根据以上两点,就可以确定 $f(x)$ 的两个极限标度形式:

$$f(x) \sim \begin{cases} \text{常量} & (x \ll 1) \\ x^{d-D} & (x \gg 1) \end{cases} \tag{5.47}$$

由式(5.46)可得 $P_\infty(r)$ 的极限标度形式：

$$P_\infty(r) \sim \begin{cases} r^{D-d} & (r \ll \zeta(P_c)) \\ \zeta(P_c)^{D-d} & (r \gg \zeta(P_c)) \end{cases} \tag{5.48}$$

利用式(5.38)，则有

$$P_\infty(P) \sim |P-P_c|^\beta \tag{5.49}$$

而从式(5.44)，可得

$$|P-P_c| \sim \zeta(P_c)^{-\frac{1}{\nu}} \tag{5.50}$$

从而有

$$P_\infty(P) \sim |P-P_c|^\beta \sim \zeta(P_c)^{-\frac{\beta}{\nu}} \tag{5.51}$$

把式(5.48)与式(5.51)相比较，可以得到如下的关系式

$$D = d - \frac{\beta}{\nu} \tag{5.52}$$

按上式可以根据渗流的临界指数 β 和 ν 得到渗流体系的分形维数 D。表 5.1 列出了各种模型中已知的 β 和 ν 值，以及由式(5.52)求得的 D 值[118]。

表 5.1 渗流临界指数与分形维数

模　　式	β	ν	D
平均场理论（六维）	1	1/2	4
二维渗流模型	5/36	4/3	1.896
二维 Ising 模型	1/8	1	1.875
三维渗流模型	0.44	0.88	2.50
三维 Ising 模型（级数）	0.312±0.003	0.642±0.003	2.507～2.52
三维 Ising 模型（重正化）	0.340	0.630	2.46

第 6 章 分形生长的计算机模拟

6.1 DLA 生长的 Monte Carlo 模拟

自然界中很多的生长过程(或者系统的变化过程)往往受到非局域参量的空间分布的控制。所谓非局域指的是：在空间一个给定点处，这个参量的值除了受到它的最近邻点的影响之外，还受到系统中其他较远处点的影响。非局域参量可以是固化时温度的分布、流体中的压强、在某一给定点上发现一个扩散粒子或粒子簇的概率或是一个带电导体周围的电势等。

在有限扩散凝聚模型中，非局域参量的空间相关性满足具有变动的边界条件的拉普拉斯方程(Laplace equation)，扩散粒子的浓度也可以用拉普拉斯方程来描述。在凝聚现象中，概率分布的非局域性扮演了重要的角色。在有关的生长模型中，主要的假定是：粒子间的粘附是不可逆的，因为在大量的实际生长过程中，这个条件是可以满足的。

在科学技术的许多领域，由于不稳定的界面的移动而产生复杂的图形是个很常见的现象，而界面的扩散控制运动必定导致非常复杂的树枝状的分形体，这是由生长的不稳定性决定的。通过适当的近似后，在扩散控制生长过程中的界面由拉普拉斯方程和相应的边界条件所确定

$$\nabla^2 \Phi(x,t) = 0 \tag{6.1}$$

式中 x,t 是变量。

无规扩散是自然界中广泛存在的一类现象，可以用 Fick 定律来加以描述：

$$J = -D\nabla\Phi \tag{6.2}$$

$$\frac{\partial \Phi}{\partial t} = -\nabla \cdot J = D\Delta\Phi \tag{6.3}$$

其中 Φ 是粒子浓度，J 是扩散流量，D 是扩散系数。Witten 和 Sander 证明，DLA 生长相当于在一定的边界条件或初始条件下，即

$$\begin{cases} \dfrac{\partial \Phi}{\partial t} = 0 \\ \Phi = \begin{cases} 1 & \text{（在 DLA 聚集体上）} \\ 0 & \text{（在无限远处）} \end{cases} \end{cases} \tag{6.4}$$

式(6.3)的动态离散解,并且周界上第 i 点的法向生长几率或速度为
$$u_i = |\boldsymbol{n} \cdot \boldsymbol{J}| = D |\nabla_n \Phi|_i \tag{6.5}$$
$\boldsymbol{n}$ 为周界上 i 处的法向单位向量。

式(6.3)在式(6.4)条件下变为拉普拉斯方程
$$\Delta \Phi = 0 \tag{6.6}$$

DLA 模型是分形理论中最为人们所重视的生长模型之一,因为按照这个模型,通过简单的运动学和动力学方程就可以产生出具有标度不变性的自相似的分形结构,从而建立起分形理论和实验观察之间的桥梁,在一定程度上揭示出实际体系中分形生长的机理,如在胶体悬浮系统,枝晶生长以及聚合物的聚合过程中。

在计算机已经得到迅速发展和普及的今天,人们广泛地用计算机来模拟各种生长过程。计算机模拟的一个主要优点是可以随意地设定或改变各种参数,编写一个不太复杂的程序后,计算机就可以自动执行,完成大量烦琐的工作量,最后产生一个人们期待的或者意想不到的结果。在本书的附录中列出了一些计算机模拟源程序供读者参考。

DLA 模型的生长过程的模拟如下:选取一个 400×400 的正方点阵,在该二维平面中央设置一个固定的粒子,也称为"种子"。开始时,在平面的边缘上随机地产生一个粒子,该粒子以布朗运动方式在平面上作无规运动。假定粒子的运动有两种可能:一种是与"种子"相碰并附着于"种子"上,形成粒子簇;再随机地产生一个粒子,继续作无规运动。另一种是运动到平面的边缘上,令其停止运动并消失,或者根据周期性边界条件从另一侧边缘继续作无规运动。将上述过程重复进行下去,直至最后在点阵中央形成一个树枝状的凝聚体,如图 5.10 所示。由于粒子簇的尺寸远小于点阵尺寸,随机产生的粒子都在远处,它们的随机运动会先与伸展在外面的枝杈粘附,较难进入凝聚体的内部,从而产生了屏蔽效应。

T. A. Witten 和 L. M. Sander 在 1981 年提出 DLA 模型时,是用来研究悬浮在溶液或大气中的金属粉末、煤灰和烟尘等微粒的无规扩散凝聚过程的,这对于水和空气的污染的控制是有重要意义的。他们在模拟中取 3600 个半径约为 4 nm 的微粒,让它们在二维方形点阵和三角形点阵上作无规扩散运动,得到了树枝状的凝聚结构。并用密度相关函数求出凝聚结构的分形维数 $D=1.67$,它与点阵的结构无关,具有一定的普适性[99,119]。

在有些文献上,把这种模拟方法称为**蒙特卡罗模拟**(Monte Carlo simulation),图 6.1 是由 P. Meakin 进行的模拟[120]。

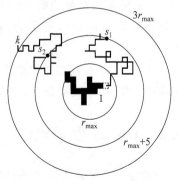

图 6.1 二维点阵有限扩散凝聚的 Monte Carlo 模拟

在这个模拟中,粒子来自于比已有的凝聚体最大半径 $r_{\max}$ 稍大的圆周上,如 $r_{\max}+5$ 个点阵单位。一个规则是:如果粒子的随机运动向外超过一定的范围,如 $3r_{\max}$,则令此粒子的随机行走停止,取消该粒子,下一个粒子开始扩散运动。另一个规则是:如果粒子的随机运动向外超过 $2r_{\max}$ 时,就取消该粒子;这样得到的模拟结果与上述(当向外超过 $3r_{\max}$ 时,取消运动粒子)模拟结果非常相似。另外,为了缩短计算机的计算时间,可以加大运动粒子的步长。如运动粒子离二维平面中心的距离大于 $r_{\max}+10$ 个点阵单位时,可以把步长临时加大到每步 2 个点阵单位;当运动粒子离平面中心距离大于 $r_{\max}+20$ 个点阵单位时,把步长加大到每步 4 个点阵单位。类似地当距离大于 $r_{\max}+40$,加大到 8 个点阵单位;距离大于 $r_{\max}+80$ 时,采用 16 个点阵单位作为步长。像这样加大步长进行模拟所得的结果与步长不变时进行模拟所得的结果相比较,是非常相似的,这表明,这样显著地加大步长既可以缩短计算机的计算时间,又不会影响模拟结果的精度。

在具体模拟时,参加随机运动的粒子总数范围在几千到几万,按 DLA 模型生长的分形凝聚体都满足标度不变性和自相似性,其分形维数都等于 1.67。模拟参数的设置主要有以下几个:

(1) 运动粒子与不动粒子(聚集体)之间的距离为多大时,它停止运动并粘附在聚集体上,成为不动粒子。一般分最近邻、次近邻、相接触三种类型。

(2) 运动粒子粘附在聚集体上的几率。

(3) 扩散步长。

(4) 聚集中心数目,即种子的数目。

(5) 粘附在聚集体上的粒子脱离聚集体的几率。

(6) 表面张力影响。

另外,有时还考虑扩散粒子的反应几率、表面粗糙度以及各向异性的影响等[121—128]。

大量的模拟结果表明,按 DLA 模型模拟得到的凝聚体,只要尺度足够大,那么其分形维数与模拟时有无点阵以及点阵的类型(如三角形、正方形、六边形等)无关[129]。

与 DLA 生长模型相关的实际分形结构有:电解沉积,枝状晶生长,粘性指延,金属颗粒聚集,气溶胶凝聚等,将在第八章中详细说明。

6.2　DLCA 生长模拟

弥散在一个流体介质中的微粒的凝聚可以代表产生分形结构的一般过程。如果初始随机分布的粒子的密度大于零,那么两个"粘性的"粒子碰撞并粘结在一起的几率是确定的。对这样的系统来说,典型的情况是,已粘结在一起的双粒子凝聚体可进一步扩散并通过粘结其他的凝聚体而形成较大的分形聚集体。这样随着时间的延长,聚集体的平均尺寸不断增大。一般地,经过足够长的时间后,该系统的全部微粒就都成为一个大的聚集体的组成部分。在许多情况下,两个粒子间的作用力是短程力,并且它们相互接触时,这个力是足够的强,可以把两个粒子不可逆地结合在一起。例如,在空气中形成铁粉尘凝聚体和在胶体溶液中金微粒的凝聚,都能观察到这种特性。

在上面所讨论的过程中,每个凝聚体的运动条件是相同的,也就是说,没有在DLA情况中的"种子"粒子。DLCA直接与一个凝聚粒子系统的物理状态相对应,作为对比,DLA一般被认为是某些现象的计算机模拟,它不考虑粒子簇(集团)的运动。

在计算机上模拟胶体凝聚的可能性早在1967年就为 D. N. Sutherland 所认识到了,然而 DLCA 凝聚的大规模数学研究也只是在最近几年才成为可能[130,131]。DLCA 的简单的计算机模型能够成功地用来研究凝聚物的结构以及它们的生长动力学。进行一个典型的二维模拟时,先在一个正方点阵中随机地占据一小部分的格点,用这些格点来代表粒子。在每一时间间隔里,随机选择一个粒子或一个粒子团,并且在一个随机选择的方向令其移动一个点阵单位长度。当两个粒子(团)相互接触时,它们就粘结在一起。图 5.11 显示了这样一个过程的四个阶段。这个图充分地反映了集团凝聚的最重要的特点。随着时间的增加,集团的数目减少,在系统中逐渐形成一个大的、随机分枝的凝聚体。人们发现,计算机产生的凝聚体和最近在许多实验中观察到的真实的凝聚体具有非常相似的分形尺度特性。

图 6.2 形象地描述了 DLCA 凝聚的过程。在该模拟系统中,系统的尺度 $L=128$,初始粒子数为 $N_0=1024$ 个。图(a)、(b)和(c)分别对应于 $t=t_1, t=t_2$,和 $t=t_3$ 三个不同的时刻系统中粒子凝聚的状态,$0<t_1<t_2<t_3$,t_1 为从初始状态开始,经历了一段时间后的时刻,t_3 为最终的时刻,t_2 则是介于二者之间的中间时刻。在这三种状态中,集团的数目分别为 $N_c=86, 8$ 和 1。

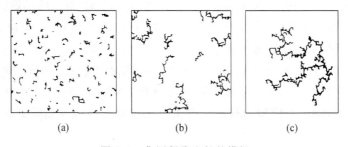

图 6.2 集团凝聚生长的模拟

在这个二维模拟系统中,正方点阵数目为 $L^2=128^2$,1024 个初始粒子被随机地分布在这个二维正方点阵中。凝聚生长时,点阵中相邻的粒子算一个粒子簇(集团),

簇是刚性的,可作随机的平移(但不能转动),每次在四个可能的方向上随机移动一个点阵单位,然后检查其边界。如果它与单个粒子相邻,那么该粒子就粘附在簇上,成为簇的一部分,在以后的扩散中一起运动;如果它与其他粒子簇相邻,则这两个簇被牢固地粘附在一起形成一个新的大粒子簇,并在以后的扩散中作为一个整体运动。

在 $t=t_1$ 时,该系统中有 86 个簇,它们大小不一,簇的尺度分布范围比较大。在 $t=t_2$ 时,系统中只留下了 8 个比较大的簇,它们的尺度比较接近,也就是说,86 个大小不等的粒子簇经过一段时间的无规扩散运动后,聚集成 8 个新的簇。最后,在 $t=t_3$ 时,8 个簇聚集成一个无规分叉的局域呈链状的分形凝聚体。与 DLA 模型模拟的凝聚体相比,它们的结构差别是很大的,DLCA 模拟的凝聚体的结构比 DLA 的要更加开放,不存在明显的几何中心,其分形维数也小得多。

对用 DLCA 模型模拟所得的分形结构用两种方法计算其分形维数。第一种方法是将一个粒子簇的平均尺寸 $R(N)$ 取作为簇所含粒子数 N 的函数,当 $N\to\infty$ 时,有

$$\begin{cases} R \sim N^\nu \\ N \sim R^D \end{cases} \quad (6.7)$$

式中 R 为回转半径。由式(6.7)即可得出

$$D = 1/\nu \quad (6.8)$$

第二种方法是确定粒子簇上某一点 r_0 处的密度相关函数 $C(r)$

$$C(r) = \langle P(r_0 + r) \rangle \quad (6.9)$$

当 $1 \ll r \ll R$ 时,$C(r)$ 可以写成

$$\begin{cases} C \sim r^{-A} \\ A + D = d \end{cases} \quad (6.10)$$

式中 d 是欧氏空间维数,此处 $d=2$。

在第一种方法中,对模拟所得的含有 N 个粒子数的所有凝聚体(粒子簇)取 R 的平均值。在第二种方法中,对所有的 r_0 在所有的方向上取 $C(r)$ 的平均值。

在计算中可以假定,一个含 N 个粒子的凝聚体(粒子簇)像一个质量为 N 的布朗粒子那样运动,其运动几率正比于 $1/\sqrt{N}$。但计算结果表明,不管是令大的簇几乎不动,还是让所有的簇不受其尺寸的影响,都作无规扩散运动,都会得到相同的分形维数。在二维的情况下,DLCA 模型的分形维数 $D \approx 1.44$,在三维时,$D \approx 1.80$。与 DLA 模型类似,DLCA 模型的分形维数值也不依赖扩散或聚集时运动以及结合的方式。

由图 6.2 还可发现,DLCA 模型中凝聚体的尺寸随时间的分布以及系统的凝聚速度等,都是值得研究的动力学参数。

由于各个凝聚体的同步的扩散运动,因而在集团凝聚(包括模拟)中,时间是一个完全确定的量。所以,有关的数学研究和实验研究就都集中在凝聚过程的几何特性

和动力学方面。由于大部分实际的集团凝聚过程比上面叙述的简单模拟要复杂得多,所以在研究时就应考虑各种因素的影响。集团凝聚的静力学和动力学的特性主要是由粒子间的短程相互作用势的形式决定的,在DLCA模型中,相互作用势很小,而且可以忽略粒子间的排斥,也即凝聚是发生在所谓的有限扩散区。在这个过程中相应的时间尺度就是两个扩散集团互相接近所需要的时间。在反应控制集团凝聚(RLCA)模式中,存在一个小的相关排斥势垒,当两个集团相互靠近时,这个势垒就阻止它们相互结合在一起。然而在经历数次接触后,这两个集团可能结合成一个不可分的整体。在这种情况下,相应的时间尺度就是在确定特征时间的相邻集团之间形成一个结合所需的时间。如果集团之间的引力不够强,就有理由认为,两个集团的凝聚事件可能会产生凝聚体的重新组合(重构)或者分离。在后一种情况下,凝聚过程的不可逆性已经失去,这样就产生了可逆的集团凝聚模式。另外,集团凝聚的特性也受集团所经历的运动方式的影响。一个集团的运动轨迹可以是布朗运动的或者是弹射式的,集团也可能是转动的。许多这样的过程已经采用三种主要的途径来进行研究,即模拟、理论和实验。

下面就集团的几何参数对凝聚模式的影响进行讨论。在 DLCA 模式中,假定集团在点阵上进行随机行走,并且粘附概率 $P_s=1$。另外假定集团的迁移率取决于集团所包含的粒子数 S,又假定粒子数为 S 的一个集团的扩散系数 D_s 可由下式表述

$$D_s = CS^r \tag{6.11}$$

式中 C 为常数,r 被称为**扩散能力指数**,它可以被用来反映集团几何参数的影响。例如,在一个典型的物理系统中,人们期望 $r \approx -1/D$。因为在一个流体中,一个集团的迁移率与流体的半径成反比,而一个凝聚体的分形维数 D 则接近于它的线性外推。在 $r=0$ 时,即对应于一个与质量无关的扩散系数,随机选择粒子集团并且令其在随机选取的二维方向上移动一个点阵单位。如果 $r\neq 0$,用下面的规则去确定哪一个集团应该在下一步运动。选择一个均匀地分布在 $0\leqslant r\leqslant 1$ 范围内的随机数 r,而且只有当 $r<D_s/D_{max}$ 时,该粒子集团才被移动,此处 D_s 是该粒子集团的扩散系数,而 D_{max} 是这个物理系统中单个粒子集团的最大扩散系数。

人们很自然地会提出关于分形维数 D 与扩散能力指数 r 的关系问题。二维的计算机模拟结果指出,当 $r<1$ 时,凝聚体的分形维数基本上是相同的,都为 $D\approx 1.45$。然而,当 $r\gg 1$ 而且粒子浓度很低时,集团凝聚变成与 DLA 相当,因为在这种情况下,实际上只有一个单独的集团(即最大的集团)在运动着,并且在其扩散运动时,它将余下的单个粒子都收集于自身。对各个 r 值进行模拟所得的凝聚集团间的密度相关性指出了分形维数的连续变化,从 $r=0$ 时的 $D\approx 1.45$ 变到 $r=2$ 时的 $D\approx 1.70$。所以,如果 $r>2$,集团凝聚的维数与 DLA 凝聚体的维数是相同的。从集团凝聚过渡到 DLA 模式的本质尚不是很清楚。上面叙述的模拟结果认为两个区域间的过渡是连续变化的;而理论探讨指出,作为 r 的一个函数,从一种类型的特性变到另一种时

是突变的。在图 6.3(a)中显示了当运动物体沿直线轨迹运动时,凝聚类型的转变是 r 的函数,即从集团凝聚到单体弹射凝聚类型的过渡;在图 6.3(b)中可以看到,在扩散控制情况下,当 $r=1$ 时,集团凝聚转变为 DLA 生长模式。

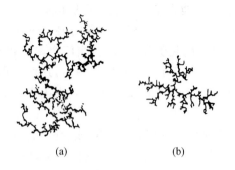

图 6.3
(a) 从集团凝聚过渡到单体弹射凝聚;(b) 在扩散控制情况下,对较大的 r 值,则由集团凝聚转变为 DLA 生长

最后,再讨论一下粒子浓度问题。在上面讨论中都假定,系统中的粒子浓度远远小于 1(当每个格点上都有一个粒子时,其浓度为 1)。那么,当密度接近 1 时,会发生什么情况呢?可以采用下面的步骤来研究密度为 1 的极限情况。首先,在正方点阵的每个格点处放置一个粒子。粒子试图沿着任意选择的方向运动,并且与它们碰撞到的粒子组成一个集团(形成一个连接键)。集团也试图运动并与它们碰到的其他集团结合在一起。所以,粒子集团被定义为由恒定的键相连接的粒子的整体,而连接键是在粒子运动时形成的。某一个粒子集团被选来以式(6.11)确定的频率进行试跃迁。结果表明,根据 r 的值大小,在最大的粒子集团的线度与屏幕的尺寸可以相比拟前的瞬间,可以观察到各种结构:①具有分形表面的致密的粒子集团($r=-2$);②分形凝聚体($r=1$);③非分形物体($r=2$)。

作为本节的结语,还应提到的是,集团凝聚模型还存在许多派生的生长模式,由其中一些模式得到的凝聚体的分形维数与前面讨论的基本模型的分形维数有差别。另外,也观察到了其他非普适性。这些已超出本书的范围,此处从略。

6.3 各向异性 DLA 凝聚

本节讨论在 DLA 模型的模拟中一种特殊的情况,那就是二维单轴各向异性粘附的生长[132,133]。这个模拟过程如下:用一个二维正方点阵,在围绕一个粒子簇的圆周上任选一点,从该点放入一个粒子,该粒子在到达与簇相邻的格点前作随机行走。如果该格点的左边或右边最近邻格点是已被占据的,那么它就被粘附在那儿,然后再放进下一个粒子;如果粒子没有被粘住,它将保持无规行走。如果粒子的位置离簇中心的距离超过200个粒子的长度,那么该粒子被取消,再发出一个新的粒子。这个模拟规则规定了 X 方向是容易生长的方向,Y 方向为不容易生长的方向(一般在 Y 方向上设置一个小于1的粘附概率),即所谓的单轴各向异性生长模式。

图6.4是一个单轴各向异性DLA生长的模拟结果,这个凝聚的簇包含66 000个粒子,X 方向上粘附概率为1,在 Y 方向上粘附几率 $P=1/3$。图中右下方的线段长度为500个点阵格点。该模拟结果充分地显示了各向异性的特点,簇在 X 方向上生长很快,而在 Y 方向上却生长缓慢。这样模拟得到的图形有时也称为**锥形角图**(cone angle picture)。

图6.4　单轴各向异性DLA生长的簇

模拟结果表明,对小于1的任何几率值,粒子簇在 X 方向和 Y 方向上生长的特征长度与粒子总数 N 的关系如下:

$$\begin{cases} \langle X \rangle \propto N^{2/3} \\ \langle Y \rangle \propto N^{1/3} \end{cases} (N \to \infty) \tag{6.12}$$

式中 $\langle X \rangle$ 和 $\langle Y \rangle$ 分别为在 X 方向和 Y 方向上粒子簇的特征长度。

对单轴各向异性DLA生长模式而言,最终得到的粒子簇将是一个棒状的致密的形体,由簇覆盖的面积随着粒子总数 N 的增加而线性地增大。

在图6.5中显示了各向异性生长的各个阶段,从上部到底部各图的粒子数分别为 $N=5000,10\,000,20\,000,30\,000,40\,000,50\,000$,在 X 方向上粘附概率为1,在 Y 方向上粘附概率均为 $p=1/5$,在图中顶端的线段长度为500个点阵格点。从图中可以清楚地看到,随着粒子数 N 增加,簇变得越来越细长,越来越致密,它的平均纵横比 $\langle Y/X \rangle$ 从0.25(最上面的图)减少到0.15(最下面的图)。随着粒子簇越来越大,簇的边界也越清晰。

对7种不同的粘附几率(1/50,1/20,1/10,1/5,1/3,1/2 和 2/3)分别进行了二维各向异性的DLA生长模拟,粒子总数 $N \geq 50\,000$。测量了每一个粒子簇的 X 方向和 Y 方向上顶端到顶端之间的距离(即横坐标和纵坐标上最大和最小坐标之差)与簇所含粒子数的关系。对一系列以不同的粘附概率生长所得的簇,把平均纵横比 $\langle Y/X \rangle$ 作为粒子数 N 的函数,如图6.6所示。由图中可以发现,对每一个粘附概率,随着粒子数 N 增加,平均纵横比 $\langle Y/X \rangle$ 都减少。图中的误差线段表示该点的误差范围。从上到下各条曲线所对应的粘附概率分别为 2/3,1/2,1/3,1/5,1/10,

图 6.5　在各向异性 DLA 生长的不同阶段得到的粒子簇形态
变化(Y 方向粘附概率 $p=1/5$)

$1/20$ 和 $1/50$。右下角的线段的斜率为预言的渐近线斜率 $-1/3$,把它与图中的曲线进行比较,可以看到,对比较小的 p 值,如 $1/20$ 和 $1/50$,在粒子数 $N=10\,000$ 时,曲线的斜率就已经很接近理论的渐近线斜率值($-1/3$),也就是说与理论值符合得很好。

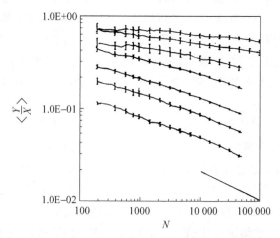

图 6.6　平均纵横比 $\langle Y/X \rangle$ 与粒子数 N 的关系

由各向异性 DLA 生长模式可以得出,对所有小于 1 的粘附几率 p,当 $N \to \infty$ 时,除了式(6.12)所表达的关系以外,还有下面的关系式

$$\begin{cases} \langle Y/X \rangle \propto N^{-1/3} \\ \langle X \rangle \cdot \langle Y \rangle \propto N \end{cases} \qquad (6.13)$$

以及

$$\langle Y/X \rangle \propto \langle X \rangle^{-1/2} \qquad (6.14)$$

对式(6.14)而言,当粘附概率 p 为较小的值时,模拟测量的结果与理论预言值也符合得很好。

对以各向异性的粘附概率生长的 DLA 粒子簇(假定整体上是一个菱形),可以推导出一组渐近方程。首先要确定在 X 和 Y 方向上的生长率,这可以用 Schwarz-Christoffel 变换求解拉普拉斯方程

$$\begin{cases} \nabla^2 \Phi = 0 \\ \Phi = \begin{cases} 0 & (在菱形边界上) \\ \Phi(r) & (在 r 处, r \to \infty) \end{cases} \end{cases} \qquad (6.15)$$

其边界条件也在式(6.15)中列出。这方面的进一步探讨,可参阅有关文献。

应该指出,当 X 方向和 Y 方向的粘附概率都相等时(即 $p_x = p_y = p$),对按照此各向异性 DLA 模式生长的二维锥形角图,求得其分形维数 $D = 5/3$,这个值与一般的各向同性 DLA 生长模型所得的凝聚体的分形维数完全相同。实际上,此时的各向异性 DLA 生长模式就是普通的各向同性 DLA 生长模型,所以,也可以说各向异性 DLA 生长模式是 DLA 生长模型的一个特例。

在 2.4 节中介绍过自相似分形体和自仿射分形体,而各向同性 DLA 凝聚体与各向异性 DLA 凝聚体正好是这两类分形体的实例。各向同性 DLA 凝聚体是自相似分形体,而各向异性 DLA 凝聚体则是自仿射分形体。事实上,自相似分形与自仿射分形的基本区别在于支配它们的变换规律。自相似变换是由单位矩阵乘上数产生的变换,而自仿射变换则是由一般对角矩阵产生的变换。它们的变换规律可分别表示如下。

当坐标由 $X_i \to \widetilde{X}_i$ 时,自相似变换为

$$\begin{cases} (\widetilde{X}_i) = (X'_i) + X_i \\ (X'_i) = \lambda \begin{pmatrix} 1 & 0 \\ 0 & 1 \end{pmatrix} X_i \end{cases} \qquad (6.16)$$

自仿射变换为

$$\begin{cases} (\widetilde{X}_i) = (X'_i) + X_i \\ (X'_i) = \begin{pmatrix} \lambda_1 & 0 \\ 0 & \lambda_2 \end{pmatrix} X_i \end{cases} \qquad (6.17)$$

在各向异性 DLA 生长模式中引入的变换是

$$(X'_i) = \begin{pmatrix} 1 & 0 \\ 0 & \dfrac{1}{U} \end{pmatrix} X_i \tag{6.18}$$

这个变换就是一个自仿射变换,因此,由各向异性 DLA 生长模式将得到自仿射分形体。

6.4 扩散控制沉积的模拟

把某种材料沉积到一个基体的表面,以形成具有特殊性能的薄膜这一技术,已经获得了广泛的应用。实际上沉积时总是伴随着各种复杂的物理化学的过程。而扩散控制沉积则可以说是一种合适的带限制条件的例子,对它的研究将有助于对工业生产中采用的更为复杂的体系的了解。在自由凝聚和沉积之间的主要区别是它们的边界条件不同。沉积时,一个 d 维的形核表面代替了单一的"种子"。图 6.7 显示了一个计算机模拟的结果,从图中可以看到,由于沉积表面的存在以及向表面运动的粒子间的竞争,产生了一批树林状的结构。这些树林状的粒子簇是长在一个宽度为 300 点阵单位的水平基体上,该表面的长度为 2048 个点阵单位。由于屏蔽效应,由扩散控制沉积得到的是一些树林状的幂指数分布[134]。所以,在这里一个粒子簇也可以定义为通过最近邻的粒子与同一个形核格点相连接的一个粒子的集合。

图 6.7 由扩散控制沉积得到的树状凝聚物

在长度为 L 的带状基体上,二维生长的沉积物的整体结构的模拟结果可以概括如下:在垂直于基体的方向上粒子密度的分布是很不均匀的。可以在高度为 h 处计算粒子的归一化数值来进行研究,即

$$\begin{cases} \rho(h) = L^{-1} \sum \rho(h,x) \\ \rho(h,x) = 1 \quad (\text{如果}(h,x)\text{处的格点被占据}) \\ \rho(h,x) = 0 \quad (\text{如果}(h,x)\text{处的格点未被占据}) \end{cases} \tag{6.19}$$

$\ln \rho(h)$ 相对于 $\ln h$ 的图表明,当 $h \ll L$ 时,粒子密度 $\rho(h)$ 和高度 h 之间存在如下的关系式

$$\rho(h) \propto h^{-\alpha_y} \tag{6.20}$$

式中 $\alpha_y \approx 0.29$,自定义 y 为与生长方向相平行的方向。

由下面的关系式可以定义沉积物的有效分形维数

$$N(h) \propto h^{D_s - d} \tag{6.21}$$

这里的 $N(h)$ 是在与基体相距 h 的范围内沉积的粒子数。由此可以得到有效分形维数

$$D_s = d - \alpha_y \tag{6.22}$$

在扩散控制沉积的模拟中,沉积表面的表面张力的影响经常为人们所注意。Vicsek 在 1984 年提出[135],考虑表面张力影响的最简单方法是引入一个与局域表面曲率相关的粘附概率 $P_s(K)$

$$P_s(K) = AK + B \tag{6.23}$$

式中 A 和 B 是常数,定义 K 为**表面曲率**(球面的 $K>0$)。

式(6.23)是一个似乎合理的表达式,因为粘附概率与局域生长速度成正比的事实表明,它与边界条件是相类似的。如果从式(6.23)计算的 P_s 小于零,那么它被设置在一个较小的范围值,如果 $P_s>1$,就假定 $P_s=1$。可以定性地理解表面张力与边界条件的相似性:一个没有粘附到表面的粒子可以被认为是从界面上该点开始行走的。在现在的模式中,必须采用一个附加的规则以得到明确定义的表面。按照此规则,一个原先可以被允许粘附的粒子被弛豫到它的最终位置,该位置为最近邻的格点之一,而且有最大的相邻粒子数(即势能最低)。

这个曲率相关粘附几率模式可以用来显示,在存在涨落的情况下,扩散控制图形形成过程中表面张力所起的作用。图 6.8 显示了在一个条形基体上所得到的一系列的模拟结果,从(a)到(d)参数 A 的值不断增加,即对应于表面张力不断增加,分别为:(a)$A=0$,$B=1$;(b)$A=3$,$B=0.5$;(c)$A=6$,$B=0.5$;(d)$A=12$,$B=0.5$。

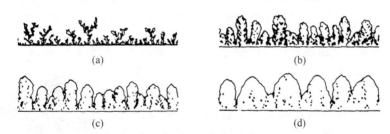

图 6.8 受曲率相关粘附概率和弛豫作用的扩散控制沉积的界面

这四张图说明,对一个尺寸确定的系统来说,存在着从一个分形结构到一个略为有序的准常规几何体的转变。还应注意的是,这些结构都不是稳定的,随着时间的延长(即加入更多的粒子),在指形结构之间的竞争会引起图形的变化,或者类似于图 6.8(a)中那种结构,或者类似于一个单指(只有当 A 较大时,才可以观察到)。图中所显示的图形都是在一个正方格子点阵中模拟得到的。

粘性指延分叉是在表面(界面)张力为零的条件下扩散控制生长,已经进行了大量的实验研究和计算机模拟。实验研究是在称为 Hele-Shaw 槽中进行的。在 1898 年,Henry S. Hele-Shaw 采用一种简单的实验装置来研究围绕各种物体的低雷

诺数(Reynolds number)水流。他设计的槽包括两块尺度为 w 的透明板,板的形状可以是圆形的或者长条形的,板之间的距离 b 很小(一般地 $w=30$ cm, $b=1$ mm)。在这两块板之间充满粘性液体,并且可以从槽的一端或者从上板的中心对液体施加压力,注入气体,或者注入另一种粘度较低的其他液体。这样的一个装置是很适合于研究二维流体的,事实上各种二维粘性指延分形的结果已从此装置上获得。

图 6.9 是在长条形 Hele-Shaw 槽中获得的粘性指延分叉图形(上图)和计算机模拟结果(下图)。Hele-shaw 槽由两块平行的玻璃板组成,其中充以丙三醇(甘油),再注入空气[136]。在计算机模拟时,改变装置的参量可以得到各种形状的图形,包括像枝状晶生长的图形[137]。在本图中,模拟的结果与实验所得的图形是很相符的[138]。

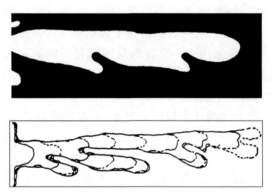

图 6.9 粘性指延分叉的实验所得的图形(上图)与计算机模拟结果(下图)

图 6.10 是一个由曲率相关的粘附概率产生的粒子簇的生长模拟,簇生长时不采用点阵。这个图清楚地显示了簇的各个生长阶段,随着凝聚体的长大,它从一个密实体逐步过渡到一个分形结构。图中的黑色和白色条纹表示生长的顺序阶段。当初始圆形体的半径超过了由 A 值确定的曲率特征半径时,圆形体变成为不稳定的,开始出现尖端、长大、逐步裂开。而在通常的 DLA 生长中,只有微观的涨落才会产生尖端的劈裂。

图 6.10 由曲率相关的粘附概率产生的粒子簇的不同生长阶段

由图 6.8 和图 6.10 中可以得出如下的结论:对一个尺寸固定的体系来说,表面张力的减小会导致一个具有更显著的分形特性的结构。这一点与在一个界面张力为零的体系中,粘性指延分形的实验观察结果完全一致[139]。一个可能的解释是:随着表面张力的减小,随机涨落起的作用增加。另外,在图 6.8 中,从一个准常规几何体到一个无序图形的转变可以看作为是凝聚体尺寸的一个函数。这些模拟结果表明,在存在随机涨落的情况下(即使它是很微弱的),从一个中心长出来的渐近型的拉普拉斯图形有一个与通常的 DLA 图形相类似的分形结构[140—141]。

6.5 复杂生物形态的模拟

在 3.5 节中介绍的 Mandelbrot 集是通过在复数平面上对公式 $Z=Z^2+C$ 进行反复迭代而得到的。人们自然而然地会提出下面的问题:对其他形式的公式(如 $Z=Z^3+C$)进行迭代,又会得到什么样的结果呢? 这一节将讨论这个问题。

IBM 公司的研究人员 Clifford A. Pickover 在复数平面上通过对一系列数学迭代公式进行反复运算,获得了令人惊叹不已的一幅幅生物形态图,其中的一些生物形态明显地具有微生物的形象特征。迭代方法与 Mandelbrot 的完全一样,即前一次迭代运算的输出结果是接下来的迭代的输入,所不同的是采用了不同的迭代公式[142]。应该说明的是,并不是所有的生物形态都呈现出分形的特征,但考虑到也是在复平面上进行迭代运算,而且一些生物形态具有嵌套的自相似特点,与分形生长有一定的关系,所以把这部分内容也包括在本章之中。

图 6.11 显示了三个生物形态图,从图(a)到图(c),产生它们的迭代公式分别为:$Z=Z^3+C$,$Z=Z^5+C$,$Z=Z^Z+Z^5+C$。图(a)显示的怪异的生物形态的周边具有 12 个放射状的星芒,其核心部分是一个复杂的结构,有时人们就称它为**放射虫**。它的产生过程如下:先选定一个复变量的初始值 Z_0 和一个复常数 C,然后将 Z_0 取其三次幂,加上复常数 C,得到它们之和 Z_1(也是个复数)。下一步再对 Z_1 进行同样的运算,得到 Z_2,依此类推。

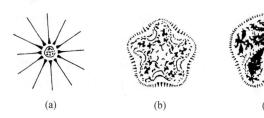

图 6.11 由三个不同的迭代公式获得的生物形态图
(a) $Z=Z^3+C$; (b) $Z=Z^5+C$; (c) $Z=Z^Z+Z^5+C$

在图 6.11(b)中显示的是一个裙边带有许多星芒的五角形,而其内部又是一个极其复杂而难以描述的结构。图 6.11(c)中的生物形态则又是另一种类型的,显示出嵌套层次的复杂结构。

由图 6.12 中看到,当迭代公式中含有正弦函数时,在复平面上反复迭代多次后,得到的生物形态都有类似于鞭毛的须状结构,更显得像在生物学中看到过的某一类微生物。图中的两个生物形态都显示出了相类似的嵌套结构。

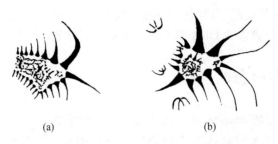

图 6.12　由带有正弦函数的迭代公式获得的生物形态图
(a) $Z=\sin(Z)+e^z+C$；(b) $Z=\sin(Z)+Z^2+C$

在图 6.13 中显示的三种生物形态是用同一个迭代公式 $Z=Z^z+Z^6+C$ 反复迭代后得到的。为什么会有如此不同的结果呢？这与复数 Z 的 Z 次幂的算法规则有关，就不在此讨论了。

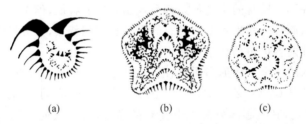

图 6.13　由 $Z=Z^z+Z^6+C$ 迭代得到的三种生物形态

在具体的迭代运算前，要先设计一个复平面上的坐标点网络，每个点的坐标分别被规定为迭代运算的一个初始值 Z_0 的虚数部分和实数部分。每个点同时还被指定为计算机屏幕上的一个像素，在对最终得出的 Z 值的实部与虚部的"大小"进行一个简单的条件检验后，再确定该像素应显示白色或黑色。

图 6.11～图 6.13 显示的所有生物形态都是在一个以复平面的原点为中心的 20×20 的正方形内产生的。图 6.11(a)中所示的放射虫可以由下面的程序产生：

$C=0.5+0.0i$

$J=1$ 到 100

$k=1$ 到 100

计算 Z_0

$Z=Z_0$

$n=1$ 到 10

$Z=Z^3+C$

如果 $|Z|>10$,退出循环

如果 $|Z$ 的实部$|<10$ 或者 $|Z$ 的虚部$|<10$,则 (j,k) 点为黑色,反之,(j,k) 点为白色。

以上仅列出了程序的主要部分，读者来写出整个程序应该不会有什么困难。

上面程序中，指令"计算 Z_0"貌似简单，其实相当不简单，它要求把每对像素坐标 (j,k) 都变换成一个复数，也就需要用 j 值的个数和 k 值的个数分别去除复平面上某个区域的长度和宽度，得出的商作为一个增量，Z_0 的实部和虚部在此算法的每次循环中按此增量有规则地增大。

例如，放射虫实际上处于复平面上一个正方形的"窗口"之内，该"窗口"的边界由 Z_0 的实部和虚部范围确定：

$$-1.5 < 实部(Z_0) < 1.5$$
$$-1.5 < 虚部(Z_0) < 1.5$$

由于 j 和 k 都从 1 变到 100，所以 Z_0 的实部和虚部有规律地每次增加 0.03。上面的程序中还应加上下面的赋值语句，来计算出 10 000 个 Z_0 值：

$$实部(Z_0) = -1.5 + 0.03j$$
$$虚部(Z_0) = -1.5 + 0.03k$$

在进行 $n=1$ 和 10 的最内层循环时，必须不断检查 Z 的大小及其实部和虚部的大小。如果 Z 或其实部或虚部的值大于 10，程序立即退出循环，并对 Z 的实部及虚部值的大小再次进行检查。在把 Z 的大小与 10 作比较时，较简单的办法是把它的实部及虚部的平方和与 100 作比较，而不是将平方和开方后与 10 作比较。

在编写程序时必须记住，Z，Z_0 和 C 都是复数，要按复数的运算规则进行运算。另外，程序中所有涉及 Z，Z_0 和 C 的赋值语句，在用普通计算机语言编写时都需要用两个赋值语句——一句用于实部，而另一句用于虚部。

在编程时还应注意，在对复数 Z 的实部和虚部的大小进行条件检验时，必须用指令"如果|实部(Z)|或|虚部(Z)|<10"。如果用"和"来代替指令中的"或"，那么着上黑色的像素 (j,k) 点就会减少许多，从那些生物形态上伸出的纤细的鞭毛就会消失，就得不到栩栩如生的生物形态——栖息在复平面上的数学生物。

当采用其他的迭代公式进行编程和运算后，就可以得到在图 6.11 到图 6.13 中显示的其他形形色色的原生动物形态。对包含有复数 Z 的 Z 次幂以及复数 Z 的三角函数的迭代公式，在编程前需先掌握它们的运算规则，再编写程序。

从上面的例子中可以看到，数学上的生物（即人造的生物形态）可以通过反复迭代一些简单的迭代公式而得到。同样地，自然界中存在的复杂的生物形态也可用一些简单的动态规律来加以描述，如形状复杂的蜗牛壳可以由对数函数产生。天然生物和人造的数学生物都来源于反复应用某些简单的动态规律这一事实，具有深刻的内涵，它给人们的逻辑思维以新的启迪。

最后补充一点，当 IBM 公司的 Pickover 用迭代方法产生了他的数学生物时，牛津大学生物学家 Richard Dawkins 独立地而且几乎与他同时地编写了另一类计算机程序，也获得了栩栩如生的生物形态。它的产生过程如下：先由操作者从一组树形图案中任选一个图形,然后程序便从这个图形出发演变成另一组图形——其中所有图形都与操作者所选择的那个图形多少有点不同。操作者通过一次又一次的选择,最后就能得到一些十分奇特而相互又截然不同的生物形态,即与生物体很相似的一些静态图形[143]。

Dawkins 设计了一个称为 Watchmaker 的既长又复杂的程序,该程序在 Macintosh 计算机上运行。为了观察这一程序,显示屏被划分为若干个大方格。程序开始时,在显示屏的中央出现一个非常简单的图形,见图 6.14。例如,假设在显示屏的中心方格内有一棵有几根分枝的树,通过 Watchmaker 程序可以在周围的方格中产生出这棵树的各种变种来。有些树的分枝多,有些树的分枝少;有些树高,有些树矮。树的变化方式是由一些基因控制的,可以把发生变异的树看作是中心格内那棵树的后代,它们代表了现有群体中可能的变异形式。

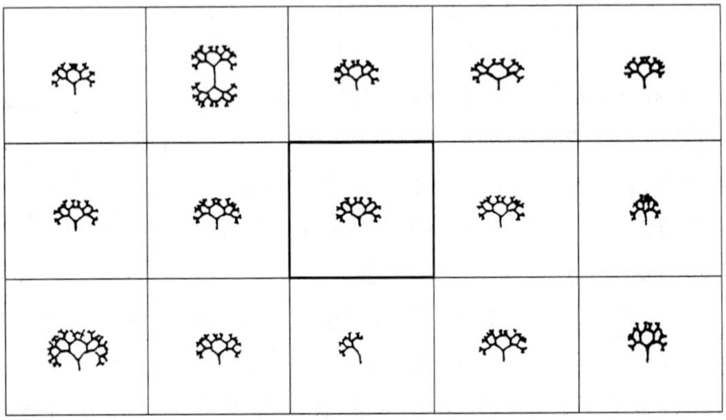

图 6.14 中心树的遗传变异

该程序运行时,用一只鼠标器来控制进化过程。鼠标器在台板上的运动通过一个黑色的小方块显示在屏幕上,操作人员只要把受鼠标器控制的方块移到长有树的变种的某个方格中,便可以确定下一步将要繁殖哪棵树的后代。受控的方块进入选定的方格后,按一下鼠标器上的按钮,这个方格内的树就成了以后产生的树的祖宗,并被移到中心的方格内。然后选择循环便可以重新开始,连续进行几次选择后,便产生出树的一个系统发育品系,每棵树相对于其亲本都有微小的变异。这种缓慢而持续的微小变异积累过程的结果,可能是非常惊人的。从数学的角度来说,Watchmaker 程序实际上是对累积变化的效果作计算上的表述。

Watchmaker 程序是如何使中心树产生变异的呢?前面已经提出,程序产生的每棵树的形状都是由基因控制的,基因总数为 16。某些基因的作用很容易描述,而另一些基因由于与其他基因间存在相互影响,因而其作用无法预测。有些基因控制着分枝的数量以及整体的大小,在第二类基因中,有三个基因联合控制分枝在水平方向的伸展程度,而另外五个基因则共同控制分枝在垂直方向的伸展程度。

Dawkins 编制的程序使人们能够通过设计他们自己的图示生命形式来模拟进化过程。为了进行比较,让我们来看一下考古学家的研究结果。他们指出,最初的植物无叶也无花。迄今为止报告发现的最古老的陆生植物,是从爱尔兰的约 4 亿 2 千万年地层(志留纪文洛克期)中发现的库克索尼阿蕨,其大小只有 1～2 cm,长得非常矮小。它的枝分成两叉而无叶,其顶端有充满孢子的孢子囊。这种分成两叉的形态,称为"二叉分枝"[144]。这种"二叉分枝"形态是可以通过程序而得到的。不仅如此,大叶植物的叶的形成过程也与中心树的遗传变异过程极为相似。这就提出了一个颇有争议的问题:像生命这么复杂的机构,是否可能通过随机事件的组合而产生呢?

图 6.15 是由 Watchmaker 程序产生的一些生物形态。实际上,程序作出的图形完全就是一些树。当树枝回过来迭在树干上,或以意想不到的方式互相缠绕时,就不仅会产生出昆虫的躯体、翼和腿,还会产生出无数其他生物形态,包括树蛙、蝙蝠以及蜜蜂等,甚至产生出像灯、天平、人头这样一些图形来。

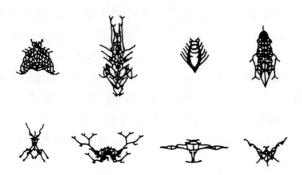

图 6.15　Watchmaker 程序产生的各种生物形态

第 7 章 气固相变与分形

7.1 氧化钼的分形生长

在介绍气固相变时氧化钼的分形生长前,先简要地回顾一下关于相变的基本概念和研究历史。相变指的是当外界约束(温度或压强)作连续变化时,在特定条件(温度或压强达到某定值)下,物相的突变。突变可以表现为:①结构的变化,即从一种结构变化为另一种结构,例如气相凝结为液相或固相,液相凝固为固相,或在固相中不同晶体结构之间的转变;②化学成分的不连续变化,如固溶体的脱溶分解或溶液的脱溶沉淀;③某种物理性质的跃变:例如,顺磁体—铁磁体转变,顺电体—铁电体转变,正常导体—超导体转变等,反映了某一种长程序的出现或消失;又如金属—非金属转变,液态—玻璃态转变等,则对应于构成物相的某一种粒子(如电子或原子)在两种明显不同的状态(如扩展态与局域态)之间的转变。上述三种变化可以单独地出现,也可以两种或三种变化兼而有之,如脱溶沉淀往往是结构与成分的变化同时发生,铁电相变则总是和结构相变耦合在一起的,而铁磁相的沉淀析出则兼备三种变化。

相变的分类标志是热力学势及其导数的连续性。自由能、内能都是热力学势,它们的第一阶导数是压力(或体积)、熵(或温度)、平均磁化强度等,而第二阶导数给出压缩率、膨胀率、比热、磁化率等。凡是热力学势本身连续,而第一阶导数不连续的状态突变,称为**第一类相变或一级相变**,有时也称为**不连续相变**;而热力学势和它的第一阶导数连续变化,而第二阶导数不连续的情形,称为**第二类相变或二级相变**,习惯上也称为**连续相变或临界现象**。在自然界中观察到的相变多半属于一级相变,金属与合金中相变也是如此。属二级相变的往往是一些比较特殊的相变:如在临界点的气液相变,铁磁相变,超导相变,超流相变,部分合金的有序—无序相变,部分铁电相变等。对一级相变而言,热力学势的一阶导数不连续,表示相变伴随着明显的体积变化和热量吸放(潜热)。而对二级相变来说,其热力学势的二阶导数不连续,这时没有体积变化和潜热,但压缩率、比热、磁化率等物理量随温度的变化曲线上出现跃变或无穷的尖峰。

相变为跨越多种学科的研究领域,因而受到不同专业学者(如物理学家、化学家、金属学家、陶瓷学家和地质学家等)的关注,金属学家重点研究的是金属与合金中一级相变的动力学问题,物理学家则将其注意力集中于连续相变和临界现象的基本理论问题。对相变的研究可以追溯到 1873 年范德瓦尔斯(J. D. Van der Waals)提出的范德瓦尔斯方程,从分子动力论的观点来阐明气—液相变的连续性和不连续性。1878 年吉布斯(J. W. Gibbs)对复相平衡的热力学规律进行了全面的阐述,首次提出了有关相变动力学的一些基本概念。19 世纪末,居里(P. Curie)对铁磁相变进行了定量的研究,明确了居里点的存在。20 世纪初,外斯(P. Weiss)提出了平均场理论来解释铁磁相变的出现。1937 年,朗道(Л. Д. Ландаи)概括了平均场理论的实质,用序参量的幂级数展开来表示相变温度附近的自由能,从而提出了一种对二级相变具有普适性的唯象理论——朗道理论。这里引入的序参量指反映系统内部有序化程度的参量,它在高对称相等于零,而在低对称相则不等于零。相变即意味着序参量从零向非零值的过渡(或其逆过程)。从 20 世纪 60 年代起,朗道理论所导出的临界指数与实验值有明显的差别引起了人们的关注,这表明在临界点附近朗道理论可能不适用,从而引发了对临界现象的大量的理论和实验研究。通过这些工作概括出一些新的规律、标度律与普适性。到 70 年代初,威尔逊(K. G. Wilson)提出了重正化群的理论,使之得到完善的解释,从而建立了临界现象的近代理论[145]。

在讨论相变时,经常会碰到"涨落和关联"以及"对称的破缺"等概念,下面作一简要说明。"涨落和关联"这一概念的首次提出是在 20 世纪初从"临界乳光"的研究开始的。在透明的容器中装入接近临界密度的气体,当温度降到临界点附近时,散射光的强度和颜色会发生引人注目的变化。开始时,光束逐渐散开;在相对温差达到百分之几的范围时,整个样品发亮,呈蓝色。进一步逼近临界点时,向前散射的光突然增强,向四周散射的光减弱,颜色又转白,由此得到了"乳光"这一名称。产生这一奇特现象的原因是光的散射增强。物理学家提出,在临界点附近不同位置的气体密度的涨落不是相互独立的,而是彼此有关联。他们首次提出了一个重要的概念:即使分子间是短程作用力,也可能出现长程的关联。这个重要的概念后来被越来越多的实验所证实。气液临界点和二元液体混合临界点上都观察到可见的临界乳光。不透明介质的临界点(如合金的有序—无序相变,铁磁转变等)上发现 X 射线及中子散射的反常增大,其规律与临界乳光一样。在 1.1 节中列举的 Bénard 流,也充分体现了长程相关性。

一个物理系统的对称性质的突然降低,称为**"对称的破缺"**。物理系统只能具有或不具有某种对称性质,"有"和"无"之间只有突变,没有渐变,但突变可由某个参数的渐变引起。物理参数的无穷小变化引起对称的破缺,这是连续相变的本质。通常低温相是具有低对称的更有序的相,高温相对称性较高,而有序度较低。高温相对称性较高,但并不一定是无序的。许多相变都是从一种有序到另一种有序的变化。在气液相变时,对称性如何变化呢?在气液临界点以上分不出气体和液体,也就是气↔液是对称的。到了临界点以下,就可以分出气体和液体,因而就破坏了这种对称。从高温高对称相到低温低对称相的转变必须通过某种破坏对称的运动来实现。微观粒子处于不停的运动中,它们的运动,可以分成各种方式(或模式)。如果各种运动模式同样地激发,则不会破坏对称性。如果各种运动模式的激发是不同的,那就会破坏对称性,使对称性降低。另外,只要有序相不处于绝对零度,就会有涨落,或叫做破坏有序的"元激发"。在连续相变时,压缩率、比热、磁化率等有奇异性,说明它涉及大量的自由度;而涨落很大,说明激发这些自由度只需要无穷小的能量[146]。

氧化钼在气固相变时的分形生长是首次观察到的十分有趣的现象,因而为国内外学术界所关注。由于 Mo 和低价氧化物均有氧化倾向,含氧量高的氧化物在受热时容易蒸发,因此要得到 Mo-O 系统相平衡的可靠资料是很困难的。据文献报道,已确定的氧化物(热力学稳定的相)有 9 种,即 MoO_2(菱形),MoO_3(菱形),Mo_4O_{11}(单斜),Mo_4O_{11}(正菱形),$Mo_{17}O_{47}$,Mo_5O_{14},Mo_8O_{23},Mo_9O_{26}(单斜),$Mo_{18}O_{52}$(三斜)。其中 MoO_2 和 MoO_3 为化学计量的氧化物,而其余 7 种为非化学计量的具有复杂结构的氧化物。

对某些化合物而言,即使其化学式相同,但由于在不同的温度下形成,会具有不同的晶体结构。如 Mo_4O_{11},在 615℃ 以下形成的为单斜晶体,而在 615～800℃ 之间形成的为斜方晶体。这些氧化物的获得是通过把 MoO_3 与 Mo 或 MoO_2 混合,用还原的方法制备的[147]。

氧化钼分形生长实验的基本思路是设计一个反应—扩散体系,而且使该体系处于远离平衡的条件下。实验是在一个温度可控的气相沉积装置中进行的。将金属钼板加热到 650～900℃,钼板周围为可控的氧化性气氛,其中包含氧气和氩气,改变氧和氩气的分压比就可以控制钼氧化的速率。在选定的加热温度下,钼将不断地氧化,氧化钼蒸发并沉积到与钼板相对放置的基体的表面上。基体可选用氧化铝多晶,氧化铝单晶,或石英玻璃等。保温时间选在 0.5～2 h 之间,冷却速率为每分钟2～5℃。另外,也可用氧化钼粉代替钼板进行实验。

对实验产生的氧化钼晶体及各种分形结构用扫描电子显微镜进行形貌观察。应用卢瑟福背散射(RBS)技术分析氧化钼晶体的成分以及厚度,用 X 射线 Laue 透射法和透射电子显微镜分析晶体的结构。按照核晶凝聚模型进行计算机模拟(参见 7.4 节),对分形结构的分形维数则应用图像处理计算机进行计算。

实验结果表明,在氧化钼的气态—固态相变过程中,在氧化铝基体的表面上,会结晶出一些晶体,这些晶体的基本形状为带状晶体、细长的晶须和长方体,它们的数量和尺度与实验条件有关。在氧分压一定的条件下,晶体的数量和尺度主要与加热温度与保温时间有关。当温度较低(如 650℃ 保温 2 h),晶体为长条形薄片,数量也不多;升高温度(如 800℃ 保温 2 h),晶体为晶须和长方体;再增加温度(如 900℃ 保温 2 h),产生大量的长条形厚晶片。带状晶体的长度可达到 20 mm,宽0.4～1.8 mm,在长度方向上两条边严格平行,而且晶体的端部也非常平整。晶体表面平整极为光亮,用扫描电镜观察,可以看到明显的解理线,及一些不规则的凹坑。由 BRS 测得的晶体厚度范围在几百纳米到 1 微米左右,当厚度为几百纳米时,晶体呈透明状。在氧化钼晶体成分测定时,采用 2.1 MeV 的氦离子束作为入射离子束。由于氧的氦离子散射截面较小,背散射粒子的产额就低,而且氧峰往往叠加于基体的散射谱上,造成计算误差。为了准确地测定晶体的成分,应用自支撑膜技术,成功地测定了晶体的成分[148]。分析结果表明,在不同的温度下,得到的晶体的成分是不同的,有 MoO_3,也有 Mo_5O_{14}。这可以解释如下:Mo 是容易氧化的金属,在氧化性气氛中,在 300 ℃ 就开始氧化,在不同的温度区域,会形成不同的氧化物。另外,对这些氧化钼晶体进行 X 射线 Laue 透射实验表明,晶体的衍射斑点清晰,具有很好的对称性,属于完整的单晶体。在高压透射电子显微镜上对氧化钼晶体(MoO_3)进行分析,测定了晶格常数,确定其晶体结构为正交晶系。

除了结晶出各种晶体以外,在上述的实验条件下,在不可逆凝聚过程中,还形成了由氧化钼晶片或晶须或形状奇特的晶体凝聚组成的各种形态的分形结构,用扫描电镜对它们进行了观察。由于钼氧化物是绝缘体,所以在扫描电镜观察以前,在它们表面用真空镀膜法沉积一层金膜或碳膜,膜厚为 10 nm 左右,以获得良好的图像。图 7.1 是在 650 ℃ 和 750 ℃ 形成的凝聚结构。

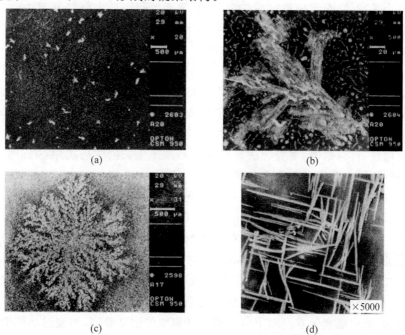

图 7.1 在 650 ℃ 和 750 ℃ 形成的凝聚结构
(a),(b) 在 650 ℃ 形成的凝聚中心以及位于中央的一个星形凝聚中心的放大图;
(c),(d) 在 750 ℃ 得到的分形结构以及该结构的放大图

图 7.1(a)是在 650 ℃下保温 2 h 所得到的凝聚物的扫描电镜照片,可以看到各种形态的小凝聚体,有的呈现星形,有的呈长条形。其实这些小凝聚体应该称为凝聚中心,因为如果延长保温时间的话,那么就可能以它们为核心形成一些大的凝聚体。图 7.1(b)是位于图 7.1(a)中央的一个星形凝聚中心的放大图,可以发现该凝聚中心为一个不规则的分叉结构,每一个分枝为一片透明的晶体,它们的尺度范围为几十微米。在分叉结构的下面及其周围分布着许多细长形的微小结晶体,有理由推断,这些细小结晶体是在整个实验过程的早期结晶的。

图 7.1(c)是在 750 ℃下保温 0.5 h 所获得的分形结构的照片,可以看到该结构的对称性较好,具有与 DLA 凝聚体相似的分枝特征,但是从整体上看,它比 DLA 凝聚体要致密得多。很明显,该结构具有标度不变的特点,即自相似性,是个典型的二维分形结构。而图(d)则更清楚地揭示出,这个分形结构的不同尺度的分枝均由细长的晶须沿着各分枝方向堆积而成。晶须的长度为几个微米,它们的堆积极为有序,不是互相平行,就是互相垂直,绝不会杂乱无章地堆垛。这些晶须似乎执行一个指令有规则地堆积起来,形成宏观的空间有序结构。由于这种分形结构的堆垛(堆积)特点,有时又称为**晶体的堆垛分形**或**堆积分形**,它是材料分形生长中一个很好的自组织的例子。对图 7.1(c)的分形结构的分形维数的测定是在 I^2S 公司的 Model-75 图像处理计算机上进行的,图像分辨率为 512×512 像素。利用最大似然分类法,按照密度相关函数进行计算,得到分形维数为 $D=1.96$。

在较高的加热温度下获得的凝聚体如图 7.2 所示。图 7.2(a)是在 800 ℃下保温 2 h 所形成的凝聚体,从整体上它显示了一种网络形状。放大 2000 倍后得到的图形如图 7.2(b)所示,从图中可以看到,它是由大量形状复杂的束状晶体聚集组成的,这些束状晶体具有棕榈叶的特征,而在它们的周围分布着许多形态规则的单晶体,这些单晶体的大小不一,其尺度范围在微米的量级上。由束状晶体和单晶体的尺度大小以及相对位置,可以推断,尽管无法确定这两种晶体生长的先后次序,但它们应该是在实验过程中同一时间范围内生长的。

在 900 ℃下保温 2 h 得到的堆垛结构如图 7.2(c)~(d)所示。从这两个图中可以发现,该结构的尺度较大,为 1.5 cm 左右;整体对称性较差;虽有分枝与分叉,但自相似不够明显。放大后的照片指出,整个图形是由大量长条形晶片按一定的方向堆垛后形成的,这些晶片的长度约 100 μm,宽约 10 μm,它们基本上互相平行地堆垛,并且沿着分枝或分叉方向逐步地改变角度。晶片表面上的平行条纹以及锯齿状边缘是由于电子束扫描时,电镜的真空度不够高而造成的。在本实验条件下得到的大尺度的堆垛结构,可以解释为在高温下氧化钼在气相中的浓度较高,相变时晶体的生长速率也较高,因而长成的晶片尺度较大,晶片堆垛成的整体结构的尺度也较大。

钼氧化物在气固相变过程中形成的分形结构是在远离平衡的无序系统中,自发形成的宏观的空间有序结构。这是一种在非平衡不可逆过程中从无序到有序的自组

图 7.2 在 800℃ 和 900℃ 形成的凝聚结构

(a),(b)在 800℃ 形成的凝聚体图形以及一个分枝的放大图；
(c),(d)在 900℃ 得到的堆垛结构以及该结构的放大图

织现象,它是与传统的热力学原理及 Boltzmann 有序原理相违背的[2,5]。其产生的原因可以解释如下：氧化钼是容易蒸发的一种化合物,如在 750℃,其饱和蒸气压就可达 133.32 Pa 以上。在受到加热时,大量气态的氧化钼分子在整个空间内的浓度分布是不均匀的。由于这些氧化钼分子不停地无规则热运动,在空间各个点上产生了浓度的涨落,而且这些涨落是相互关联的,即在体系中的不同地点及不同的时刻发生着的分子事件之间,有着某种长程的相关。在接近临界点时,关联长度趋向无穷。此时整个系统对应于相图上的热力学不稳定区,均匀相对任何不均匀的涨落都是不稳定的,必然会自发地发生相分离过程,或者说经过不稳定态的相变过程,即所谓的"**亚稳分解**"(spinodal decomposition)。

由"亚稳分解"的唯象理论,可以得出：在均匀相变得不稳定的即具有负扩散系数的扩散不稳定区,浓度的空间分布的某种周期性有序结构可以从原来没有结构的均匀介质中自发形成。

传统的热力学原理及 Boltzmann 有序原理只是从孤立体系以及在偏离平衡不远的条件下总结出来的规律。而在本实验中,体系是处于一个开放的和远离平衡的条件下,均匀的非平衡定态失去稳定性,通过能量的耗散和内部的非线性动力学形成宏

观的有序结构[149,150]。

按照非平衡态热力学理论,产生不稳定现象的必要条件是:

(1) 远离热力学平衡;

(2) 非线性动力学过程中必须包含适当的非线性反馈,如一个过程的结果会影响到过程本身。

在本实验条件下,扩散过程的结果(产生单晶体及形成分形结构)会影响扩散本身的进行。这是与平衡结构(其有序是靠分子间的相互作用来维持的,有序的特征长度即分子间的相互作用距离,通常为 10^{-8} cm)的形成和维持的条件大不相同的。Prigogine 把在开放和远离平衡的条件下,在与外界环境交换物质和能量的过程中,通过能量耗散过程和内部的非线性动力学机制来形成和维持的宏观时空有序结构称为"**耗散结构**"。

称氧化钼分形结构为有序结构有两层内涵。一是从微观上讲,分形结构是由氧化钼晶须或晶体组成的,它们是典型的平衡结构。更重要的一层意思是指在宏观上往往自相似的图案。分形结构的形状对非平衡条件极为敏感,这一点可以从同一次实验中,在同一样品的不同区域形成形状各不相同的分形图案得到证明。而且在多次实验中,从未得到两个图案完全相同的氧化钼分形结构,得到的图案也不是完全对称的,这一点也许是因为实际体系的行为常常与理想体系的行为有一定的偏离。从微观上讲,任何有序态的出现总意味着体系的各组成单元(原子,分子等)之间存在着长程关联,尽管人们目前还不知道产生这种关联的全部原因,但有理由认为,这种关联相当于某种微观相互作用。综上所述,形成的氧化钼分形结构是耗散结构的有序原理和 Bolzmann 有序原理二者同时起作用的结果,即微观上的平衡结构,宏观上的空间有序结构。

初步的分析认为,氧化钼气固相变时形成的分形结构是一种微观上的平衡结构,宏观上的空间有序结构。在形成分形结构时,同时形成的氧化钼晶体,其动力学过程为亚稳态相变的成核—生长机制。在本实验系统中,由于同时存在着化学反应(即钼的氧化反应)、扩散过程和亚稳态相变的成核—生长过程,它们都会对浓度的变化及涨落的时间发展起作用,因而体系的总的稳定性取决于这三种动力学过程的总的结果。本研究采用的实验体系是远离平衡、能与环境间进行能量交换和物质交换的开放体系,在不同的温度下,凝聚体的堆积(或聚集)方式各不相同,组成凝聚体的基本单元(晶须、晶体、晶片)的形态和尺度也各不相同。这就表明,每个凝聚体都经历了一个复杂的各不相同的生长过程。由于实验时加热温度很高,因而无法观察生长的动态过程,这也增加了解释这些复杂现象的难度。另外,在凝聚体生长过程中,其沉积表面的状态(如表面平整度)对凝聚体的形成有极大的影响,这已为实验所证实。在面对钼板(或氧化钼粉)的单晶硅片的抛光面上,在加热实验后,表面上什么也没有留下,即没有任何凝聚体,也没有任何晶体,而在硅片的背面(没有抛过光的粗糙面)

上,却形成了许多结晶良好的单晶体。还值得一提的是,在同一次实验中,在同一个沉积表面上,还常常观察到在两个相互紧紧相邻的区域里,会发现两个堆积方式截然不同的凝聚体,如一个为网络形结构(与图 7.2(a),(b)中的相类似),另一个为晶片堆积(与图 7.2(c),(d)中的相类似),这也许就要归结于沉积表面的状态不同,从而它们的界面生长动力学过程也就不同[151—156]。

7.2 碘的分形生长

碘是一种化学性质较为活泼的非金属,有紫黑色或深紫红颜色的结晶体,晶体结构为正交晶系,熔点为 113.6℃,密度为4.93 g/cm³。在常压下缓慢加热时,碘就升华,亦即不经熔化的过程就转变为紫色蒸气;碘蒸气冷却时,也不经过液相,就重新变为固态。但如果将碘急速加热,尤其是在增大压力时,它就在 113.6℃熔化为液态。

为了研究碘在气固相变时的分形生长,设计了一套由玻璃容器组成的蒸发沉积装置,该装置包括加热、保温和控温三个部分。将碘晶体(分析纯)颗粒放入玻璃容器内,采用间接加热的方式进行加热,即先加热玻璃容器周围的空气,空气把热量传导给玻璃容器,容器再把热量传导给碘,使之蒸发,蒸发的碘原子沉积到衬在容器内壁上的季戊四醇(PET)膜表面上。实验的温度范围选择在 110℃到 140℃之间,碘蒸气的冷却速率控制在 0.6℃/s 到 3℃/s 之间。对这些碘的沉积物,用光学显微镜观察其形貌,用 X 光衍射测定晶体结构,在十万分之一的精密天平上测定了升华速度。许多碘的沉积物显示了分形的特征,对这些凝聚体测定了分形维数。这些分形凝聚体与其他的碘的沉积物一样,在空气中会升华,一般在空气中暴露半小时左右,其图形逐步失去分形特征。

在季戊四醇膜上得到的碘沉积物可分为五种不同的形态:基本均匀分布的碘颗粒、小颗粒分形凝聚体、网络形生成物、雪花状枝晶以及结晶良好的碘晶体。前面四种沉积物的光学显微照片分别如图 7.3 中的(a),(b),(c),(d)所示,(a)和(c)的放大倍数为 20 倍,(b)和(d)的放大倍数为 40 倍。

从图 7.3 中可以看到,(a)和(b)中的碘沉积物的基本形态比较接近,都由大量的小颗粒所组成。图 7.3(a)中的颗粒,有的是相互连接在一起,有的是孤岛状。实验中冷却速度很快($v=3$℃/s),因而处于气相中的碘原子快速结晶析出,在沉积表面形成基本均匀分布的颗粒。在图 7.3(a)中,自右向左的方向是碘蒸气流的方向,因而沉积颗粒的密度变化也与此相对应,而且在统计意义上,单个颗粒的尺度也自右向左逐步变小。而在图 7.3(b)中,实验所采用的冷却速度很慢,为 $v=0.6$℃/s,形成的晶核数目不太多,产生的晶粒也较少,当达到某个临界点时,由于空间相关性,在气固界面上形成分形图形的"种子"。随着不断的凝聚,最后得到了由小颗粒组成的分形凝聚体,该分形体的分形维数为 $D=1.68$,颗粒尺度范围在 20 μm 到 110 μm 之间。从

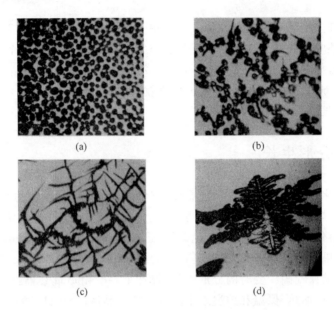

图 7.3 在 130℃保温 1.5 分钟后获得的不同形态的碘沉积物：
(a) 均匀分布的颗粒(冷却速率 $v=3℃/s$)，×20；(b) 分形凝聚体($v=0.6℃/s$)，×40；
(c) 网络形结构($v=2℃/s$)，×20；(d) 雪花状枝晶($v=0.8℃/s$)，×40

图中还可以看到，许多小颗粒带有一个长的彗星状尾巴，从结晶学角度考虑，可以认为存在某种螺型位错结晶形式；但从整体图形看，有些彗星状长尾巴还起到了把颗粒相互连接在一起的作用，使图形显示出了分枝和自相似性，这一点对研究分形凝聚体的形成过程是很有意义的。

图 7.3 中的(c)和(d)也有共同之处，它们都由生长良好的晶体组成，但它们的外观形态差别很大。在图 7.3(c)的实验中，冷却速度较快，$v=2℃/s$，因而晶体生长速度也比较大，晶体迅速长大，从不同晶核处长出来的晶体会交叠在一起，最终形成网络状生成物。这种网络状结构是一种介于分形凝聚体和枝晶之间的复杂形态(有时也称为准分形结构)，而进一步的观察发现，某些局部的网络就是由某种形态的枝晶组成的。而在图 7.3(d)中，采用的冷却速度为 $v=0.8℃/s$，由于冷却速度较慢，以及其他的实验条件比较合适，如升温缓慢、温度波动很小等，因而获得了对称性良好的雪花状枝晶，其尺度约 1 mm。应该说明的是，在上面的讨论中只涉及冷却速度，但实际上其他的实验参量，如温度、浓度以及它们的涨落，对形成的沉积物形态都有较大的影响。

对碘分形凝聚体在空气中的升华过程进行了现场观察，并在不同的时刻拍摄了照片。图 7.4 就是其中的一组照片，它清楚地记录了升华过程，图 7.4(a)是一个分形凝聚体的初始状态(图 7.3(b)就是其中心部位处的放大图)，图 7.4(b)和图 7.3(c)则分别是经过 6 min 和 8 min 升华后保留下来的图形。这三个图的放大倍数均为 20 倍。

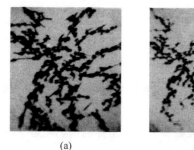
(a)

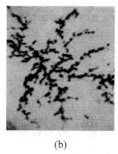
(b)

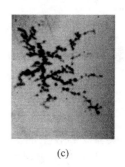
(c)

图 7.4　碘分形凝聚体的升华过程(×20)

(a) 初始状态,分形维数 $D=1.72$;(b) 第 6 分钟后,$D=1.68$;(c) 第 8 分钟后,$D=1.64$

从图 7.4(a)到图 7.4(b),经历了 6 min 的时间,一些较小的碘颗粒已经消失,有的颗粒与整体已经分离,大部分的颗粒尺度明显缩小,因而图形显得稀疏,其分形维数也由图 7.4(a)的 $D=1.72$ 下降为 $D=1.68$。在图 7.4(b)被拍摄后,该样品被转动了约 30°,所以为了与图 7.4(a)和图 7.4(b)相比较,图 7.4(c)应该顺时针转回约 30°。从图 7.4(b)到图 7.4(c),只经历了 2 min,可是从图中可以看到,有许多碘已经升华掉了,留下的图形虽然还保留了分枝特点,但细节已经相当单调了。这个升华过程在某种意义上可以被认为是在非平衡条件下,碘的随机生长过程的一个逆过程,当然分形凝聚过程与升华过程的物理内涵并不相同。从图 7.4 中可以推论,在分形凝聚生长的初始阶段,在气态和固态(即季戊四醇膜)的界面上产生许多晶核,然后处于气态的大量碘原子向晶核运动并在晶核上不断生长,形成许多碘颗粒。由于空间相关性的作用,这些单个的碘颗粒长大到一定的尺度以后,就会与邻近的其他颗粒连接起来,最后成为一个分形凝聚体。这个过程就是**核晶凝聚**(nucleation-aggregation)**模型**的基本观点,它将在 7.4 节中予以讨论[154,156]。

从图 7.4 可以推断,随着沉积时间的增加,分形凝聚体的分形维数将变大。这是由于沉积时间越长,沉积形成的分形图形越致密,所以分形的维数也越大。在气相沉积实验系统中,气态原子间的相互作用比液态原子间的作用要弱得多,所以气态原子的平均自由程比较长,可以在整个实验空间中作随机的无规运动。在本实验系统中,碘分形凝聚体的生长过程可以被认为属于非平衡态条件下的一种自组织过程。另外,在气相沉积系统中,复杂的界面动力学的状况会受到实验变量的强烈影响,如温度、压力、浓度、温度梯度和浓度梯度等。这些参量在某一区域的涨落也在不同的程度上改变局域的状况,当然要定量地确定局域状况的改变程度是很困难的,但是复杂的界面动力学状况的变化在实验系统中是始终存在的。正是由于这些不同的状况产生了从平衡结构的晶体到自相似的分形凝聚体这样一些形态完全不同的沉积物。碘的分形凝聚体的产生是气固相变的一种自组织临界现象,对碘在气相沉积时的凝聚行为的实验研究,将有助于人们进一步了解物质在气固相变时分形凝聚的机理和过程[157,158]。

7.3 氧化钨的分形生长

在气固相变时研究材料的分形生长,首先要选择好实验材料,一般考虑如下几个因素:

(1) 实验材料在室温下应有很好的物理稳定性,不应有潮解、挥发等性质,否则会影响进一步的分析测试工作的进行。

(2) 实验材料在室温下应有很好的化学稳定性,不应发生氧化或其他化学反应,否则会使已获得的分形结构(图形)发生变化。

(3) 要求实验材料在通常的加热设备中,其蒸气压能够达到 133.32 Pa 到 1.33 kPa 之间。若蒸气压太低,则形成分形结构所需要的时间很长,一般只能得到均匀的薄膜或者尺度很小的分形结构;若蒸气压太高,也得不到理想的分形结构,因为大量的气态原子或分子会很快地成核结晶,变为固态,临界点的长程相关性不容易体现出来,不容易形成自相似的空间有序结构。

(4) 如在空气中进行实验,要求实验材料不受氧化的干扰。另外,实验材料应该无毒无刺激性,以保护环境,也不需要附加的防护设备。

在考虑了上述四个因素以后,选择了氧化钨作为实验材料,实验温度为 1300～1400℃。还选择了氧化钨气相沉积所用的基片,对基片的要求是应有很高的稳定性,在实验温度范围内不发生物理、化学变化,也不与氧化钨发生化学反应。本实验选择的基片材料为多晶氧化铝片,石英玻璃片(非晶),和单晶硅片,其中石英玻璃片和单晶硅片的表面光洁度很好,为镜面,而多晶氧化铝片的表面光洁度相比之下要差一些,为 $0.3 \sim 0.8~\mu m$,其尺寸为长 30 mm,宽 15 mm,厚度为 0.6 mm,含氧化铝 96%。

氧化钨通常呈黄色粉末状,它可以呈现四种不同的晶型,即三斜晶系(α)、单斜晶系(β)、正交晶系(γ)和四方晶系(δ)。发生晶型转变的温度如下:$\alpha \rightarrow \beta(18℃)$,$\beta \rightarrow \gamma(330℃)$,$\gamma \rightarrow \delta(740℃)$。其熔点为 1473℃,沸点为 1670℃。在 1047℃ 时,蒸气压为 0.1333 Pa,在 1122℃ 时为 1.333 Pa,在 1206℃ 时为 13.33 Pa,在 1300℃ 时为 133.32 Pa,即 1 mmHg[159]。

由于氧化钨气固相变的实验温度很高,在 1300℃ 左右,所以实验中选择 CGME-16-17 型硅钼棒高温炉,最高温度可达 1650℃。该电炉采用 KT-16-18 型温度控制器,为可控硅数字显示,恒温后温度变化约为 1℃,但测温采用瓷套管双钼铑热电偶,这样就存在测温的滞后性,实际上炉膛内的温度起伏要大于 1℃。为了得到稳定的温度场和浓度场,实验中采用双坩埚方式,即把氧化钨粉末作为蒸发源材料,放置在一个 25 ml 的小坩埚底部,在靠近小坩埚的上方放置基片,以便气态的氧化钨分子沉积在其表面上,再盖上盖。再把这个小坩埚放入一个 100 ml 的大坩埚内,小坩埚底部垫上一个高 14 mm 的氮化硅块,盖上大坩埚盖,然后把此大坩埚放入高温炉炉膛的中心处。

在实验中,通过调节升温速度、恒温温度、恒温时间等参数,使氧化钨的蒸发速率与沉积(凝结)速率相差很大,以获得比较理想的自相似的分形图形。实验结果表明,温度范围为 1300~1350℃,保温时间范围为 1~1.5 h,升温速度在 600~900℃ 区间为 20℃/min,在 900~1350℃ 区间为 15℃/min,可以得到自相似的层次较丰富的分形图形,如图 7.5 所示。在图 7.5(a)中显示了一个分枝明显、细节清晰的分形图形,而且还可以发现一些正在生长之中的还未与主体相连接(凝聚)的沉积体,这些沉积体也具有很好的分形特征,如图中左下方的一个基本独立的树枝状分叉结构。在金相显微镜下,在 30 倍时可以看到图形的全貌,放大到 300 倍时可以清楚地看到分枝的细节。图 7.5(b)为图 7.5(a)中部一个分枝结构的局部放大。可以看到分枝是由许多个小沉积物组成,这些沉积物的外形极为相似,有些沉积物与分枝相连接,但不少沉积物与分枝并不连接,但其所处的地方都是分枝结构的一个恰到好处的位置,与其他的沉积物一起有机地显示了分形结构的特征,从整体上构成了一个完整的图形。从这一点也证明了核晶凝聚模型的论点,即在气固相变时,在沉淀区域的许多地点都产生了成核结晶现象,随着时间的增加,这些晶体相互独立地不断长大。当系统远离平衡时,在体系中的不同地点和不同时刻发生的分子事件之间,存在着某种长程相关,在接近临界点时,关联长度趋于无穷,均匀相必然会经过不稳定态的相变过程,自发地发生相分离过程。其结果是由于长程相关,往往出现自相似的空间有序的结构。对应于某一特定的实验条件,如气相分子浓度分布及涨落,温度场及涨落等,在空间的某一区域必然会出现一个相应的有序图形,图形的尺度和形态是上述几个因素综合作用的结果。从晶体生长的角度来说,处于空间(在本例中的二维平面)有序图形位置上的晶核,会优先生长,而且生长的晶体的取向及尺度受长程相关性所制约,但晶体的形态还要受沉积表面(或者说气相与固相的界面)状态的影响,确切地

(a) (b)

图 7.5 1300℃保温 1 h 后在多晶氧化铝基片上沉积的分形结构
(a) 枝状凝聚体,×60;(b) 图(a)中一个分枝的放大图,×130

说,是由具体的动力学过程确定的。图 7.5(b)显示了沉积生长的氧化钨晶体的外形特征。这些沉积物的共同特征为边缘形状很不规则,其中间部分凹下,而四周均有显著的"围墙",将中间部分包围起来,其尺度约为 75 μm。这种形式的沉积物,既不同于氧化钼的沉积物,也不同于碘的沉积物,表明在其生长过程中,有着复杂的动力学生长过程,导致了这种复杂的结构形态。

在实验中还得到了另一类分形结构,它们的分形特征也很明显,与上述的分形结构非常相似,表明它们是属于同一类型的分形生长,但是组成这一类分形结构的沉积物的外形却与图 7.5(b)所显示的完全不同。图 7.6(a)是这类沉积物的扫描电镜照片,从照片上可以看到,在多晶氧化铝的基片上沉积着一个尺度约为 40 μm 的晶体,其表面中部略微上凸,但其边缘形状极为规则,呈直线状,在晶体方向改变处基本上为直角。更值得注意的是,由于基片上散布着大小不等的氧化铝晶粒,因而在氧化钨晶体生长过程中,对遇到的氧化铝晶粒,或者是先沿着晶粒边界生长,绕过后再继续向前生长(图 7.6(a)中的中心偏左处),或者直接把这些晶粒包围起来,然后按原来方向继续长大,如图中的左下方所示,两个尺度约 3 μm 的氧化铝晶粒完全被包围在氧化钨晶体之中。另外,在大的氧化钨晶体的下面,还可见到沉积在氧化铝晶粒上的氧化钨小晶粒。在氧化铝基片的整个二维沉积平面上,除了分形结构外,还有许多不同尺度的晶体和枝晶,应归于平衡态或近平衡态生长。这些表明在整个气固相变中,分形生长只是各种生长过程中的一个而已,其产生的原因可以推论为是由于局域的各种条件满足分形生长的基本条件;而在相同的实验条件下(1300℃保温 1 h)得到二类由不同形态的沉积物组成的分形图形,则是由于具体生长过程中不同的生长动力学所造成。

(a) (b)

图 7.6

(a) 在 1300℃保温 1 h 后获得的另一类分形结构,沉积物边缘为规则的直线;
(b) 在多晶氧化铝基片上沉积的枝晶

在气相沉积中,除了得到大量分形结构外,还有许多枝晶生成。图 7.6(b)显示的是在多晶氧化铝基片上沉积的氧化钨枝晶的扫镜电镜照片,它们的形态与 Cu-Ni

合金胞状枝晶极为相似,尺度约 300 μm。实验结果表明,在较高的温度下,容易形成枝晶,如表 7.1 所示,表中列出了在不同的实验条件下,每个氧化铝基片上所沉积的枝晶个数和分形结构个数。

表 7.1 枝晶与实验条件的关系

实验条件	枝晶个数	分形结构个数
1250℃,1 h	0	0
1270℃,1 h	4	4
1300℃,1 h	9	19
1350℃,1 h	17	3

从表 7.1 中可以清楚地看到,随着温度的升高,形成的枝晶数目成倍地增加。在 1350℃时,在基片上生成的枝晶数已达 17 个,但分形结构数却只有 3 个。对分形生长来说,比较合适的温度是 1300℃(为 $0.8T_m$,T_m 为氧化钨熔点),此时形成的分形结构数最多,达 19 个,高于和低于这个温度,都将使分形结构数目大为下降。

另外值得一提的是,有些枝晶与分形结构有机地融合在一起,即枝晶本身就是分形图形中某一个局部,这为研究分形生长与枝晶生长的关系提供了实验依据。在实验中,还发现了不少螺位错生长的氧化钨晶体,表明在实验过程中,在基片上也产生了螺位错籽晶。在石英玻璃基片上只形成了基本上均匀分布的颗粒状沉积物,而没有发现分形结构,也许是由于表面过于光滑的缘故。在单晶硅片表面,情况有点特殊,因为硅片在高温下会不断地氧化,会产生缺陷,如氧化层错、位错等,而气态的氧化钨分子在沉积时,往往优先沉积在这些缺陷区,缺陷区不仅是高应力区,而且极易富集一些杂质,从化学稳定性来看,这样的缺陷区比晶格完整区要不稳定得多。在实验中发现,氧化钨以单晶硅片的位错露头为中心沉积,形成了与位错露头的分布相对应的沉积物图形。这也进一步说明了要形成分形结构,除了实验体系要远离平衡之外,沉积表面的物理、化学、晶体学特性也相当之重要。

最后,还应提到的是,当温度高于 1350℃,加热时间大于 2 h,由于气相中的氧化钨分子浓度相当之高,所得到的沉积物往往为一层均匀的薄膜,很难形成分形结构。

7.4 核晶凝聚(NA)模型

在远离平衡的无序系统中的气固相变往往导致分形生长,在气相沉积的基体表面上形成各种形态的二维分形结构。从晶体结晶学的角度来分析这些分形结构的形成过程,研究其生长机理以及气固界面状态对最终生长物的影响,无论在理论上还是应用上都是很有意义的。在讨论核晶凝聚模型以前，先回顾一下与此有关的一些实验。

相变是涉及物质结构变化的一种宏观行为，它指的是当外界的温度或压强作连续变化时，在温度或压强达到某定值下，物相发生的突变。加热固态晶体达到相变点时，晶体或熔解为液态或以气态（分子或原子）蒸发。蒸发出来的粒子（分子团或分子，原子团或原子）在空间作无规运动，此时粒子的平均能量几乎没有变化，而形态却发生了剧烈变化，由固态变成了气态。在一定的条件下，处于气态的粒子又可以变为固态，即发生气固相变，在这个相变过程中，会形成各种性能的薄膜（这也是材料科学研究的一个重要领域），也会产生各种奇异的分形结构。之所以采用气固相变来研究材料（或者说是晶体）的分形生长，是由于处于气态中的粒子具有高度的运动性，即自由度很大，可以充满它所处的整个空间，这样在远离平衡的条件下，在相变的临界点，长程相关性很容易体现出来，就容易获得分形结构。但事物总是一分为二的，正是由于气固相变这一特点，使形成的分形结构的形态也是千奇百怪，种类繁多，因为任意一个参量的微小变化就可以改变局域的状态，影响晶体的生长过程，从而影响到分形结构的形态，这就增加了分析生长规律的难度。

氧化钼在气固相变时，会形成各种优美的分形图形，这些图形结构致密，形态各异。在不同实验条件下获得的氧化钼分形凝聚体是由不同类型的晶体组成的，在750℃下得到由大量晶须堆垛成的致密凝聚体；在800℃下得到的网状凝聚体由藤蔓状的晶体组成；在900℃下则形成一个由大量狭长单晶片堆积成的凝聚体。在同一个沉积基体表面上，除了形成各种形态的分形结构外，还会形成一些比分形凝聚体的尺度小几十倍的长方体形的晶体或者大几十倍的带状或片状单晶体，以及一些形态对称而且规则的枝晶。

碘在气固相变时形成的沉积物有基本均匀分布的碘颗粒、小颗粒分形凝聚体以及网络形生成物。在产生各种形态的分形结构的同时，也观察到了结晶良好的碘单晶体和形态规则的枝晶。

氧化钨在气固相变时，形成两类分形凝聚体，分别由两类不同形态的沉积物所组成。与氧化钼与碘的情况类似，在同一个沉积基体的表面上，除了分形结构外，也形成了许多不同尺度的单晶体和枝晶。

分析以上三种物质的气固相变特性，可以发现它们的共同点，即各种形态的分形结构的形成与实验参量密切相关；另外在产生分形结构的同时，在同一个沉积基体表面，都会形成结晶良好的晶体和规则的枝晶。在以上实验的基础上，核晶凝聚（NA）模型被提出[154—158]，其主要内容可以表述如下。

在气固相变过程中，当气相中的原子或分子达到临界浓度值时，它们会在处于气固界面的沉积基体表面上形核并生成晶体。由于实验条件和沉积基体表面上状态的不同，晶体的形态可以是晶须、薄晶片、或者成束的棕榈状晶体等。在实验系统的整个空间范围内,由于温度和浓度的涨落是始终存在的,所以在临界点必然会产生空间相关性,在气固界面上形成一些分形图形的"种子"——由晶体组成的具有一定几何形态的某种组合结构体;随后,形核生长的晶体将以"种子"为核心凝聚,其方式可以是堆垛,也可以是在原有的"种子"基础上延伸长大,这将取决于具体的局域状态。

由于在气相沉积的基体表面上所形成的各种形态的沉积物均起源于晶体的形核生长,因而对一个表面为镜面的光滑的基体而言,由于气态的分子或原子难以在其表面形核,就不可能生成晶体,也就不可能出现任何的分形凝聚结构。

用核晶凝聚模型分析一些实验结果时发现,由气固相变获得的宏观上的空间有序结构是由微观上的平衡结构组成。如在 750℃下获得的氧化钼分形凝聚体是由大量晶须组成的,而晶须是结晶完美的单晶体,它是典型的平衡结构,其形成可按 Boltzmann 有序原理予以解释;而分形凝聚体是宏观上的空间有序结构,其形成可按耗散结构的有序原理予以说明。换句话说,这样形成的分形凝聚体是 Boltzmann 有序原理与耗散结构的有序原理两者同时起作用的结果,即微观上的平衡结构,宏观上的空间有序自组织结构。

为了验证 NA 模型中沉积基体的表面光洁度对沉积物结构的影响,在实验中采用了不同光洁度的沉积基体。在用一个表面经研磨、抛光的单晶硅片进行氧化钼气相沉积实验时,虽然将光滑的表面正对着钼板(或氧化钼粉),但由于表面光滑,难以形核,所以在此表面上无任何沉积物,既没有晶体,也没有凝聚体结构。而在其背面(未经研磨、抛光,表面比较粗糙),却发现了许多的单晶体,但也没有分形凝聚体。由于硅片背面比较粗糙,表面高低起伏,其不规则性影响了分形凝聚体的形成。用其他沉积基体进行实验,也得到了类似的结果。不仅对氧化钼,而且对其他几种实验材料的气相沉积实验,结果也是如此。这表明在气固相变中,沉积基体的表面光洁度对材料的分形生长的影响极大。

在实验中,经常发现,在同一次实验中,在同一块沉积基体的表面上的不同区域,会同时形成结晶良好的单晶体、有缺陷的晶体、枝晶以及具有自相似性的分形凝聚体。有时,这些晶体和枝晶与分形凝聚体紧紧相邻,或者晶体就分布在分形凝聚体的空隙之中,甚至枝晶本身就是分形凝聚体的一个分枝的组成部分。这些表明,尽管宏观的实验参数,如温度和加热时间是相同的,但气态的分子或原子是处于不停的无规则热运动之中,所以在实验系统内,在不同的地点和不同的时刻,各处的温度和浓度的涨落是不同的,受到的长程相关的影响也是不同的。当局域的参量适合于晶体的平衡生长时,就结晶出完美的单晶体;如受到某种形式的扰动而影响结晶速度时,则可能生长出有缺陷的晶体,或形成枝晶;如局域受到空间长程相关性的强烈影响,而且沉积表面的状态合适,就可能形成分形凝聚体。局域的参量(状态)变化是随时间而改变的,因而在原来适合于分形生长的区域就有可能转变为适合于枝晶生长的地方,使枝晶开始生长,并使生长的枝晶成为分形结构的一个有机的组成部分,这在氧化钨的实验中已多次发现。反之亦然，在碘的凝聚体结构中，常可以观察到一个正在生长之中的枝晶的主干或旁枝发生弯曲，与紧邻的网络状分叉结构（准分形结构）相适应，使枝晶与分叉结构相互关联，显示出了生长过程的转换。这些表明，在气固界面上的晶体生长、枝晶形成、分形结构的产生之间并非截然分开的，它们是相互有关联的，并且在一定的条件下，还可以相互转换。

　　如上所述，在气固相变时，气相沉积产物的结构属性（完美的单晶、有缺陷的晶体、枝晶或分形凝聚体）是由局域的参量所决定的，但实际上的生长过程还要复杂得多，还要受复杂的界面生长动力学的影响。如沉积基体的表面有结构缺陷，那么在这些缺陷区，气相粒子（分子或原子）就容易沉积在那儿，沉积物的分布图与沉积区域的缺陷分布图是完全对应的。在一片有许多位错露头的硅单晶表面上，氧化钨沉积物的分布图与位错的分布图被证明是完全相同的。另外，在气相粒子结晶析出时，会放出热量，使结晶处的局部温度升高，对沉积物的生长也会产生影响。还应考虑的影响动力学生长的因素有：沉积表面的表面张力，气相粒子在沉积表面的粘附概率和扩散运动，以及沉积表面的几何状态等。在沉积表面上附着的基体晶粒或杂质，也会对沉积物的几何形态产生影响。在氧化钨气相沉积实验中，氧化铝片被用作沉积基体，氧化钨的沉积物在遇到突出在表面上的氧化铝晶粒时，就改变了其生长方向，或者把在前面阻挡的氧化铝晶粒包围起来，再继续生长。这些都说明，最终形成的沉积物的形态是由凝固过程中的物理和环境（指沉积区域）条件所共同决定的，就如同雪花在大气中漂浮时所经历的那样。

　　对 NA 模型用 Monte Carlo 方法在计算机上进行了模拟。其特点是，由一组粒子组成一个线段（代表一个二维的晶须），随机地出现在屏幕上，并作随机运动。当它与其他线段相遇时，就一起停留在碰撞处，否则将继续运动。如果线段越过边界，就消失，同时一个新的线段又随机输入，并重复以上过程。把照此规则运行 3000 次后得到的模拟结果与实际形成的凝聚体相比，就可发现，它们是非常相似的，这表明，NA 模型确实反映了气固相变时材料分形生长的基本过程。

第 8 章 分形生长的实验研究

8.1 合金薄膜

离子束、电子束和激光束作为改变材料性能的新技术,日益引起人们的重视,在离子、电子和光子与固体相互作用的理论研究和实验研究中,已获得了很大的进展,并在许多领域得到了实际应用。在离子束辐照效应的理论与实验研究中,分形概念被用来阐明离子注入到固体的作用过程和某些实验现象。

首先简要地说明一下什么是离子注入。离子注入实验是在离子注入机中进行的,离子注入机主要包括三个部分:离子源、高压加速装置和真空靶室。离子源产生各种离子,产生的离子经过高压加速装置加速后,获得一定的能量,再被引导到真空靶室中射向样品(即靶子)。载能离子在与固体样品的碰撞过程中,不断地与固体表面层的原子核和核外电子相互作用,产生所谓的**"碰撞级联"**,逐渐地消耗完能量,最后停留在固体表面下某一位置。离子所带的一部分能量,在碰撞过程中被转化为热能,从而使固体样品的温度升高。在离子注入实验中,为了使样品保持在一定的温度,常采用水或液氮来冷却固定样品的靶台,以控制样品的温度[160]。

Ni-Mo 二元合金薄膜在重离子 Xe^+ 辐照后形成了亚稳的分形结构[161]。把二氧化硅和氯化钠单晶片作为沉积薄膜的基体,放入真空沉积设备中,在其表面上沉积厚度约 40 nm 的 $Ni_{55}Mo_{45}$ 多层膜。然后把样品放进离子注入机的真空靶室,用 180~200 keV 的氙离子进行离子束混合实验,离子束流密度控制在 2 $\mu A/cm^2$ 以下,以避免多层膜过热,同时用液氮冷却靶台。离子注入时,靶室的真空度优于 6.7×10^{-4} Pa。注入离子的剂量为 $1 \times 10^{14} \sim 1 \times 10^{16}$ Xe/cm^2。在离子注入以后,把二氧化硅样品用氢氟酸腐蚀其背面,把氯化钠样品放在去离子水中,使氯化钠溶解掉,再用铜网或钼网把多层膜收集起来,制得透射电镜分析用试样。对试样进行选区电子衍射(SAD)和能量色散谱(EDS)等分析。

分析结果表明,当注入的氙离子剂量超过 7×10^{14} Xe/cm^2 时,Ni-Mo 多层膜已经被均匀地混合,而且其晶体结构为非晶态。当剂量达到 7×10^{15} Xe/cm^2 时,透射电镜(TEM)明场观察发现,相当数量的原子已经重排,在原来是非晶态的基体中形成了分形结构。应当指出的是,当离子剂量低于 7×10^{15} Xe/cm² (如 5×10^{15} Xe/cm²)和高于 7×10^{15} Xe/cm² (如 1×10^{16} Xe/cm²)时,都将只形成均匀的非晶相,这表明 7×10^{15} Xe/cm² 的剂量与非晶态结构相变的一个临界条件相对应。图 8.1 显示了 Ni-Mo 多层膜经离子束混合后产生的分形结构的一个典型例子。从图中可以看到,这是一个半径为 $6~\mu m$ 的图形,组成图形的每一个分枝的宽度约为 $0.5~\mu m$。微束衍射分析表明,每一个分枝包含几种不同取向的单晶体,这表明这个分形结构不像 DLA 模型那样,由一个种子发展长大,而更类似于有限扩散集团凝聚模型,由多中心成核凝聚形成。这些单晶体被证实具有简单的密排六方结构,而

图 8.1 200 keV 氙离子注入到 $Ni_{55}Mo_{45}$ 多层膜后所观察到的分形凝聚体

且其化学组成为 NiMo。根据这些结果,可以推论,当非晶态向晶态转变时,相关的 NiMo 晶体相在非晶的基体内扩散并凝聚成分形结构。尺度较大的单晶体是静止不动的,而尺度较小的单晶体就有可能运动,并且它们聚集起来把自己组成为自相似的图形。图 8.1 中的分形结构的分形维数用一台 M-75 图像处理计算机进行了测定,该机的分辨率为 512×512 像素,测定结果为 $D=1.72$,与有限扩散集团凝聚模型所预言的值相吻合[162]。由于 NiMo 分子的合磁矩为零,所以这恰好是有限扩散集团凝聚过程的情况,即在所考虑的粒子之间不存在相互作用。

对 Ni-Mo 合金薄膜在液氮温度下由重离子氙注入所获得的分形结构,经过长期观察发现,这类在无序薄膜中生长的分形晶体是亚稳的,且与薄膜在外部参数作用下内部结构的变化密切相关。另外,对 Ni-Mo 合金薄膜在室温下进行离子注入,也得到了分形结构。还研究了 Ag-Co,Ni-Zr 等合金薄膜,研究了在类似的条件下 Fe,Co,Cr,Ni 四种磁性的纯金属膜,它们的原子磁矩和分形维数之间的线性相关性。在这些实验研究中,都观察到了各种形态的分形结构;在晶态到非晶态的相变中,还观察到了对称而且规则的树枝晶,这些树枝晶也是亚稳的,过了一段时间后,就逐步地消失了。

这一系列的实验研究获得了许多重要的发现,除了分形结构,还观察到渗流网络结构,观察到树枝晶的侧枝尖端的局域分形结构等,这些实验结果以及相应的理论分析研究,促进了分形理论的深入发展,因而为人们所瞩目[163—166]。

8.2 电解沉积

在电解液中通过电解来沉积出各种分形结构,是人们很感兴趣的实验研究之一。这种方法不仅设备简单,实验参数容易控制,对不同的电解液一般都能获得形态各异的分形结构,更为重要的是可以直接观察分形生长的每一个细微过程,用相机或摄像

机拍摄下分形生长的全过程。

日本学者 Matsushita 等在硫酸锌电解液中用电解沉积的方法获得了二维的金属锌分形结构[167]。其实验过程如下：在一个直径为 20 cm、深 10 cm 的容器中注入一薄层浓度为 2 M 的 $ZnSO_4$ 水溶液，溶液的深度约为 4 mm，然后再注入 n-醋酸丁酯 $[CH_3COO(CH_2)_3CH_3]$，以形成一个界面。一个直径约 0.5 mm 的铅笔芯用作阴极，其端部被磨平、抛光，并且与笔芯的轴线相垂直，再把此笔芯放入容器的中心，使平整的端部刚好位于界面上，在容器中再放入一个直径 17 cm、宽 2.5 cm、厚 3 mm 的环形锌板作阳极。在碳阴极和锌阳极之间加上直流电压就可以进行电解沉积实验了，结果，沿着 $ZnSO_4$ 与醋酸丁酯的界面，从阴极的尖端朝外产生了一个二维的金属锌的叶片状沉积图形，该图形具有复杂的随机分叉的特点。通常施加几伏的直流恒定电压约 10 min，就可生长出尺度为几厘米的叶片状金属锌来。实验系统的温度保持为 15℃，叶状金属锌的一张照片如图 8.2 所示。

图 8.2　叶片状金属锌分形结构的一个典型例子

对实验中拍摄的照片用密度相关函数法，由计算机进行分析，测定了叶片状金属锌的分形维数。首先把叶片状金属锌的照片进行放大，冲洗出对比度良好的黑白照片，再把此照片通过电视摄像机存入计算机的图像数据存储器中，摄像机的分辨率为 512×512 像素。在存储器中，每一个像素按下述原则进行记录：如果此像素是在叶片状金属锌的图形的任何部分上，则该像素的密度记为 1，否则为零。然后用计算机计算密度相关函数，求出分形维数 D。对一批分别在不同的电压下形成的叶片状金属锌，测定了它们的分形维数。结果表明，当所加电压 V 小于某一阈值 V_c（在本实验中，V_c 约为 8 V）时，分形维数 D 大体上保持不变，其平均值为 $D=1.66\pm0.03$；当所加电压 V 超过 V_c 时，随着电压 V 的增加，D 的值线性地增加。

需要指出的是，图 8.2 中的叶片状金属锌的图形使人想到计算机模拟得到的二维 DLA 的图形。这些金属锌的结构显示出尺度不变性，当 $V<V_c$ 时，它们的分形维数为 $D=1.66\pm0.03$，与二维 DLA 模型的分形维数（$D=5/3$）符合得非常之好。

图 8.3 显示了金属锌生长时的另一个特性。对一个正在生长之中的典型的叶片状金属锌，隔一定的时间间隔拍摄照片，图 8.3(a)～(d) 分别为电解开始后 3,5,9 和 15 min 拍摄的照片。其最有意义的特征是金属锌生长时的屏蔽效应，在图 8.3(a) 中两个箭头所指的分枝在以后的生长过程中停止生长，尽管它们的周围是相当之开阔。从图 8.3(b)～(d) 中可以看到，这两个分枝一直保持着同样的大小和形状，这说明在整个生长过程的早期，它们就停止了生长；而处于图形外围凸出的那些分枝却迅速长大，在整个图形的内部留下了敞开的结构。屏蔽效应也是计算机模拟时发现的 DLA 模型的一个重要特征。图 8.3 也清楚地表明，叶片状金属锌主要沿着硫酸锌溶液和

有机溶剂的界面作二维生长,而不是在下面溶液中生长的。

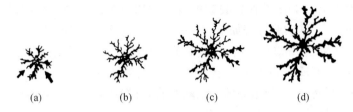

图 8.3　叶片状金属锌生长时的屏蔽效应

图(a)～(d)分别为电解开始后 3、5、9 和 15 min 拍摄的照片

在一个恒定的电解电压下,在沉积生长的最初阶段,电流有一个急剧的增加,然后电流随时间几乎线性地增大。对靠近界面处的电位分布的初步测量表明,在较低的电解电压下而且过了沉积生长的最初阶段后,在不靠近金属锌沉积物处,当采用的边界条件与本实验装置的相符合时,电位分布满足 Laplace 方程。这说明,叶片状金属锌以扩散控制过程几乎稳态地生长。由于叶片状金属锌的纵向厚度与其主干的水平尺度相比是非常之薄,并且如图 8.3 所示,其屏蔽效应是如此之显著,所以可以认为,叶片状金属锌基本上是按有限扩散凝聚过程在二维平面上生长的。

后来,Sawada 等对上述的实验装置进行了改进,把 $ZnSO_4$ 溶液充在两块间隙仅为 0.25 mm 的有机玻璃片之间,改变电解液浓度和电解电压,不仅获得了分形结构,而且还观察到了枝晶的生长[168]。有机玻璃片的直径为 15 cm,片之间的间隙误差小于约 5%。一个直径 10 cm 的环形锌电极将溶液包围起来,一个直径 0.5 mm 的碳电极通过上有机玻璃片中心的小孔垂直地插进溶液中。这个实验装置与前面介绍的那一个有着本质上的不同,选择这个实验装置的目的是提供一个完全确定的二维生长的条件。

电解液的浓度 C 的变化范围为 0.0025 M 到 1 M,电解电压 ΔV 从 2 V 变到 12 V,实验时的环境温度为 23～25℃。实验中发现,在所有的实验条件下,在约 10% 的误差范围之内,流过电解池的电流与 ΔV 之间呈现线性关系,所以离子输运基本上是电阻性的。在碳电极上沉积金属锌的时间从几分钟到几个小时不等,并用摄像机摄下其整个过程。改变 C 和 ΔV 可以得到完全不同的图形。由大约 60 个图形的生长可画出一个结构相图。它定性地分为四个生长区域,即均匀图形生长区、开放的分叉的沉积区、线状图形生长区和枝晶生长区。下面对这四个生长区略加说明。

(1) 均匀图形生长区。该区的电解液浓度最低,小于 0.01 M,电解电压比较低,沉积物为有外周界的分叉结构,在较低的 ΔV 下,在整个生长期间,这个外周界保持对称的圆形。一般把这种结构称为均匀图形,其代表性的电解参数为 $C=0.01$ M,$\Delta V=6$ V。如果把电解液浓度进一步减小,那么沉积的结构就开始像 DLA 的图形。

(2) 开放的分叉的沉积区。在高的电解液浓度(0.1～1 M)和较低的 ΔV 下,沉积图形生长缓慢,最后得到一个开放的分叉的沉积结构。其代表性的参数为 $C=1$ M,$\Delta V=2$ V。这些沉积结构粗看上去像分形,但是,图形是非常之密集,以致没有进一步分析的价值。

(3) 线状图形生长区。在较宽的电解液浓度范围和高的 ΔV 下,沉积生长进行得很快,得到的图形是细线状的。其代表性参数为 $C=0.1$ M,$\Delta V=12$ V。在这个区域内,大部分的生长只在少数的几个点上进行。电解沉积的线状图形与电介质击穿产生的图形(见 8.6 节)很相似。

(4) 枝晶生长区。当电解液的浓度为中等浓度而且变化范围很窄时,电解沉积物为枝晶结构。如图 8.4 所示为一些尺度约 3 cm 的枝晶图形,其电解参数为 $C=0.03$ M,$\Delta V=6$ V。由图中可以清楚地分辨出主干,这些主干的取向是由晶体结晶的各向异性所确定。事实上这些枝晶结构比上面所述的其他结构的光反射要强烈得多,并且每一个枝晶似乎都是单晶体。侧枝以很规则的间隔(0.5 mm)从主干的侧面长出来。在高放大倍数下观察,可以发现这些枝晶有很复杂的结

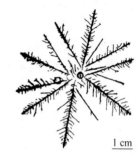

图 8.4 在中等电解液浓度下生长的枝晶结构

构。侧枝上长有二级侧枝,其间隔约为 0.05 mm。在这个枝晶结构照片中,可能还有更精细的尚未分析的结构。

扫描电镜分析指出,均匀图形和枝晶的沉积物的厚度小于 2 μm,所以均匀图形和枝晶可以被认为是二维的;而开放的分叉的沉积和线状结构是相当之厚,厚约 0.1 mm。开放的分叉的沉积物是由随机取向的六方微晶组成,微晶的直径约为几个微米。

另外,通过比较不同形态的沉积物的线性生长速度可以对这四个不同的生长区有进一步的理解。在低的电解液浓度下(均匀图形),生长速度近似地与电解电压无关。这与高电解液浓度下,生长速度与电解电压呈强烈的非线性关系形成了鲜明的对照。在高浓度下,如果电解电压 ΔV 是低的,那么生长过程特别缓慢,最终形成一个粗看是分形沉积物的开放的分叉结构;如果 ΔV 是高的,那么得到一个快速生长的线状图形。而对枝晶生长的情况($C=0.03$ M),其生长速度与 ΔV 呈现良好的线性关系。

美国 Grier 等也进行类似的电解沉积实验,研究沉积物的微观结构与宏观形貌之间的联系[169]。他们采用直径 12.7 cm 的铜环作阳极,并把它嵌进一块有机玻璃板,在板的表面上只露出 0.1 mm。电解液也是硫酸锌,pH=7,把电解液注入到由铜环和有机玻璃板组成的电解池中,再盖上一个上盖,就将电解液约束在一个厚 0.1 mm 的均匀薄膜中。阴极是一根细铜丝,穿过下面的有机玻璃板的中心小孔进入电解液,阴极恰好处于阳极铜环的中心。当电解池被加上电压时,锌离子向中心的

铜丝运动并在那儿沉积起来。通过测量电解池的 I-V 特性,以及在直流电流中附加一个低幅度脉动信号,再测试电解池的特性曲线,两个结果都说明该电解池是电阻性的。

当改变电解液的浓度和电解电压时,可以得到一系列的形态各异的沉积物,有些是完全无序的,有些则是普通的枝晶。大体上可以分为四类,即 DLA 分形结构、致密的辐射状结构、枝晶和针状晶体。当电解液浓度为 0.01 M,电解电压约为 24 V 时,可以得到 DLA 分形结构;当浓度为 0.02 M,电解电压为 100 V 时,沉积物为致密的辐射状结构,如图 8.5(a)所示,这个结构与前面所说的 Sawada 等人的实验中所得到的均匀图形非常相似。而当浓度为 0.6 M,电解电压为 90 V 时,可得到普通的枝晶;当浓度为 1.0 M,电解电压为 100 V 时,沉积物为针状晶体,如图 8.5(b)所示。

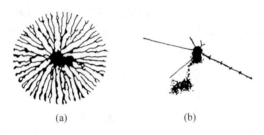

图 8.5　电解沉积锌的不同形态
(a) 辐射状结构;(b) 针状晶体

对电解沉积得到的大部分高度分叉的 DLA 分形结构,测定了它们的分形维数,其值 $D=1.75\pm0.03$,与计算机模拟的结果($D=1.67$)十分接近。如图 8.5(b)所示的针状晶体沉积物是实验系统的枝晶生长的极限,其分形维数约为 1。

对实验获得的沉积物的微观结构,用电镜和 X 光衍射技术进行了分析。75 kV 的电子能穿过这些沉积物,这就表明沉积物的厚度应该在 20 nm 这一量级上。透射电镜的分析结果指出,既使到最小的尺度,不同生长模式之间的结构差别仍然存在。对 DLA 分形结构的形貌观察发现,直到尺度小于 30 nm,其尖端都是粗糙不平的。从尖端的选区电子衍射图可以看到,这是一个非晶的衍射环,表明在 DLA 分形结构里不存在长程有序。而微观结构显示出相关长度约为 5 nm 的中程有序。各向均匀的衍射环表明,在约 1 μm 的选区范围内,缺乏取向有序。而枝晶的尖端的特征是大而完整的晶面以及光滑的曲线状区域。从晶面得到衍射图案以及从侧枝的一系列的波折处得到的图案都显示了尖锐的确切的衍射峰,这就证实了长程的结晶有序。另外,完好无损的枝晶尖端均匀地产生六方结构锌的 C 轴与沉积的晶面相垂直的衍射图形;但在 DLA 分形结构里没有发现这样的衍射图形。这个结果支持了下面的观点,即六方结构锌的晶面堆垛结构是各向异性的微观根源,而正是各向异性使锌的枝晶生长得以稳定地进行下去。

电子束能量色散分析表明,电解液中铜的杂质浓度小于0.01 M。在实验过程中也没有发现溶液的水解作用。

Sawada 和 Hyosu 还进行了另一个实验,研究电解沉积锌的结构和稳态生长速度[170]。实验装置与前面叙述过的几乎完全相同,只是形状不同,是长方形的,宽 24 cm,长 12 cm,其深度为 0.25 mm。电解电压固定为 15 V。硫酸锌的浓度从 0.003 mol/L 变到 0.030 mol/L,每次变化 0.001 mol/L。生长过程由摄像机记录,沉积物的前沿的生长速度由一个数字图像分析器分析。在每次实验中同时测量电流,以算出单位时间里锌的沉积量。

在不同的锌离子浓度下沉积出的叶片状金属锌的形态各不相同。典型的锌离子浓度为 0.006,0.008,0.010,0.018 和 0.020 mol/L。图 8.6 为锌离子浓度为 0.006 mol/L 时电解沉积的生长形式。其中图 8.6(a) 和图 8.6(b) 分别为沉积 10 min 和 20 min 后所拍摄的照片。生长形式与前面叙述的圆形电解池中的相类似。这些沉积物在某一个尺度以前是分形结构,超过此尺度后,就成为均匀的结构。在锌离子浓度低于 0.018 mol/L 以前,各沉积物的局部结构形态是几乎相同的。当浓度很低时,沉积的"树"之间分离甚远;当浓度增加时,树之间间距缩小。当浓度增加到 0.018 mol/L 时,沉积的树之间已经没有任何空间,这种形状的沉积物与前面提到的"均匀图形"或"致密的辐射状结构"相一致。在较高的浓度下(0.020 mol/L),沉积物的局部结构突然从分形变为枝晶,而且枝晶的主干几乎是笔直的。

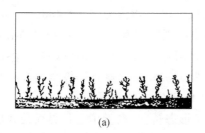 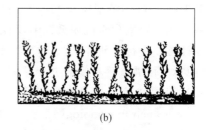

(a)　　　　　　　　　　　　　(b)

图 8.6　锌离子浓度为 0.006 mol/L 时,电解沉积的生长形式
(a) 10 min 后拍的照片;(b) 20 min 后的形态

分析结果表明,当锌离子的浓度为 0.003~0.008 mol/L 和 0.010~0.018 mol/L,且电解电压固定为 15 V 时,这些从一维种子生长的锌沉积物的生长速度与锌离子的浓度无关。

英国剑桥大学的 Brady 和 Ball 研究了电解沉积铜的分形生长,也获得了有意义的实验结果[171]。该实验采用的电解液是硫酸铜和硫酸钠溶液,是用去离子水配制的,并且加进分子量为 6×10^6 的 $(C_2H_4O)_n$——聚环氧乙烷,加入量为溶液重量的 1.4%,以增加其粘度,对大约 1 泊(达因·s/cm^2)的粘度可增加 1000 倍。加入聚合物的目的是阻止溶液的对流。配制好的溶液避光保存并且避免剧烈振荡,以防止聚合物受到损伤。在每次实验时,把溶液注入到一个铜块上钻的 7 mm 直径的孔中,铜块就作为阳极。把一根直径为 $12.5~\mu m$ 或者 $25~\mu m$ 的绝缘线的端部用剃刀刀片切掉,此线就可以用作阴极。此绝缘线垂直地悬浮在溶液中,铜将围绕线的端部以枝状簇的形态沉积。在实验期间,为了防止机械运动,此线的自由长度要小于 7 mm,并且使用一个带钟罩的无振动基座。在施加电解电压以前,至少等待 5 min,以使任何的运动停止下来。

实验时的电解电压保持不变,电压范围选在 0.3~0.8 V,并且把流过电解池的电流作为时间的函数进行测量。开始时,读数的时间间隔为 10 s,当电流升高得很缓慢时,把间隔延长到几分钟。一般地,实验在半小时后就可以停止了。实验中采用的硫酸铜浓度范围为 0.01~0.029 M,硫酸钠的浓度范围为 0.04~0.2 M,每次实验可以采用两种溶液的不同浓度来进行组合。实验时的温度范围为 22~26℃。

本实验满足有限扩散条件,电解液中的铜离子在加上电解电压后,就开始在点状阴极上沉积起来。进行了数百次的实验,下面以其中一次实验结果为例进行说明。该实验条件为硫酸铜溶液 0.01 M,硫酸钠溶液 0.05 M,加入它们重量的 1.4% 的聚合物。电解电压为 0.6 V,阴极导线直径为 $12.5~\mu m$,温度 24℃。实验结果是在三维空间中沉积出一个黑色的立体沉积物,其空间尺度 R 可由增加的电流和它的质量 M(由总的电荷转换确定)来求出。分形特性 $M \propto R^D$ 被证实,而且 $D = 2.43 \pm 0.03$,与 DLA 的计算机模拟结果($D = 2.495 \pm 0.06$)符合得相当之好。对其他的实验结果,测得的分形维数 D 的范围在 2.41~2.465 之间,其平均值为 $D = 2.433 \pm 0.03$。

王牧等在薄膜电化学沉积系统中,利用实时观察技术,对阴极沉积物的形态及其形态周期性转变进行了研究[172]。电解实验在两片玻璃平板间的电解质水溶液膜中进行,液膜厚度由玻璃平板间的夹片厚度控制。实验中观察到阴极金属淀积物的形态在生长过程中交替出现具有明显主干和稳定尖端的枝晶以及尖端不断分叉的 DBM(dense branch morphology)形态。对于形态转变,测量了生长界面的速度演变过程,并利用干涉衬度法研究了界面附近浓度场的变化。一系列实验结果表明,形态的周期性转变是由于强制扩散场中材料的各向异性和生长界面处的扰动之间竞争引起的。

骆桂蓬等研究了电化学沉积铜过程中的枝晶及分形生长[173]。考虑溶液中电场分布和强度对生长形态的影响,他们进行了无液面诱导层的铜电化学沉积实验。在较薄的一层(约 2~3 mm)硫酸铜溶液(圆形玻璃皿,周围用一圈铜片作为阳极)中心置入一根铂丝作为阴极,观察在不同条件下金属铜的凝聚形态。

在较低浓度和电压下,如浓度为 0.01 M,电解电压为 1.70 V 时,铜的生长与 DLA 模型给出的计算机模拟结果类似,对所得图形用计算机进行处理,利用密度相关函数测得其分形维数约为 $D = 1.84 \pm 0.02$,比 DLA 模型给出的维数($D = 1.67$)略大,因为铜离子在电场作用下不是完全的随机扩散,所以使得生长概率高于模型中的完全随机扩散的概率。如果在溶液中加入 H_2SO_4 用以屏蔽电场,可使其生长形态与 DLA 模型更为接近。在较高浓度和电压下,如浓度为 1.0 M,电压为 7.4 V 时,其生长形态是"长树枝"状,同时可测得其分形维数约为 $D=1.55$。改变电解液的浓度和电解电压,就可以获得各种不同的生长形态。

在上述实验中,还观察到一个有趣的现象。当液面较高(3~4 mm),阴极沿垂直方向刚刚接触液面(无任何诱导材料)时,在一定的浓度和电压范围内,铜粒子可沿液面下侧进行快速二维生长,从其生长过程来看,液面附近的电场力较大,金属叶子在向外生长到一定大小时,会在电场力作用下离开阴极向外漂移,新的生长又会在阴极附近发生。在显微镜下也可看到溶液中的离子对流,这种对流具有一定的振荡频率,去掉电场后,叶子端部开始下沉。

骆桂蓬等还进行了单分子层界面下铜膜和银膜生长过程的实验研究。在实验中用恒电流控制金属银膜的生长,获得两种宏观形态:封闭生长的二维致密图形和开放生长的扩散分形边界。实验装置为直径 9 cm、高 1 cm 的圆形玻璃容器,内有 3~4 mm 深的电解液($AgNO_3$ 或 $CuSO_4$)。阴极是直径为 0.1 mm 的铂丝,阳极则用金属(银片或铜片)制成的圆环,用体视显微镜进行动态观察并接摄像系统。电解液均用去离子水配制,再在电解液表面上铺上一层单分子膜。在铺单分子膜前,用吸水泵将液面灰尘吸去,然后用微量进样器缓慢地将一定量的有机分子材料(花生酸或液晶,均溶于氯仿中,浓度为 0.001 M)沿液面滴入容器中。用微调升降装置来升降阴极,该装置是一台手摇式机械传动垂直升降的装置,阴极垂直地固定在装置的运动头上。实验用电源为 HDV-7C 晶体管恒电位仪。

为进行比较,先进行恒电位条件下二维银膜的生长。电解液为 $AgNO_3$,浓度为 0.001 M,液面单分子层材料为花生酸(10 μl 左右),恒电位为 0.82 V。从实验所得的二维超微粒金属银膜的形态看,并不具有明显的宏观分形结构。为观察到更丰富的生长形态,改用恒电流下沉积,液面单分子层材料用聚合物液晶(10 μl 左右)。当电流 $I=0.131$ mA 时,在前 5 min,二维银膜生长较快,随后生长速度渐慢,溶液中电场电位缓慢下降;将 I 提高到 0.151 mA,通过体视显微镜可观察到新的凝聚从边界处向外成扇形迅速生长,此时电位在相应增加之后又缓慢下降;再次提高电流 $I=0.171$ mA,生长情况基本类似,30 min 后,可以清楚地看到边界的树枝状晶体。将边界部分区域放大,用计算机进行图像处理,根据密度相关函数测得其平均分形维数 $D=1.52\pm0.02$。

应用上述方法,他们又进行了金属铜膜的生长实验,发现铜膜的生长规律和形态与银膜不同。银膜生长后很稳定,而且较易生长;铜膜的生长不仅困难,而且生长后的铜膜在短时间内(几分钟)会发生结构变化。在恒电位控制条件下,电压 $V=0.5$ V,$CuSO_4$ 浓度为 0.1 M,生长开始时铜膜是沿阴极周界向外快速进行的,膜层较薄而且呈淡绿色,并有明显的树枝状纹路。随后生长速度减慢,边界处铜膜变厚,逐渐呈现深红色。提高电压后($V=1\text{ V}$),沿周界又开始有淡绿色较薄的铜膜生长,不久(约 20 分钟),这种生长速度开始减慢,边界处又出现深红色较厚膜层,同时膜内的铜凝聚体开始沿生长纹路逐渐增大并且具有明显的分形形态。这些不断形成的自相似铜颗粒会不断长大,在停止生长后约数小时沉入溶液中。有关这些现象的物理机制和动力学过程正在研究之中。

8.3 溅射凝聚

Elam 等研究了溅射沉积的 $NbGe_2$ 薄膜的分形凝聚特性[174]。实验中得到的沉积物结构与 DLA 模型的计算机模拟结果是惊人地相似。这种分形凝聚结构的分形维数约为 $D=1.9$。实验结果表明存在一个两阶段的生长过程,即初始阶段形成的是分形维数约为 1.70 的结构,接下来的生长过程使沉积结构更加致密。

溅射沉积在近三十年来已经被用作一个主要的技术来制备各种用途的薄膜。而对所有的薄膜来说,其表面的形貌是人们所关心的主要问题之一,因为它常常对这种薄膜制成的器件的电特性产生强烈的影响。目前人们从分形凝聚的角度对溅射生长和凝聚模式发生了更为广泛的兴趣。

1978 年,美国海军研究实验室采用溅射沉积技术来制备 Nb_3Ge 薄膜。这个技术先形成一层 $NbGe_2$ 薄膜,它具有以前没有观察到的表面结构。在放大几百倍的光学显微镜下,在表面上可以观察到复杂的凝聚体,图 8.7 是这些薄膜之一的照片。当改变溅射条件以产生所需的成分时,这种表面特性就消失了。人们希望通过更定量的分析,来得到产生这种结构的有关机理的信息。

图 8.7 溅射沉积 $Nb-Ge_2$ 薄膜的凝聚结构($\times 250$)

薄膜是用铌靶的射频溅射来制备的,铌靶是处于一个压力小于 13.3 Pa 的氩和锗烷的混合气体之中。在沉积过程中石英衬底由一个碳纤维加热的钼平台加热到 840℃。在沉积之前和开始沉积的瞬间,用红外光学高温计测量衬底的温度。沉积的膜厚为 200~500 nm,在最表面的凝聚物由一层晶粒组成,平均晶粒度从约 0.1 μm(小晶粒)到 1 μm(大晶粒)不等。在结构致密、由生长良好的团簇组成的膜中,在光学显微镜和扫描电镜下观察,发现小晶粒层看上去很均匀。而在结构疏松、团簇生长不充分的膜中,电镜观察发现在小晶粒层有无数个不连贯的小孔。在制备前一个膜时,溅射过程中不断地加入 GeH_4;而制备后一个膜时,总的气压较高,而且在沉积过程的后一半时,不再加入 GeH_4。但不管哪种情况,都把沉积时产生的副产品氢气从反应室中排出去。采用 X 射线荧光分析法来测定大、小晶粒的 Nb 与 Ge 的成分比,但没有发现任何差别。

为了与计算机模拟结果进行定量比较,必须测定溅射沉积物的分形维数。用两种方法对分维进行了测定。一个是用分辨率为 256×256 的摄像机把拍摄的团簇沉积物的照片予以数字化,再把在凝聚体上的像素与背景上的像素区分开来。把凝聚体上的像素数的对数与相应的从凝聚体中心计算的半径的对数画在一个双对数图上,并由曲线的斜率求出分形维数。另一个方法是用密度—密度相关函数来确定其分形维数。如图 8.7 所示的致密的凝聚体,其分形维数为 $D=1.88\pm0.06$。这个值比期望的要高,可以归因于是由于该凝聚体的外层分枝过于稠密所致。如采用一个简单的"描中心法",把每一个凝聚体的外层稠密的分枝"去其叶子",那么这时得到的分形维数 $D=1.73\pm0.08$。这个值在实验误差范围之内与 DLA 模型的计算机模拟的值符合得很好。而对于结构疏松的溅射沉积凝聚体,其平均分形维数 $D=1.69\pm0.05$,这些凝聚体没有稠密的外层分枝。

根据观察的实验结果,假设了一个两阶段的生长过程,并用计算机进行了模拟,以验证在后一生长阶段,会发生外层致密的现象。在一个 600×600 的正方点阵上,首先用单步随机投射的方式向一个种子发射 10 000 个粒子,粒子的粘着概率为 1。这样可产生一个恒定的稠密度(约间隔一个点阵)的结构,其分维约为 $D=1.70$。接下来,用 0.1 的粘着概率再向此凝聚体加入 15 000 个额外的粒子,结果得到的图形与图 8.7 中所示的非常相似。这个模拟结果表明,可以把致密的凝聚体的生长过程分为两个阶段。在第一个阶段形成一个狭窄的分形结构,其分维约为 1.70。第二阶段的生长就在第一阶段形成的分枝上继续进行。这两个生长阶段的物理机制可能是不同的,或者虽然是相同的机制,但是某一参量发生了变化,如粘着概率。

8.4 非晶态膜的晶化

1969 年 Oki 等通过电子衍射发现金属蒸积在 α-Ge 上可以显著降低 α-Ge 的晶化温度,例如孤立的非晶 Ge 膜的晶化温度为 400℃,而 α-Ge/Au 双层膜中非晶 Ge 的晶化温度降至 100℃;非晶硅也是如此,它和金属接触后晶化温度也可以从 700℃降至 400℃,甚至更低。这种现象称为**金属诱导晶化**。此后人们在这方面开展了大量的工作,对诱导晶化的机制提出了一些不同的解释[175,176]。张人佶等比较系统地研究了 α-Ge/多晶 Au 和 α-Ge/单晶 Au 双层膜的晶化过程,发现单晶 Au 膜不会引起诱导晶化,而多晶 Au 膜会引起诱导晶化,由此提出晶界三叉点为优先成核位置的观点,较好地解释了金属诱导晶化的机制[177]。在这些双层膜系统中观察到了与 DLA 图形非常相似的凝聚体结构。段建中等在有中间相存在的 Pd-Si 合金膜中发现并计算了金属膜缩聚的图形的分形维数,随 Pd-Si 合金膜的成分从 Pd-Si 44%原子改变到 Pd-Si 62%,分形维数从 1.78 改变到 1.55,在 Pd-Si 合金膜中在分形区出现之前还发生金属(或金属硅化物)和 Si 反应生成新的金属硅化物的过程[178]。侯建国等对简单的共晶 α-Ge/Au 系进行系统的实验研究,对双层膜在不同退火温度下出现的缩聚区用透射电镜(TEM)、能量色散谱仪(EDS)和显微光密度计进行了研究,计算了缩聚区的分形维数,并对可能的生长机制进行了讨论[179]。

将双层膜真空蒸积在新解理的 NaCl(100)面上,蒸积时的真空度优于 5×10^{-3} Pa。为了使界面尽可能清洁,两次蒸积是在同一真空下进行的,间隔不超过 30 s。α-Ge 膜厚约 25nm,Au 膜厚约 30 nm,蒸积好的样品在优于 6.6×10^{-3} Pa 的真空下退火。

透射电子显微镜观察在 200 kV 加速电压下进行,由于 Au $L_α$ 特征峰(9.70 keV)和 Ge $K_α$ 特征峰(9.88 keV)部分重叠,在定量分析中收集了 Ge $L_α$(1.19 keV)和 Au $M_α$(2.14 keV)特征峰强度,然后通过无标样法,得到微区的相对组分。为了确定原子的扩散情况,还需测定各个分析区域内原子数目的增减。测定时以未退火样品 Au 和 Ge 的峰强度值为标准,在相同实验条件下得到各个分析区域内原子数目的变化。为使数据可靠,在同一区域内取四个点,得到平均的峰强度值。由于 Au 膜在下,Ge 膜在上,还需对峰强度进行吸收修正,Au $M_α$ 峰强度由于样品的吸收而衰减为 0.941,Ge $L_α$ 的峰强度则衰减为 0.990。

透射电镜观察表明,在 100℃ 退火 30 min 后,α-Ge 在某些区域开始晶化,并出现大小约几百纳米的不规则缩聚区,继续退火至 4 h,缩聚区已长大至几个微米大小,形成与 DLA 图形很相似的无规分叉的缩聚图形区域。电子衍射表明,缩聚区内含有较大的 Ge 晶粒。不同缩聚区之间有明显的边界,相邻的分叉图形都不互相连接。X 射线 EDS 微区定量分析结果表明,在退火过程中,Au 原子从缩聚区向外扩散并富集在黑色区域,同时 Ge 原子反向扩散;该双层膜退火后其厚度基本不变,保持在 55 nm 左右。

当退火温度不同时,退火后双层膜的形貌也完全不同。在 200℃ 退火 30 min 后,除了出现分形外,还可以看到许多孤立的白色小岛,分形区的枝权比 100℃ 退火的要显著地粗。衍射结果表明,分形缩聚区的 Ge 晶粒大于非缩聚区的。分形区周围和分形区的 EDS 结果都表明在退火过程中,发生了 Ge 和 Au 的相互扩散,因此这两种区域可能具有不同的晶化机制。在 300℃ 退火 30 min 后的形貌图中,已经看不到分叉型缩聚区,只有两种尺寸相差很大的岛状缩聚区。较大的岛状缩聚区的衍射结果表明含有相当大的 Ge 单晶粒。

图 8.8 为各种退火温度下样品缩聚区的图形,从图中可以很明显地看出缩聚的形状随退火温度发生了很大变化。对图 8.8 中的三个图形用 Sandbox 方法和相关函数法计算了它们的分形维数。对图 8.8(a)中的图形,求得分形维数 $D=1.785$;对图 8.8(b)中的图形,其 $D=1.808$;对图 8.8(c)中的岛状缩聚区,用 Sandbox 法求得 $D=1.980$。结果表明,在 100℃ 和 200℃ 下退火样品的缩聚区,的确是具有标度不变性的分形结构,并且它们的维数随着退火温度的升高而变大,两种方法求得的分形维

数符合得比较好。

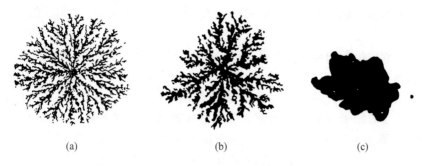

图 8.8 在不同温度下退火的样品缩聚区图形
(a) 100℃；(b) 200℃；(c) 300℃

从实验观察结果看,不同的退火温度,导致了不同的原子扩散和薄膜缩聚行为。在一定的温度下退火时,不仅有金属膜的缩聚过程,还有半导体原子的反向扩散过程。金属诱导晶化与气相淀积过程不同,这里不需要原子的长程扩散,因为晶化成核的原子到处都有。根据这些事实,他们提出了随机逐次成核机制,认为晶化热很快向四周传播,在上一代核的周围随机地触发下一代核,成核后两种原子的互扩散是由成核长大过程决定的,扩散本身并不是分形形成的控制因素。初步的计算机模拟结果与观察到的图形相符[180,181]。

Radnoczi 等观察到非晶 $GeSe_2$ 膜在 220℃ 晶化后出现的分形[182]。非晶态膜是在 Ta 舟上蒸发 $GeSe_2$ 多晶到覆盖有碳膜的铜网上形成的,晶化也从铜网边缘开始,分形只在局部地区中出现,分维是 1.69～1.73。他们认为分形是在 Se 富集区内形成的。

Ben-Jacob 等观察到非晶 $Al_{0.4}Ge_{0.6}$ 膜在 230℃ 退火后出现的"密集分叉图形"(dense branching morphology)[183]。非晶态膜由电子束同时蒸发 Al 和 Ge 到覆盖有可溶材料(如光刻胶)的盖玻片上制成。密集分叉图形不是分形,因为它不符合在一定范围内的标度不变性；它的另一个特点是轮廓接近于圆。电子衍射得出：图形由多枝杈的 Ge 多晶和近于单晶的 Al 镶边组成,X 射线能谱定量分析也证实了这一结果；而图形外的基体仍保持为非晶合金膜。Al-Ge 非晶合金膜的晶化比 α-Ge/Al 双层膜的金属诱导晶化复杂,这里 Al 和 Ge 两者同时从非晶态中产生。他们还发现用电子束轰击基体可以产生 DLA 类型的分形[184]。

最近,张人佶等对 Ge-Au 和 Ge-Ag 双层膜在退火时的凝聚行为进行了系统的研究,并取得了很好的结果[185]。他们发现,退火引起的凝聚体的形貌可分为不同的类型：雪花状凝聚(SA)区,等轴状凝聚(EA)区,随机分布凝聚(RDA)区。如果退火温度足够高(超过金属-Ge 二元体系的共晶温度),在此退火膜中还会发生界面共熔和重结晶(MR)区。这些凝聚区的分形维数分别如下：$D \approx 1.7 \sim 1.85$(SA 区)；

$D≈2$(EA 区);$D≈1.7~1.85$(RDA 区);$D≈2$(MR 区)。他们用 Au-Ge 和 Ag-Ge 二元素的平衡相图以及半导体 Ge 和 Au、Ag 的性能之间关系,对实验结果进行了讨论。

上述过程给出的图形各不相同,有的分枝细密、轮廓不规则;有的分枝粗疏、轮廓规则接近圆形或卵形;有的属于分形,有的不属于分形;但它们的共同点是枝杈繁多,枝叉大多由多晶组成。从物理上看,上述复杂图形的产生是由于:①高度的非平衡状态;②适度的原子迁移率。通常的晶化都在较高的温度下进行,非平衡程度(过冷度)较低,原子也比较容易迁移,在这种情况下往往不容易产生复杂图形。从金属诱导晶化可以看出,由于晶化温度降低了约 300℃,上面两项产生分形的条件在较宽的范围内得到满足,出现分形就容易得多。值得提出的是在双层膜或三层膜中,反应后或分解后产生的 Si 也表现出分形类型的图形,例如在 α-SiC/Al/α-SiC 在约 275℃ 退火 100 s 后出现多晶 Si 组成的分形[186],在 Al/Si_3N_4 膜中反应生成 AlN(550℃,100 min)的同时,在局部地区也出现多晶 Si 组成的类分形图形。

8.5 粘性指延

关于粘性指延的基本概念和计算机模拟已经分别在 5.7 节和 6.4 节中介绍过了,本节主要介绍一些实验结果。进行粘性指延的实验装置分为两类:长条形的 Hele-Shaw 槽和圆盒形的 Hele-Shaw 槽,图 8.9 是长条形 Hele-Shaw 槽的示意图。利用这种装置,可以对封闭在槽里或通过两端流过槽里的流体进行观察或照相。

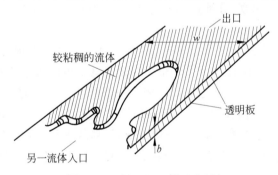

图 8.9 Hele-Shaw 槽示意图

Walker 等利用 Hele-Shaw 槽研究流体的界面,通过研究各种不同的流体,发现不稳定的界面会产生许多新奇的形状[115,187]。研究表明,在某些场合,一个界面会演变出一种分形图形。虽然在 Hele-Shaw 槽中所观察到的图形只在很有限的放大范围中才是自相似的,但人们在研究流体不稳定界面时,却对粘性指延产生了极大的兴趣。

Walker 自制的 Hele-Shaw 槽为正方形的有机玻璃板，板长 38 cm，厚 1.9 cm。用有机玻璃的优点是容易钻孔，但不能太薄，否则在组装成 Hele-Shaw 槽时容易弯曲变形。在两块有机玻璃板之间放入垫片，用 6 mm 宽的窗户密封用的泡沫橡胶条作垫片，在该装置的一端，在泡沫橡胶条上切出几个狭窄的开口，便于在实验过程中为了加入过量流体而能让流体流出装置。两块有机玻璃板用 6 个或更多个夹子夹紧。在上盖板中心钻了一个 3 mm 直径的孔，以便于向槽内注射某种流体。在准备实验时，先取下夹子和上盖板，往底板上倒进液体。如果希望整个 Hele-Shaw 槽在实验过程中都充满液体，就可以把液体加到铺满底板的一半。这样盖上上盖板再用夹子把两块有机玻璃板夹紧时，液体就会充满整个空间，过量的液体会通过垫片上的孔漏出去。

在盖上上盖板再用夹子夹紧时，往往会产生一些气泡。为了除掉气泡，在中心孔里塞进一些餐巾纸，并把 Hele-Shaw 槽的一端朝上立起。在所有的气泡移动到上端后，它们基本上都会在垫片的开口处破裂。

当夹子完全夹紧时，两块有机玻璃板之间的距离大约为 1 mm。这一间距对有些实验非常重要，因为界面所演化出来的图形的尺寸是由这一间距决定的。有些图形还取决于装置的左右两边的宽度：如果槽太窄，图形就不会产生。为了拍摄图形的照片，可在 Hele-Shaw 槽下面装一个磨砂灯，这种灯光线比较柔和。在灯和槽之间再安置一张白色绘图纸，一方面可使光线散射更加柔和，另一方面也可防止从槽里外溢的液体损坏灯泡。

在一些实验中，向 Hele-Shaw 槽里的液体（甘油、玉米油或糖浆）注射染了色的水。染料用的是甲基紫，用点水加以稀释，然后用注射针管抽满染了色的水，抽取时要避免空气进入针筒。可以把这种水从中央孔或边缘上的泡沫橡胶垫片注射进槽里。在中央孔注射时，染了色的水迅速扩展，形成一个美丽的图案，它有一些不断分叉的叶瓣。在边缘上注射时，染了色的水形成了一个蕨类样的图形。

Paterson 研究了染了色的水注射进甘油以后所形成的图形结构。他发现，图形中最小的叶瓣的尺寸大约是 Hele-Shaw 槽两块有机玻璃板之间距离的 4 倍。这种比例关系是因水和甘油之间的界面所演化出的波形的特性引起的。决定叶瓣产生的那个最不稳定的波，其波长就等于两块有机玻璃板之间距离的 4 倍。水和甘油是能够混溶的，但它们的相互扩散非常慢，完全能够来得及产生图形，而且图形的持续时间也长得足够拍照。

Paterson 还研究了从中央孔向甘油注射空气时所发生的现象。在这个实验中，流体（空气和甘油）是不相混溶的。在理论上，只有当界面波形的波长超过一个下限值时，不相混溶流体间的界面才是不稳定的。一开始，空气泡是一个小圆点，其圆周太小了，无法维持波长大于下限值的波形。只有当空气泡增大后，界面才会变得不稳定，然后气泡演化成有分叉叶瓣的花朵状。

1985年，法国的Nittmann、Daccord和美国的Stanley报道，他们通过把染了色的水注射进一种聚合物的水溶液中而生成了自相似的"手指"。这些"手指"很像一棵枯树的枝叉，它们从主杆上伸出来，又细又短。这种聚合物是一种分子量很大的聚糖。由于是聚合物的水溶液，因此在溶液与注射进去的水之间基本上不存在界面张力。由于没有这一稳定因素，界面便能在方向上产生剧烈的变化，由此而产生了自相似图形。图8.10是在浓玉米糖浆中吹入空气后形成的图案。

图8.11是水注入充满高聚物溶液的长条形Hele-Shaw槽中得到的不断分叉的图形，水是从槽的左端注入的，随着水的不断注入，图形不断向前分叉、扩展。

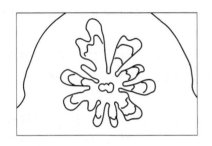
图8.10 在浓玉米糖浆中吹入空气后形成的图案

图8.11 从充满高聚物的长条形Hele-Shaw槽的左端注水后形成的图形

如果是在圆形Hele-Shaw槽中，那么得到的图形与DLA图形相似，测得的分维$D=1.70$。水或空气注入甘油也可以得到密集分叉的图形[183]。在粘性指延中，甘油的流体压力类似于粒子的密度。这一压力在空气泡与甘油的界面上为最大。甘油从气泡上向外流动时，这压力就减小，流量正比于气泡外各点上压力的变化率。指状物之所以会长大，就是由于流体最容易从指状物上向外流开，因为流体流开时界面也跟着移动，"指尖"便变得更长，其结果是出现一种生长不稳定性，它与有限扩散凝聚的生长不稳定性相类似。

由实验结果发现，减小界面张力，分叉易于出现；槽的两块玻璃板之间间距增加，分叉变宽。两种流体的粘度比为0.0001时，分维$D=1.90$；粘度比大于0.01时图形不属于分形。粘度比为10（即在低粘度液体中注入高粘度液体）时，图形为规则的图形[114,115,136—138]。

石油开采中，也会遇到类似的问题，但此时是不希望形成树枝状分叉的粘性指延构造。采油时常在地面上确定适当大小的正方形，在正方形的各顶点和中心共钻五个孔，然后向中心孔吹入二氧化碳（或水），目的是用二氧化碳把石油赶进采油孔，然后从周围四个孔中汲取石油。在这个过程中，希望二氧化碳能均匀扩展开来，但不希望变为树枝状，否则采油效率将明显下降。为达此目的，应该使流体间的粘性比减小，因为粘性比越大，越容易产生粘性指延构造。

8.6 电介质击穿

气体、液体和固态绝缘体的电介质击穿经常以狭窄的放电径迹形式发生,这种放电径迹强烈地显示出分叉倾向,形成各种复杂的随机图案,如闪电,表面放电,聚合物中的树枝形金属沉积[188—191]。在这一大类的放电类型中,分叉放电的整体结构经常表现出一种很接近的结构相似性。

1984 年瑞士的 Brown Boveri 研究中心的 Niemeyer 等研究了平行玻璃板之间 SF_6 气体中的电击穿现象[113]。图 8.12 就是一幅表面放电图案的照片,这个图案又称为 Lichtenberg 图,是以 18 世纪德国物理学家 George Christoph Lichtenberg 的名字命名的。实验用的玻璃板厚 2 mm,SF_6 压力为 0.3 MPa,所加的电脉冲为 30 kV×1 μs。SF_6 是一种击穿强度很高的绝缘气体,常被用在高压电器开关、加速器中起绝缘作用。

他们对这种多枝杈的二维径向放电图形,测得其分形维数 $D=1.70$,并认为有限扩散凝聚过程是 Lichtenberg 图案形成的根本原因。采用其他的实验装置也可以得到这类表面放电图案,如在与一片照相乳胶或在与散布在一块绝缘体表面上的细粉相接触的电极上加一个电压,就会产生一种类似于闪电的分叉的线状放电图案。

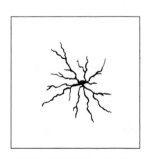
图 8.12 在 SF_6 气体中的二维径向放电图案

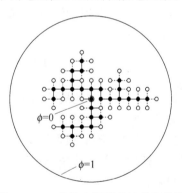
图 8.13 二维放电图形的计算机模拟

假定开始时所加的电压在靠近电极处相当高,足以破坏一个小区域上的乳胶,从而产生一条导电通道。在通道之外存在一个电场,其强度取决于材料中各点电压的变化率。Niemeyer 等提出了一个合乎情理的推想,即电场强度最强的地方就是这条导电通道最容易形成的地方,而电场强度最强处被证明为恰恰就是放电的尖端处。这样,尖端就变得更长,且不断增加,表明发生了分数维式的增长。他们对图形进行了计算机模拟,在圆形正方点阵中应用 Laplace 方程 $\nabla^2 \phi = 0$,式中的 ϕ 是电势,见图 8.13。点阵的中心是一个电极,另一个电极为环状,放置在足够远的地方。首先

取点阵中心的 ϕ 为 0,远离中心的圆周上 ϕ 为 1。电击穿从中心开始向外随机传播,击穿的实心圆点上的 ϕ 都等于 0。用粗线连接的实心圆点显示放电径迹,虚线代表所有可能的生长过程,每一个过程的概率与局域电场强度成正比。利用这样的边界条件去解间断型 Laplace 方程:

$$(\phi_{i+1,k}-2\phi_{i,k}+\phi_{i-1,k})+(\phi_{i,k+1}-2\phi_{i,k}+\phi_{i,k-1})=0 \tag{8.1}$$

式中 i 和 k 分别是 x 和 y 方向上点的编号。这样计算机可以方便地给出直径为几十以至几百点阵常数的圆内各点的 ϕ 值。

设所有实心圆点最近邻的空心圆点才有如下的击穿概率(和下式成正比):

$$(\phi_{i+1,k}-\phi_{i,k})^m \text{ 或 } (\phi_{i,k+1}-\phi_{i,k})^m \tag{8.2}$$

式中 m 是可以调整的数。令所有空心圆点的概率之和为 1,并分别分配给它们一定的数值区间,在 0 和 1 之间产生的随机数决定下一个被击穿的点(空心变实心),击穿后再重新计算电势分布,重复以上过程来决定下一个击穿点。

在上式中,如 $m=0$,表示击穿概率和电场强度无关,得到的是密集图形。$m=1$ 时,此模型实际就是 DLA 模型。因为 DLA 模型在物理上满足 Laplace 方程 $\nabla^2 C=0$,这里 C 是扩散粒子的浓度或它在点阵上出现的概率(这里的方程也就是稳态扩散方程,而原子簇组成的 DLA 图形的生长速率和浓度梯度成正比,相当于 $m=1$)。

对每一段虚线来说,其击穿概率还可表达为它所连接的实心圆点 $(i,k;\phi_{ik}=0)$ 和空心圆点 (i',k') 间的电势差(局域电场)的函数。下标 i,k 和 i',k' 代表各个点阵的坐标。可以写出

$$P(i,k \to i',k') = \frac{(\phi_{i'k'})^\eta}{\sum (\phi_{i',k'})^\eta} \tag{8.3}$$

式中指数 η 被用来表达局域电场和概率之间的关系。分母表明与所有可能的生长过程有关(即图 8.13 中的全部虚线)。给定这个概率分布后,随机地选一个新的连接(和圆点),并加入到此放电图案中。对这个新的放电图案,再重复上述过程。以上的规则也合适地定义了从中心点开始的过程。另外,不会发生交叉,图案只是简单地被连接起来。

这个随机模型的核心是击穿概率取决于由等电势放电图案确定的局域电场(电势)。这个模拟中最麻烦的部分是每过一个时间间隔,都要求出 Laplace 方程(即式(8.1))的解。

给出合适的边界条件,通过迭代式(8.1)就可得出电势。一般迭代 5 到 50 次之间就可得到很好的收敛点。这个方法正确地重现了一个给定的放电图案对每一段连接的击穿概率的总体上的影响。例如,在图 8.13 中右边的连线的顶端将有一个大的击穿概率,而在图 8.13 的左边网格里边的那些点将只有很小的击穿概率。这就是众所周知的"**尖端效应**"和"**法拉第屏蔽**",它们起源于场方程的解。

在开始计算机模拟时,先令 $\eta=1$(即击穿概率与局域电场成正比),对目前的实

验而言,这也是个最实际的情况。模拟结果得到了高度分叉的结构,测定大约各含 5000 个点的五个大的图案的分形维数,其平均值为 $D=1.75\pm0.02$,这个模拟图案的值与实验得到的放电图案的值($D=1.70$)符合得很好。

进一步研究了除 1 以外的 η 值的影响。这是很有趣的工作,因为在除了气态以外的系统里(固态、液态、和聚合物),在生长概率和局域电场之间的微观关系可能用一个非线性函数来描述更为合适。

$\eta=0$ 的情况代表击穿概率与局域电场无关,这是一种 Eden 模型,只是有少许不同,那就是在现在的情况下,某些空心圆点有较高的概率,因为从几个实心圆点都可以到达它们。在 $\eta=0$ 的情况下,生长是均匀的,而且 $D=2$。对 $\eta=0.5$ 和 $\eta=2$ 的情况也进行了研究,相应的分形维数在表 8.1 中列出,它们与 $\eta=1$ 的情况是不相同的。

表 8.1 分形维数 D 与指数 η 的关系

η	D	η	D
0	2	1	1.75 ± 0.02
0.5	1.89 ± 0.01	2	~1.6

以上介绍的随机模型可用来描述电介质击穿的放电图案,其基本假设是击穿概率取决于局域电场。这个模型自然地导致一个二维分形结构,这个结构与合适地设计的平面放电实验的结果相符合。

8.7 水溶液结晶

过饱和水溶液中的溶质在一定的条件下(温度、浓度等)会在溶液中形核、结晶析出。1986 年日本学者 Honjo 等在过饱和 NH_4Cl 水溶液中首次观察到 NH_4Cl 晶体的无规生长。实验装置很简单,NH_4Cl 水溶液被封在两个相距为 25 μm 的玻璃板之间,上面的玻璃板表面涂有导电膜以控制温度,下面的玻璃板分两种结构:表面粗糙的和表面光滑的。当用表面粗糙的玻璃板时,由于粗糙表面的无序性,对晶体生长起随机扰动作用,此时晶体生长模式具有分形性质,晶体的面积与回转半径 R 的关系给出分维 $D=1.67$。当用表面光滑的玻璃板时,生长模式为枝状晶体,即枝晶。

刘俊明对水溶液晶体生长中的形态发生与选择问题进行了研究,实验考察了二维和三维 NH_4Cl 水溶液生长的分形、枝晶以及它们的相互转化[192]。通过控制生长元厚度 δ 及过饱和度 σ 来控制溶质扩散效应和生长各向异性效应的大小。NH_4Cl 晶体生长过程的形态发生及发展用实时观察录像系统记录下来。当 δ 降至 70 μm 时,观察到分形生长结构。$\delta=5~\mu m$ 时典型的分形结构如图 8.14 所示,其分形维数 $D=1.63$。当 δ 增大到 $70~\mu m$ 时,如果生长前沿 σ 较大,氯化铵将由分形生长向规则的枝晶生长过渡,分形维数由 $D=1.74$ 变为 $D=1.0$。如果画一个生长晶体的质量与半径的双对数坐标图,就可找出 $D=1.74$ 和 $D=1.0$ 这两条直线的交点,它就是由分形向枝晶转变的转变点,它的存在说明了生长控制发生了转变,并认为枝晶为分形的一个特例。当形态由分形向枝晶转变时,其维数 D 将发生变化,这里 D 应该是变小的。

实验表明,无论 δ 多大,只要 σ 足够大,都可以观察到规则枝晶的生长。枝晶尖端轮廓满足抛物线方程,与理论预言相一致。实验测量表明:三维和二维枝晶的枝尖半径 R 同生长速度 v 间总满足 $R^2 \cdot V = C$(C 为常数)的标度关系。从整体结构上看,在规则枝晶与分形结构之间,还可观察到一种畸变枝晶,如图 8.15 所示。这种畸变枝晶生长具有一定的随机性,尖端无规分叉和不对称侧向分枝证明了这一点。这种畸变枝晶作为规则枝晶向分形结构的过渡形态应引起人们的重视。很显然,这种畸变枝晶的 D 值将大于 1,约为 $1.4 \sim 1.5$。

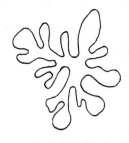

图 8.14　二维氯化铵水溶液生长系统中的分形结构($D=1.63, \delta=5~\mu m$),×600

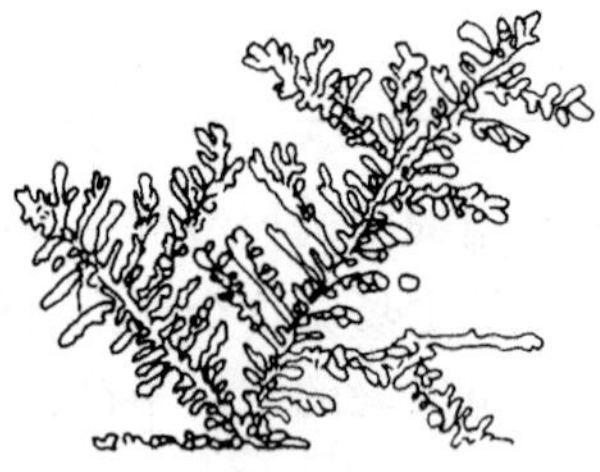

图 8.15　二维氯化铵水溶液中晶体生长时观察到的畸变分枝枝晶($\delta=15~\mu m$),×100

在准二维系统中,当低粘度流体向高粘度流体推进时,两流体的界面将很快由平面变为不规则分叉状界面,这种界面结构称为**粘性指延**,在 8.5 节中已介绍了一些实验结果。用分形理论分析这种结构揭示了其发展的随机性。在二维氯化铵溶液中晶体生长时也观察到了有类似的形态形成,并具有分形特性。氯化铵生长元厚 $\delta=5~\mu m$,可以看成为准二维系统,加热到饱和点以上,在充分均匀溶解后以不同冷速冷却,即可获得不同生长过饱和度 σ。实验显示,σ 由高到低时,液膜中将优先形成六分叉、五分叉和四分叉粘性指延结构。σ 很高时,可观测到无规分叉粘性指延结构,图 8.16 为这些结构的照片。分别测定了这些粘性指延结构的分形维数 D,其值在 $1.60 \sim 1.67$ 之间。没有发现维数大小同分叉程度有明显关系,但分叉程度高时,其 D 值稍高。

氯化铵作为四次对称的晶体,在三维生长体系中优先形成的结构为四次对称分

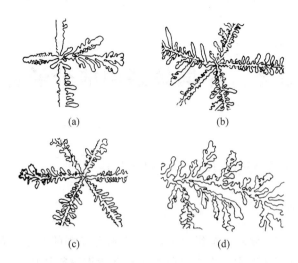

图 8.16 二维氯化铵液膜中的粘性指延结构,均放大 80 倍
(a) 四分叉;(b) 五分叉;(c) 六分叉;(d) 无规分叉

叉的规则枝晶,如图 8.17 所示,此时 $\delta=0.5$ mm,所以可看作为是个三维生长体系,形成的结构是严格四次对称的规则的枝晶。

在二维生长系统中,生长各向异性效应因被严重抑制而无法同溶质扩散发生耦合,观察到的生长界面的分叉是无规的,正如图 8.16(d)所示。由四次分叉、五次分叉到六次分叉和无规分叉,生长各向异性效应越来越小,可以用 DLA 模型对其进行描述。而且测得的分维值同计算机模拟值是一致的,只要在模拟时考虑生长各向异性因素。

图 8.17 $\delta=0.5$ mm 时形成的氯化铵规则枝晶,×100

毛法根在缓慢条件下自然蒸发氯化铵饱和溶液,得到十种不同形态的结晶[193]。实验采用分析纯氯化铵配成饱和溶液,在溶液与晶体共存的条件下缓慢蒸发(放在干燥器内,并加盖),放置一周,滴在玻璃载片上的溶液蒸发后,用显微镜照相。观察到的结晶形态有:叶脉形、链结形、山脉形、乳石形、松柏形、蝴蝶形、蕨叶形、无定形、冰珠形、尖刺形。并认为这些形态的无规氯化铵结晶,都是分形生长的产物。在大致相同的条件下,由于溶液厚度不同,蒸发速度不同,形成了有限扩散控制;另外还受到表面张力收缩的影响,最终形成了各种形态的结晶体。上述各种结晶形态的发现丰富了一价铵盐分形生长的研究。扩散与表面张力是造成不同结晶形态的原因,有的是明显地受 DLA 模型控制,有的则是表面张力收缩的结果。

另外,作者还采用溢晶技术,得到了多种氯化钾不规则结晶形态,其中有一种称为薄层氯化钾无规结晶,是文献中未曾报道过的分形结构。分析结果表明,薄层氯化钾结晶与表面张力有关。

第 9 章 不同体系中的分形生长

9.1 氧化亚锡从结晶生长到分形生长

9.1.1 快速冷却

把碘化亚锡(SnI_2)放入一个坩埚中,在正对碘化亚锡的上方放置硅片,再把坩埚放进一个蒸发—沉积装置中。在空气气氛中对此坩埚进行加热,控制加热的温度、保温时间以及冷却速度,就可以进行不同参数的实验研究。碘化亚锡受热后分解成锡和碘,锡氧化成氧化亚锡,氧化亚锡分子会在硅片的表面结晶,生长晶体,还会形成各种图案。整个过程属于气态—固态相变[194]。

图 9.1 是氧化亚锡从结晶生长到分形生长的扫描电镜照片。实验条件是,先把碘化亚锡加热到 520℃,保温 1 h,然后快速冷却,最大冷却速度可达到约 1000℃/min。把硅片取出,然后镀上一层 10 nm 厚的金膜,在扫描电镜里观察氧化亚锡沉积物的形态。图 9.1(a)是一个沉积物的形态,中间部分是氧化亚锡晶体的聚集区,其尺度为约 30 μm。在聚集区中,很多晶体聚集在一起,这些晶体的尺度在 170 nm 到 1.7 μm 之间。而在这个聚集区的边沿上,每个氧化亚锡晶体都是很特殊的,都清楚地显示了一个从结晶生长到分形生长的过程,是非常有意义的,因为它从实验上揭示了一个从平衡生长逐步过渡到非平衡生长的过程。图 9.1(b)是图 9.1(a)中右上部边沿的一个氧化亚锡晶体的放大照片,这个晶体的尺度大约为 1.2 μm。它的底部是一般的晶体形态,但从底部往上,逐步发生变化,直至明显的随机的分叉生长,也就是分形生长,而且生成的分形结构的尺度也很大,大约为 11.2 μm,远远超过了底部晶体的尺度。

图 9.1(c)是图 9.1(a)中右上部边沿的一个氧化亚锡晶体的放大照片,显示了与图 9.1(b)类似的特性。图 9.1(d)是图 9.1(a)中沉积物顶部的氧化亚锡晶体的放大照片,它与图 9.1(b)和(c)的特性类似。在照片的中间,可以看到几条黑色的痕迹,它们是由于扫描电镜的电子束照射该区域的时间略长,使这些分形结构被溅射掉了,留下了分形结构的痕迹。这说明沉积的分形结构的厚度很薄。

从上面的分析,可以得出如下两点结论:①在同一个系统中,在气态—固态相变时,在冷却温度突变的情况下,氧化亚锡会从结晶生长逐步过渡到分形生长,也就是

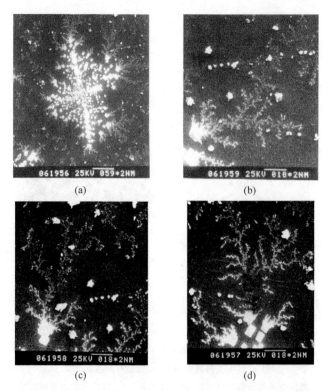

图 9.1 氧化亚锡从结晶生长到分形生长的扫描电镜照片
(a) 氧化亚锡沉积物的形态；(b) 图(a)右上部边沿的一个氧化亚锡晶体的放大照片；
(c) 右上部边沿的另一个氧化亚锡晶体；(d) 沉积物顶部的氧化亚锡晶体

从平衡生长逐步过渡到非平衡生长。②分形生长的速度比结晶生长的速度要快得多,分形结构是相互连接的连续的结构。

对氧化亚锡从结晶生长逐步过渡到分形生长的过程,还可以进行计算机模拟,如图 9.2 所示。

对氧化亚锡从结晶生长到分形生长的转变进行计算机模拟,来阐述图形形成的机理[195],如图 9.2 所示。模拟是在一个二维的 600×600 的点阵中进行,采用 DDA (deposition-diffusion-aggregation)模型,该模型已经被应用于不同的系统,成功地解释了由扩散和凝聚过程控制的分叉生长[196]。在这个二维点阵中,容许平衡生长和非平衡生长同时进行,它们各自遵循本身的生长规律。

DDA 模型把粒子沉积、结晶和分形生长定义为以下四步：

(1) 沉积：粒子以每个格点每单位时间的通量 F,在表面随机选定的位置沉积。

(2) 扩散：随机选择粒子和团簇,在每个单位时间里,向东、南、西、北的一个方向运动一格。它们实际运动的概率取决于它们的迁移率,设定为

$$D_s = D_1 S^{-0.5} \tag{9.1}$$

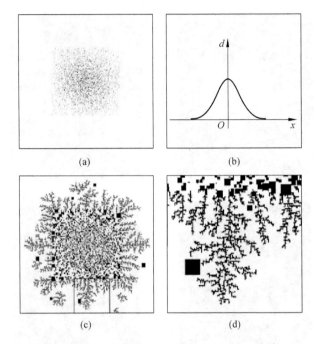

图 9.2 氧化亚锡从结晶生长到分形生长的计算机模拟
(a)结晶生长的晶核；(b)高斯分布的晶核密度；
(c)模拟生长的晶体和分形结构；(d)在图(c)下部的方框内图形的放大

式中，S 是团簇中的粒子数，D_1 是单个粒子（$S=1$）的扩散系数，它由下式确定：

$$D_1(T) = D_0 \exp\left(-\frac{E_d}{kT}\right) \tag{9.2}$$

在本模拟中，取 $F/D_1 = 10^9$。

(3) 凝聚：如果两个运动的粒子(或者它们所属于的两个团簇)到达并占据了两个相邻的格点，那么它们就不可逆地停留在那里。如果一个粒子或者一个团簇碰到一个晶体，那么它们就停留在当前位置，不能再运动。

(4) 停止：当沉积粒子达到预定的数量，模拟过程结束。

把图 9.2(c)与图 9.1 相比较，可以看到，计算机模拟所得的结果与实验所得的图形很相似，较好地阐述了在图 9.1 中所显示的图形形成的过程。另外，测定了在图 9.1 中显示的实验所得的分形结构的分形维数 $D_f = 1.62 \pm 0.02$，而在图 9.2(c)中计算机模拟所得的分形图形的分形维数 $D_f = 1.63 \pm 0.02$。在允许的误差范围内，两者基本上是一致的。

9.1.2 慢速冷却

图 9.3 是氧化亚锡另外一组气态-固态相变实验结果的扫描电镜照片。样品及

蒸发-沉积装置与前面的相同。实验条件是先把碘化亚锡加热到520℃,保温1h,然后冷却,冷却速度约为50℃/min。把硅片取出,然后镀上一层10nm厚的金膜,在扫描电镜里观察氧化亚锡沉积物的形态。图9.3(a)是一组由氧化亚锡晶粒组成的凝聚体,这些凝聚体的尺度在125 μm 左右。图9.3(b)是在图9.3(a)中左上角一个分支的放大照片,可以清楚地看到,它是由无数不规则的晶粒组成,这些晶粒互相并不连接,但在整体上清楚地显示了分形的特性。图9.3(c)是一个由氧化亚锡晶粒组成的匀称分布的分形凝聚体,图9.3(d)是图9.3(c)中的一个分支的放大照片。

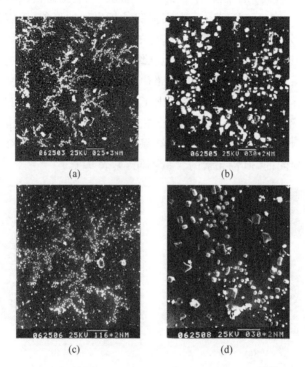

图9.3 氧化亚锡晶粒组成的分形凝聚体的扫描电镜照片
(a) 低放大倍数下观察的图形;(b) 在图(a)中的左上角一个分支的放大照片;
(c) 一个匀称分布的分形凝聚体;(d) 图(c)的一个分支的放大照片

把图9.3与图9.1相比,可以得出一个结论,在氧化亚锡气态-固态相变实验中,冷却速度对沉积物的形态影响甚大。在快速冷却时,会发生从结晶生长转变为分形生长的过程,即从平衡生长逐步过渡到非平衡生长的过程,而且形成的分形结构是相互连接的连续的结构。而在慢速冷却时,形成的分形凝聚体的结构,是由无数不规则的晶粒组成,这些晶粒互相并不连接,在整体上显示了分形的特性。

9.2 猪胆汁从结晶生长到分形生长

这是一个不算太复杂的实验,但实验结果却非常有趣,而且含意深刻,令人深思[197,198]。样品制备过程如下:把一片载玻片进行亲水处理,用丙酮、去离子水、三氯甲烷反复清洗表面,又在氢氧化钠溶液中超声清洗。

把饲养了一年的健康公猪的 25 μl 的胆汁滴在载玻片表面,放在 18℃ 的样品干燥室中,干燥 3 d。然后,把干燥的猪胆汁样品沉积一层金膜,在场发射扫描电镜(FEG-SEM,JSM-6301F,JEOL)下观察猪胆汁析出物的形貌,用能量色散谱(EDS)对析出物的晶体、分形凝聚体和猪胆汁基体的化学成分进行全元素测定。

在制备过程中,猪胆汁样品会自发地从结晶生长转变为分形生长,形成无数的聚集体。图 9.4 是一个聚集体的扫描电镜照片和能量色散谱。从照片中可以清楚地看到,在析出物的晶体的外沿上,向外生长出了随机分叉的分形结构。图 9.4(a)和(b)中 Spectrum 1 和 Spectrum 2 的方框的左上角分别是析出物的晶体和分形凝聚体的能量色散谱的测试点。能量色散谱的结果表明,析出物的晶体和分形凝聚体的化学成分的元素是相同的,但各元素的含量不同,见表 9.1。

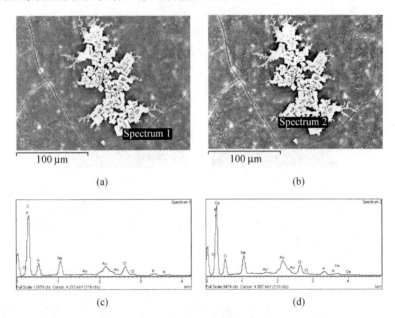

图 9.4　猪胆汁从结晶生长转变为分形生长形成的聚集体的扫描电镜照片和能量色散谱
(a) 析出物的晶体的测试点;(b) 分形凝聚体的测试点;
(c) 析出物的晶体的能量色散谱;(d) 分形凝聚体的能量色散谱

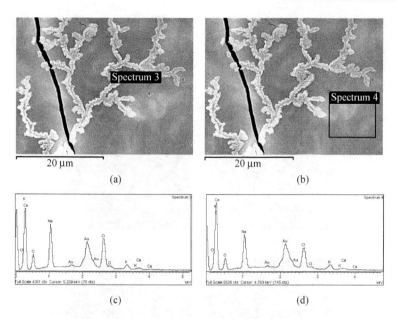

图 9.5　猪胆汁析出物的分形凝聚体的扫描电镜照片和能量色散谱
(a) 分形凝聚体的测试点；(b) 猪胆汁的测试点；(c) 分形凝聚体的能量色散谱；
(d) 猪胆汁基体的能量色散谱

图 9.5 中的 Spectrum 3 和 Spectrum 4 的方框的左上角分别是分形凝聚体和猪胆汁基体的能量色散谱的测试点，测试数据如表 9.1 所示。

表 9.1　从猪胆汁析出的晶体、分形凝聚体及胆汁基体的原子组成成分　　　　%

元素	晶体	分形凝聚体	胆汁基体
C	64.38	62.54	68.09
O	32.39	33.84	25.96
Na	2.22	2.45	3.80
Cl	0.70	0.62	1.32
K	0.14	0.22	0.32
Ca	0.00	0.08	0.08
Au	0.17	0.25	0.43
总计	100	100	100

图 9.6 是猪胆汁从结晶生长转变为分形生长形成的另外一个聚集体的扫描电镜照片，它清楚地显示了该聚集体是由猪胆汁析出物的晶体、过渡结构以及分形凝聚体组成的。图 9.6(a) 显示了聚集体的整体形貌，它与图 9.4 中的聚集体的特征完全相同，该聚集体的尺度约为 157 μm。另外，可以看到一些裂纹，是样品制备过程中猪胆

汁收缩形成的。图9.6(b)是聚集体下端的分形凝聚体的放大图,显示了随机分叉的特征,该分形凝聚体的尺度约为 $50~\mu m$。图9.6(c)和(d)显示了在晶体和分形凝聚体之间存在的过渡结构。

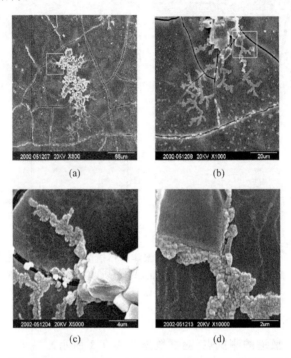

图9.6 猪胆汁析出物的晶体、过渡结构以及分形凝聚体的扫描电镜照片
(a)聚集体的整体形貌;(b)聚集体下端的分形凝聚体的放大图;
(c)图(a)中右上角方框的放大图;(d)图(b)中右上角方框的放大图

在猪胆汁样品表面还形成了无数微小的凝聚结构,图9.7是它们的扫描电镜照片。可以看到,它们的特征是随机分叉。图9.7(b)中显示的凝聚结构的尺度大约为

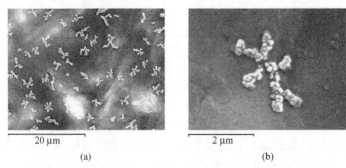

图9.7 猪胆汁析出物的微小凝聚结构的扫描电镜照片
(a)整体形貌,放大3000倍;(b)其中一个凝聚结构,放大25 000倍

$2.7~\mu m$，组成该凝聚结构的颗粒尺寸在 $40\sim120~nm$ 之间。

在猪胆汁实验中，与氧化亚锡沉积实验一样，也会发生从结晶生长转变为分形生长的过程，即从平衡生长逐步过渡到非平衡生长的过程。这是两个完全不同的体系，却发生了相似的现象，这一点是意味深长的。它暗示我们，这是否是自然界的一种规律？表 9.2 是猪胆汁实验和氧化亚锡沉积实验的对比。

表 9.2 猪胆汁实验和氧化亚锡沉积实验的对比

	猪胆汁实验	氧化亚锡沉积实验
体系	生物体系	物理体系
试样的载体	玻璃（非晶体）	硅片（单晶体）
相变	液态—固态	气态—固态
样品制备的温度，时间	18℃，3 d	520℃，1 h
析出物	复杂的有机晶体	简单的无机晶体
晶体的聚集区的最大尺寸	157 μm	30 μm
分形结构的最大尺寸	50 μm	11.2 μm

9.3 人胆汁的分形生长

对人胆汁的研究是很有意义的，因为患胆结石的大有人在。为此，进行了下面的实验。首先，对载玻片进行表面清洗和吸湿处理。然后，从一个进行胆总管手术的成年男性病人的胆总管里引出 20 μl 的胆汁，滴在载玻片上。将载玻片放入干燥箱内，干燥箱的温度保持在恒温 4℃，样品在干燥箱内放置两天。将样品从干燥箱里取出，放入真空沉积设备中，在样品的表面沉积一层 10 nm 厚的金膜。然后，将样品放入场发射扫描电子显微镜(FEG-SEM)中，观察胆总管胆汁析出物的表面形貌，用能量色散谱(EDS)对析出物的晶体、分形凝聚体和胆汁基体的化学成分进行全元素测定。

图 9.8 是人胆总管胆汁析出物形成的分形凝聚体的扫描电镜照片。图 9.8(a)显示了一个随机分叉的分形凝聚体。从图 9.8(b)中可以看到，这个分形凝聚体是由无数析出物的晶体组成，这些晶体的形状是不规则的，大部分晶体并不相互连接。图 9.8(c)显示了另外一个随机分叉的分形凝聚体。图 9.8(d)是图 9.8(c)的长方框中的结构的放大照片。图 9.8(e)是图 9.8(d)的长方框中的分叉的末端的放大照片，它的形态是很复杂的；这暗示我们，在人胆总管胆汁的干燥过程中，析出物的生长过程是非常复杂的。图 9.8(f)显示出，在分形凝聚体的周围，分布着无数的微晶，它们的尺度在 $0.4\sim1.8~\mu m$ 之间。

分形凝聚体的生长过程可以解释如下：在液态的胆总管胆汁中，在析出过程的

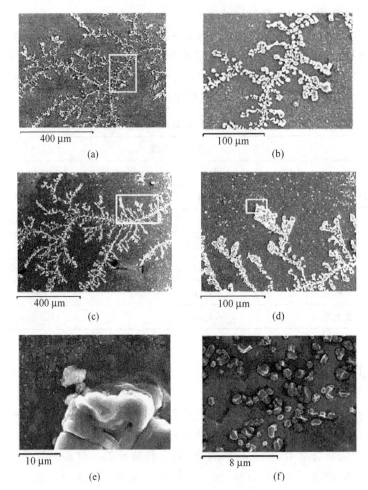

图 9.8 人胆总管胆汁形成的分形凝聚体的扫描电镜照片
(a) 一个随机分叉的分形凝聚体；(b) 在图(a)的长方框中的结构的放大照片；
(c) 另外一个随机分叉的分形凝聚体；(d) 在图(c)的长方框中的结构的放大照片；
(e) 在图(d)的长方框中的分叉的末端；(f) 分布在分形凝聚体周围的微晶

初始阶段,有许多形核点,于是,很多微晶逐步生长,它们在整个样品中随机分布。由于液态胆汁中存在溶质分子或者离子浓度的涨落,以及温度的涨落,当达到一个临界点时,就会发生液态到固态的相变,也就是析出。在胆总管胆汁体系中,由于长程相关作用,生长中的微晶会凝聚在一起,形成分形凝聚体,或者枝晶结构。这个阶段可以称为析出的第二阶段。接下来,随着液态胆汁的逐步变浓,在微晶周围的溶质分子或者离子的扩散越来越难。最后,微晶停止生长,也就是析出停止,这是析出的第三阶段[199]。

在形成分形凝聚体的样品表面,还发现了析出物的枝晶结构,如图 9.9 所示。从

图9.9(a)中可以看到,这是一个不规则的枝晶,具有复杂的形态。它有一个主干和两侧的分支,每个分支包含一些晶粒,这些晶粒的尺度在 3.3 μm 到 14 μm 之间,如图9.9(b)所示。对人胆总管胆汁的研究提示我们,在人胆总管胆汁析出过程中,存在着复杂的生长过程,既可以形成分形凝聚体,也可以形成枝晶结构,还有大量的微晶;而微晶会使我们很自然地联想到人类的胆结石。

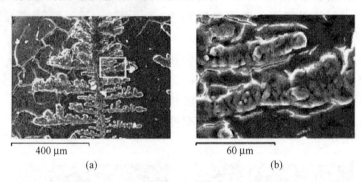

图 9.9　人胆汁形成的枝晶的扫描电镜照片
(a) 一个枝晶结构;(b) 在图(a)的长方框中的结构放大照片

用能量色散谱测试人胆总管胆汁析出的分形凝聚体、枝晶结构、微晶和胆汁基体的成分,测试数据如表 9.3 所示。

表 9.3　人胆总管胆汁析出的分形凝聚体、枝晶结构、微晶和胆汁基体的成分(原子%)

元素	分形凝聚体	枝晶结构	微晶	胆汁基体
C	36.75	49.68	4.12	34.44
O	24.34	38.21	53.13	46.86
Na	16.22	2.33	6.62	3.68
Mg	0.45	—	3.15	0.80
Al	0.25	1.86	0.71	0.38
Si	8.01	3.12	16.32	11.57
Cl	12.11	1.58	7.25	0.38
K	0.27	0.25	2.86	0.29
Ca	0.82	2.39	5.14	1.06
Fe	0.06	—	0.09	0.04
W	0.08	—	—	0.09
Au	0.64	0.58	0.61	0.41
总计	100	100	100	100

对人类的体液进行研究会发现很多意想不到的有趣的结果。英国格拉斯哥古苏格兰大学的 Pearce 和 Tomlinson 研究了健康人眼泪析出的"羊齿草"样图形,如图 9.10 所示[200]。他用光学显微镜观察到人眼泪析出的分形结构、枝晶结构和晶体,该照片放大 400 倍。图 9.11 是在扫描电镜下观察到的分形结构和枝晶的形态,放大 1000 倍。与人胆总管胆汁析出的分形凝聚体、枝晶结构和微晶相比较,可以看到,它们有很多相似之处。他们对样品进行了 X 光分析,发现枝晶结构主要含有钠和氯,而晶体主要含有钾和氯。

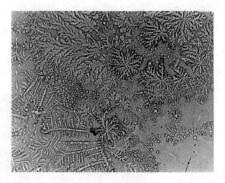

图 9.10　用光学显微镜观察的人眼泪析出物的各种形态,包括分形结构和枝晶

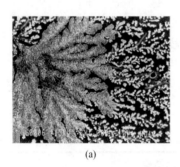
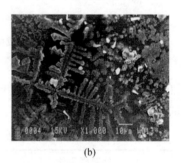

(a)　　　　　　　　　　　(b)

图 9.11　用扫描电镜观察的人眼泪析出物
(a) 分形结构;(b) 枝晶结构

再来看一个人体液的例子。图 9.12 是用光学显微镜观察到的女性唾液析出物的两种形态,照片均放大 55 倍。图 9.12(a)是排卵期妇女的唾液的析出物的形态,是一种"羊齿草"样的图形,而非排卵期妇女的唾液的析出物的形态是无规则的斑点,如图 9.12(b)所示。

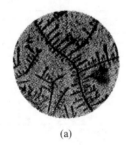

(a)　　　　　　　(b)

图 9.12　用光学显微镜观察的妇女唾液析出物形态
(a) 排卵期妇女的唾液;(b) 非排卵期妇女的唾液

加拿大一个公司利用这个现象,制成了 Luna 生育指示仪（Luna fertility indicator）,帮助想生育的妇女了解自己的排卵期[201]。该指示仪的原理就是利用荷尔蒙—唾液现象:女性在排卵期,其体内的雌激素升高,才会排出一个卵,而高的雌激素会使她唾液中的盐含量升高[202]。妇女舔一下一块干净的玻璃片,过 10 min 左右,对着光进行观察,从观察到的唾液析出物的形态可以判断她此时是否具有生育能力。如果唾液析出物的形态是"羊齿草"样的,如图 9.12(a)所示,那么,她正处于排卵期,具有生育能力。如果唾液析出物的形态是无规则的斑点,如图 9.12(b)所示,那么,她处于非排卵期,不具有生育能力。这些"羊齿草"样的盐晶体的图形是复杂的,与图 9.9 和图 9.10 中的枝晶结构有点类似,与图 9.8 中的分形凝聚体或多或少有点相似。而从唾液析出的无规则的斑点的数量和大小,是可以不同的,有些斑点甚至会凝集在一起,如图 9.12(b)所示。

对比人的胆总管胆汁析出物、人眼泪析出物和女性唾液析出物的形态,可以发现它们之间存在某种关系。它们都是人类的生理现象,尽管它们是基于不同的机理。它们的共同特征是都含有盐分。

9.4 硼酸晶体的分形生长

将高纯的硼酸粉末溶解在 30℃的去离子水中,直到形成过饱和的硼酸溶液。把硼酸溶液倒入几个玻璃烧杯,然后,把不同的基体（钠玻璃片、涂了凡士林的钠玻璃片、聚氯乙烯片、轧制的不锈钢片、铅箔等）垂直地插入硼酸溶液中,使液面高度为基体高度的一半。将玻璃烧杯放入温度和湿度可控的恒温箱中,保持温度为 30℃,湿度为 75%,压力为大气压。

经过 70 h 后,在钠玻璃片上观察到,硼酸晶体在空气—液体界面上发生"攀移爬升"现象,即在界面处不断地向上生长,形成一系列树枝状的二维分叉图形。这些图形明显地显示出自相似的分形特性,其分形维数在 1.65～1.74 之间。图 9.13 显示了在钠玻璃片上生长的硼酸晶体的扫描电镜照片。图 9.13(a)是一个整体的照片,从空气—液体界面到分形结构的顶端,可以计算出沉积晶体的纵向平均生长率约为 100 μm/h。沉积在玻璃片上的硼酸晶体可以分为三部分:在上面的自相似分叉结构（分形结构）、界面上部的支撑结构以及界面下部深入到溶液中的块体状晶体。从晶体结构形态的变化,可以推导出它们相对应的不同的生长机理。图 9.13(b)是图 9.13(a)的放大,可以看到,每个分支的形貌是各不相同的,但它们具有相同的分叉生长的特征。每个分支与相邻的分支都不连接,它们的二次枝的生长方向是随机的。另外,每个分支的顶端几乎是在同一个前沿上,这表明,每个分支的纵向平均生长率几乎是相同的[203]。

图 9.13

(a) 自液相中析出的硼酸晶体的分形结构；(b) 分形结构的放大照片

图 9.14 是在玻璃片上生长的一个爪状硼酸晶体沉积结构,该样品的实验参数与图 9.13 的完全相同。它显示了一个多级的顶端分叉图形,与文献报道的硫酸锌电化学沉积结构的形状十分相似[204]。

图 9.15 是在空气—液体界面两侧生长的硼酸晶体的形貌。为了观察方便,把该样品转动了 90°。从图中可以清楚地看到一条垂直的界面线。在界面的左边是深色的块体状的硼酸晶体,它们是在过饱和的硼酸溶液中生长的;在界面的右边是表面粗糙的支撑结构。从图 9.15,人们可以推想,在空气—液体界面两侧生长的硼酸晶体,它们的生长机理是不同的。在溶液中的结晶生长可以被认为是平衡生长,而在空气—液体界面上部的结晶生长,尤其是自相似分叉生长,应该是非平衡生长。

 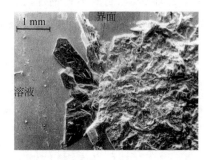

图 9.14 一个爪状硼酸晶体沉积结构的扫描电镜照片　　图 9.15 在空气—液体界面两侧生长的硼酸晶体的形貌

从实验中观察到,硼酸晶体的结晶过程,首先是在过饱和的硼酸溶液中结晶,然后在空气—液体界面的上部形成支撑结构和分形结构。那么,一个问题很自然地被提出：在溶液中的硼酸分子如何被输运到界面上部的支撑结构和分形结构呢？从图 9.16 中,或许可以找到答案。图 9.16(a) 显示了分形结构的一个分支的复杂形态,图 9.16(b) 是分形结构的一个二次枝的放大照片,清楚地显示了硼酸晶体的叠层结构,叠层之间的间隙几乎是均匀的,大约在 0.3~1.5 μm 之间。在加入甲基橙指示剂后,证实硼酸溶液依靠毛细现象,可以通过硼酸晶体的叠层,渗透到界面上部的支撑结构和分形结构,输运到分叉的各个尖端,从而维持其分形生长过程。这是首次得到的重要的实验发现。

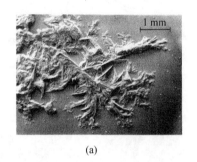
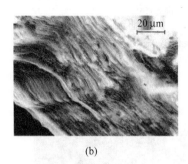

(a) (b)

图 9.16 硼酸晶体的叠层结构
(a) 分形结构的一个分支的复杂形态;(b) 一个二次枝的放大照片

在其他的样品(涂了凡士林的钠玻璃片、聚氯乙烯片、轧制的不锈钢片、铅箔)表面上,观察到不同的结果。在涂了凡士林的钠玻璃片和聚氯乙烯片的表面,都没有发现硼酸晶体;在轧制的不锈钢片的表面,有不少硼酸晶体,但图形杂乱,没有出现分叉生长的结构;在铅箔表面,没有发现硼酸晶体,铅箔已经发生了轻度的腐蚀。

9.5 真空中非晶碳的分形生长

在电子辐照下,碳的分形生长是一个有意义的课题。本试验采用一块钠玻璃片,在透射电子显微镜(Philips 300)中进行,电镜的本底真空度为 10^{-3} Pa。该钠玻璃片的热导率约为 1 W/m·K,电导率为小于 10^{-15} $\Omega^{-1}\cdot m^{-1}$。实验参数为:用 100 keV 能量的电子束轰击钠玻璃片,电子流密度为 $10^6 \sim 10^7$ A/m²。通常,在透射电镜的真空室中,会存在微量的碳氢污染物。

在电子束轰击 5 min 后,在钠玻璃片的边沿上很快生长出一些"灌木丛"样的团簇,它们显示了自相似的分叉结构。用扫描透射电镜(STEM)的 XEDS 对玻璃样品上的"灌木丛"样团簇的化学成分和晶体结构进行分析,发现该团簇是非晶态碳。透射电镜真空室中微量的碳氢污染物在电子束的作用下发生分解,气态的碳原子会在钠玻璃片的表面沉积,形成非晶碳团簇。一般来说,在边沿生长的非晶碳团簇比较容易被观察到[205]。

图 9.17 显示了"灌木丛"样碳团簇的形貌,可以看到在密集的团簇上面,还有稀疏的二级分支。在照片中的左下部分,有一个与样品边沿相对应的黑色的弧形带,可能是由空间电荷聚集区造成的。

图 9.18 是非晶碳团簇放大 100 000 倍的照片,清楚地显示了多级分叉的特征。这些团簇的整体尺度大约在 260～400 nm 之间,单个的一级分支的中间部分的径向尺度约为 20 nm。每个分支都是下端粗,随着高度的增加,逐渐变细。在透射电镜中观察,每个分支呈现出半透明的特点,能够清楚地看到二级分支的节点,所以它们的厚度应该是很小的。

图 9.17　在钠玻璃边沿上生长的非晶碳团簇的透射电镜照片　　　图 9.18　非晶碳团簇的分形结构的透射电镜照片显示了多级分叉的特征

作为对比,在同一台透射电镜中,用导电良好的金属片进行试验,采用相同的实验参数,就观察不到"灌木丛"样的非晶碳团簇。由于钠玻璃片的差的导热性和良好的绝缘性,在电子束的轰击下,钠玻璃片的温度会比较高,其表面还会有电荷积累而形成一个电场,这样,透射电镜真空室中的气态的碳原子比较容易在钠玻璃片的表面沉积下来,由于非平衡的生长环境,就会很快生成具有分形特征的非晶碳团簇。

9.6　电子辐照在聚丙烯中引发的分形生长

电子辐照在聚丙烯中引发的分形结构,是由泰国清迈大学快中子研究中心(Fast Neutron Research Facility, Department of Physics, Chiang Mai University) Thiraphat Vilaithong 教授领导的研究组获得的。他们用能量为 6 MeV 的高能电子束辐照透明的聚丙烯块,可在聚丙烯中产生高达 1 MV 的静电势,产生高压放电,从而使聚丙烯发生击穿,形成了美丽的三维"电子树"图形,或者称之为"羊齿草"样图形。图 9.19 是高能电子辐照在聚丙烯中形成三维分形结构照片,清楚地显示了自相似的分叉生长过程。

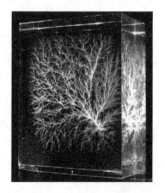

图 9.19　电子辐照在聚丙烯中形成的三维分形结构

第 10 章 自组织生长

10.1 自然界的自组织生长

10.1.1 北极的地表砾石组成的环形图形

自组织生长是指在某一系统或过程中,其中大量分子(粒子或者组元)按一定的规律运动,由无序状态自发形成时空有序结构或状态的现象,也称为合作现象。很早以来,人们就发现了许多令人费解的自然现象和实验现象,其中最著名的就是 1900 年由法国学者 Bénard 发现的流体中的对流有序现象,即贝纳(Benard)流[11,12],以及 20 世纪 50 年代由苏联科学家别洛索夫和扎鲍庭斯基(Belousov-Zhabotinsky)发现的化学振荡和化学钟[13—17]。这些自组织生长的共同特点是系统中的分子在宏观的尺度上和宏观的时间间隔上自发地呈现出一种长程的相关性,自己组织起来,形成宏观的空间上和时间上的一致行动。

自组织现象广泛存在于自然界中。图 10.1 是 B. Hallet 在挪威的北极地带 Svalbard 拍摄的环形地面图形[206],每个圆形的细砂土区的直径为 2～3 m,被砾石组成的脊所围绕,脊高约 0.2 m。这些环形砾石图形显示了明显的自组织特性,它们是由于季节性的结冰和融化的循环而形成的,在此循环中,细砂土以对流形式运动。

图 10.1 在挪威的北极地带 Svalbard 发现的环形砾石图形,B. Hallet 摄

这些环形砾石图形是自然界自发形成的自组织结构的最好的例子之一。

再看另一个类似的例子[207]。美国火星探测漫游者"勇气"号在火星上拍摄到部分区域的岩石会以非常统一的奇特方式整齐有序地分布,这种现象困扰了科学家很多年。美国亚利桑那大学图森分校的地球学家乔恩·佩利蒂尔和他的同事们对这些照片进行了研究。他们认为,虽然火星是个多风的行星,但是它的大气非常稀薄,所以风把这些大小是四分之一个垒球到一个垒球的小岩石卷起来,应该是非常困难的。但这些岩石会随风翻滚,经常产生移动,形成一个可使它们整齐排列的天然反馈系统。在空气流动、沙蚀、沉积作用以及岩石运动这几个因素的共同作用下，使岩石聚集在一起，形成了整齐有序的图形。

10.1.2 沙漠的有序图形

图 10.2 是廖佳拍摄的沙漠公路旁边的沙子表面形成的波浪形的图案，显示了沙子的一种自组织特性[208]。类似的图案在沙漠中经常被看见，人们都已经习以为常了。它的形成与当地当时的地理条件以及气象条件有关，可以是波浪形的图案，也可以是其他形式的图案。它们的共同点是具有自组织特性，在宏观的空间上和宏观的时间上的一致行动。

图 10.2　沙漠表面形成的波浪形图案，廖佳摄

在荒凉的戈壁滩上，有时人们可以看到很规则的鱼鳞状的地表结构，这是戈壁滩上的沙、土和石子的一种自组织形式。

10.1.3 变幻莫测的云

天空中的云常常向人们显示出自组织的特性。我们常说，天文地理，也就是说，天文现象和地理(地质地貌)关系十分密切。图 10.3(a)是在日本箱根拍摄的冬天的富士山景。中午时分，富士山上云雾缭绕，变幻莫测，山顶上的火山喷发口也隐身于云雾之中。一团团的云彩显示出某种结构特性，无声地诱惑人们去探索它们的成因。图 10.3(b)是两天后从飞机的客舱窗口中拍摄到的富士山，时间是傍晚，富士山上已经没有任何云雾，它寂静地坐落在那里，冷冷清清，毫无生气。它面向苍天，似乎想诉说些什么。在高高的天际，天高云淡，可以看到一串云彩，显得十分的清高。在图 10.3(b)的照片中的日期上方的一段弧线，是飞机发动机的轮廓线。

大理洱海上空云彩的变化十分生动有趣。图 10.4 是冬天在洱海的小船上拍摄到的不同时刻云彩的变化。洱海周围是山，山虽然不是很高，但满足了湖光山色这一个条件，洱海上空云彩的变化自然更加富有生命力。图 10.4(a)的拍摄时间是下午

图 10.3　富士山上空云彩的变化

(a) 中午拍摄；(b) 傍晚拍摄

六点四十分,图 10.4(b)的拍摄时间是六点四十三分,时间间隔为 3 min。在短短的 3 min 内,云彩已经自我变化成多种图形,婀娜多姿,美不胜收,令人流连忘返。欣赏过变幻的云彩后,再回过头来,发现要探索云彩自我变化的机理,了解其变化的过程,还真不是一件容易的事情。

图 10.4　大理洱海上空云彩的变化

(a) 下午六点四十分摄；(b) 下午六点四十三分摄

10.1.4　人类基因 DNA 序列图

众所周知,生物界存在各种自组织现象。每个生物个体都是由各种细胞按精确的规则组成的高度有序的机体。在每个生物细胞中,也有非常奇特的有序结构。一个生物个体的生长发育,都是从少数细胞开始的,由此发展成各种复杂有序的器官。再往下探究,所有细胞都是由无数原来无序的原子或者分子组成的。地球上的生物是经过漫长的年代,由简单到复杂,由低级到高级发展而形成的,这种发展促进了人类社会的进化。

2000 年 6 月 26 日,英国和美国几乎同时向全世界宣布他们已经完成了具有划时代意义的基因草图绘制工程[209]。美国总统克林顿宣布了这项举世瞩目的消息,同时,他还向包括中国科学家在内的参与这项工作并取得伟大成就的各国科学家表示祝贺,并高度赞扬了他们为人类所做出的巨大贡献。基因草图的绘制对于维护人类的健康具有深远的意义,它将为疾病的预防、诊断和治疗带来前所未有的深刻的变化。

深入的科学研究已经为我们描绘了清晰的人类基因组图谱,它表明基因组并不是统计学意义上的,而应该是一种线性的排列,具有明显的自组织特性。图10.5是一个人类基因——脱氧核糖核酸(DNA)的结构示意图。它显示出,一系列的三基对组成了一个遗传信息元,而一个遗传信息元就像一个"句子"中的一个"词",很多遗传信息元(词)组成了一个基因(句子)。

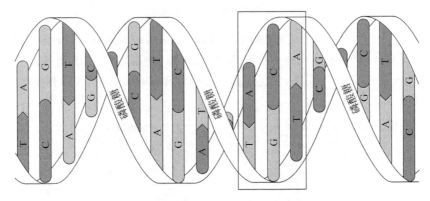

图 10.5　具有自组织特性的人类基因 DNA 序列图

10.1.5　海贝壳

海洋中的生物经历了自然界长期的自然选择,优胜劣汰,可以说,它们自身的功能、结构、适应能力等,都已经进化到了尽善尽美的地步。以海贝为例,贝壳是其外骨骼,它们的主要成分是碳酸钙,还有少量的壳质蛋白和有机物,但是,它们的结构往往非常复杂,其设计之精细、巧妙、合理,力学强度之高,完全满足了海贝的生存要求和对环境的适应,令海洋生物学家和材料科学家惊叹不已! 自古至今,海贝壳奇异的形状、精细的结构、迷人的色彩、美丽的花纹,可谓魅力无穷,激发人们去收集、研究它们。

图 10.6 显示的是产于渤海湾的小海螺壳放大 5 倍的照片。它由 7 个由大到小的螺旋形的壳体构成,在其表面可以看到美丽的彩色条纹围绕在海螺壳体上。再仔细观察可以发现,每个螺旋形的壳体都是由一条一条近乎平行的肋有规则地排列而成

图 10.6　渤海湾的有彩色条纹的半透明的小海螺壳

的,而肋之间分布着基本平行的条纹状组织。从材料力学的角度来分析,其力学性能是最佳的,非常坚硬结实。从自组织生长的角度来分析,这种小海螺壳的结构具有自组织的特性,是一种空间有序的结构。

图 10.7 是渤海湾生长的一种海蛤的壳放大 1.3 倍的照片。海蛤壳上的彩色图案比小海螺要复杂得多,其壳体上的结构特点与小海螺的有相似之处,但也有明显的不同之处,如图 10.7(b)所示。

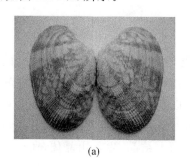
(a)

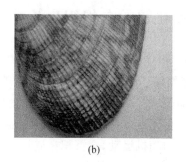
(b)

图 10.7
(a) 渤海湾的有彩色图案的海蛤壳;(b) 海蛤壳右下部的放大照片

10.1.6 珊瑚表面的有序结构

在热带或者亚热带海洋里,阳光灿烂,海水温暖,食物充沛,珊瑚生长茂盛,吸引了各种软体动物,珊瑚礁成了芋螺、花斑钟螺、宝螺、涡螺的故乡。珊瑚的种类很多,其结构形态也各不相同,千奇百怪,观察它们的结构是很有意思的。图 10.8 是海南岛三亚的一种珊瑚的一个枝的表面形态。这种珊瑚枝上面基本均匀地布满了孔洞,孔洞结构比较复杂,孔壁不光滑。每个孔洞里边还有精细结构,在较大的孔洞内部都可以观察到类似隔舱的结构,如图 10.8(b)所示,该照片放大 2.5 倍。从自组织生长的观点来看,珊瑚的这种结构具有自组织的特性,也是一种空间有序的结构。

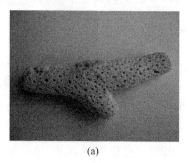
(a)

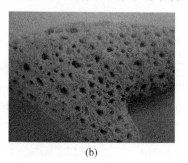
(b)

图 10.8 海南岛三亚的一种珊瑚枝表面的有序结构
(a) 布满孔洞的珊瑚枝;(b) 珊瑚枝表面放大照片

到目前为止，人们对自组织生长现象的本质了解甚少，但深深地感到在这个复杂而深奥的自然现象背后，隐藏着人类尚未掌握的规律，而它对于人类深入了解非线性理论，对于物理、化学、生物学、流体力学、气象学和材料科学等学科的发展，包括一些社会科学的学科，都有着非同寻常的意义。所以，它是国际上交叉学科研究的前沿课题之一，各国学者正孜孜不倦地探索着[210—217]。

10.2 氧化镉的自组织生长

把碘化镉(CdI_2)放入一个坩埚中，在正对碘化镉的上方放置硅片，硅片表面用1∶10的氢氟酸仔细清洗。再把坩埚放进一个蒸发—沉积装置中，在空气气氛中对坩埚进行加热，控制加热的温度和保温时间以及冷却速度，就可以进行不同参数的实验研究。碘化镉受热后分解成镉和碘，镉被氧化成氧化镉。氧化镉分子在整个坩埚内作无规则的随机运动，会沉积在硅片的表面上结晶，生长出晶体，还会形成各种聚集结构。整个过程属于气态-固态相变[195]。

$$CdI_2 =\!=\!= Cd + I_2 \uparrow \tag{10.1}$$

$$2Cd + O_2 =\!=\!= 2CdO \tag{10.2}$$

图 10.9 是氧化镉晶体自组织生长的扫描电镜照片。实验条件是，先把碘化镉加热到 590 ℃，保温 1 h，然后以约 50 ℃/min 的速度冷却。实验完毕后，把硅片取出，然后镀上一层 10 nm 厚的金膜，在扫描电镜里观察氧化镉沉积物的形态。图 10.9(a) 是一个沉积物的形态，上面均匀地分布着许多栩栩如生的向日葵样的自组织结构。图 10.9(b) 是图 10.9(a) 中左下角的一个向日葵样的自组织结构的放大照片，它清楚地显示了位于中心的"向日葵花盘"以及周围的"向日葵花瓣"。整个"向日葵"的尺度大约为 24 μm，而"花盘"的直径为 10 μm。"花盘"由很多晶体组成，这些晶体的尺度在 270～900 μm 之间。"花瓣"由很多径向的长晶体组成。图 10.9(a)、(b) 显示的氧化镉晶体的自组织结构，是在非线性非平衡条件下氧化镉自发形成的，它是在临界点下产生的空间相关性的必然结果。

本实验并不复杂，但是非常有意义，因为氧化镉晶体的结晶属于线性的平衡生长，而自组织生长属于非线性非平衡生长，这表明在一个体系中，线性的平衡生长和非线性非平衡生长可以同时存在。研究论文于 1999 年为德国固体物理杂志(Physica Status Solidi)所发表，美国材料研究学会会刊(MRS Bulletin)也报道了这一研究成果[194,218]。

表 10.1 对 CdI_2 和 CdO 的基本特性作一比较。可以看到，CdI_2 在 388 ℃就熔化了，而 CdO 的熔点就要高近 1000 ℃。表 10.2 是 CdI_2 和 CdO 在不同温度下的饱和蒸气压。在 590 ℃时，CdO 的饱和蒸气压小于 0.133 Pa。

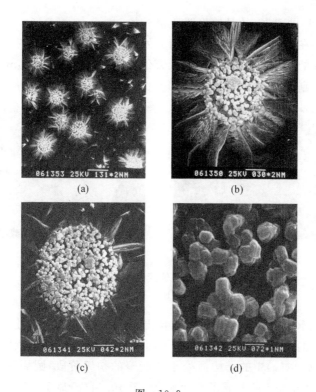

图 10.9
(a) CdO 晶体在 590℃保温 1 h 凝聚成的自组织结构；
(b) 在图(a)中左下方一个 CdO 自组织结构的放大图；
(c) 在 590℃保温 1.5 h 凝聚成的椭圆形的自组织结构；(d) 在图(c)中心部位的放大照片

表 10.1 CdI_2 和 CdO 基本特性的比较

	晶 体 结 构	颜色	密度/(g/cm³)	熔点/℃
CdI_2	六方	棕黄	5.67	388
CdO	立方	浅棕	8.15	1385

表 10.2 CdI_2 和 CdO 在不同温度下的饱和蒸气压

饱和蒸气压/Pa	0.133	1.333	13.332	133.320	1.333 (×10³)	13.332 (×10³)	53.328 (×10³)
CdI_2 温度/℃	—	—	—	421	513	636	733
CdO 温度/℃	707	792	893	1015	1165	(1355)	—

图 10.9(c)和(d)是另外一个氧化镉晶体自组织结构的扫描电镜照片，实验条件是 590℃，保温 1.5 h。可以看到，随着实验时间的延长，"花盘"要大得多，直径大约

为 17.5 μm,而且"花盘"上的晶体也要致密一些。

图 10.10 是在 CdO 晶体簇上生长的另外一类氧化镉晶体。图 10.10(a)显示了一个球形的晶体的扫描电镜照片,放大 2 万倍,其尺度大约为 4.4 μm;而图 10.10(b)显示的是一个规则的正棱柱晶体,放大 1 万倍,正棱柱的边长约为 8.6 μm[219]。

(a)   (b)

图 10.10   在 CdO 晶体簇上生长的氧化镉晶体
(a) 一个球形晶体;(b) 一个规则的棱柱形晶体

图 10.11 显示了实验温度为 580 ℃,保温 1 h,在 CdO 晶体簇上生长的圆形和椭圆形凝聚体。它们位于同一块样品上的不同区域,实际上,它们分别处于各自不同的生长阶段。图 10.11(a)中的结构尚处于其凝聚的初级阶段,圆周还没有完全形成。而 10.11(b)中的结构已经形成了一个圆周,图 10.11(c)显示了一个椭圆形的凝聚体,椭圆内均匀地分布着许多微晶体,微晶体的尺度也比较一致,大约在 0.6~2 μm 之间;图 10.11(d)显示一个圆形的凝聚体,圆内有一簇大晶体和许多微晶体,可以推想,那簇大晶体的生长时间比圆形的凝聚体的生长时间要更早。

图 10.12(a)显示了一个在 CdO 晶体簇上生长的圆形凝聚体,实验温度为 580 ℃,保温 1 h。这个圆非常规则,几乎就是一个标准的几何圆,是一个很好的自组织图形。圆的直径为 62.5 μm,表面致密而平坦,全部由 CdO 微晶组成。图 10.12(b)是圆的上部放大 12 000 倍的照片,CdO 微晶的尺寸分布在 0.1~1.1 μm 之间,大部分微晶的尺寸集中在 0.3~0.6 μm 之间。

图 10.13(a)显示了两个在 CdO 晶体簇上生长的凝聚体,可以清楚地看到两个相邻的 CdO 晶体簇,上面分别生长了一个圆形的凝聚体和一个椭圆形的凝聚体。图 10.13(b)显示的是圆形凝聚体的左下部圆周的放大照片,可以清楚地看到组成晶体簇的长晶体。

图 10.14(a)显示了在 CdO 晶体簇上生长的各种凝聚体。图 10.14(b)是一个椭圆形的凝聚体。图 10.14(c)是一个锐角状的凝聚体,角度大约为 52°。图 10.14(d)是锐角状凝聚体的一条边的放大 25 000 倍的照片,它是由致密的 CdO 晶体绞结而成的。

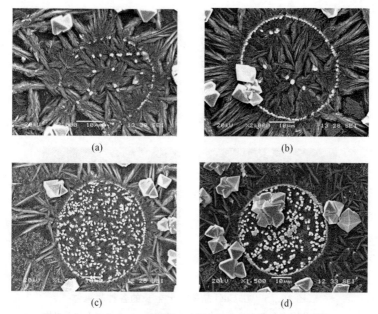

图 10.11　在 CdO 晶体簇上生长的圆形和椭圆形凝聚体

(a) 凝聚的初级阶段；(b) 形成一个圆周；(c) 一个椭圆形的凝聚体；(d) 一个圆形的凝聚体

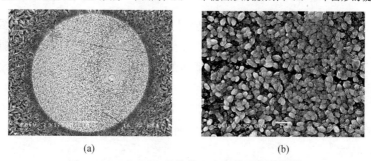

图 10.12　在 CdO 晶体簇上生长的圆形凝聚体

(a) 由 CdO 晶粒组成的圆形凝聚体的扫描电镜照片；(b) 圆的上部的放大照片

图 10.13　在 CdO 晶体簇上生长的两个相邻的凝聚体

(a) 在 CdO 晶体簇上生长的两个相邻的凝聚体；(b) 在图(a)的圆形凝聚体的左下部圆周的放大照片

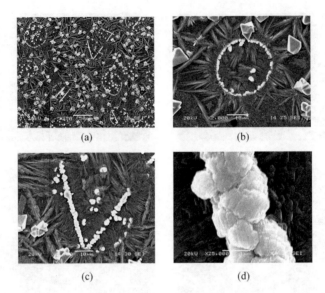

图 10.14 在 CdO 晶体簇上生长的各种凝聚体
(a) 在 CdO 晶体簇上生长的各种凝聚体;(b) 一个椭圆形的凝聚体;
(c) 一个锐角状的凝聚体;(d) 锐角状凝聚体的一条边的放大照片

图 10.15 显示了 CdO 晶体在气固相变时生成的另外一类有序结构。图 10.15(a) 是带状凝聚体;图 10.15(b) 是基本平行的线形凝聚体;图 10.15(c) 是线形凝聚体与晶体;图 10.15(d) 是图(c)右下部的线形凝聚体的放大照片。可以看到,这些凝聚体是由亚微米的 CdO 晶体簇聚集而成的。

图 10.16(a) 显示了 CdO 晶体的长带形凝聚体的扫描电镜照片,图 10.16(b) 是其中一段凝聚体的放大 8000 倍的照片,中间堆积着许多较小的 CdO 晶体,而两边是晶体簇的长晶体。

图 10.17(a) 显示了 CdO 晶体的长链形凝聚体的扫描电镜照片,图 10.17(b) 是其中一段凝聚体的放大 2000 倍的照片,中间是致密的凝聚结构,两边有两条线形凝聚结构。从照片中可以看到,整个长链形凝聚体也是在 CdO 晶体簇上面生长的。

图 10.18(a) 显示了 CdO 晶体的双链形凝聚体的扫描电镜照片,图 10.18(b) 是其中一段凝聚体的放大 2000 倍的照片。可以发现,一条链宽一些,一条链窄一些,每条链都是由致密的凝聚体组成的。从照片中可以看到,整个双链形凝聚体也是在 CdO 晶体簇上面生长的。

图 10.19(a) 显示了 CdO 晶体的椭圆形凝聚体的扫描电镜照片,图 10.19(b) 是其中一段凝聚体的放大 1000 倍的照片。可以发现,椭圆有大有小,长短轴的尺寸也不一样,但每一个椭圆都是由 CdO 微晶凝聚而成,而且十分致密。从照片中可以看到,每个椭圆形凝聚体也是在 CdO 晶体簇上面生长的。

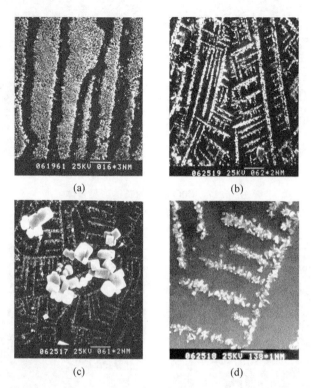

图 10.15　CdO 晶体在气固相变时生成的有序结构

(a) 带状凝聚体；(b) 基本平行的线形凝聚体；(c) 线形凝聚体与晶体；
(d) 图(c)右下部的线形凝聚体的放大照片

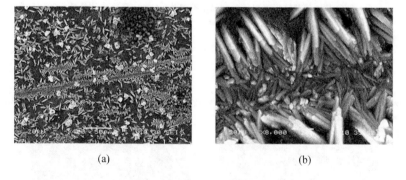

图 10.16　CdO 晶体的长带形凝聚体

(a) CdO 晶体的长带形凝聚体的扫描电镜照片；(b) 一段凝聚体的放大照片

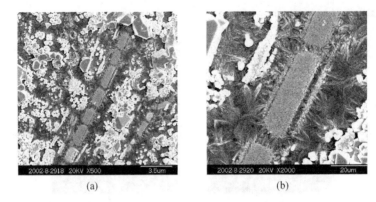

图 10.17　CdO 晶体的长链形凝聚体
(a) CdO 晶体的长链形凝聚体的扫描电镜照片；(b) 一段凝聚体的放大照片

图 10.18　CdO 晶体的双链形凝聚体
(a) CdO 晶体的双链形凝聚体的扫描电镜照片；(b) 一段凝聚体的放大照片

图 10.19　CdO 晶体的椭圆形凝聚体
(a) CdO 晶体的椭圆形凝聚体的扫描电镜照片；(b) 一段凝聚体的放大照片

图 10.20(a)显示了 CdO 晶体的准圆形凝聚体的扫描电镜照片,图 10.20(b)是其中一段凝聚体的放大 2000 倍的照片。可以发现,这些圆还不是严格的圆,所以称为准圆形。它们有大有小,但每一个准圆都是由 CdO 微晶凝聚而成,而且十分致密。从图 10.20(b)中可以看到,每个准圆形凝聚体也是在 CdO 晶体簇上面生长的,这两个准圆形凝聚体大小很接近,直径大约为 30 μm。

 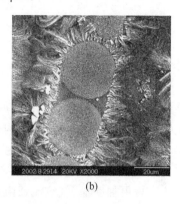

(a) (b)

图 10.20　CdO 晶体的准圆形凝聚体

(a) CdO 晶体的准圆形凝聚体的扫描电镜照片;(b) 一段凝聚体的放大照片

第 11 章 分形理论的应用

11.1 生物学

分形维数大于 2 的曲面的表面积在原理上可以是任意大,肺就是很好地利用这一性质的生物器官。解剖学指出,肺的构造是从气管尖端成倍地反复分岔,使末端的表面积变得非常之大。人肺的分形维数大约为 2.17[10,26],此值与把空间全部填满的曲线的维数 $D=3$ 相比非常之小。分形维数越大,使表面积变大的效果也越好,但此时曲面的凹凸变得更加明显,气流流通阻力增大,所以 2.17 是相互兼顾的合理数值。

生物的血管也是分形构造,它把从肺表面溶于血液中的氧送到全身各个角落的细胞中,进行新陈代谢。生物体内细胞呈三维分布,如果血管与所有细胞直接相连,血管的分形维数就必须是 3。对生物体来说,血液是宝贵的,生物体本身有限的空间也非常宝贵,因此,血液循环系统必须把巨大的表面积压缩在有限的体积之内。以人体为例,从主动脉到毛细血管,再到微血管,形成一个巨型网络,它们分支再分支,直到细得只能允许血细胞排成单行移动。人体的众多器官组织中,没有一个细胞与血管的距离超过 3 至 4 个细胞的距离,虽然血管遍布全身,但血管与血液只占人体很小的空间,不超过 5%。

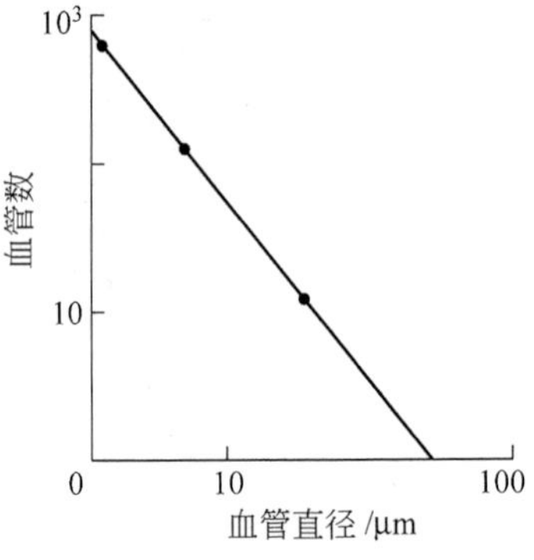

图 11.1 是蝙蝠翅膀的血管直径分布图[220]。从微血管至动脉的范围内,数据点很好地排列在直线上,并满足如下的关系

$$N(r) \propto r^{-D} \tag{11.1}$$

图 11.1 蝙蝠翅膀的血管直径分布

式中 $D \approx 2.3$,r 表示血管直径,$N(r)$ 表示直径比 r 大的血管数。因为 $N(r)$ 与比 r 大的血管数占有概率 $P(r)$ 成比例,所以根据由分布函数求分形维数的定义

$$P(r) \propto r^{-D} \tag{11.2}$$

可知,$D \approx 2.3$ 就是蝙蝠血管直径分布的分形维数,这也表明血管直径分布具有分形性质。

除了肺和血管,动物体中还有不少器官具有分形构造,如脑就是其中之一。人脑表面有各种不同大小的皱纹,它们是维数在2.73~2.79之间的分形构造[10]。

各种生物体组织在不同的尺度上都表现出分形的特性,宏观的器官显示出分形性质,微观的细胞、生物大分子和基因等也显示出分形元的特点。下面来讨论蛋白质的分形[221]。

在宇宙天地万物之中,最奇妙的现象莫过于生命。生命是蛋白质的存在形式,即蛋白质是生命的基础。如果没有各种蛋白质的辅助,那么生命的新陈代谢和自我复制就无从谈起。正是由于蛋白质在生命过程中起着异乎寻常的作用,从19世纪中叶以来,人们对它的探索就一直没有停止过。20世纪80年代初,分形概念的广泛传播和不失时机地向大分子科学的渗透,使蛋白质研究这个领域的面貌焕然一新。

蛋白质是由各种 α-氨基酸通过酰胺键联成的长链分子。这种长链称为**肽链**。链中相当于氨基酸的单元结构称为**残基**。蛋白质的结构还有层次之分,即一级结构、二级结构、三级结构和四级结构。一级结构指肽链中氨基酸的排列顺序,它在很大程度上决定着高级结构(二级以上的结构)。而蛋白质的构象又分为 α-螺旋、β-折叠、γ-转角和无规卷曲等单元,以及各种微区。此外,还有结构域、亚单位等结构单元。在蛋白质表面,还有各种"洞穴"和"缝隙"。总之,蛋白质结构非常复杂,经典的数学方法对此显得束手无策,作为甚少。但是,在一定的标度范围内,蛋白质的分子链和表面表现出分形特征,这已经是可以肯定的事实,因此可以应用分形理论来进行进一步的探索。

先看一下蛋白质分子链的分维。如果只考虑一级结构,那么蛋白质就是一条弯弯曲曲的曲线。把一个高倍"显微镜"对准蛋白质链,适当改变放大倍数,就可以发现,观察结果经过统计处理后,基本上不随放大倍数而变化。换句话说,把一段弯曲的蛋白质链适当"放大",就会"看到"更多更小的弯弯曲曲。这是由于蛋白质链本身的复杂结构所决定的。因此,蛋白质链有标度不变性或称统计自相似性。

把链两端之间的统计距离记为 R,若残基数为 N,则有标度关系

$$R \propto N^{1/D_c} \tag{11.3}$$

式中 D_c 为**链分维**。早在20世纪50年代,著名美国高分子学家、1974年诺贝尔化学奖获得者弗洛里(P. J. Flory)就发现了上述关系,并把 $1/D_c$ 定义为 ν,求得三维情况下 $\nu=3/5$。后来许多学者又从数值模拟和实验测定等方面,肯定了式(11.3)的正确性。图11.2是肽链的一个分形模型,它有严格的几何自相似性。图中起始元是在 $[0,R]$ 区间上的线段,生成元是覆盖 $[0,R]$ 区间的最小 N 边形结构(图右上角生成元 $N=8$)。表征分形的一般关系为 $\sum_{i=1}^{n}(r_i)^D = R^D$,这里 r_i 为**自相似比**,描述生成元的性质;D 是分维(一般称为**相似维数**)。若所有 r_i 都相等,即 $r_i=r$(这是对蛋白质中 Ca-Ca 距离的一个很好近似,$r=0.38$ nm),则可得 $D=\ln N/\ln(R/r)$。分维可直接

根据生成元和起始元的性质($N=8, r=R/4$)求出,$D=\ln 8/\ln 4=1.50$。为了看清演化细节,只画出了左边部分的变化情况。

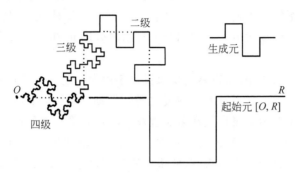

图 11.2　肽链的一个分形模型

在模拟计算中,诞生了一个对后来工作产生重大影响的模型,即**自避行走**(self-avoiding walk,SAW)模型。这个模型在现代科学中具有极其重要的地位。但在说明它之前,应当先介绍一下简单无规行走(random walk)。

在数学上正式提出无规行走问题的是皮尔逊(K. Pearson)。他在 1905 年发表在英国《自然》周刊上的一篇文章中写道:"一个人从原点 O 开始,沿某一直线走出 l 码。然后他转过任意角度,沿另一直线走出 l 码。他重复这一步骤 n 次。我欲求出 n 步之后,他处于离开原点距离 r 和 $(r+dr)$ 之间的概率。"皮尔逊的文章发表后,雷利(L. Rayleigh)立即指出,他早在 1890 年就提出了同样的问题,即"n 个同周期但相位无规的振动之合成"。

不管谁是第一个提出者,从他们的叙述中可以想象,这种行走很像一位醉汉在空旷的广场中漫游,故又称**醉汉行走**。在微观世界中,这一现象的观察可追溯至 1827 年。当时英国植物学家布朗发现,悬浮在水中的腾黄粒子出现极不规则的运动,后人称为**布朗运动**。布朗运动的轨迹是自相似性的很好实例。

然而,真实的分子链构象与简单无规行走不同。由于形成长链的原子在空间占有一定体积,一个原子的已占空间不能同时容纳另一个原子,这叫**"排除体积"效应**。这相当于行走的醉汉有一定的"记忆"能力,曾经走过的路径不再走。最早认识到"排除体积"效应的是库恩(W. Kuhn)。后来,弗洛里重新深入研究了这一问题,而数学家称为**"自避无规行走"**(SAW)。SAW 比简单无规行走复杂得多,迄今一些基本规律还没有严格证明,许多情况很难得出解析结果,因而仍是数学家棘手的课题。

SAW 表现出十分明显的空间维数(d)的依赖性,分维 D_c 只与 d 有关。德金斯(P. G. de Gennes)推得 $\nu=1/D_c=3/(d+2)$。求解 SAW 问题最直观的方法是数值分析,主要是 Monte Carlo 法。

蛋白质链类似 SAW，但具体的分子链其分维是有差异的。美国的科尔文（J. T. Colvin）及斯达普尔顿（H. J. Stapleton）在 1985 年报道了一些蛋白质的链分维。

与此同时，一些核酸的分维也求了出来。例如，加拿大的盖茨（M. A. Gates）1986 年报道，人体细胞乳多孔病毒强化因子的核酸序列 $D=1.34$；Epstein-Barr 病毒核酸 $D=1.59$；艾滋病毒 $D=1.27$；有纤毛的原生生物核中的肌动蛋白质 $D=1.56$，等等。我国学者罗辽复等人发现，分维随着分子进化有明显增高趋势。例如，线粒体分维约为 1.2，病毒及其宿主——原核和真核的分维为 $1.4 \sim 1.5$，而哺乳类及免疫球蛋白分维为 1.7 左右。这预示着，分维可能成为表征生物进化的一个有用指标。

在研究蛋白质链分维时，还提出了**质量分维**的概念。其定义是，如果在半径为 R 的"球体"内质量为 m，则有标度关系

$$m \propto R^{D_m} \tag{11.4}$$

通常，质量分维 D_m 不同于链分维 D_c。原因在于两种方法的计算原则不同。在考虑链分维时，是把蛋白质作为拓扑维为 1 的曲线。在考虑质量分维时，是把蛋白质看成拓扑维为 0 的质量堆积体。但是，D_c 和 D_m 都是刻画蛋白质链分形特征的参数，这是不能忘记的准则。表 11.1 列出了蛋白质的分维。

表 11.1　蛋白质的分维

蛋白质	链分维 D_c	质量分维 D_m	蛋白质	链分维 D_c	质量分维 D_m
细胞色素 C_2	1.69	1.90	前清蛋白	1.25	2.08
细胞色素 C_{550}	1.61	1.83	碳酸酐酶 C	1.45	2.10
细胞色素 C_{551}	1.42	1.84	溶菌酶 T_4	1.67	1.88
细胞色素 B_5	1.46	1.68	己糖激酶	1.81	2.24
血红蛋白(α/β)	1.50	1.92	磷酸甘油酸激酶	1.69	1.96
肌红蛋白(α/β)	1.54	1.91	醇脱氢酶	1.70	2.08
铁氧还蛋白(P)	1.31	1.86	羧肽酶 A	1.53	2.05
过氧化歧化酶	1.32	1.94	胰蛋白酶	1.48	1.97
豆血红蛋白	1.49	1.99	α-胰凝乳蛋白酶	1.44	1.99

下面再来看蛋白质的分形子维数。1980 年，美国伊利诺伊大学的斯达普尔顿教授等人，在一些含铁蛋白质的拉曼电子自旋弛豫实验中，发现弛豫时间 t_1 与温度 T（$4 \sim 15$ K）有如下"异常"关系：

$$\frac{1}{t_1} \propto T^n \tag{11.5}$$

式中 n 取值范围 $5 \leqslant n \leqslant 7$。例如，高铁细胞色素 $n=6.32$，铁氧还蛋白 $n=5.68$ 等。

这个奇怪的非整指数现象使他们联想到分维。因为分形理论的创始人 Mandelbrot 曾说过,"当你看到一个非整数指数关系,就应想到分形。不过你应当小心从事"。斯达普尔顿假定

$$n = 3 + 2D$$

并指出 D 为"链分维"。他们由此求出了一系列蛋白质的分维。

但是,1982 年以色列的亚历山大(S. Alexander)和美国的奥巴赫(R. Orbach)指出,斯达普尔顿等人测定的 D 既不是链分维 D_c 也不是质量分维 D_m,实际上是**分形子维数** D_f。分形子是分形上的元激发,是从研究低频振动态密度而提出的,它反映了分形的拓扑性质,而分维 D_c 或 D_m 反映的是分形的几何性质,两者不可一概而论。分形子维数 D_f 又称**谱维数**,也常用 $\tilde{D}$ 来表示,其定义是

$$\rho(\omega) \propto \omega^{D_f-1} \tag{11.6}$$

这里 ω 为蛋白质链振动频率,$\rho(\omega)$ 是振动的态密度。分形子概念的提出,把分形与动力学过程联系了起来。

蛋白质的分形子维数可以用重正化群和计算机模拟方法从理论上加以计算。模拟方法很多,具体可参阅有关专著和文献。值得庆幸的是,理论计算值与实验结果甚为吻合。这不仅说明了理论反映了客观存在,同时为蛋白质的分形研究开辟了另一条路径。表 11.2 列出了分形子维数与链分维。

表 11.2　分形子维数与链分维的比较

蛋白质	D_c	D_f	蛋白质	D_c	D_f
肌红蛋白·H_2O	1.54	1.61	细胞色素 C_{551}	1.42	1.43
细胞色素 C	1.59	1.67	铁氧还蛋白	1.41	1.34

还要考虑的是蛋白质的**表面分维**。早在 1983 年,以色列学者普菲弗(P. Pfeifer)等人就提出了"介于 2,3 之间的非整数维化学"的概念,并建立了表面分形理论的框架与基础。他们的学说,一举打破了许多学者多年坚持的"2 维表面化学"的理论,预示着分维表面科学的诞生。

蛋白质表面有各种"洞穴"、"缝隙"、"折皱",凹凸不平,"粗糙"不堪。研究发现,它们有分形特征,可用表面分维来描述。不过,分维的测定要困难和复杂得多。一般有两种方法,一是根据蛋白质表面 S 与探针分子的横切面积 σ 之间的关系

$$S \propto \sigma^{(2-D_s)/2} \tag{11.7}$$

来测定。这里 S 是指可及面积,由残基数计算而得。σ 实际上是变换标度,即探测的范围。1985 年,刘易斯(M. Lewis)和里斯(D. C. Rees)用该方法测定了溶菌酶、核糖核酸酶 A 和过氧化歧化酶在 $0.10 \sim 0.35 \text{nm}$ 标度范围内的表面分维,得 $D_s \approx 2.40$。另一种方法是先测定**边界分维** D_{cont},根据曲线平移得曲面的原理,可得表面分维

$D_s = (D_{cont}+1)$）。这里的边界指蛋白质分子与溶剂分子之间的界面。D_{cont} 容易计算，方法与测定海岸线分维一样。普菲弗等人用此法测定了水痘溶菌酶、细胞色素 C_3、细菌丝氨酸蛋白酶 A 以及核蛋白 L_7/L_{12} 在 $0.15 \sim 2.05$ nm 标度范围内的表面分维，得值分别为 2.118，2.117，2.088 和 2.132。

最后来讨论分维与化学动力学。分维究竟有什么用？这是许多初涉分形的人常提的问题。

分维意义很深刻，应用也很广泛。不过，这只有亲自涉足分形的人才能体会到。下面略举二例，以示说明。

科佩尔曼指出，对于基元反应：$2A \to$ 产物，反应速度为

$$-\mathrm{d}\rho/\mathrm{d}t = K\rho^x \tag{11.8}$$

其中 ρ 为反应物 A 的密度（浓度），t 为时间，K 为常数。若反应是在非均匀介质中进行的，则级数 x 可能大于 2，且与分形子维数 D_f 有如下关系：$x = 1 + 2/D_f$。根据亚历山大-奥巴赫猜想，$D_f \approx 4/3$，故 $x = 2.50$。

血红蛋白在人的生命过程中担负着运输氧气和二氧化碳的作用。人们很早就发现，它的吸氧动力学行为不遵守经典的米凯利斯-门坦（Michaelis-Menten）方程，而符合希尔（Hill）方程，且"反应级数"（希尔系数 h）等于 2.8。h 值为什么不为整数？历史上这是一个争论不休的问题。有人从分形理论角度重新研究了这一历史"悬案"，发现 h 与分维有关，从而为这一难题的获释投下了一缕希望的曙光。

11.2 地球物理学

关于海岸线的形状是分形并可用随机 Koch 曲线来进行模拟这一点，已是大家所熟悉的了。下面来看一下河流的情况。实际上河流也是典型的分形构造，图 11.3 是亚马逊河的主流及支流分布图，由图中不难看出，河曲和分枝的状态不论从主流还是支流来看都是相似的。在河流地貌学，有个称之为 Hack 法则的经验法则。即主流长度 L_m（km）与到达此地点的流域面积 A（km²）之间存在如下关系式[222]

$$L_m = 1.89 A^{0.6} \tag{11.9}$$

A 的指数不是 0.5 就证明主流是分形曲线。上式又可写为

$$A^{1/2} \propto L_m^{1/1.2} \tag{11.10}$$

根据由测度关系求维数的方法可知，河的主流的分形维数为 1.2。日本名古屋大学分形研究会在对日本和世界各条河流进行研究后得出结论，河流的主流的分形维数在 $1.1 \sim 1.3$ 之间[26]。

主流的分形维数求出以后，再来看包括支流在内的整条河流的维数为多大。对亚马逊河的分布（图 11.3）采用 Sandbox 法，用间隔为 r 的格子把平面分割成边长为 r 的小正方形，数出至少包含一个点的正方形的个数 $N(r)$，画出 r 与 $N(r)$ 的双对数

图,如图11.4所示。图中各点大致排列在一条直线上,表明 $N(r)$ 与 r 的关系满足

$$N(r) \propto r^{-D} \tag{11.11}$$

直线的斜率即为其分形维数 D,测得 D 约为 1.85。对沙漠中的尼罗河,用同样方法求得分形维数大约为 1.4。这两个不同的维数值定量地表明,多雨地区的河(如亚马逊河)支流多,少雨地区的河(如尼罗河)支流少。

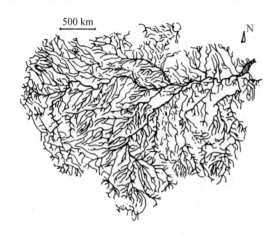

图 11.3 亚马逊河的分布图

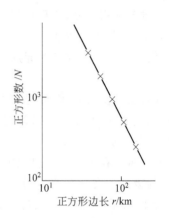

图 11.4 包覆的正方形个数 $N(r)$ 与 r 的双对数坐标图

再假定,有一常年接连不断下雨的地方,在这里将会形成什么样的河呢?降落在地面上任意点的雨水,如果不立即被河运走,雨水就会积存下来而保不住平稳的状态。也就是说,任意一点必须直接与河连接。因此在这种情况下,河就成为把地图全部蒙上的形状,即分形维数应为 2 的那种形状,也就是充满整个二维平面的河——一片汪洋。

从河水流量的时间变化也可发现分形特性。从尼罗河一年最低水位变动的资料推定的分形维数大约为 $D=1.1$[10]。因考虑河的流量与降水量成比例,那么从流量的时间变化是分形来看,是否意味着气候变化也是分形呢?这是一个很有意义的研究领域,有待人们去探索。英国物理学家 Hurst 经六十余年在埃及对尼罗河进行水文测量工作,发现水量变化与传统水位统计有偏差。长期经验使他发现,尼罗河流域的干旱不是传统的水文统计所设想的那样是一种随机现象,而是干旱越久,就可能持续干旱。这一发现的意义为 Mandelbrot 充分肯定,并称为**赫斯特现象**[223]。

Mandelbrot 等人还对赫斯特现象作了理论证明,确认他所创立的"自相似"模型可以应用于水文现象的研究,并将水文过程两种特有现象称为 **Noah 效应**和 **Joseph 效应**。Noah 效应意味着不连续性,即极端的降水可能确实是非常极端的;Joseph 效应意味着持续性,即强弱降水的时间可能持续得相当长。他们证明 Joseph 效应就是

赫斯特现象的表现,诸如降水、温度、树木年轮、冰川纹泥以及地震频率、太阳黑子、河流的流向等一系列地球物理现象,都符合赫斯特现象[224,225]。资料表明,河湖水位的平均赫斯特指数为 0.72,平均分维 $D=1.28$;而降水的平均赫斯特指数为 0.68,平均分维 $D=1.32$,它们都与 Koch 曲线的分维($D=1.26$)很接近。这些研究工作表明,自然现象也具有长程相关性。

地震的预测预报是个古老而至今尚未解决的大难题。关于地震的震级与发生频率,有一个称为**古登堡-里希特**(B. Gutentberg-C. F. Richter)**公式**的经验法则。根据这一法则,地震震级 M 与发生比 M 还大的地震的次数 $N(M)$ 之间,有下列关系

$$\log N(M) \propto -bM \tag{11.12}$$

上式简称 **G-R 公式**,式中的统计参数 b 就是"地震 b 值",$b \approx 1$。上式表明,震级 M 变小一级,发生地震的次数大约增加 10 倍。在日本,$M \geqslant 6$ 的地震每年大约发生 7 次,$M \geqslant 5$ 的地震为 70 次/年,$M \geqslant 4$ 的地震为 700 次/年。太小的地震虽然观测不到,但根据以上关系式,若把 $M>1$ 的地震进行平均,则每分钟约发生 1 次。

众所周知,震级与地震释放出来的应变能的对数成比例。在式(11.12)中,若用地震能量 E 代替震级 M,可得下面的幂分布式:

$$N(E) \propto E^{-2b/3} \tag{11.13}$$

因能量不是具有长度测度的量,所以不能称此指数 $2b/3$ 为分形维数,但此式却暗示着地震现象与分形具有密切的关系[26]。

分形理论已经应用于地震研究的领域,人们正在研究地震的能量分维、时空分维、地震断层的分维、地震前兆的分维等课题[226—228]。下面先来讨论地震 b 值。对式(11.12)可以写成如下形式

$$\log N = a - bM \tag{11.14}$$

再引入近代地震学家古登堡等人给出的关于地震波的能量 E 与震级 M 之间的关系式

$$\log E = \alpha + \beta M \tag{11.15}$$

当 E 以"焦耳"为单位时,一般取 $\alpha = 4.5, \beta = 1.5$。

如果将地震的能量视为标度,显然地震能量的容量维数 $D_c = b/1.5$。Aki 和 King 等分别在 1981 年和 1983 年由一定的前提条件推导出地层断层长度的自相似分维 $D_s = 2b$(注:在 11.1 节中 D_c 代表链分维,D_s 代表表面分维)。由此可见,地震 b 值与分维之间有着极其密切的联系。多年来,地震工作者对地震 b 值进行过大量比较深入的研究,大致可以归纳为以下几个方面:

(1) 地震 b 值的普适性。研究资料表明,G-R 公式几乎能适用于全世界的任何一个地区,而地震 b 值所反映的自相似性跨越了很宽的尺度,其无标度区的上限可到 7 级以上,下限估计有可能在 0 级以下,其能量跨越了 10 个数量级。

(2) 地震 b 值的差异性。人们早就发现,不同地区的地震 b 值是不同的,大体说

来,洋脊地区地震的 b 值相当高,岛屿、转换断层次之,大陆内部的 b 值较低。古登堡和里希特早在 1949 年就将全世界分为 51 个地区,逐个地研究了它们的 b 值。不同成因类型的地震,其 b 值也有差异。至少有一种类型的火山地震,其 b 值就特别大。尤其重要的是,同一地区的 b 值随时间有变化,一般说来,前震的 b 值比余震为小,对这一问题的深入研究在地震预报上获得了重要的应用。

地震活动总是有起伏的,马宗晋等在 1982 年论证了中国内地的强震活动存在 10 年左右尺度的"地震幕"的交替。洪时中等在 1988 年发现,不同地震幕的 b 值有显著差异,地震活跃幕的 b 值比平静幕低,这是时间尺度更长的一种 b 值随时间的变化。

(3) 地震 b 值的物理意义。茂木清夫、Shoclz 等人在岩石破裂实验的基础上提出了 b 值物理意义的唯象理论,指出 b 值不仅仅是一个统计分析参数,它实际上反映了介质所承受的应力大小和接近强度极限的程度,有着重要的物理意义。地震观测、岩石破裂实验和理论研究,越来越证明了这一论点的正确。

(4) 地震 b 值的应用。人们发现,在大地震发生前,中小地震的 b 值往往有比较明显的变化。这种变化对于地震预报有很重要的意义。围绕着 b 值在地震预报中的应用,人们作了大量的研究,探讨了 b 值的物理意义,并对 b 值计算的资料选取、计算方法、影响计算结果的各种因素、计算误差、统计检验、预报效果等进行了系统的研究,提出了用计算机进行 b 值时空扫描的方法。我国国家地震局在"地震预报方法实用化"攻关研究中,已将 b 值列为规范性的必要项目之一,编出了可操作性极强的程式指南。

再来看地震的时空分维。如果把每次地震看作一个"点事件",则地震在时间轴上的投影就和 Cantor 集合有些类似,这就启发人们研究地震时间分布的分维。同样,地震在地球表面的投影(即震中分布)与天穹上星罗棋布的星星一样,也类似于某种分形,也可以研究它们空间分布的分维。

目前,测算地震时间分维多采用"标度变换法",即选取一时间尺度 ε,将整个时间区间划分为若干个时段,统计其有震(指起始震级 M_0 以上的地震)时段数 $N(\varepsilon)$,然后改变 ε 的大小,再统计一个新的 $N(\varepsilon)$,依次类推,由一系列的 ε 值及其相应的 $N(\varepsilon)$ 值,在双对数坐标上画出 $\log \varepsilon$-$\log N(\varepsilon)$ 图。图 11.5 是几种情况下 $\log \varepsilon$-$\log N(\varepsilon)$ 示意图,实际地震的分布往往介于泊松(Poisson)分布与随机 Cantor 集合之间。

由于在有限地区、有限时间范围内,地震个数是有限的,因而在 ε 足够小时,每个时段最多只有一次地震,这时,即使 ε 取得更小,$N(\varepsilon)$ 也不会改变,且 $N(\varepsilon) \equiv n$(n 为地震总次数),出现"地震个数饱和",这一段曲线的斜率为 0;而在 ε 足够大时,每一个时段都至少有一次地震,所有的时段都是有震时段,$N(\varepsilon) \equiv N$(N 为时段总数),曲线的斜率为 1,可称为"时段饱和"。在这两个饱和段之间,$\log \varepsilon$-$\log N(\varepsilon)$ 线性关系好的一段,就是"无标度区",其斜率在 (0,1) 间,就是地震的时间分维 D_0。

第 11 章 分形理论的应用

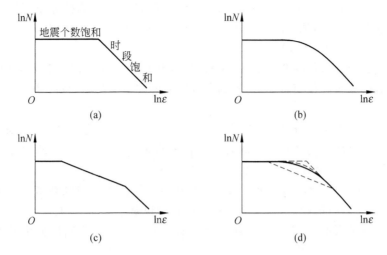

图 11.5 几种情况下的 $\ln \varepsilon$-$\ln N(\varepsilon)$ 示意图
(a) 等间距分布；(b) 泊松分布；(c) 随机 Cantor 集合；(d) 实际地震分布

测算地震的空间分维的方法也与此类似，只不过这里划分的不是 1 维的时段，而是二维的小方格（不考虑地球球面的影响和震源深度）。

我国已经有一些地震工作者对地震的时空分维进行了研究，他们发现，在大地震发生前，中小地震的时间分维和空间分维都比较低，而大地震后余震的时、空分维都比较高。

不过，问题并非如此简单。实践证明，在很多情况下，上述"无标度区"内 $\log \varepsilon$-$\log N(\varepsilon)$ 的关系往往并不是一段直线，而是一条向上凸的曲线。换句话说，此时的分维 D_0 不再是一个常数，而是标度 ε 的函数 $D_0(\varepsilon)$。

高安秀树（1986 年）提出了"广义分维"的概念，即将分维 D 扩展为标度 ε 的函数 $D(\varepsilon)$

$$D(\varepsilon) = -\frac{d[\ln N(\varepsilon)]}{d[\ln \varepsilon]} \tag{11.16}$$

看来，需要引入广义分维来研究地震的时间分布。有关广义分维请参看 12.1 节。

对于地震的时间分维，洪时中等研究了几种极端情况：

(1) 等间距分布。此时上述的"时段饱和段"与"地震饱和段"将连接在一起，无标度区的宽度为 0，不存在自相似性。

(2) 有限的随机康托尔集合。在这种情况下，地震的时间分布在一定层次内有严格的自相似性，是一种多层次嵌套的成丛分布。若地震的总次数为 n，各层次的相似比为 r，每一层次内有震时段数为 N，则分维 $D_0 = \ln N / \ln r$，嵌套层次 $K =$ INT$[\ln n / \ln N]$（此处 INT 为取整函数），无标度区宽度 $W = r^k$。在无标度区内，$\log \varepsilon$-$\log N(\varepsilon)$ 为一条直线。

(3) 泊松(Poisson)分布。在排除余震和震群的影响后,泊松分布可作为地震分布的初级近似。这时,地震时间分布的广义分维 $D_0(\varepsilon)=1-\lambda\varepsilon e^{-\alpha}/(1-e^{-\alpha})$,这时,$\log \varepsilon$-$\log N(\varepsilon)$ 呈一向上凸的曲线。

实际地震的分布往往介于随机康托尔集合与泊松分布之间。看来,研究实际地震分布对泊松分布的偏离,以及这种偏离对广义分维值的影响,也许是值得探索的一个方向。

下面看一下断层的分维与岩石破裂模式。绝大多数的地震属于构造地震,而构造地震则是断层活动的产物。地球表面的各种断裂,从规模巨大的断裂带直至岩石中的微裂纹,本身就存在某种自相似性。Mandelbrot 等关于金属断裂面分维的研究(1984年)指出,金属断口的分维可以作为其材料力学性能的**特征参量**。从某种意义上说,断层就是岩石的断口,研究断层的分维自然也是十分重要的。

目前所能做到的,只是对地表断层分维的研究。测算地表断层分维的方法通常有三种:

(1) 尺度法(rule method)。将地表的断层当作 2 维平面中的一条复杂折线,然后用不同的尺度从头到尾反复量它的长度,就像用不同张距的两脚规量海岸线的长度一样,由一系列的尺度和相应的读数,即可求出其分维。这种方法原则上只适用于单条断层。

(2) 覆盖法(method of covering fault)。用不同半径的圆覆盖整个断层,由一系列的半径和相应的最小圆圈数,亦可求出其分维。这种方法可用于断层有分支或有多条断层的情况,如图 11.6 所示。图中相互平行而又略为错开的两段直线表示断层(如图 11.6(a)所示),用几种不同半径 r 的圆来覆盖断层(见图 11.6(b)~(d)),分别统计覆盖所需圆的最少个数 $N(r)$,由 $\log r$ 与 $\log N(r)$ 的关系,即可用最小二乘法求出其分维 D。

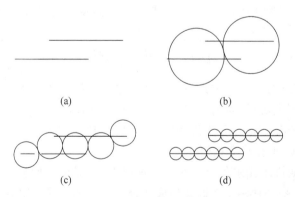

图 11.6 用"覆盖法"测定断层分维的示意图

(3) 长度-频度法。在有许多大小断层的情况下,分别测出每一条断层的长度,统计不同长度档次内断层的条数,可以求出其总体的分维。这种方法可以广泛地用于区域性研究。

采用上述这些方法对断层分维进行研究是从1987年对圣安德列斯(San Andress)断层的研究开始的,仅仅两年的时间,我国地震工作者已经应用这些方法分别对关中大地震的断层、海原大地震的断层、鲜水河断裂带、红河断裂带以及滇西北地区等进行了研究,取得了可喜的进展。

不过,这方面的工作似乎尚未达到在地震区划中实用化的程度。主要的原因在于目前地质资料尚不能充分满足分维测算的需要。更何况,与地震直接有关的并不是所有的断层,而只是那些直至最近的地质时期乃至现今仍然在活动的活断层(active fault)。

分形理论在地震科学中的另一个应用方向是研究岩石破裂的过程。有趣的是,自然界中许许多多与破碎有关的现象,都具有很好的自相似性。

这些年来应用重正化群方法研究岩石破裂已经取得了一些成果。假定岩石由许多小立方体所组成,每一个立方体破碎的概率为 P_c,则碎块分布的分维 $D = \log(8P_c)/\log 2$,即分维与尺度无关,仅仅与单元立方体的破裂概率 P_c 有关,证明了破碎过程就是分形形成的过程。

同时,还研究了两种破裂模式:**坚固单元柱体模式**(Pillar of strength model)和**软弱面模式**(Weakness model)。在坚固单元柱体模式中,临界概率 $P_c = 0.896$,分维 $D = 2.84$;在软弱面模式中,临界概率 $P_c = 0.490$,分维 $D = 1.97$。无论在哪种情况下,单位立方体的破裂概率如果小于临界概率 P_c,破裂都不会发展,不致引起整体的破裂;一旦超过了临界概率,就会发生突变,导致整体的突然破裂。这些模式还说明了,分维是破裂方式的灵敏量度。无疑,这些研究对于震源物理是很有意义的。

再讨论有关地震前兆的分维与新的地震预报观。强烈地震发生前,在震源周围一定范围内,会出现一系列物理的、化学的变化,也就是说,地震是有前兆的,这已为大量的震例所证实。为了对破坏性地震进行预测,地震工作者对地表形变、断层位移、地下水、地电、地磁、重力、地球化学等进行了广泛的观测,这就是地震前兆观测。

地震前兆观测所得到的资料既可能包含着地震信息,又有大量干扰成分,对它们进行分析是一件相当复杂的事。对地震前兆资料进行数据处理的传统方法是**数字滤波**,既用一定的数学方法提取某一频段的成分,研究它们与地震的关系。

分形理论的发展给了我们另外一种启示。对于一条复杂曲线来说,如果其局部的复杂性与整体的复杂性相当,它就是一种分形,就可以测算其分维。仅仅从直观上看,至少有一部分前兆观测曲线与分形曲线是很相似的,似乎可以计算它们的分维。从数据处理的角度来看,分维反映了不同频段之间的某种关系,它与数字滤波等传统方法有着本质上的不同。国外已经发现,正常人与精神病患者脑电波的分维有明显差异。那么,分维能否成为诊断地球的"癌症"——地震的一种指标呢?对于 b 值,已经有了肯定的结果,对于其他前兆观测项目,似乎也值得一试。

我国地震工作者采用"时序数据法"(即"嵌入空间法")对 1976 年松潘 7.2 级地震前 6 个地震台站的部分前兆观测资料(地磁、地应力、水氡、温泉水温、重力等)进行了计算,求出它们的关联维数均在 2.1~2.5。这至少说明,前兆观测资料也是可以测算出分维的,在这方面的研究似大有可为。

对于地震预报,分维不仅仅是一种方法、一种指标,更重要的是,分形理论与当代其他那些关于非线性复杂现象的学科一起,使人们对于地震和地震预报有了新的认识,形成了新的地震预报观——有物理基础的概率性地震预报。

多年来,地震活动在时间域和空间域的活动行为一直被定性地描述,从而难以分辨大震前、后的动力学行为。非线性动力学理论告诉人们,即使简单系统也可以表现出难以置信的复杂行为,特别是可以定量刻画它的复杂行为与结构。众所周知,大震前后地震活动的时空分布结构明显不同,大震前,其活动的分布较为分散,结构稀疏;主震后,其分布密度加大和密集。虽然,这种特征受控于介质条件和观测精度,然而,一旦区域和震级限确定,便可得到某一层次上的分布结构。不管震级限选得多么小,统计自相似结构也不可能布满整个时间流,而只会在更小的时间尺度上留下各种层次的空隙,但可能包括许多更小的时间层次。应用经典分形方法,得到海城、唐山和松潘三大地震的容量维,均发现主震前有一个明显的降维过程,而在空间域的研究中得到同样结果。特别是在信息维研究中,也得到有一个稳定的下降过程,当信息维达到极小值后,转而上升,直至大震发生。对唐山地震来说,从最低点到大震发生时间约半年左右,变化幅度为 0.2;海城地震的最低点距大震发生时间一年左右,变化幅度为 0.4。特别值得注意的是,在对岩石模拟实验中得到非常类似的结果。声发射活动与天然地震活动符合得很好。这的确说明,大地震前地震活动的规律确实是从无序走向有序。

当然,问题并非如此简单。对于地震问题的复杂性,很可能单重分形并不一定能完全刻画它的复杂性,因此,人们提出应用多重分形探讨地震的复杂性。Hirabayashi 等人研究了加利福尼亚、日本和希腊等地区的地震活动的多重分形特征。通过计算 q 次得出的信息量维数 D_q-q 曲线表明,地震是多分形的,他们发现日本地震是最不均匀的,但加利福尼亚的地震的非均匀程度在几个地区中却是最低的。而 D_q-q 曲线在每一个地区都显示出明显不同的两种类型:缓变型与陡变型。陡变对应极不均匀的分形,它出现在发生大震时的地震活跃期。朱令人等人研究了渤海和唐山地震活动的多重分形特征,他们发现大震孕育的不同阶段,多重分维谱 $f(\alpha)$-α 曲线具有不同的形态。一般大震前,$f(\alpha)$-α 曲线的左端值显著下降,$f(\alpha)$-α 曲线的顶点是右偏的。他们认为端点值的急剧下跌可能是一种很有预报意义的前兆现象。这些都是很有意义的工作。

在分维测算中,"无标度区"的客观判定与检验是分形的应用研究中不可回避的关键问题之一。首先,对于实际的自然现象而言,应当如何判断它是否真正是分形

(即是否存在"无标度区"),似乎至今仍然缺乏一种公认的客观判定标准和判定方法;其次,在很多情况下,所测算的分维值高度依赖于所选取的"无标度区"的范围,往往只要所选的"无标度区"略有变化,求出的分维值就可能出现比较显著的差异。

目前,国内外学者在判定和选取"无标度区"时,常采用下述几个方法:人工判定法、相关系数检验法、强化系数法、拟合误差法、分维值误差法、总体拟合法等。洪时中等认为,上述各种方法都是建立在双对数坐标系上的,由于对数函数的压缩特性,削弱了"无标度区"与其他区间的差别。如果去掉对数,还原为自相似图像的"自相似比",同时引入"统计诊断"的思想,对实际数据进行检验,就可能避免上述几个方法的缺点。在这个思路下,他们提出了一种新的客观确定分形"无标度区"的方法——**自相似比法**。用这种方法求出的"无标度区"范围合理,能成功地区别统计分形与完全随机的图像,是一种比较理想的方法[226]。

总而言之,虽然目前尚不能用非线性微分自洽方程定量描述地震活动的时、空、强变化,但是地震孕育过程的复杂机理还是可以用非线性动力学探索的。特别是如何从测震学的实际资料中提取地震时间序列中或多或少地隐藏着的与未来大地震发生有关的信息,或从中找到可能蕴藏着参与未来系统突变的痕迹!如何应用分形和混沌理论定量描述地震活动的时空复杂性,寻找大地震发生的临界行为等一直是人们探索地震预测行为的主攻方向。近年来,人们在地球物理学和地震学获得的较重要的结果及应用分形和混沌理论对地球科学的深化认识等,增强了人们应用非线性科学探索地球科学的信心。尽管目前地球物理学家还不能预测地震的发生,也不甚了解其具体的演化过程,但是,他们正在探索这一切。

11.3 物理学和化学

分形研究在物理学和化学的各个领域都得到了很大的进展,在结晶、相变、电解、薄膜沉积、粘性指延、电介质击穿等条件下的分形生长现象,以及化学振荡、浓度花纹和化学波等现象已在前面几章介绍过了,下面再讨论一些其他方面应用的例子。

1. 超导

辛厚文等研究了分形结构对超导临界温度的影响[229]。分形结构是具有标度不变性的自相似结构。1982 年,Alexander 和 Orbach 进一步研究了分形结构振动态的性质,提出了分形子概念:**分形子**是分形结构上的振动元激发[230]。1987 年,Buttiner 和 Blamen 首次提出:用分形结构上的分形子取代周期结构上的声子,仍然可以在电声作用的基础上解释高 T_c 的超导电性[231]。1988 年,Chakrabarti 和 Ray 具体地估算了对于相同组分的超导体,分形结构的 T_c' 和周期结构的 T_c 的比值随着欧氏空间维数 d 和 Debye 频率而变化的函数关系,即

$$\frac{T'_c}{T_c} = f(d, \omega_D) \tag{11.17}$$

从所得函数关系中可以得到这样的结论：对于相同组分的超导体，分形结构上的临界温度 T'_c 比周期结构上的临界温度 T_c 高[232]。但是他们假定分形结构上的电子—分形子相互作用 $a'(\omega)$ 与周期结构上的电子—声子相互作用 $a(\omega)$ 是相同的，并且是与频率无关的常数。显然，这种假设是太粗糙了。辛厚文等进一步考虑了 $a'(\omega)$ 与 $a(\omega)$ 不同，而且还考虑了与频率相关的情况下，分形结构对超导临界温度的影响。他们得到了两个新的结果：

(1) 分形结构 T'_c 与周期结构 T_c 之比随着分形结构的分形维数 d_f 而变化的函数关系，即

$$\frac{T'_c}{T_c} = f(d_f) \tag{11.18}$$

(2) 分形结构 T'_c 与周期结构 T_c 之比随着分形结构正常态的电阻率 ρ' 与周期结构电阻率 ρ 之比而变化的标度关系，即

$$\frac{T'_c}{T_c} \propto \frac{\rho'^k}{\rho} \tag{11.19}$$

其中，$k=3.66$。

另外，他们经进一步分析后，提出如下的观点：

(1) 分形结构上的振动元激发是分形子。理论和实验都已证明，分形子的 Debye 频率 ω'_D 比声子的 Debye 频率 ω_D 高。另外，由于分形子属于强局域态，故电子—分形子的耦合常数 λ' 大于电子—声子耦合常数 λ。这两种因素导致分形结构的临界温度 T'_c 高于周期结构的临界温度 T_c。

(2) 对于非晶超导体的研究早在 1955 年就开始进行了，大量的实验结果表明：对于非晶简单金属及合金，超导临界温度绝大多数都比对应的晶态金属及合金的要高。特别使人感兴趣的是在非晶 Bi 中观察到超导电性（$T_c \approx 6K$），而晶态 Bi 都是非超导的。研究结果再次表明：分形结构可能是非晶超导体的一种结构模型，显然这是解释非晶超导体临界温度比对应晶态超导临界温度高的一种新的尝试。事实上，自从 1987 年发现 $YBa_2Cu_3O_{7-\delta}$ 高温氧化物超导以来，以分形结构作为一种模型，研究高温超导体的结构和物理不均匀性对超导电性的影响，已为人们所重视，在研究高温超导体的超导机理方面也发挥着不可忽视的作用。

(3) 在分形结构上电子—分形子相互作用不但影响超导临界温度，而且也应影响正常态的电阻率，因此，正常态电阻率的变化与超导临界温度的变化应存在一定的关联。这种具有标度形式的关联已经得到。原则上，利用这个关系式，可以通过 $T > T_c$ 时分形结构上电阻率 ρ' 和相应周期结构电阻率 ρ 的实验测定，确定分形结构上超导临界温度 T'_c，这对于深入研究超导体中的分形结构是有用的。

2. 固体表面

像地球表面一样，人们发现大多数固体表面也具有分形特性，75% 以上的各种固

体表面在数埃至数百埃左右的范围内为分形结构。一个似乎很平滑的表面,经放大后观察却是一个分形的表面。采用下述巧妙的实验,就可证实这一点[233]。首先,使已知直径的球状分子吸附在物体表面,然后测定吸附分子克分子数。因分子是一层覆盖在物体表面上的,所以它的克分子数可看作 $N(r) \propto r^{-D}$ 中的 $N(r)$。采用不同大小的分子反复进行这样的试验,最后就可得出 $N(r)$ 和 r 的关系来,实际上就是用球状分子代替尺子来测定固体的表面积。图 11.7 是硅胶表面吸附不同大小的醇分子和氮分子后得到的研究结果,图的纵轴为被吸附分子的分子量对数值。各点都很好地落在双对数图的直线上,从而证实硅胶表面为分形构造。由图中直线的斜率得到的分形维数为 2.97 ± 0.02。经过对不同物质表面的研究发现,分形维数的分布范围很宽,从接近 3 的值到接近 2 的值这样一个范围里。物体表面虽然普遍都有分形构造,但不同物质的分形维数差别极大,不能期望有普遍性的值。

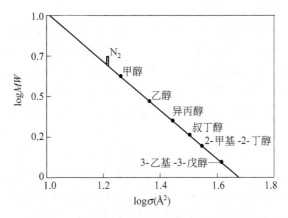

图 11.7 硅胶表面吸附的分子的截面与分子量的关系

固体表面的这种凹凸,在化学反应中有很大的影响,因为化学反应就发生在表面上,所以如果分形维数较高的话,只需少量的体积就能得到很大的表面积,因而提高反应效率。作为脱臭剂的活性炭和干燥剂的硅胶就是最好的例子。两者表面的分形维数几乎都是 3,能吸附有气味的分子和水分子的表面积都非常大,因此这些物质即使量不多,也能发挥很好的效果。

3. 高分子

分子量在 10 000 以上的分子叫**高分子**,它是由大量(约 $10^3 \sim 10^4$ 个)简单分子结构通过化学聚合反应合成起来的,如线性高分子聚乙烯 $(CH_2)_N$,其中 N 称为**聚合度**。高分子可分为两大类:一类是线型高分子,另一类是支化高分子。下面仅讨论线型高分子链的形态结构。X 光衍射分析指出它有复杂的立体构造,链状高分子不是笔直地排列,而是像许多线纠结在一起的那种构造。

在链状化合物中,与官能团直接结合的碳叫做 α-碳,X 光衍射分析可以确定碳的位置。以某 α-碳为起点依次去找高分子链,并把从起点算起在距离大于 r 以前所遇到的 α-碳的个数记为 $N(r)$。$N(r)$ 如果为 r 的幂,正如 4.1 节所指出的,其幂的指数即为分形维数。实际测定结果表明,在许多高分子中,$N(r)$ 是 r 的幂。这样测定的高分子分形维数,对肌红蛋白为 1.66 ± 0.04,对 α 血红蛋白为 1.64 ± 0.03,其值一般多为 1.6 左右[26,234]。作为对比,对完全是随机地混乱的线的构造,可用自避免随机行走模型去模拟,它的分形维数为 1.67。由此可知,高分子链几乎也都是随机地混乱排列的。

高分子具有分形构造这一事实,不仅对分形理论有重要意义,而且对其拉曼散射特性的阐明也有重要意义。拉曼散射与把分子看作弹簧集合体时的固有振动频谱有直接关系,如果弹簧集合体为分形构造,固有振动频谱一般都与分形维数有关。若把高分子的分形维数设为 D,拉曼弛豫过程的依赖性为 T^{3+2D}(T 为绝对温度),这一结论在实验和理论上都得到了证实。

高分子之所以具有分形构造,是由于单个高分子只能存在于溶液中,开始时溶液处于相当高的温度下,一旦温度下降,就会产生所谓的线团(coil globule)凝聚体转移,高分子突然凝固,于是成为球状的三维构造。最早人们用无规行走模型来模拟柔软的线性高分子链。将高分子链上的一个链节看成为无规行走中的一个步长,并把它记为 b。根据无规行走理论,对于一个聚合度为 N 的高分子链,它的**均方末端距** $\langle R^2 \rangle$ 与 N 的关系为

$$\langle R^2 \rangle = Nb^2 \quad \text{或} \quad N \sim \langle R^2 \rangle \tag{11.20}$$

所谓**末端距**是指高分子链的第一个链节与最后一个链节之间的距离。一般把 $\langle R^2 \rangle$ 看成是高分子线团的特征距离,而 N 是高分子的总链节数且正比于高分子的总质量。上述公式是在三维空间中推导出来的,但是式中并没有牵涉到高分子链所处的空间维数,所以这个公式适用于一维、二维、三维或更高维中的无规行走(无规飞行)。将分形理论中 $M \sim R^D$ 的定义与无规行走中 $N \sim \langle R^2 \rangle$ 作一对比,立即可以得到无规行走(布朗运动)的分形维数 $D=2$。但是高分子链是一个占据着一定体积的可触摸的实体,链节与链节之间是不可能自行相交的。因此必须考虑它们之间存在着体排斥作用。可以想象这种体排斥相互作用所带来的后果必然使高分子链的体积膨胀。由于单个高分子只能存在于溶液中,所以这种膨胀称为**溶胀**。溶胀后的高分子线团需要用一种新的模型来描述,这种模型即**自避无规行走**(self-avoid walk)模型,简称为 SAW 模型。Flory 利用平均场理论来处理 SAW 模型的问题,并得到了在三维空间中均方末端距 $\langle R^2 \rangle$(或回转半径 R_g 与 N 的关系式)为

$$\langle R^2 \rangle \sim R_g^2 \sim N^{2\nu} \sim N^{6/5} \tag{11.21}$$

式中的分数指数 $\nu = 3/5$ 使人有点感到意外,但是,对高分子溶液进行的中子散射和激光散射实验却有力地支持了 Flory 的结果。在 1969 年,Fisher 把推导改成平均场形式,同时利用统计力学的分析得到指数 ν 与空间维数 d 之间的一个关系式:

$$\begin{cases} \nu = \dfrac{3}{d+2} & (1 \leqslant d \leqslant 4) \\ \nu = \dfrac{1}{2} & (d \geqslant 4) \end{cases} \quad (11.22)$$

上式表明,SAW 对空间维数具有很大的依赖性,而且随着维数的增加,自避无规行走的限制作用逐渐减少。当 $d=3$ 时,正好是 Flory 所给出的结果。而当 $d=4$ 时, $\nu = \dfrac{1}{2}$,这与无规行走的结果相一致。由此可见,四维空间是体排斥作用的上临界维数,在四维及四维以上的空间内,高分子链节在运动时有足够多的自由度可供选择,所以链节与链节间相交概率很小。这就是式(11.22)的物理意义。在实际的三维空间内,Flory 的 $\nu = 3/5$ 分数指数反映了高聚物是一个典型的分形体,其分形维数 D 为

$$D = \frac{1}{\nu} = \frac{d+2}{3} \sim 1.66 \quad (11.23)$$

这个结果告诉我们,有限制的自避无规行走要比无限制的无规行走驯服,它在形状上的不规则性要小一些。所以,高分子链在空间中的形状是介于线与平面之间,同时高分子线团在结构上具有很好的自相似性。

总之,Flory-Fisher 理论给出了一类高聚物形态结构的普遍规律,它适用于描述柔性高分子链在稀溶液中的行为。这个理论对于高分子形态研究起了很大的推动作用[235—237]。

11.4 天文学

本节讨论行星和宇宙范围的复杂性及发展变化。"复杂性"这一概念是很难定义的,它的定义是它所提出的问题的总体。从本书涉及到的各学科的大量例子可以看到,复杂过程的本质特征之一是能够实现不同动态之间的转变,换句话说,复杂性同这样一类系统有关,在这些系统里,进化在观察到的过程中发挥重要的作用[238]。

这类系统到底有多普遍?长期以来人们一直认为,世界是一部润滑良好的机器,以同样的不可改变的精确度工作着,可以由它追溯到人们能够想象的任何遥远的过去,也可以预见任何遥远的未来。但在今天,这种观点难以维持了。19 世纪达尔文的生物进化论和 20 世纪 50 年代以来地球物理学和宇宙学的研究结果指出,只要向周围环境随便看看,无论何处都可以发现,过去的遗迹(这不仅仅是化石)正积极地创造尚未到来的历史。如我们所知,今天的地球大气层是这个行星上生物发展的结果,而生物本身是长期进化的结果,在这个进化过程中,出现生命之前的化学作用直接受大约 40 亿年前地球上主要条件的影响。格陵兰和南极的冰川,各大洲的位置,大洋底,以及地球气候,都经历了以一系列大范围的转变为特点的长期演化。而且,宇宙

作为一个整体正在持续演化,而且微波辐射(与 2.7 K 黑体辐射有关)已被天文学家证明是存在原始大爆炸的无可辩驳的痕迹,这次大约 200 亿年前的大爆炸创造了地球。

自 1960 年以来,越来越多的观察表明,地球气候很可能正在发生非常显著的实质性变化。在 20 世纪初人们已经熟悉的六十年异常稳定的好天气之后,这种变化使科学家和广大公众都感到惊讶和忧虑。人们第一次认识了这个行星气候系统的整体特性,相信了他们自己的活动也会影响这个庞大气候机器的运转。

科学家采用同位素技术分析有机物遗体的成分,提供了关于古代气温的直接信息。从这些有价值的资料中人们了解到,过去两三亿年里的主要气候条件同现在极不相同。除第四纪(我们的时代,开始于大约 200 万年前)以外,在这个时期里各大陆根本没有冰,海平面比今天高大约 80 m。气候特别温和,赤道地区(25~30℃)和两极地区(8~10℃)的温差相对地说要小得多。

到了第三纪,大约 4000 万年以前,赤道和两极的温差开始增大。于是,在相对较短的 10 万年里,新西兰南部的海洋温度下降了好几度。南极气候大约在这时开始生成,它减弱了高低纬度间的热交换,并使为此"陷"在这一区域的海水进一步降温。在这里,我们又一次看到了反馈机制的作用。

在第四纪初期,这种温差对于大陆冰川得以形成和保持是十分重要的。在北半球发生了呈间歇状的一系列冰川作用,有时把冰川推到了中纬度地区。这些气候事件呈现大约以 10 万年为一轮的平均周期性,在这上面已经叠加了相当可观的噪声任意性(见图 11.8)。

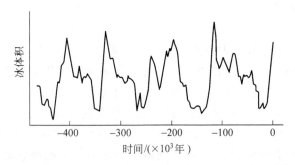

图 11.8　从深海同位素记录推导出的过去 40 万年里大陆冰体积的
整体变化(图中时间从现在算起,以 10^3 年为单位)

北半球冰川的最后一次挺进在大约 18000 年前达到顶点,它的残余部分至今仍与我们同在。今天大陆冰川的数量大约为 3000 万 km³(限于南极和格陵兰),而那时这些地方覆盖着 7000 万~8000 万 km³ 冰川,此外,北美和北欧还有许多。因为巨大数量的水聚集成为冰川,使海平面比今天低 120 m。后来大部分冰融化了,才确定了现在我们所知道的海岸线和大多数其他地形特点。

大陆冰帽的最后踪迹(除格陵兰和南极)在大约 7000 年前消失了,随之而来的是最佳气候期。即使在今天年降雨量仅为 5 mm 的撒哈拉沙漠的中心,当年也有恒定的河流和先进的农业,表明年降雨量为 300 mm 至 400 mm。在那以后的大约 3000 年里整个地球逐渐变凉。不过,这一基本趋势被许多次百年左右的波动所间断,每次使气温回升 1℃ 左右。大家所熟知的一个例子是公元 800—1200 年,在这期间北欧海盗发现了格陵兰(意即绿色的土地)和北美洲。但在公元 1550—1700 年间,发现了相反的倾向,"小冰川时期"使欧洲和北美食物短缺并造成多次大灾害。现在我们可以明白,为什么 20 世纪前半段的气候表现出的不是地球气候长期以来典型的不稳定特性,而是反常的稳定。

自 20 世纪 70 年代中期以来,气候发生逆转。一个例子就是反常的严寒袭击了北美洲东部并同时在这个洲的西部造成长期的旱灾。看来这种现象与大气环流减弱甚至"停滞"有关。例如,作为其反映,出现了喷射气流向南(在美洲大陆东部)和向北(在美洲大陆西部)的大规模移动。

由上面的叙述已经看到气候系统具有复杂转变现象的漫长历史,下面来分析一些可能与这种复杂过程起源有关的因素。控制地球气候的首要因素是太阳入射能量,人们将在大气层顶部垂直于光线的方向上单位时间内单位面积所接受的太阳能量称为**太阳能常数** Q。天文计算表明,**太阳发光度**(正如被称为主系列的其他星体的发光度一样)随时间的推移而增强。几亿年前的 Q 值比今天的 Q 值要低百分之几。现在这个时期气候非常温和,并没有发生冰川作用。

气候系统还受到第二种外界作用的影响,即地球轨道的变化。天文计算表明,由于太阳系其他星体的扰动作用,造成了地球轨道的三大变化。首先,地球的旋转轴像陀螺一样进动,所以其转轴上指的方向呈圆周变化。第二,地球转轴与太阳方向之间的倾角(通常为 23.5°)是不断变化的。第三,地球轨道的偏心率也是变化的。上述作用的特征周期分别为 22000 年,41000 年和 10 万年。按理论判断,前两项作用改变各个季节的太阳能分配,而第三项则影响地球吸收的年平均太阳能。在各种情况下,这些变化影响都很小。不过,冰川循环作用的主周期就是由它们决定的。内部动力机制通过放大微弱的外界影响再次发挥异乎寻常的重大作用,就这样触发了巨大的气候变化。

下面举一个这类放大机制的例子,来看反射过程与冰帽之间的相互关系。大家知道冰的反射性能很强,即反射率很高。假设由于某个无须指明原因的扰动,一个冰帽向赤道稍微扩展了一点。因为这使整体的反射率提高,被地面吸收的能量将减少,所以将使系统进一步降温。结果受到扰动的冰帽将再向赤道扩展,同时使温度进一步降低。这就是与化学自催化作用非常相似的负反馈回路,但请注意,这仅仅是气候系统中发生的众多复杂相互作用中的一个。

还应看到,在赤道地区地面吸收了大部分太阳能,而在两极地区接收的较少能量中又有大部分被反射回空中。通过这种途径,赤道和两极之间的子午温度梯度得以形成,并由于阳光的继续入射而得以保持。这表明气候系统保持在远离热力学平衡态的位置上。应该指出的是,非平衡态、反馈、转变现象、进化等这些在其他研究领域中出现的复杂行为的成分,在行星和宇宙的范围内同样发挥作用。

下面讨论宇宙中星的空间分布以及月坑和小行星的直径分布[26]。从理论上推导,宇宙在初期是非常小和高温高密度的,这从 3K 的背景辐射等实验事实也得到了证实。因巨大爆炸(big bang)而开始膨胀,经过约 150 亿年,宇宙才呈现出现在这个样子。

星在宇宙空间分布不全一样。从银河成形或形成银河系也可看出,它好像具有成团分布的倾向。根据观测确认,银河空间分布的相关函数服从于幂法则。由此所估计的分形维数约为 1.2。因考虑空间是 3 维,1.2 这一数字实在太小了。但又考虑宇宙到处是缝隙,而且浮在夜空的星星也是稀稀啦啦,所以这样想似乎并不觉得有什么不自然(如果星分布的分形维数是 2 以上,夜空理应全被星星覆盖才对)。

最近因对大爆炸后的宇宙密度的看法发生动摇,银河系的空间分布又成了话题。银河系是由数十万至数千个银河聚集而成,其大小虽为 2000 万光年左右,但最近发现银河系都好像是细长线状或薄面状峰巢构造。同时还发现数个几乎没有银河、大小约数亿光年的空洞,一般称它为**空洞**(void)。从银河这种分布的事实来看,银河分布是 1.2 维的分形这一主张可以说得到了证实,不过现在还没有能满意解释这一宇宙构造的理论。

天文学家发现,宇宙中许许多多的星球表面上都是坑坑洼洼的,布满了大量不同直径的坑。其形成原因是由于这些星球受到彗星或宇宙中不同尺度的飞行物的撞击而形成的。1994 年 7 月 16 日至 22 日之间,木星同苏梅克-列维 9 号彗星相撞就是一个最好的例证。地球也不例外,地球表面也有许多坑。在 1908 年,一颗体积比苏梅克-列维彗星小得多的彗星,进入了地球大气层,并在西伯利亚上空爆炸,其影响与氢弹爆炸极为相似。月球表面也布满了大大小小的坑,关于月坑的直径分布问题,现在来看看有关它的实际资料。图 11.9 是标绘月球"酒海"的月坑数 $N(r)$ 和直径 r 的关系图,在 10 万 km² 的区域里,月坑直径在 1 km 至 100 km 之间,存在下列关系

$$N(r) \propto r^{-D}, \quad D = 2.0 \qquad (11.24)$$

其中,因为 $N(r)$ 表示直径大于 r 的月坑总数,所以根据前面几章的讨论,可把 $D \approx 2.0$ 看作为月坑直径分布的分形维数。$D \approx 2.0$ 这一数值,不仅

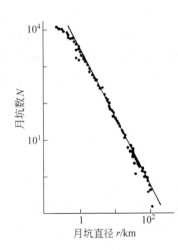

图 11.9 月坑的直径分布

对"酒海"的月坑，而且对月球其他地区的月坑，甚至对火星和金星的火山口也有效。

因考虑月坑是由陨石碰撞而形成，所以预料陨石的大小分布也是分形。实际上这一点已得到确认，质量 100kg 以上的大陨石分布确实服从幂法则，其维数为 $D\approx2.3$。比这小的陨石，在进入大气层时大都被烧毁，不符合幂分布。

另外，已知木星和火星轨道之间的许多小行星的分布同样也是这种情况。据推测，小行星中以直径约 1000km 的谷神星为最大，其他仅绝对等级 20 以上的就有 7 万个。从这类等级的分布来看，也是像式（11.24）那样的幂的关系，其维数为 $D\approx2.1$。

由上可知，月坑的直径分布（以及作为月坑成因的陨石和小行星的大小分布）是维数为 2（或近似为 2）的分形分布。这些都有实验结果可以证明，以高速子弹打入岩石时所形成的碎片的大小分布就是很好的例子，这时岩石碎片的大小分布也是分形，其维数为 $D\approx2.0$。如果认为陨石和小行星是某一大小集团被破碎时的碎片，一切就应得到统一解释。破碎时产生碎片服从幂分布这一点在工程学领域早有研究，但像小行星这样大的碎片竟同样也可用此公式解释，却是非常有趣的。

与分形虽无直接联系，但关系到月坑成因的一个有趣的经验法则是，陨石与地面碰撞所形成的陨石坑的直径 r 与陨石降落速度之间存在下述关系：直径 r 与降落速度 $v^{0.58}$ 成正比。为使陨石动能（与 v^2 成正比）的一部分转换成形成陨石坑以外的能量，才出现了这种非整数的幂。对此尚未作出理论上的解释。

11.5 材料科学

远离平衡条件下的非线性动力学的进展正在与日俱增地施展其冲击力的领域之一，是材料科学。材料科学的研究领域很广，包括薄膜材料、金属及合金材料、陶瓷材料、复合材料、电子材料、高分子材料等。新材料的合成是新技术发展的一个起决定作用的因素。人们发现，在很多情况下，材料的生长是被一些在远离热平衡条件下进行的过程控制着的。

例如，在晶体生长及合金凝固期间有晶核存在的液相中进行的输运现象，对析出固相的结构和性能有着深刻的影响。在很多与非平衡约束下的流体有关问题中，对流起着控制的作用，因为它影响着流体和固相交界面处的温度和组成。而流体对流运动本身又决定于外部条件（强制对流）及内部条件（自然对流）之间的竞争。后者是由浓度或温度差引起的，但是也可由表面张力诱发。因此，晶体的生成和凝固为耦合过程，隐含着质量及热量的传递、流体的流动、化学反应和相转变。在一定条件下对流可变得紊乱，这种混沌的性能会诱发温度和浓度的不规则变化，结果就导致了晶体结构的缺陷。

在这些现象中,液固界面性质当然具有根本的重要性。在晶体生长过程中,发现在固液间存在着一个性质和熔融体与晶体迥然不同的均相,这是该领域内不平衡的明证。对线度实际上比晶格为大的这个均相层进行光散射研究表明,热扩散系数的数量级为 10^{-8} cm²/s,与纯水的特征值 10^{-3} cm²/s 不同。换言之,热扰动被衰减到了没有多大影响的程度,这样一种性质提醒人们,整个均相层实际上处于类似于接近分支点的那种临界状态。据推测,这种转变是以通过界面处的热流为媒介进行的,该热流则产生于结晶前沿的向前推进,这样就在一个薄层中保持了一种实际上是非平衡的物质相(也称为"**中介相**")。

另一类非平衡现象产生于强力的激光或粒子(电子、中子或离子)的辐射,这使得有可能在非常短的时间间隔中把大量的能量注入到各种物质的表层。这样引起的熔融和再凝结现象具有高热梯度值(10^6 至 10^8 度/cm)及高表面速度值(1 m/s)的特征。就是这些极端非平衡的条件(连同其他因素一起)使一些电子材料的合成成为可能。

非平衡对材料科学干预的最引人注目之处,大概在材料的破坏方面。如塑性、变形、疲劳这样一些现象通常是由缺陷引起的,它产生于应力的作用和随之而来的放大和移位,形成了碎裂的先兆结构。在该领域内获得的进展要求我们深刻理解在遭受外部约束的体系中损伤和错位的形成,及其相互作用。将这种现象产生的非线性动态特征加以模型化,将导致诱发多稳态转变的不稳定性及缺陷密度分布的空间结构。下面扼要地叙述其中一些突出的成就。

首先确定一些适当的变量和参量。除了通常在工程学科中使用的变形 ε 这个变量外,似乎温度 T 也是起作用的。实际上,在作抗拉试验时样品将被冷却而使其转变在弹性范围内进行,降温值与形变成正比(为简单起见假定它均匀地发生在体相中),并决定于所谓的**格吕内森**(Grüneisen)**参量** γ。后面这个量反映出分子间相互作用力对简谐振子性能的偏差,因而提供了一种热力学耦合的量度。常温时一大类物质的 γ 值在 1.5 到 2.5 之间,但看来在很大程度上也是与变形相关的,并在外加约束达一个临界强度时实际上趋于零值。

另一方面,刚才指出的温度降低是和与物质粘性有关的变热效应相对抗的。当施加的应力增加时,最初的静态错位及其他缺陷变得越来越具有易变性,它们在样品内的运动便产生出数量越来越大的热能。而这又反过来增大了缺陷的总数,与放热化学反应进行时的情况不无相似之处。这样,我们就面临一种具有正反馈的失稳机制,它是与变形诱发的冷却的稳定效应相对抗的。这两种机制在某临界点达到了相互平衡,该点可用作弹性及塑性变形方式的边界。图 11.10 表示出了这种值得注意的一致性。可以预料,应力——驱动体系离开平衡态的外部约束——在临界情况下的阈值确定着一个新状态的分支点。

为求得上述现象更为定量的图景,需要推导出关键变量 ε 及 T 的一组演化方程,

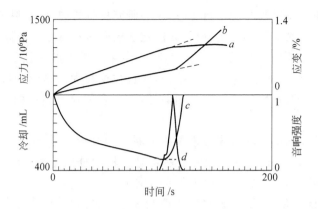

图 11.10　作为时间函数的一个钢样的应力 a、变形 b、温度 c、声发射强度 d
(注意在临界区域温度及声发射强度陡峭增长。)

在其中可以清楚地理解参量 σ 及 γ 的作用。在这里并不打算进行详细的讨论，只是要指出，在一些合理的假定下，这两个方程式可通过下面的项非线性地耦合在一起

$$-\frac{1}{2}C_V\left(\frac{\partial \gamma}{\partial \varepsilon}\right)\left(\frac{T-T_0}{T_0}\right)\varepsilon^2 \tag{11.25}$$

这里 C_V 为比热，T_0 是一参考温度。由于上面提到的格吕内森参量对应变的依赖性，这个项是正的而且引入了使导致不稳定性的涨落被放大的机制。在接近分支点时，可以用消去除级参量以外所有变量的办法使描述进一步简化。作为 ε 和 T 的适当组合的级参量，遵从如下的动态特性：

$$\frac{\mathrm{d}x}{\mathrm{d}t}=(\sigma-\sigma_0)x-bx^3 \tag{11.26}$$

这种分支点可以导致一种新的定态或一种极限环振荡，依条件而定。

一种更为微观的解决上述问题的途径，需要去分析各种不同的基本过程间的平衡，如位错的产生、覆合、钉扎和扩散。这就引出了一些非常类似于研究化学不稳定性所使用的那种反应—扩散模型。当受到一种非各向同性的约束时，这些模型预示着一导致位错构型的对称破缺转变体系，非常类似于实验观察到的情况。

从以上的分析可知，像塑性及弯曲这样具有实用价值和重要意义的力学现象似乎是不可能在纯力学的基础上加以探索研究的！准确地说，它们应该被视为在远离平衡条件下起作用的非线性动力学体系一般性问题的组成部分。可以确信，这种认识本身就构成了材料科学领域的一个重要突破点[238]。

一般来说，材料均有自己的结构（包括高分子材料），通常还区分为各种结构层次。在不同的结构层次上往往还存在有不同类型、数量与分布的缺陷。材料的性能与材料的结构和缺陷密切相关，尤其是材料的力学性能与结构和缺陷的关系更为紧密。就材料的性能与结构和缺陷等的关系而言，材料是一个复杂的系统。

用分形理论来研究材料力学行为时,主要研究材料的韧性、断裂韧性和强度这三个方面。对材料断裂表面的传统分析,只能定性地说明断口形貌是脆性、韧性或两者的混合形式等。对断面细节的观察发现,材料中裂纹的扩展往往是按 Z 形前进的,每一步都是不规则的,大小不等,方向不一,而且往往在大的 Z 形裂纹上又有小 Z 形裂纹,有不同层次的嵌套结构,具有自相似性,在一定的尺度范围内可以认为是分形结构[116]。

1984 年,Mandelbrot 等首先报道了冲击断口的分形维数 D 与冲击功 J 的实验结果[79]。观察结果指出,金属断裂面虽然不是严格的分形结构,但与分形结构极为相似。他们利用分形中周长—面积关系测定了冲击断口的分形维数 D,测定时将码尺取为 $\delta = 1.5625\ \mu m$。实验结果表明,马氏体时效钢的冲击功 J 随断面分维 D 的增加而线性地降低,如图 11.11 所示。1985 年,龙期威又从理论上分析了临界裂纹扩展力与分形维数的关系,这些工作引起了材料科学工作者极大的兴趣。

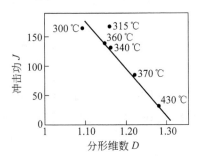

图 11.11 冲击功与断面分形维数的关系

1993 年,龙期威在分析了大量实验的基础上,提出了材料中的多度域分形[239]。虽然整个物质世界在空间和时间上是无限的,但每一个具体的个别物质在空间和时间上则是有限的。对微观物质的研究,从分子、原子、原子核到基本粒子,涉及的时空结构越来越小,不可穷尽,但每一个结构层次都有它存在的一定的度域范围。所以,具体的物质中的嵌套结构也会是有限代层的。如何将研究无限自相似嵌套结构的分形几何应用到物理问题中去,总是不可避免地要遇到这个有限性根本问题。固体断裂的实验说明,这些有限范围的界限(晶粒尺寸,聚集物单体的大小,泡沫材料中孔洞的尺寸等)正是决定具体物质特性(力学和其他物理性质)的重要因素之一。

Mandelbrot 讨论的分形图形在结构上是无限代层的(事实上是半无限代层的),在认识上(码尺)则是有限的。以一定长度的码尺去测量(认识)它,揭示出许多新的现象。现在,我们认识到自然界中客观存在的自相似嵌套结构是有限代层的,只是近似的"自相似";以不同长度的码尺去测量(认识)不同度域的"分形结构",也就会出现更多的复杂情形。

具体的材料更为复杂。同一种材料中可能存在多种分形结构,如沿晶裂纹、穿晶裂纹、位错线、空位团、沉积相等,它们都存在于一定的度域范围。这些度域范围有的还互相交叠,统称为**多度域分形**。下面以固体的断裂为例,讨论材料中多度域分形结构和性能的关系以及分维测量中存在的一些问题。

Mandelbrot 等 1984 年的实验指出,断裂表面具有分形结构的性质。以后,龙期威及合作者在这个方面进行了一系列的实验和分析。实验指出了分形概念应用于断口定量分析的可能性及存在的问题;将分形理论和断裂力学结合,可以导出断口表面分维和材料断裂韧性之间的定量关系。实验还指出,利用周界和面积关系的方法测量周界分维存在一些根本问题,提出了周界—最大直径方法作为周界—面积方法的一种改进。

龙起易等关于超高强度钢由氢引起的裂纹稳态扩展实验指出:尽管材料中存在穿晶和沿晶两种裂纹扩展机制,在裂纹长度和码尺长度的双对数关系图上,仍可以在 $2\ \mu m < \mu_i < 50\ \mu m$ 范围内(μ_i 是码尺长度)得到一条近似的直线关系。这一实验说明:仅仅在双对数图上得到近似直线关系并不能说明材料中只存在单一的分形结构。

穆在勤等用周界—最大直径方法和周界—面积方法,测量超高强度钢的一次拉断试样断面分维,发现在两个度域范围内测得了两个不同的分维值。这说明试样中在不同度域范围内可能存在两种不同的分形结构[240—243]。

上述两个实验说明,从简单的模型到复杂的材料中分形问题时,必须了解多种分形结构并存时会对性能有什么影响。

多标度分形或多重分形概念的提出曾经是分形理论中的一个重要发展,它已成为描述在某一几何支撑上物理量不均匀分布的重要概念,但是,并不是所有的不均匀分布均可以套用多重分形的概念。以材料断裂为例,由于沿晶和穿晶断裂所遇到的临界裂纹扩展力往往不一样,在低应力条件下,性脆的晶界先断开,组成自己的自相似系统。在高应力条件下,穿晶机制才参加进来,又组成穿晶裂纹的自相似系统。于是,在材料中有两个自相似系统的效应叠加,而不是像通常的多重分形是每个代层两种机制均按一定比例混合,从而组成一个自相似系统。

就多度域分形概念,可得如下几点:

(1) 分形的物理研究离不开它的对象——物质。物质存在的形式是时空的有限性和无限性的统一,自然界中具体的嵌套结构是有限代层的。材料中的嵌套结构除了有限代层性以外还可能同时存在多种嵌套结构,它们有各自的度域范围,统称为**多度域分形**。

(2) 在材料开裂过程中的多度域分形,大多数不一定是标准的多重分形而只是各种自相似结构的叠加,只有在一些特殊情形,如裂纹分叉生长,或穿晶沿晶开裂几率相近时才可能出现通常的多重分形。

(3) 实验得到的双对数图上的直线关系并不一定代表单一的分形结构,沿晶和穿晶开裂并存的实验结果说明进行材料中分形实验研究时,辅以其他实验观察是非常必要的。

(4) 多度域分形概念有可能应用到其他分形过程,如分形聚集生长,分形子和声子的渡越及表面生长动力学等。

近年来,国内外还有许多学者把分形理论应用于材料研究之中,相继取得研究成果。谢和平利用分形研究了岩石的临界扩展力和断口分形维数的关系[74]。穆在勤等依据周长—面积关系测定了超高强度钢断口的分形维数,测试时取码尺 $\delta = 1.84\ \mu m$,并且建立了 $\lg K_{Ic}$ 和分形维数 D 间的关系。实验结果表明,$\lg K_{Ic}$ 近似地是分维 D 的线性函数,且斜率取负值[244]。Herrman 研究了弹性介质在外界剪应力作用下的裂纹扩展,发现裂纹的图案总的来说是分叉的,而且可以认为是分形[245]。董连科等将分形用于材料断裂韧性研究的不定性问题[75];江来珠等应用分形几何研究钢的冲击韧性与易切削相参数的相关性[246];张人佶研究了油润滑下钢严重磨损表面的分形特征[247]。

这方面的工作还有很多,研究内容包括非晶硅薄膜中的分形凝聚过程,高强钢多冲疲劳断口的分形研究,金属断口纵剖面的分形分析,近门槛区疲劳断口的分形模型,动态断裂韧性与分形,断裂剖面分形特性的计算机模拟,球墨铸铁断口纵剖面线的分形特性,冲蚀磨损表面和磨屑的分形特性[248—255]。研究的材料还有高碳钢、氯化镍、多孔材料、黄铜、ZAT 三元复相陶瓷和 Cu-Zn-Al 合金等[256—261]。

11.6 计算机图形学

分形几何学能为自然界中存在的各种景物提供逼真的描述。这些景物形态复杂、不规则,而且显得十分的粗糙,使得采用传统的几何工具进行描述遇到了极大的困难,而分形模型却能很好地描述自然景物,因为自然界中的许多实际景物本身大体上就是分形,或者反过来说,按照分形几何方法构造的形体非常像许多自然景物。在计算机上进行的绘制自相似集的几个试验,已经能够产生自然界中存在的物体的令人惊奇的非常好的图案。图 11.12 是羊齿叶和青草分别在 4 个和 6 个仿射变换(映射)下的不变集,图形明显地表现出了自相似性和自仿射性。所以将分形几何学应用于自然景物生成,即自然景物模拟,可以获得很逼真的图像。其他的例子还有气势雄伟的海岸风景和风光瑰丽的山区风光等[43,54]。

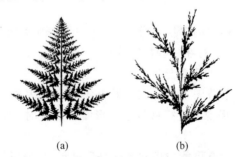

(a)　　　　　(b)

图 11.12　羊齿叶(a)和青草(b)分别在 4 个和 6 个仿射变换下的不变集

第 11 章 分形理论的应用

除了对自然景物的模拟以外,分形几何学还可以应用于生物、医学图像、卫星图像等各种图像信息提取和识别,以及电视和通信中的图像处理和传输,因而形成了分形几何学与计算机图形学相结合的一个新的研究领域,已经从理论研究进入了应用研究[262]。

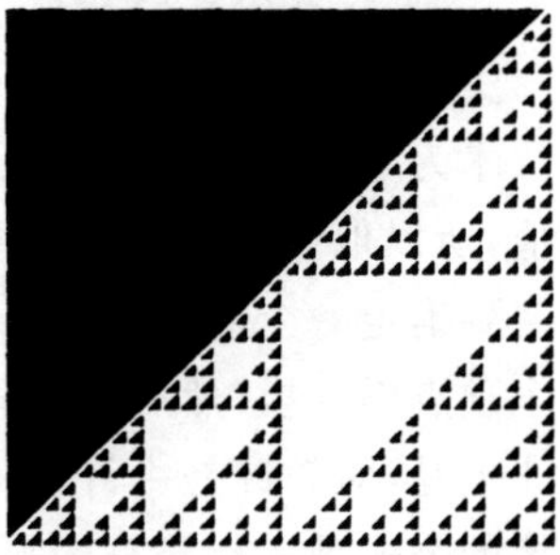

仿射变换就是一种实现几何变换的公式,它可以按比例放大或缩小图形,使图形旋转或位移,有时甚至于使图形产生畸变。用一组为数不多的仿射变换就能够画出如图 11.13 所示的 Sierpinski 三角形那样引人入胜的作品。事实上,任何图形都可以通过一系列仿射变换重新绘制出来,关键在于选择什么样的仿射变换来作图。

图 11.13　Sierpinski 三角形

对诸如三角形或叶形之类的图形作仿射变换,就是把组成这些图形的点转移到新的位置上。在这个过程中,原来的图形可以被平移、按比例放大或缩小、旋转和拉伸。如果对一个三角形作仿射变换,我们便能够在这个三角形的左边作出另一个缩小了的三角形。如果再对这个缩小了的三角形作同样的仿射变换,就可以作出第三个更小的三角形,此三角形相对于第二个三角形的大小和位置关系相同。反复地应用相同的仿射变换,就能够得到依次产生的一连串逐渐收缩至无穷小的三角形。

如果对一个图形进行无穷多次的仿射变换,那么得出的图形就具有自相似性,即图形的局部被放大后看上去与总体图形相似。因此,应用一系列仿射变换能够作出自相似图形,也就是现在通称的**分形图形或分形**。

在所有的仿射变换中,用于移动平面上图形的点的公式都具有相同的形式。初始点的位置可以用 x 和 y 两个坐标来确定。对初始点作仿射变换后,新点的位置用 (x',y') 确定。点的变换公式为

$$\begin{cases} x' = ax + by + e \\ y' = cx + dy + f \end{cases} \tag{11.27}$$

式中符号 a,b,c,d,e,f 为确定仿射变换特征的数。当 $b=0.5$,$c=-0.5$,$a=d=e=f=0$ 时,此时仿射变换的变换公式为

$$\begin{cases} x' = 0.5y \\ y' = -0.5x \end{cases} \tag{11.28}$$

如果对一个三角形内大量的点都用上式作仿射变换,那么就可以发现一个变换规律,即整个三角形沿顺时针方向旋转了 90°,同时其边长也缩小到原来的三角形的一半。如果 e 和 f 不为 0,而为 1,则变换出来的三角形不仅产生旋转和收缩,而且将向上向右各平移一个坐标单位。

由于这种类型的变换会使任何点集内的点之间的距离发生收缩,所以被称为收

缩变换,这种变换不改变图形的形状。收缩和保形性是"迭代函数系统"(IFS)方法中所使用的仿射变换的关键性质,对任何一种人们所能想象得出的图形,反复地应用属于此类型的几种变换,人们便能发现一些有趣的结果。当反复不断地应用若干变换公式时,这些公式就构成了一个迭代函数系统。

美国的 Barnsley 与 Sloan 发现了把图形简化为一系列仿射变换的一般过程,这项技术为电视图像与计算机图像的传送开辟了令人振奋的前景,有潜在的商业应用价值,所以他们创办了复制系统公司。

要确定一个迭代函数系统对诸如三角形这样一类图形的效果,只需对三角形的三个顶点作变换,然后用线段把三个新顶点连接起来,就得到了变换所产生的三角形。但是,对轮廓是由许多的点所确定的不规则图形,就行不通了,此时解迭代函数系统的公式需进行繁重的算术运算。为此,Barnsley 已经提出了一个对即使是很复杂的图形,也能够高效率地作多次变换的好办法,即由一系列仿射变换按随机顺序对一个初始点反复作映射所得出的点最终将"填满"一定的区域。图 11.14 是迭代函数系统产生出蕨叶形图像的示意图,可以用来说明这个方法的步骤。开始时的图形是三片锯齿状的叶子和代表叶柄的直线线段,其中顶端的那一片叶子面积最大,另外二片的大小基本相同[见图 11.14(a)]。对这四部分分别采用一个仿射变换,总共进行了一万次按随机顺序的变换后,一幅精美的、栩栩如生的蕨叶图像就呈现了出来,如图 11.14(d)所示。当然,在一万次的变换中,并不是完全随机的。顶端的那片叶子面积最大,因而里面的点被变换的几率最大,这部分的变换次数与其面积占总的面积的比例成正比;而叶柄两边的二片叶子的面积基本相同,因而它们的变换次数也大致相同,它们变换次数也是与各自的面积成比例的。由于叶柄的面积相比之下最小,因而其变换次数也是最少的。

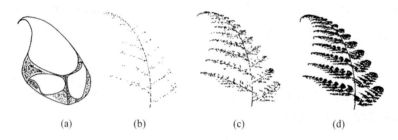

图 11.14　迭代函数系统产生出的蕨叶形图像

值得注意的是,与蕨叶相关的四种变换把蕨叶的基本轮廓变成了四个区域,这四个区域近似于把轮廓围绕的面积分成四部分。Barnsley 把这种再划分出的图形叫做"拼贴图"。Barnsley 等已经发现了一个保证尽可能准确地复制分形的定理,该定理指出,一个分形的若干仿射变换产生出的拼贴图与此分形的轮廓符合得越好,相应的迭代函数系统制作出的分形复制图就越精确。

第11章 分形理论的应用

就图形的创作来说,几乎所有的分形都能借助于某一个迭代函数系统绘制出来。以图 11.13 所示的 Sierpinski 三角形为例,这个三角形的中心部位被挖掉了一块小三角形,于是留下了三个小三角形。自然这三个小三角形每个的中央也被挖掉了一块三角形。有三种仿射变换参与了这个 Sierpinski 三角形的制作过程,这些仿射变换出自由三个方向相同的全等直角三角形组成的一个拼贴图。这些直角三角形之间留下了一个空隙,此空隙也是直角三角形,且与拼贴图的直角三角形一样大。这三个直角三角形中的每一个都与一个特定的仿射变换相关联。最终的图案(图 11.12 所示的只是经过有限步后得出的图案)实际上完全充满了各种尺寸的看得出形状的三角形空隙。

复制 Sierpinski 三角形的迭代函数系统算法如下。算法的开头是将坐标 x 和 y 置于 0,然后,将三个主要的运算步骤反复进行 10 000 次。第一个步骤是随机地从三组仿射变换方程中选出一组。第二个步骤是对点的当前坐标 (x,y) 施行所选定的仿射变换,也就是说求出 x 和 y 的新的值。第三个步骤是作一个检查以确定是否已经进行了 10 次迭代。

这个算法如果再补充一项功能则适用于任何一个迭代函数系统。由于某一仿射变换被选中的频率必须按照它将覆盖的区域在整个图形中所占的比例来确定,所以算法必须按一定的概率选择各个仿射变换的公式。

那么,作出 Sierpinski 三角形的仿射变换公式究竟是怎样的呢?前面已经介绍了这类仿射变换公式,并且还提到了六个确定变换特征的系数。Sierpinski 三角形的仿射变换公式的系数如下表所示:

	a	b	c	d	e	f
(1)	0.5	0	0	0.5	0	0
(2)	0.5	0	0	0.5	0	1
(3)	0.5	0	0	0.5	0.5	0.5

表中的三行数字分别为参与 Sierpinski 三角形绘制的三组仿射变换公式的系数。

由上表可以看出这三组公式对图形将会产生什么样的变换效果。

首先,它们会使任何几何图形缩小一半,只不过第一个公式是使图形朝原点收缩,而第二个和第三个公式则是在使图形收缩的同时还分别把图形向右移动一个单位和半个单位。这样,最初的三角形就被变换为三个小三角形,而这三个小三角形随后被同样地变换成三个更小的三角形。

通常情况下,为了把一幅风景画存储到计算机文件中,需要用成千上万位信息。例如,一幅图像可以是大小为 300×300 的像素点阵,每个像素需要好几位信息来规定它的灰度或颜色。因此,用普通的一个像素一个像素地存储图像的方法来存储一幅图像,可能需要占用一百万位甚至更多的存储容量。当然,用标准的信息压缩技术可以对这样的图像数据进行压缩而使它只占用较少的存储空间。但是,用迭代函数系统来压缩信息量时,其压缩比可望达到 1/500 甚至更好。这一压缩方法的关键在于存储迭代函数系统,而不是存储迭代函数系统所绘制的图形。

这一方法的原理如下。把直接取自照片或电视摄像机的计算机图像转换成迭代函数系统时,图像被分解成许多大大小小的互相连接的小块,这些小块的灰度(或颜色)是基本不变的。这样的拼贴图中的小块便是从大量的标准仿射变换公式中,选择出与它们相应的仿射变换公式的依据。例如,如果某一仿射变换恰好能把浪花的一滴飞沫变成其他许多滴飞沫,那么这一仿射变换就可以作为正在建立的迭代函数系统中的一个十分有用的成分。这样,在某些计算机上就能以高于每秒 30 幅图像的视频速率再现出生动真实的画面。

11.7 经济学

古典经济学由于不能很好地说明经济现实而出现了危机,**混沌现象**、**奇异吸引子**的发现以及非线性动力学向经济学的渗透,对古典经济学提出了挑战,从而产生了**混沌经济学**。R. H. Day, M. Boldrin 和 L. Montrucchio 提出了经济系统出现混沌的条件,陈平首次找到了维数为 1.5 左右的货币奇异吸引子。Mandelbrot 研究了市场价格的变化,得出了价格变化的标度律,他利用标度律首次研究了很多商品的价格、某些利率、19 世纪的证券价格,在研究了 60 年棉花价格的变化后,得出其分维值 $D \approx 1.7$。Fama 研究了近期证券价格的变化,Roll 研究了利率的变化[263]。

下面先讨论收入分配的分维及其与基尼系数的关系。意大利经济学家 Pareto 发现,各国的经济制度虽然不同,但收入分配却有共同的规律,它可以写成

$$N = N_0 X^{-b} \quad (b > 0) \tag{11.29}$$

其中 N_0 为人口总数,X 为收入水平,N 为收入不少于 X 之人数,用标度律可以得出收入分配的分维

$$D_f = b \tag{11.30}$$

收入水平 X 是一个随机变量,由式(11.29)可得 X 的分布函数为

$$F(X) = (X_0^{-b} - X^{-b})/(X_0^{-b} - X_n^{-b}) \tag{11.31}$$

其中 X_0、X_n 分别为最低、最高收入水平,即 $X_0 \leqslant X \leqslant X_n$。由此可得洛伦兹(Lorenz)曲线

$$L(P) = \begin{cases} \dfrac{1}{\ln X_0 - \ln X_n} \{\ln [X_0^{-1} - P(X_0^{-1} - X_n^{-1})] - \ln X_0^{-1}\} \\ \qquad\qquad\qquad\qquad (b = 1) \\ \dfrac{1}{X_n^{1-b} - X_0^{1-b}} \{[X_0^{-b} - P(X_0^{-b} - X_n^{-b})]^{(b-1)/b} - X_0^{1-b}\} \\ \qquad\qquad\qquad\qquad (b \neq 1) \end{cases} \tag{11.32}$$

基尼(Gini)系数是描述收入分配平均程度的一个指标,它的定义式为

$$G^R = 2\int_0^1 [P - L(P)] dP \qquad (11.33)$$

由式(11.29)～式(11.33)我们可以得到基尼系数 G^R 与分维 D_f 的关系为

$$G^R = \begin{cases} 1 + \dfrac{\ln X_n^{1/2} - \ln X_0^{-1/2}}{(X_n^{-1/2} - X_0^{1/2})(X_n^{-1/2} - X_0^{-1/2})} + \dfrac{2X_0^{1/2}}{X_n^{1/2} - X_0^{1/2}} \\ \qquad\qquad\qquad\qquad\qquad\qquad (D_f = 1/2) \\ 1 + \dfrac{2[X_n^{-1}(\ln X_n - 1) - X_0^{-1}(\ln X_0^{-1} - 1)]}{(\ln X_0 - \ln X_n)(X_0^{-1} - X_n^{-1})} \\ \quad + \dfrac{2\ln X_0^{-1}}{\ln X_0 - \ln X_n} \qquad (D_f = 1) \\ 1 + \dfrac{2D_f}{2D_f - 1} \dfrac{X_n^{-D_f}}{X_0^{-D_f} - X_n^{-D_f}} + \dfrac{2D_f - 2}{2D_f - 1} \dfrac{X_0^{1-D_f}}{X_n^{1-D_f} - X_0^{1-D_f}} \\ \qquad\qquad\qquad\qquad\qquad\qquad (D_f \neq 1, 1/2) \end{cases} \qquad (11.34)$$

当 X_0 较小,而 X_n 较大时,由式(11.34)得出如下近似表达式:

$$G^R \approx \begin{cases} 1 & (D_f \ll 1) \\ 1/(2D_f - 1) & (D_f > 1) \end{cases} \qquad (11.35)$$

我们从式(11.34),式(11.35)可以得出如下结论:第一,它们给出了收入分配分维值的经济含义,当收入分配越集中,即 G^R 越大时,则分维值 D_f 越小,反之,当收入分配比较平均时,即 G^R 较小时,则对应的分维值 D_f 越大,因此收入分配的分维值 D_f 反映了收入分配的平均程度。第二,它们提供了一种计算基尼系数的简便方法。通常采用的统计方法求基尼系数比较困难,而且误差较大;而估计分维值 D_f 却比较容易,求出了分维值 D_f 的估计值以后,就可以用式(11.34)或式(11.35)计算基尼系数 G^R。

Montroll 等研究了美国 1935 年至 1936 年的收入分布[26,264]。收入的分布,已知在大范围内是服从对数正态分布。所谓对数正态分布,是指取对数后就变为正态分布的正数分布。图 11.15 就是把美国 1935 年至 1936 年的收入分布标绘在对数正态图表纸上而成的。图的纵轴表示收入(美元),横轴表示累积概率,点若呈直线排列,那么其分布就表示对数正态分布。从图 11.15 中可明显看出,除了 1%高收入者以外的各点,几乎都呈直线

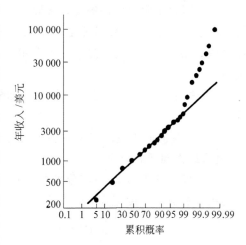

图 11.15　美国一年(1935—1936 年)收入的分布

排列,收入分布确实服从对数正态分布。例如,收入在 3000 美元以下者,占全部统计对象的 90%。

对离开对数正态分布的占 1‰ 的人的分布进行详细调查后,发现为如下的幂分布:

$$P(X) \propto X^{-1.6} \tag{11.36}$$

这一分布型不外乎是迄今多次出现的分形分布。

收入分布最有趣的可能是无产阶级和资产阶级的分布型有明显的区别。换句话说也就是,无产者的收入是对数正态分布,而资产者的收入则服从分形分布。

对数正态分布只有在所考虑的现象能够分解为独立现象的概率的积时才会经常出现,这被认为是由于下述情况的关系。例如,某人的成功概率 P_0 可由此人具有适合工作才能的概率 P_1,有好上级的概率 P_2 和时间好的概率 P_3 等概率的积表现出来。取下式

$$P_0 = P_1 \cdot P_2 \cdot P_3 \cdots \tag{11.37}$$

两边取对数,即可得到下式

$$\log P_0 = \log P_1 + \log P_2 + \log P_3 + \cdots \tag{11.38}$$

每个 P_i 如果独立取有限值,根据中心极限定理,右边渐接近高斯分布。因此,P_0 分布可成为对数正态分布。

因为资产者的资产超过某一程度时,其收入主要取决于投资,所以就不能依照上述设想。它可能直接反映下面讨论的股票价格变动中所说的钱的分形性而决定这些人的收入。另外,收入的分布型受到国家经济状态的影响,但有关这方面的资料却是很难得到的。

下面再讨论股票价格的变动。股票价格的变动图虽经常可在报纸上看到,但因价格涨落得非常厉害,而且完全是随机的,因此使人感到几乎无规律可循。但若从统计学观点解析这一变动,就会发现有很好的规律。下面是 Mandelbrot 发现的两个法则:

(1) 每个单位时间的股票价格的变动分布,服从于特性指数 $D \approx 1.7$ 的对称稳定分布。

(2) 单位时间不论取多大或多小,其分布也是相似的。也就是说,适当地改变尺度,就可成为同样的分布。

关于稳态分布,只讨论与分形有关的一些性质。若把单位时间 T 之间的股票价格变动 x 的分布密度记为 $P(x)$,则下述关系式成立:

$$\int_{x}^{\infty} P(x') \mathrm{d}x' = \int_{-x}^{-\infty} P(x') \mathrm{d}x' \propto x^{-D} \tag{11.39}$$

此关系式表示股票价格变动的大小分布为分形。例如,一天的股票价格变动在 x 元钱以上的次数,比 $2x$ 元以上的变动次数多 $2^{1.7} \approx 3.2$ 倍。

说起来,金钱是有分形性质的。比方对小孩(或穷人)来说,1 元是个不太大的数字,但 1000 元就会被看成巨款了。对大人来说,100 元是个不太大的数字,但 10 万元就算得巨款了。对大富豪来说,1 万元也算不上什么财产,但 1000 万元也可能被看作巨金。可是从国家预算来看,就连 1000 万元也是个微不足道的数字。如果以股票买卖为例来说,有的人以 1000 元为单位买卖股票,而另一些人则以 10 元为单位来买卖,但不论是哪一方,只是交易的位数不同,而买卖决断的方法是相同的。由于股票价格是由自相似变动的重合所决定,所以可把股票价格变动大小的分布看作分形。

法则(2)表示股票价格变动在时间上也是分形。一天的股票价格变动图与一年的股票价格变动图相比,不同的只是股票价格的尺度,而对变动情况则很难加以区别。

Mandelbrot 的这些法则,虽然经验证明很符合实际资料,但到头来它只是个统计法则,这点必须注意。若想用它来预测明天的股票价格,很遗憾那是不可能的。从股票价格变动图表的功率谱的调查来看,已知为 f^{-2} 型。这与布朗运动相同,每天的变动与过去无关地摆动着。也就是说,股票价格只取决于每天的交易情况,即使调查过去资料也并无多大意义。有句话说,外行人买股票根本没有好下场,这就是买股票难的原因所在。因此,如果深深陷进去的话,由于金钱的分形性,就会被金额的价值所麻痹,当发觉的时候可能已背上了巨额的债(当然股票业者在复杂的股票变动和社会态势上能找出微妙的相关,进而来预测股票的价格)。

11.8 语言学与情报学

调查一篇英文文章中单词的出现频率时,就会发现,出现得最多的是 the,其次是 of,再其次是 and,等等。把这些单词出现频率的顺序和出现频率画在双对数坐标图上,则它们都排列在向右下方倾斜 45°的直线上,如图 11.16 所示[26]。

下面先讨论 Zipf 词频分布分形[265]。美国著名语言学家 Zipf 通过大量统计分析,充分验证了 Estoup 和 Condon 等人的研究结果,确立了 Zipf **单参数词频分布定律**:

$$g(r) = cr^{-1} \qquad (11.40)$$

式中,$g(r)$ 是较长文章中每一个词出现的频率,r 是与 $g(r)$ 相对应的赋予词的序号。C 为大于零的常数。英国语言学家 Joos 将式(11.40)推广为

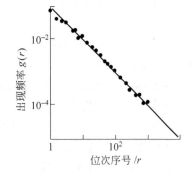

图 11.16 英语单词的出现频率 $g(r)$ 与位次序号 r 的关系

$$g(r) = Cr^{-d} \tag{11.41}$$

d 为参数。显然上式较式(11.40)更为一般。Zipf 定律是从经验中总结出来的,它在情报学、档案学以及相关的一些社会科学领域中得到了广泛的应用,对 Zipf 定律进行理论研究是非常重要的。在情报学界,许多学者试图对 Zipf 定律予以理论解释,找出其数学背景,但未得到令人满意的结果;而幂指数 d 的意义则更无人问津。

当代分形几何学的创立人 Mandelbrot 对 Zipf 定律进行了卓有成效的理论研究。在 20 世纪 50 年代,他从信息论、概率论出发,将词看成是以空白为结尾的字母随机序列,将句子看成是用词来编了码的词的序列,把文章看成是由句子的增减过程而形成的句子序列,较为严格地导出了**三参数 Zipf 定律**:

$$g(r) = C(r-a)^{-d_Z} \tag{11.42}$$

式中 a 为辅助性小常数,其作用是要使低频词的规律与公式相符。在 1982 年出版的 *The Fractal Geometry of Nature* 一书中,Mandelbrot 才对 Zipf 词频分布作了分形解释。Mandelbrot 对 Zipf 定律的分形解释是认识上的一个飞跃,但对此,在情报学界却鲜为人知,未见有文献进行讨论和报道。曼氏给出 $d_Z = 1/D$,D 为相似分维,我们称 d_Z 为齐氏(Zipf)分维。

方曙等考察了 Zipf 定律的一些实例,分析讨论了齐氏分维 d_Z 在词频分布中的意义,指出 d_Z 是词频分布分散程度的定量描述。d_Z 大表示词频分布较分散,即大多数词出现的频率相差不大;d_Z 小反映词频分布较集中,即词出现的频率相差较大。单参数 Zipf 定律是 $d_Z = 1$ 的特殊情况,在许多场合下,它对中频区的词频分布符合较好,而在高、低词频区 d_Z 可能大于 1 或小于 1,表现出不同层次的自相似性。词频分布表现出统计自相似性是人们偶然性、随机性行为与有目的确定性行为在著述中综合的结果,它也许是人类头脑思维活动具有分形性的具体反映。

再来看**洛特卡(Lotka)定律**。Lotka 定律是情报学和科学学中一个著名的经验定律,它创造性地揭示了科学技术论文作者与所著文献之间的数量关系,反映了科学家劳动生产率的基本规律。其数学形式为

$$y(x) = Cx^{-n} \tag{11.43}$$

式中,$y(x)$ 表示在一定时间某一个学科或主题内,撰写了 x 篇论文的作者数(或作者频率)。对某特定的学科或主题,n 和 C 为常数。在经典文献计量学中,把 n 取为 2。但实际上,n 取值范围在 1.2~4 之间,并且严格来说,n 值几乎都为非整数,这是经典理论所无法解释的现象。下面在分形理论的背景下对此作一些讨论。

众所周知,在一定的时间、在某一确定学科领域、专业或主题范围内撰写论文多的高产作者,其知名度高,人数较少;而撰写论文少的低产作者,其知名度低,人数较多。因此,在一定范围内,我们可以把作者的论文数 X 作为其知名度的表征,或称为**"知名半径"**。显然,知名半径越大,其影响越大,但这样的作者数却越少。设 $N(x)$ 为撰写 x 篇论文的作者数,根据容量分维的定义,并结合上面的讨论,可得

$$N(x) \propto x^{-D_f} \tag{11.44}$$

显然式(11.44)就是 Lotka 定律,但它是从分形理论的原理出发,很自然地推导出来的。因此,式(11.44)不再是经验定律,这就揭示了 Lotka 定律所蕴涵的深刻的社会意义。不言而喻,式(11.43)的幂指数 n 就是分维 D_f。D_f 是描述分形结构特征的重要参数,在情报学中,它则表示不同学科或主题论文作者分布结构的复杂、渗透及非均匀的程度,其大小反映了论文作者的分散和渗透水平。它与各学科的复杂性及发展现状和规律有关。

利用式(11.44)很容易求出分维。方曙考察了不同学科或主题大量统计数据,绘出了 $\log y(x)$-$\log x$ 曲线图,发现这些图都表现出在 n 很大及较小时曲线没有很好的线性关系,而在中间很宽的区域中表现为直线,这一区域 Lotka 定律成立,是所谓的"无标度区"。用最小二乘法求出直线的斜率,其绝对值就是分维 D_f。D_f 随学科或主题的变化浮动于 1.2~3.7 之间,大致按基础自然科学、技术科学、社会科学与人文科学的顺序增大。这一规律也许反映了学科内容扩散的趋势及基础自然科学与人文科学在对知识载体修养要求上的差异,它同时也为科学学和人才学的研究提供了新方法和新启示。

在情报学中有三个最基本的经验定律,这就是**布氏**(Bradford)**定律**、**齐普夫**(Zipf)**定律**和**洛特卡**(Lotka)**定律**,它们是情报学的分支科学——文献计量学核心内容之一。

近年来国内外学者注重于研究方程式、参数估计、拟合优度来寻找解释这三个定律相互关系的机理,虽然取得了不少成果,但对三个经验定律还没给出一个统一的理论模式。这三个经验定律虽然是从不同对象中总结出来的,但其分布函数十分相似。建立一个统一的理论模式,无疑对情报学基本理论的建立具有重大的意义。下面由分形理论来给出这三个经验定律的理论统一模式——统计分形。

三个经验定律中,布氏定律是所谓的文献分散规律,即用期刊等级序号来测量某学科主题相关论文累积分布的情况;齐氏定律是以赋予词的序号来度量文章中词的频率分布;而洛特卡定律是用著者所著论文数来衡量作者的分布。虽然它们处理的对象不同,表述各异,但都是用某一"尺度"来度量某一主体,而且观测值随"尺度"的改变而改变,"尺度"缩小,观测值增大。因此,我们设 $f(x)$ 是对某一主体用"尺度"x 来度量的观察分布密度。根据分形理论的标度律,我们可以导出 $f(x)$ 与 x 的关系为

$$f(x) \propto x^{-D} \tag{11.45}$$

$$D = \log f(x)/\log(1/x) \tag{11.46}$$

我们将式(11.45)称为**情报学中的负幂律统计分形**,D 为情报学中的分维。

对于布氏定律,$f(x)$ 是相关论文的累积数,x 为期刊等级序号;对于齐氏定律,$f(x)$ 表示词频,x 为词的序号;对于洛氏定律,$f(x)$ 为论文著者数,x 为论文数。对于社会科学中满足式(11.45)的规律可作类似解释。从式(11.45)出发,当 $D=1$ 时可

得原始 Zipf 定律，D 不只等于 1 则为推广的 Zipf 定律；$D=1$ 时对式(11.45)积分可得布氏定律；而 $D=2$ 就是原始 Lotka 定律；D 作为变化参数则是推广的洛氏定律。D 是极其重要的一个参数，它具有深刻的含义，它刻画了分布的不平均程度。情报学三个经验定律是统计分形模式在不同对象上的具体表述，负幂律统计分形是它们的本质所在和理论基础。社会科学中满足式(11.45)的现象和规律十分普遍，负幂分布是极为重要的一种概率分布，负幂律统计分形也许是社会科学等领域中的一个普适公理化模式或定律。

11.9 音乐

音乐与分形之间的关系十分密切[266]，它们之间存在不解之缘似乎令人难以置信，但客观事实表明，美妙的音乐早就受到分形原理的支配。为理解分形音乐之真谛，先得谈谈有关噪声的概念。物理学家把由不同频率的成分随机混合而组成的声音叫噪声，这些噪声随时间变化的轨迹都是分形曲线。谱密度 $S(f)$ 是噪声在频率 f 处的均方根涨落(波动)，是表征噪声时间相关性的一个量度。$S(f)$ 与 f 的关系可写成

$$S(f) \propto f^{-\beta} \tag{11.47}$$

式中 β 是一个标度指数。$\beta=0$ 时为白噪声，它相当于无线电中的嘶嘶声，是在一宽阔的频率范围内不同频率成分的完全随机混合，它表现最随机、最不规则，点与点之间完全不相关，对听者有一种迷惑效应。当 $\beta=2$ 时，为布朗噪声，它描绘的是布朗运动或随机行走，在三种噪声中它相关性最大，最规则。当 $\beta=1$ 时，称为 $1/f$ 噪声，它的不规则性介于上述两者之间，它在自然界相当普遍。图 11.17 显示了三种噪声及相应的 $\log S(f)$-$\log f$ 关系。图 11.17(a) 为白噪声音乐，表现非常随机；图 11.17(b) 为 $1/f$ 噪声音乐，接近实际音乐，听起来最愉快；图 11.17(c) 为布朗或 $1/f^2$ 噪声，相关性最大。

大多数令人愉快的音乐都是 $1/f$ 噪声，经过六十多年的研究，其产生机制仍是一个未解之谜。有趣的是，冯斯和克拉克发现，几乎所有的音乐旋律都在模仿 $1/f$ 噪声。最一般的情形是 $0.5<\beta<1.5$，通常也称为"$1/f$ 噪声"。在不同的 $1/f$ 噪声中，音乐把随机性与确定性融为一体。如果取一个乐谱，绘出音符音调随时间的变化曲线，就会惊人地看到它与 $1/f$ 噪声何其相似。由不同类型音乐实际测出的旋律谱密度对频率所作的双对数曲线图可知，尽管旋律不同，风格各异，但给出的曲线与 $1/f$ 噪声几乎无异。图 11.18 显示了不同乐曲音调波动 $S(f)$ 随频率 f 的变化曲线，图 11.18(a) 为不同音乐文化的音调波动，图 11.18(b) 为西方音乐的音调波动。

研究发现，分形维数 D 与 β 有简单关系

$$D = E + (3-\beta)/2 \tag{11.48}$$

式中 E 是欧氏空间维数。可以预料，随着分形音乐研究的进一步深入，更为动听的美妙旋律必将创作出来。

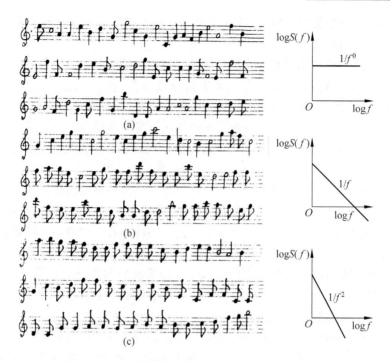

图 11.17 三种噪声及相应的 $\log S(f)$-$\log f$ 关系

(a) 白噪声音乐；(b) $1/f$ 噪声音乐；(c) 布朗或 $1/f^2$ 噪声音乐

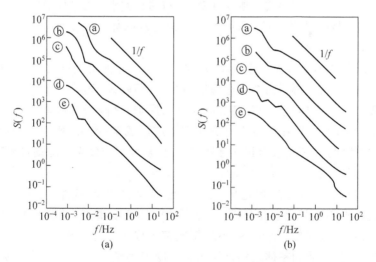

图 11.18 不同乐曲音调波动 $S(f)$ 随频率 f 的变化曲线

(a) 不同音乐文化的音调波动：ⓐ巴本茨俾格米曲；ⓑ日本传统音乐；ⓒ印度古典拉嘉；ⓓ古老的俄罗斯民歌；ⓔ美国勃鲁斯（怨曲）

(b) 西方音乐的音调波动：ⓐ中世纪到 1300 年的音乐；ⓑ贝多芬的第三交响曲；ⓒ德彪西钢琴曲；ⓓR. 斯特劳施的"英雄的生涯"；ⓔ佩珀中士爵士乐

被誉为"混沌之父"的洛伦兹(E. N. Lorenz)在其著名的开创性著作《混沌的本质》中对于音乐的混沌现象作了考察[266]：

"这里可以有两种不同的方式涉及混沌。第一种是乐器的音调。一根弦、一个空气柱或小到一块薄膜,通常以一个强周期的分量振荡,这一分量相当于一个基本音高。典型的是泛音,它给乐器贡献一种有特色的声音,但是常常有不规则的分量进一步修正这种音调,这些不规则的分量在某些情况下是混沌的而不是真正随机的。"

"音乐中相当多不同形式的混沌还没有被发现。在作曲过程中已经引进了这些混沌。除非一支乐曲有意识地做成缺乏结构而外,都可能有着早先某些主旋律的再现。这些主旋律如果不是呆板地重复,而是包含一些预料外的成分,它们是引人入胜的。请听勃拉姆斯(Brahms)的几乎任何一支主要作品(例如他的第一交响乐第三乐章),你能听到他在说着什么,然后他又第二次用一种稍有不同的声音说着它,第三次再用更不同一点的声音说一遍。"

"简单的方程组的混沌解以它们常有的近似重复但却不是完全重复而著名。有时候要重复一个以上的'主旋律'……早期的作曲家需要设计变奏曲,而当今的某些作曲家用多种办法把简单的方程解的涨落化为音调的序列。"

对音乐作品的混沌本质与分形特性,姜万通进行了深入的研究,得到了很有意义的结果[267,268]。无规分形没有严格意义上的自相似形式的性质,表现形式也十分复杂,因此只有在统计意义上是自相似的。他发现,无规分形是音乐作品中普遍存在的现象,也是最主要的表现形式。他以舒曼《梦幻曲》为例来说明分形的特征以及局部与整体的自相似性,从其旋律、和声、节奏、调性及织体的一般情况,进行了充分的分析。

《梦幻曲》的初始条件是一个 4 小节的乐句,也是它的最低层次。在旋律方面,由属音开始进行到主音,再迂回上行达到乐句高点,即峰顶,然后又迂回下行并结束在调式的二级音上,形成起始点与结束点(原点与原点)之间的波形运动。和声是一个典型的 T-S-D-(T)序进；在节奏上与旋律相适应形成疏-密-疏-密-疏的关系。此外,还有织体的"静"与"动"关系等相互缠绕在一起,从而形成复杂的运动过程和状态,这种过程和状态最终表现为局部与整体的自相似性。

另外,姜万通运用混沌理论的观点对施光南的艺术歌曲《吐鲁番的葡萄熟了》[268]的旋律形态进行观察和分析,从分形结构的角度指出：歌曲的旋律形态体现了局部与整体的"自相似"性质——不同层次都形成了峰形结构和抑扬格节奏模式；并且进一步提出,歌曲的整体结构是初始条件映射的结果。这首歌曲之所以广为流传,就是因为作曲家找到了歌曲所要表达的人的心理状态和外化了的自然物形态的一致性,以及二者与旋律形态的契合点,并将真挚的感情、准确的形象与优美的旋律有机地结合在一起。

第 12 章 分形理论的发展

12.1 广义维数和广延维数

分形维数是定量地表示自相似的随机形状和现象的最基本的量,但是仅利用分形维数这样一个数字去描述所有的复杂形状和现象,无论如何也是不可能的,因此,就产生了扩展分形维数的必要性。扩展分形维数的考虑方法大致有两种:一种是不要把分形维数看作是一个常数,而使其能有赖于观测的尺度,即使在自相似性不成立的那种范围内也能使用;而另一种考虑方法是,在自相似性成立的情况下,为了获得只用分形维数不能描述的信息,要重新引进另外的量。本节讨论 q 次的信息量维数 D_q 和广延维数 $\hat{D}$。D_q 又称为**广义维数**(generalized dimension)、**扩展维数**或 **Renyi 维数**,Renyi 于 1970 年首先用它描述奇异吸引子的几何和几率特征[26,269]。

正如在第 2 章所述,对于现实中存在的物体,即使说它具有分形的性质,但在它成立的尺度内,必然存在上限和下限,只有在某种被限制的观测尺度的范围内,自相似性才成立,分形维数所具有的意义当然也仅在这个范围内。对此有一种设想是,要使分形维数也能适用于自相似性不成立的那些范围内。分形维数的倡导者 Mandelbrot 本人也以"有效维数"这个名词,暗示了这种扩展的可能性。下面就来说明这种考虑方法。首先来考虑一下把线揉成一个球的情况,这个球从远处看上去虽是零维的(点),但到了近处却成为三维的(球)。如再用放大镜看这个球,就成为一维的(线);把球再进一步放大,看上去就像圆柱状的三维构造。从这个例子也可看出,观察某物体时,能把它看成几维这一问题原来是有赖于观测的尺度。关于依赖于观测尺度的维数,已由少数研究人员对它进行过研究,并且对各种例子作了定量的评价,下面将介绍其中的一个例子。

分形维数最基本的定义可根据观测的尺度 r 和在此时被观测到的个数 $N(r)$ 作如下考虑:

$$D = -\frac{\log N(r)}{\log r} \tag{12.1}$$

一般来说,在函数 $N(r)$ 不是非常特殊的函数型(幂)情况下,由于该公式的右边不能成为常数,所以不能定义通常的分形维数。因此,考虑把式(12.1)扩展,以便使 $N(r)$

在非幂型的情况下也能定义分形维数。当把 r 和 $N(r)$ 标绘在双对数图上时，式(12.1)中的 D 就表示其斜率。若从这一点来加以考虑，那么，就如下面所示，把观测尺度为 r 时的分形维数定义在该点 $(r, N(r))$ 上图的斜率，那将是最自然的。

$$D(r) = -\frac{\mathrm{d}\log N(r)}{\mathrm{d}\log r} \tag{12.2}$$

这样被扩展了的分形维数，只要 $N(r)$ 是平滑的函数，在任何时候都是确定的，所以就不需再考虑上限或下限问题。当然 $N(r)$ 如为幂型，$D(r)$ 就与普通的分形维数相一致。如反过来求解式(12.2)，就可得到下式

$$N(R) = N(r) \cdot \exp\left(-\int_r^R \frac{D(s)}{s}\mathrm{d}s\right) \tag{12.3}$$

该公式表示以什么样的关系把两个尺度 R 和 r 的观测值 $N(R)$ 和 $N(r)$ 与分形维数联系起来。

现在让我们来看看这种广义分形维数是怎样应用到实际中去的。现在要考虑的是平均行程是有限的随机行走，粒子的平均行程是指粒子从一个碰撞走到下一个碰撞之间的距离的平均值，对气体和金属粒子来说，在 0℃ 和 1 atm 下约为 10^{-7} m。前面虽然说过数学上的布朗运动轨迹的分形维数是 2，但平均行程为有限时的分形维数有可能依赖于观测尺度。如果用比平均自由行程更短的尺度去观测，粒子的轨迹看上去就应该像直线。反之，如果用非常大的尺度去观测，就应该和通常的布朗运动难以区别开来。对一维空间中平均自由行程为有限的随机行走，利用重正化群的方法，可求得下面的严密解：

$$D(r) = 2 - \frac{1}{1 + \dfrac{r}{r_0}} \tag{12.4}$$

其中，r_0 是与平均行程成比例的参数。图 12.1 显示了 $D(r)$ 与 r 的关系，图中，r 为观测尺度，D 为分形维数，r_0 为 $D = \dfrac{3}{2}$ 时的尺度。在图中，清楚地显示了，$D(0) = 1$ 和 $D(\infty) = 2$。由此可知，前面所说的直观的预想是正确的（这个 $D(r)$ 值虽然比空间的维数 $d = 1$ 要大，但这是因为这个量不是 Hausdorff 维数，而是所谓的潜在维数 D^*）。

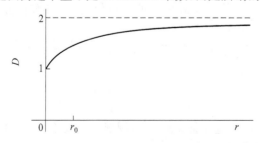

图 12.1　平均自由行程为有限的随机行走的分形维数

最近已确认,式(12.4)虽然是相对于一维空间中随机行走的公式,但对三维空间中的随机行走也非常符合。根据式(12.4),可以如下式这样给出用单位长度 r 测出的随机行走轨迹的长度:

$$L(r) \propto \frac{1}{1+\dfrac{r}{r_0}} \tag{12.5}$$

图 12.2 中的点是根据模拟的设气体原子为刚体球的随机行走的轨迹而测定的 $L(r)$ 的平均值,实线是式(12.5)给出的曲线。从图中看出,在两位数以上的区域内,点与实线非常一致。即使对于实际溶液中微粒的随机行走,式(12.5)也能给出好的结果。对于平均自由行程是有限的并且用通常分形维数不能定义的随机行走,依赖于观测尺度的广义分形维数也是适用的,这对于描述实际的现象是非常有用的。

另外,扩展分形维数的另一个观点,是想利用引进高次的分形维数,补充只用分形维数表现不了的信息。比如,即使知道某个集合的分形维数是 1.3,但仅靠这一点就连这个集合是分散点的集合,还是由褶皱不堪的线组成的都不得而知。有关构成这个集合要素的信息可由拓扑维数 D_T 给出,此维数是比分形维数更基本的量,就如在 2.3 节中所说明的那样,在取整数值而不作位相变换的基础上是不变的。关于位相是指给定集合 X 和 Y 时,连续函数 $f: X \rightarrow Y$ 是单值对应,逆映射 $f^{-1}: X \rightarrow Y$ 也是连续时,X 和 Y 的位相相同。应该可以不相交也不相切连续地从 X 变形到 Y。通过把空间适当地放大或缩小,甚至扭转,可转换成孤立点那样的集合的拓扑维数是 0,而可转换成直线那样的集合的拓扑维数是 1。Cantor 集合和 Koch 曲线的拓扑维数分别为 0 和 1 就很明显了。关于 Sierpinski 集的情况,虽然还不大清楚,但已知为 $D_T=1$。分形维数与拓扑维数相比一般要大些或者相等。Mandelbrot 以前把分形定义为 Hausdorff 维数比拓扑维数大($D_H > D_T$),但是后来看法发生了变化,不应把它作为分形的定义。这是因为 D_H 不能很好地被求出来;即使被求出,$D_H = D_T$ 的这些分形中,其含义也是很深的。对分形给予严密的定义还为时过早。

在第 2 章中引进的 Hausdorff 维数 D_H 和容量维数 D_c 以及信息量维数 D_i,它们之间是用不等号联系起来的。如果从要求出整齐的分维的立场出发,希望能用等号把这些量联系起来,但如果站在想把具有相同分形维数的集合作更详细分类的立场上,那么最好是不要使这些量成为等号关系。这是因为当集合具有同一 Hausdorff

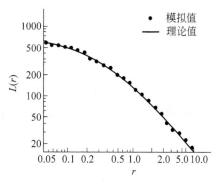

图 12.2 分子的随机行走轨迹的长度 $L(r)$

维数时，如它们的信息量维数取不同的值，那么就可以根据信息量维数，对这些集合进行分类。如果从这一观点出发，能取不同值的高次分形维数越多，就越便于将相似的集合详细区分开来。下面介绍一个定义无限次的高次分形维数的方法。

假定在 d 维空间中，点呈概率分布。就如定义信息量维数那样，假定把空间分割成边长为 ε 的 d 维立方体，并且假定点进入每个立方体内的概率为 p_i。对任意的正数 $q(\neq 1)$，利用下式定义次数 q 的信息量 $I_q(\varepsilon)$，

$$I_q(\varepsilon) = \frac{1}{1-q} \ln \sum_i p_i^q \tag{12.6}$$

对于这个量，当 $\varepsilon \to 0$ 时，

$$D_q = \lim_{\varepsilon \to 0} \frac{I_q(\varepsilon)}{\ln(1/\varepsilon)} \tag{12.7}$$

就可以把上式决定的 D_q 称为 **q 次的信息量维数**。这个量是把信息量维数广义化后的量，这是因为如果考虑 $q \to 1$ 极限时，根据 $p_i^q = \exp(q \ln p_i)$，可以得到

$$\lim_{q \to 1} \frac{1}{1-q} \ln \sum_i p_i^q = \lim_{\delta \to 0} \left\{ -\frac{1}{\delta} \ln \left(1 + \delta \sum_i p_i \ln p_i \right) \right\}$$

$$= -\sum_i p_i \ln p_i \tag{12.8}$$

$I_1(\varepsilon)$ 与普通的信息量一致。另外，不仅如此，当 $q \to +0$ 时，这个量与容量维数一致。这是因为

$$\lim_{q \to +0} p_i^q = \begin{cases} 0 & (p_i = 0) \\ 1 & (p_i \neq 0) \end{cases} \tag{12.9}$$

所以，$\sum_i p_i^0$ 只能等于包含点的小立方体的数目 $N(\varepsilon)$。

就像上面那样，虽然当 $q=0$ 时，D_q 为容量维数；当 $q=1$ 时，D_q 为信息量维数；但当 $q \geq 2$ 且为整数时，D_q 具有下述的物理意义是可能的。如果考虑的是从 M 个点 $\{x_i\}$ 中，相互之间距离为 ε 以下这样的 q 个点的组合 $(x_{i1}, x_{i2}, \cdots, x_{iq})$，并且假定那样点的组合数目为 $N_q(\varepsilon)$，那么，就可如下定义被称为次数 q 的相关积分的量：

$$C_q(\varepsilon) = \lim_{M \to \infty} M^{-q} \cdot N_q(\varepsilon) \tag{12.10}$$

此时，因为 $C_q(\varepsilon) \approx \exp\{(1-q) I_q(\varepsilon)\}$ 的关系成立，如果能满足下式这样的幂法则，即

$$C_q(\varepsilon) \propto \varepsilon^{\nu_q} \tag{12.11}$$

时，那么就可像下面这样用等号将 D_q 和 ν_q 连结起来：

$$\nu_q = (q-1) \cdot D_q \tag{12.12}$$

公式中的指数 ν_q 被称为**次数 q 的相关指数**。特别是在计算混沌中奇异吸引子的分形维数时，$\nu_2(=D_2)$ 是经常使用的量。距离不足 ε 的点的总数可以定量地表示随 ε 变化的比例。这个量显然与在4.1节中所介绍的用相关函数求出的分形维数几乎等价。

q 次的信息量维数 D_q 具有两个重要的性质，一个是 q 越大而 D 越小，即通常满足下列不等式，即

$$D_q \geqslant D_{q'} \quad (q < q') \tag{12.13}$$

根据这个不等式,特别是当 $q=1,2,3$ 时,下列关系成立,即

$$D_c \geqslant D_i \geqslant \nu_2 \tag{12.14}$$

一般地,Hausdorff 维数 D_H 因满足 $D_c \geqslant D_H \geqslant D_i$,所以,$q$ 次的相关指数 ν_q 一般比 D_H 小或者相等(当点在欧几里得空间 R^d 中均匀地分布时,对所有的 $q \geqslant 0$,为 $D_q = d$)。

另一个重要的性质是,当变形是根据可微分的映射产生时,则 D_q 是不变的。如果空间急剧变形达到不可能微分的程度,那么,除了刚才介绍的拓扑维数 D_T 外,其余的量就完全改变了。但是,当空间圆滑地歪扭得不太厉害时,D_q 是不变的。

到目前为止,解析欧几里得空间中集合的维数时,虽然都是以通常的距离($r = \sqrt{x_1^2 + x_2^2 + \cdots + x_n^2}$)为基础,但通常的距离并不一定对所有的问题都合适。例如,现在来考虑一下在 5.7 节所介绍的在格子上的渗流。在这种情况下,作为一个连结聚集中的两点间的距离,它不是通常的距离,把它看成为连结两点的边数的最小值反而更具有物理学的意义。这是因为被放置在某格点上的电子只能在被连结的边上移动,因此,连结两点的边数越少,就越能飞快地在这两点之间移动。当考虑这样的问题时,利用连结的边数 n,从某点可到达的格子点的数目 $N(n)$ 就是最基本的量。当 $N(n)$ 以 n 的取幂增加时,连结格子点的广延是分形的。这时,把由下式定义的 $\hat{D}$ 称为**广延维数**

$$N(n) \propto n^{\hat{D}} \tag{12.15}$$

像这样在连结的格子点上定义的维数,当然与它填进的空间无关。所以,在平面上描绘的图形的维数超过 2,也是完全可能的。比如,在图 12.3 中所表示的被称为 Cayley 树图形的情况下,如果假定 $n \to \infty$ 时,就可确定 $\hat{D} = \infty$。在处理格子体系问题时,广延维数往往具有重要意义。

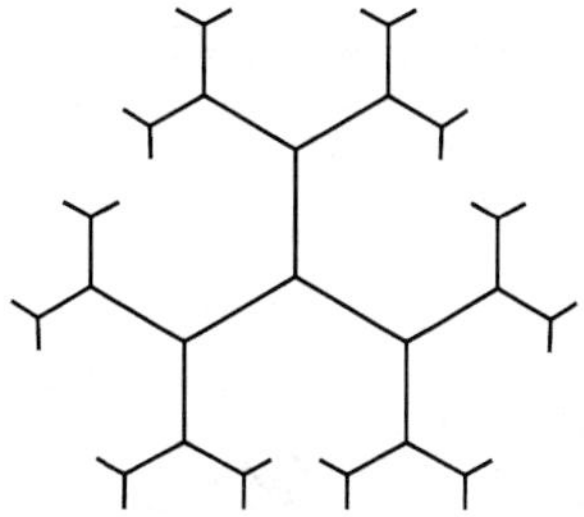

在第 2 章和本节中介绍了限多不同定义的维数,有时常把它们笼统地称为分形维数。下面简略地说明一下这些维数的数值之间的关系。除了谱维数和广延维数外,其他所有能取非整数的维数都大于 D_T(拓扑维数)而小于 d(欧几里得维数)

图 12.3 Cayley 树——实际的分枝无限地继续不断

$$D_T \leqslant D, D_s, D_H, D_c, D_i, D_q, D_l \leqslant d \tag{12.16}$$

式中 D 代表分形维数,它没有严格的定义,是能取非整数值维数的代表。常把它与 Hausdorff 维数或容量维数同样看待。对于填满欧几里得空间那样的集合,因为 $D_T = d$,所以这些维数都取同一数值。另外,下列不等式成立

$$D_c \geqslant D_H \geqslant D_i \geqslant D_q \quad (q > 1) \tag{12.17}$$

$$D_s \geqslant D_H \tag{12.18}$$

式(12.18)的 D_s 和 D_H 不相等是指考虑实数轴上的有理数的集合的时候。有理数的集合是自相似的,而且 $D_s=1$;但因为有理数是可数集合,所以就有 $D_H=0$。对此,有理数的容量维数 $D_c=1$。一般地定义 D_s 时,预计有下列关系

$$D_s = D_c \tag{12.19}$$

那么,如果把所考虑的集合的闭包(指包含 A 的所有闭集合的全集)作为对象,则下式成立

$$D_s = D_c = D_H \tag{12.20}$$

当处理实际存在的物体时,因为只考虑闭集合就足够了,所以,可认为式(12.20)一般是成立的。

因为广延维数 $\hat{D}$ 与被填进的空间完全无关,而仅取决于点的连接,所以,一般与其他维数无关。但是,如果把点只限于 R^d 中的格子点上,那么下列关系成立

$$D_2 \geqslant \hat{D} \tag{12.21}$$

这是因为不管哪一个量都是由在某距离以内点的数目而决定的维数,所以一般的距离总是比用边的数目定义的距离要小。

最后再看一下潜在维数 D^*。如果空间维数是二维以上,那么布朗运动轨迹的 Hausdorff 维数就成为 $D_H=2$,这是大家都知道的,但空间维数在 2 以下也把轨迹的维数认定为 2 时,一般就不容易为人们所接受。因此,引进一个新的**潜在维数** D^*,使它成为 $D^*=2$ 就便利多了。潜在维数可取负值,也可取比空间维数 d 大的值,它与 Hausdorff 维数之间的关系如下

$$D_H = \begin{cases} 0 & (D^* \leqslant 0) \\ D^* & (0 < D^* < d) \\ d & (D^* \geqslant d) \end{cases} \tag{12.22}$$

12.2 多重分形

分形概念揭示了自然界中一大类无规形体的内在规律性——标度不变性。这些形体包括物理系统的混沌和由非线性动力学控制的海岸线、闪电、云等自然景物。如1.3节所述,标度不变性是指这些几何形体在动力学演化过程中或在某一时刻,在一定的标度尺度范围内,其相应的测度不随尺度的改变而变化。人们通过对各类分形结构的深入研究,已经分别定义了各种分形维数。分形维数是在分形意义上由标度关系得出的一个定量的数值,但在事实上,它除了标志着该结构的自相似构造规律外,并不能完全揭示出产生相应结构的动力学过程。近年来的研究结果表明,就分形几何学而言,实际上并不像研究初期所想象的那样,存在着一个普适的分形维数。人

们发现,仅用一个分形维数来描述经过复杂的非线性动力学演化过程而形成的结构显然是不够的。而且,在各个复杂形体的形成过程中,其局域条件是十分重要的,不同的局域条件或者由涨落引起的参量的波动是造成这类形体的形态各异的主要原因之一。众所周知,在大多数的物理现象中,系统的行为主要取决于某个物理参量(通常是标量,如几率、电位差、压力、浓度等)的空间分布。因此,如果考虑分形体的物理本质,在与分形生长有关的现象中也应存在着类似的某个量的空间分布。为了进一步了解在分形体形成过程中局域条件的作用,人们提出了**多重分形**(multifractal approach),也称为**分形测度**(fractal measure),它所讨论的主要是某个参量的几率分布。

多重分形也被译为"多标度分形"、"复分形"等,它被用来表示仅用一个取决于整体的特征标度指数(即分形维数)所不能完全描述的奇异概率分布的形式,或者说用一个谱函数来描述分形体不同层次的生长特征,从系统的局部出发来研究其最终的整体特征。Mandelbrot 在 1974 年首先指出,在流体发生湍流时,观察到了这种多重标度特性[270],他在"自然界的分形几何学"一书中,用"非间隙的"(non-lacunary)一词来描述这一现象[10]。此后,Grassberger、Hentschel 和 Procaccia 在研究奇异吸引子时发展了这一概念,并给出了现在通常使用的数学公式[271]。而把这一概念用于实验观测结构的分析是 Frisch、Parisi 和 Benzi 等在 1985 年左右完成的[272,273]。Halsey 等较为系统地将这一理论用于研究包括有限扩散凝聚(DLA)集团在内的分形生长[274]。

多重分形所涉及的问题是某个参量的概率分布,这点和统计物理的正则分布(具有确定的粒子数、体积和温度的系统处在某微观状态上的概率分布)是类似的。据此,可把多重分形参量与热力学和统计物理有关参量进行类比,从而提供研究多重分形的一种较有效的方法。1986 年以来,有关多重分形理论及其应用报道不少,也建立了多重分形的一些热力学公式,但未见其参量与热力学和统计物理参量的对应关系及有关参量物理意义的报道。康承华对此进行了较系统的全面的类比,找出了它们间的对应关系,并阐明了它们的物理意义[275]。

(1) 描述多重分形的参量

多重分形描述的是分形几何体在生长过程中不同层次和特征。把所研究的对象分为 N 个小区域,设第 i 个小区域线度大小为 L_i,分形体生长界面在该小区域的生长概率为 P_i,不同小区域生长概率不同,可用不同标度指数 α_i 来表征。

$$P_i = L_i^{\alpha_i} \quad (i = 1, 2, 3, \cdots, N) \tag{12.23}$$

若线度 L_i 的大小趋于零,则式(12.23)可写为

$$\alpha = \lim_{L \to 0} \frac{\ln P}{\ln L} \tag{12.24}$$

式(12.24)表明,α 是表征分形体某小区域的分维,称为**局部分维**,其值大小反映了该

小区域生长概率的大小。若实验测出 P，即可求出 α。

多重分形用 α 表示分形体小区域的分维，由于小区域数目很大，于是可得一个由不同 α 所组成的无穷序列构成的谱并用 $f(\alpha)$ 表示之。$f(\alpha)$ 和 α 是描述多重分形的一套参量，$f(\alpha)$ 又被称为**奇异谱**。

我们也可从信息论的角度选择另一套描述多重分形的参量。把式(12.23)两边各自乘 q 次方并取和得

$$\sum_i^N P_i^q = \sum_i^N (L_i)^{\alpha_i q} = X(q) \tag{12.25}$$

q 次信息维 D_q 的定义为

$$D_q = \lim_{L \to 0} \frac{1}{q-1} \cdot \frac{\ln X(q)}{\ln L} = D(q) \tag{12.26}$$

q 和 D_q 就是描述多重分形的另一套参量，这在 12.1 节中已经讨论过了。这两套参量间的联系为 Legendre 变换

$$D_q = \frac{1}{q-1}[q\alpha - f(\alpha)] \tag{12.27}$$

或

$$f(\alpha) = q\alpha - \tau(q) \quad (\text{其中 } \tau(q) = (q-1)D_q) \tag{12.28}$$

由式(12.27)知，若已知 α 及其谱 $f(\alpha)$ 则可求出 D_q；由式(12.25)与(12.26)可见，若实验测出 P_i 也可求得 D_q。若求得 D_q，则 α 可由下式求出

$$\alpha(q) = \frac{d}{dq}\tau(q) = \frac{d}{dq}[(q-1)D_q] \tag{12.29}$$

再利用式(12.27)可求出 $f(\alpha)$。

式(12.27)和式(12.29)是研究多重分形很有用的公式。

(2) 多重分维和广义熵函数

在统计物理中，有玻耳兹曼关系

$$S = K\ln\Omega \tag{12.30}$$

式中 $K = 1.38 \times 10^{-23}$ J/K，称为**玻耳兹曼常数**，Ω 称为**系统的微观状态数**。

1988 年柯摩托(Kohmoto)引入了**广义熵函数** $Q(\varepsilon,\alpha)$，其定义为[276]

$$Q(\varepsilon,\alpha) = \frac{1}{n}\ln\Omega(\varepsilon,\alpha) \tag{12.31}$$

式中 n 为大数，ε 是对应线度 L_i 的标度指数。$L_i = e^{-n\varepsilon}$，$\Omega(\varepsilon,\alpha)d\varepsilon d\alpha$ 是多重分形指数位于 $(\varepsilon,\varepsilon+d\varepsilon)$ 和 $(\alpha,\alpha+d\alpha)$ 内填充球数。$f(\alpha)$ 和 $Q(\varepsilon,\alpha)$ 的联系为

$$f(\alpha) = \lim_{L \to 0} \frac{nQ(\varepsilon,\alpha)}{\ln\left(\frac{1}{L}\right)} \tag{12.32}$$

式(12.32)建立了广义熵函数和多重分维 $f(\alpha)$ 的联系。

比较式(12.31)和式(12.32)可知，若 $\Omega(\varepsilon,\alpha)$ 越大，$f(\alpha)$ 也越大，这说明研究对象越粗糙、越复杂、越不规则、越不均匀。因此，$f(\alpha)$ 的物理意义是研究对象粗糙程度、

复杂程度、不规则程度、不均匀程度的度量。

信息维 D_i 和信息熵 S_H 的联系为

$$D_i = \lim_{L \to 0} \frac{\ln S_H/C}{\ln\left(\frac{1}{L}\right)} \tag{12.33}$$

式中 C 为常数，L 为线度(测量码尺)。

比较式(12.32)和式(12.33)可知，D_i 和 $f(\alpha)$ 对应，S_H 和 $Q(\varepsilon,\alpha)$ 相对应。信息熵 S_H 是统计物理熵 S 的推广，而统计物理熵 S 是信息熵 S_H 的特例，因此称 $Q(\varepsilon,\alpha)$ 为广义熵函数是很合适的。

比较式(12.32)和式(12.33)还可知，D_i 是 $f(\alpha)$ 的特例。事实上，由式(12.27)可知，$q=0$ 时，$D_q=D_0=f(\alpha)$；若 $q=1$ 时，$f(\alpha)=\alpha$ 的值 D_i，因此多重分维 $f(\alpha)$ 是简单分维 D_0 和 D_i 的推广，D_0 和 D_i 是 $f(\alpha)$ 的特例。

由式(12.32)可知，多重分形理论中的 $f(\alpha)$ 是相应"熵"的量，因为广义熵函数 $Q(\varepsilon,\alpha)$ 是热力学熵(或统计物理熵)的推广。

(3) q 次信息维和广义自由能

$f(\alpha)$ 和广义熵函数 $Q(\varepsilon,\alpha)$ 相对应，下面将看到 q 次信息维 D_q 和广义自由能 $G(q)$ 相对应。

在统计物理中，计算配分函数是非常重要的。若已知配分函数，所有重要热力学量均可求得。正则分布的配分函数 Z 和自由能 F 的联系为

$$F = -\frac{1}{\beta \ln Z} \tag{12.34}$$

式中 $\beta = \frac{1}{kT}$(k、T 分别为玻耳兹曼常数和热力学温度)。

在多重分形理论中，定义配分函数 $X(q) = \sum_i P_i^q$，定义**广义自由能** $G(q)$ 为

$$G(q) = -\frac{1}{nq} \ln X(q) \tag{12.35}$$

利用式(12.26)，式(12.28)与式(12.35)可得

$$\tau(q) = D_q(q-1) = \lim_{L \to 0} \frac{nqG(q)}{\ln\left(\frac{1}{L}\right)} \tag{12.36}$$

式(12.36)表明，$\tau(q)$ 或 D_q 和广义自由能有联系。

在热力学和统计物理中最基本的热力学函数是内能 U、熵 S 以及物态方程，但引入辅助热力学函数(如焓、自由能)后，对解决某些问题尤为方便。同样，在多重分形理论中，由于 D_q 包含了分形理论所涉及的全部维数，同时由于 D_q 容易测量，若测得了 D_q 值，就可通过式(12.29)得到 $\alpha(q)$，进而由式(12.27)来得到 $f(\alpha)$。因此，多重分形理论中某些问题使用 q 与 D_q 来描述也是方便的[274]。

(4) 多重分形参量 α,q 和正则系统能量 ε_s,温度 β

在多重分形理论中,利用式(12.23)及配分函数 $X(q)$ 的定义可得

$$X(q) = \sum_i P_i^q = \sum_i \left[\left(\frac{1}{L_i}\right)^{-\alpha_i}\right]^q \tag{12.37}$$

在统计物理中,正则分布的配分函数 Z 的定义为

$$Z = \sum_s e^{-\beta\varepsilon_s} = \sum_s (e^{-\varepsilon_s})^\beta \tag{12.38}$$

式中 $\beta=\dfrac{1}{kT}$,ε_s 为正则系统处于第 S 状态的能量。比较式(12.37)与式(12.38)可知,多重分形参量 α(标度指数)和正则系统的能量 ε_s 相对应,多重分形的参量 q 和正则系统的 β 相对应。又据式(12.34)与式(12.35),确切地说,β 应和 nq 相对应。再据式(12.30)与式(12.31),可见 n 与 $\dfrac{1}{k}$ 对应,因此 q 应和温度 T 的倒数相对应。

的确,在多重分形理论中,一维映象的内能 $U(q)$ 可表为

$$U(q) = -\lim_{n\to\infty}\frac{\partial \ln Zn(q,g)}{\partial nq} \tag{12.39}$$

式中 g 为一维映象 $X_{k+1}=g(X_k)$ 的函数参量,Zn 为配分函数。在统计物理中,正则系统内能 $U(\beta)$ 表为

$$U(\beta) = -\frac{\partial \ln Z}{\partial \beta} \tag{12.40}$$

式中 $\beta=\dfrac{1}{kT}$,Z 为正则系统的配分函数。比较式(12.39)与式(12.40),nq 确和 β 相对应。

(5) $f(\alpha)$ 突变和一级相变(熵突变)

在热力学中,一级相变的特征是:相变时两相的化学势连续,但化学势的一阶偏导数不连续(突变),即在某一临界温度 T_c 处,熵 S 有突变。

在多重分形理论中,所谓相变是指系统发展到一定程度后,$f(\alpha)$ 不连续。此时有一临界值 q_c。对一维映象,在 $q_c=1$ 处有

$$f[\alpha(q)] = \begin{cases} 1 & (q<1) \\ 0 & (q>1) \end{cases} \tag{12.41}$$

式(12.41)说明在 $q_c=1$ 处,$f(\alpha)$ 有突变。据式(12.32)说明广义熵函数 $Q(\varepsilon,\alpha)$ 也有突变,这种情况和热力学中熵突变是类似的,这就是多重分形理论中的**一级相变**。

由上面的讨论可得如下三点结论:

① 多重分形理论的参量与热力学和统计物理参量有对应关系。

② 把多重分形理论与热力学和统计物理进行热力学类比,可对多重分形的参量物理意义有较深刻的理解与体会。

③ 对多重分形进行热力学类比,为进一步分析分形体的特征提供新的途径。

第 12 章 分形理论的发展

综上所述,多重分形描述的是一个具有标度特性的分形几何体在生长过程中不同层次的特征。每一个不同的层次用不同的参量来表示,这些不同的参量构成一个集合。为了在数学上对这样的集合在分形体上的分布进行定量描述,多重分形理论假设所讨论的对象的每一个层次都具有标度性。因此,可以将研究的对象分成不同线度的小区域并将具有生长概率的那些区域用特征标度指数 α 来表征,这样就得到了一个由不同的 α 组成的集合[277]。

为了理解这样一个集合的物理意义,可以考虑一个在自然界中形成的分形体的实际情况,如以海岸线为例,两段完全相同的海岸线是不存在的。因此,可以理解,在我们所选取的研究对象上的两个相同大小但不同位置的小区域中的情况是各不相同的,因而用来描述它们的参量 α 也是不一样的。此外,由于这样的小区域的数目通常是很大的,从而由这些 α 所组成的集合可以看作是由一个无限的序列构成的,这一个序列构成了一个谱 $f(\alpha)$,它的性质反映了所研究的问题的某种有区别的特性。

在具体研究一个分形体的生长特性时,必须将 $f(\alpha)$ 与可观测的量相联系。对于生长现象,容易想到,生长概率或其他定义在结构上的具有概率性质的某种测度,如归一化的质量、电荷等是一个可以观测到的量,而且它也决定了所划分的小区域内的标度指数。如果将生长概率作为可观测量,但它并不能直接与 $f(\alpha)$ 相联系,因为 $f(\alpha)$ 只表征了 α 的奇异值所在集合的差别,因而它只与 q 次信息量维数 D_q 相联系。由式(12.25)和式(12.26)可知,由实验测出生长概率 P_i,即可求得 D_q。再由式(12.29)求出 α,由式(12.27)求出 $f(\alpha)$。

对于一个分形体的演化过程,如 DLA 生长,主要取决于其"活跃区域",亦即其生长的前沿部分。在一个真实的生长过程中,这些活跃区域的局域条件是各不相同的。图 12.4 是 DLA 凝聚体的 D_q 曲线和 $f(\alpha)$ 曲线。

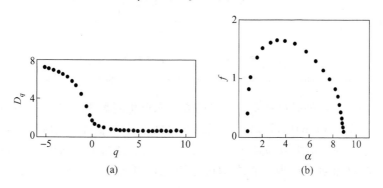

图 12.4　DLA 凝聚体的 D_q 曲线和 $f(\alpha)$ 曲线
(a) DLA 凝聚体的 D_q 曲线;(b) DLA 凝聚体的 $f(\alpha)$ 曲线

一般地,$f(\alpha)$ 是一个凸曲线,其峰值 $f(\alpha_0)=D_0$,就是通常所说的分形维数。在曲线的末端处斜率为无穷大。而 $f(\alpha)=\alpha$ 的值为 D_1,即信息维数。

多重分形理论在描述分形体的几何特征时的意义,特别明显地表现在当单个分形维数对所关心的问题的描述失效时。例如,当两个分形体的分形维数在数值上十分相近而其几何形态却大不一样时,单标度的分形理论显然无能为力。下面以 η 模型($\eta=2$)和 Botet-Jullien 模型所获得的分形集团为例(见图 12.5)。η 模型即广义 DLA 模型,按照这个模型,在集团任一周界点 X 处的生长概率正比于 Laplace 场的梯度,即

$$P_g(x) \propto |\Phi_n(x)|^\eta \tag{12.42}$$

η 模型的分形维数依赖于参量 η。

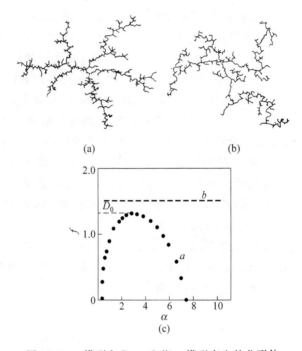

图 12.5 η 模型和 Botet-Jullien 模型产生的分形体

(a) η 模型产生的分形体;(b) Botet-Jullien 模型产生的分形体;(c) 与(a)和(b)所示分形体相对应的多重分形谱

Botet-Jullien 模型是以稳定(平衡)的方式来产生凝聚集团的,η 模型却是非平衡的。从图 12.5(a)和(b)中可以清楚地看到,这两个分形集团的几何特征具有相当大的差别,但它们的分形维数却是几乎相同的。上面已经指出,它们的形成机制是完全不同的,因此单标度分形理论在本例中是不能区别地描述这两个模型产生的分形集团。

但是,从图 12.5(c)中可以看到,在这两个分形集团的多重分形谱上却清楚地反映了它们的差别。由 Botet-Jullien 模型得到的集团的屏蔽区和生长区的面积是相当的,即被屏蔽的点和生长点的比接近于1,从而这个集团几乎是无屏蔽地生长的,因

此它应当是"平衡态";而 η 模型的屏蔽区则远远大于生长区,显示了其"非平衡"的性质。这里的"平衡"与"非平衡"的物理意义之一是其生长概率分布为均匀或不均匀[278]。

12.3　分形子与无序系统

12.3.1　分形固体的振动(分形子的引入)

我们考虑无序体系(分形结构固体),在长度 l 范围内为自相似的,l 处在它们的粒子(或分子)大小 a 和它们的相关长度 ξ 之间,$a<l<\xi$。超出 ξ,固体是均匀的。典型地,在实际固体里,比 ξ/a 最多是大约 10^3,是由于热振动与引力稳定性所施加的影响。长波声学振动,波长 $\lambda>\xi$,波矢 $q=\dfrac{2\pi}{\lambda}$,速度 $v=\omega/q$,声学声子的态密度 $N_{\text{ph}}(\omega)\sim\omega^{d-1}$,$d$ 是嵌入空间的欧几里得维数。平面波激发是被固体的不均匀而散射。假如 ω 充分高,这成为增宽的主要机制,引导出一个弹性线宽度 $\Gamma\propto\omega^4$ 或散射长度 $l_{\text{scat}}\propto\omega^{-4}$。因此,平面波不是振动的本征模,后者是安德森意义的局域态,具有局域长度 $l_{\text{loc}}>l_{\text{scat}}$。

当 ω 是连续地增长,一旦达到**渡越**(crossover)频率 ω_{co1},此时 $q\xi=1$。这一点上,人们希望此波也变得很强烈地散射,具有 $ql_{\text{scat}}\approx1$,这后一条件相应于所谓 Ioffe-Regel 极限,进入一个具有 $\Gamma\sim\omega$ 的新状态。在这点附近或超出这一点,有关振动的所有长度标度是期望归结为一个,$ql_{\text{loc}}\approx ql_{\text{scat}}\approx ql=1$,此处 l 是测出激发的空间范围。这些激发被称为**分形子**(fracton)。它们的态密度假设以 ω 标度,$N_{\text{fr}}(\omega)\propto\omega^{\bar{d}-1}$,这里 $\bar{d}$ 是称为**谱维数**,不同于 D(分形的 Hausdorff 维数),$\bar{d}<D$(在 2.3 节中,谱维数用 $\widetilde{D}$ 表示)。尺度范围 l 关系到分形子频率 ω,其关系为 $\omega\propto l^{-D/\bar{d}}$。分形子是强烈地局域化的本征模,当频率进一步增加,第二个渡越在 ω_{co2} 发生,标志分形子范围的结束。$\omega_{\text{co2}}\approx\omega_{\text{co1}}(\xi/\alpha)^{D/\bar{d}}$。

分形结构的振动性质可由频率 ω 来表征。利用模式特征长度 λ 来建立色散关系 $\omega=\omega(\lambda)$,在 $\lambda\gg\xi$ 和 $\lambda\ll\xi$ 之间有一个从均匀色散关系到分形色散关系的渡越。分形结构上振动激发从长波长(低频)声子到短波长(高频)分形子之间渡越的概念首先由 Alexander 和 Orbach 提出[230,279,280]。

12.3.2　分形子的实验观察

Alexander 和 Orbach 提出了无序系统振动态强烈局域化(称为分形子),那么如何从实验上来观察验证? 1985 年加拿大 Queen 大学 M. C. Maliepaard 等做了烧结铜粉末在低温下超声衰减测量,发现对于长波长端,超声衰减是低的。振动模是用声子来描述,以比块状金属"软"的声子速度来传播。他们发现:当波长变短时,超声信号通过烧结体突然减少。后来,J. H. Page 等改进实验装置,采用相干灵敏传感器来作多孔铜粉末烧结体的超声衰减随频率变化的实验研究,得到衰减对超声频率反常幂规律依赖关系,与由渗流体系激发谱理论预言可定量地比较。观察到渗流相关长度的三倍的因子内,在长度上局域化开始,这是作为声子-分形子渡越。在渡越频率处,粉末烧结体的振动态密度有一突变,不是金属块状里普通声子吸收机制,而是由于强烈局域化的分形子的吸收。

在无序稀土反铁磁体 $Mn_xZn_{1-x}F_2$ 的实验中,稀土反铁磁体形成最完美的渗流网络,振动激发是局域化磁振子。R. A. Cowley 和合作者特别做了这方面的工作。磁性原子 Mn 随机地替代非磁性原子 Zn,使得系统与 bcc 结构上的格点渗流问题相联系。实验是在 $T=5$ K 时对 $(Mn_{0.5}Zn_{0.5})F_2$ 单晶进行高分辨非弹性中子散射研究,已揭示自旋波在区域中心相当尖锐。实验结果表明存在**磁振子**——分形子渡越。

T. Freltoft 等在经过羟基化处理的二氧化硅颗粒形成的烟粒聚集体上进行冷中子非弹性非相干散射实验,第一次直接观察到分形子态密度,反映出从德拜型谱 $N(\omega) \propto \omega^2$ 的显著偏离,并得到 $\bar{d}=1.8$ 和 2.1。这些都大于 $4/3$ 的理论值。应该指出的是,与前面提到的材料不同,这种二氧化硅颗粒聚集体样品确实具有分形结构,其分维由小角中子散射确定,$D=2.16\pm0.1$。

凝胶里分形子的观察:1987 年以来,瑞士的 E. Courtens,E. Stoll 和法国的 Rene Vacher 等致力于研究分形结构也已清楚地表征了硅气凝胶(silica aerogel)。用可见光的布里渊(Brillouin)散射,在实验上第一次测得分形子色散曲线 $\omega \propto q^{D/\bar{d}}$($q$ 为波矢)。下面以中性反应制备的材料为研究对象。中性反应制备的凝胶具有 $2\pi\xi \approx 0.3\ \mu m$,用可见光的布里渊散射来研究,发现所有的点都聚集在曲线 $\omega \sim q^{D/\bar{d}}$ 上,从曲线可知 $D_{ac}/\bar{d}=1.9$,此处 D_{ac} 是声学分形维,相对于连通性而不是对质量。渡越波矢 q_{co} 等于 $1/\xi_{ac}$,此处 ξ_{ac} 是一个声学关联长度。从布里渊谱数据,可得声学值 $D_{ac}=2.46\pm0.03$。人们推出 $\bar{d}=1.3\pm0.1$,这个值碰巧接近于弹性标度预言 $\bar{d}=4/3$。

人们用飞行时间谱仪(time-of-flight spectrometer)测量证实,状态密度几乎不依赖于测量温度。最近用更加精确的分辨率,测量用不同方法制备的试样,已确认一个更广的分形子的区域。在分形子范围观察到幂规律,它有一个斜率 $\bar{d}-1=0.85$,而不是 0.3,这反映了材料不同的微结构。人们预料小聚团的更大相对密度在高频模产生一个更大的有效 $\bar{d}$,因此,$\bar{d}$ 不是普遍的维数,而是附加一个分形微结构灵敏的量。

12.3.3 分形子动力学理论

(1) 分形子激发

下面讨论硅气凝胶和稀土反铁磁体 $Mn_xZn_{1-x}F_2$,它们在比特征长度 ξ 更短的长度标度上显示自相似的几何特性。在这范围内,质量密度是依赖于长度标度,变化如

$$\rho(r) = M(r)/V(r) = Br^D/cr^d \propto r^{D-d} \qquad (12.43)$$

这里 D 是分形维数,d 是嵌入欧几里得维数。对于比 ξ 更大长度标度,几何渡越到欧几里得,$\rho(r)$ 为常数。对于渗流网络,ξ 依赖于点(或键)占有率的浓度 P,$P:\xi \approx a/(P-P_c)^\nu$,此处 $\nu = 4/3 (d=2)$ 或 $\nu \approx 0.88(d=3)$,P_c 是临界渗流浓度。对于硅气凝胶,不确定是渗流网络,ξ 能通过改变微观试样密度而在很宽范围内变化。按照 Rammal 和 Toulouse 同样的标度分析,激发频率随波矢的变化如

$$\omega(q) = J(1/q)q \propto q^{1+\theta/2} \equiv q^{D/\bar{d}} \qquad (r < \omega) \qquad (12.44)$$

式中分形子维 $\bar{d} = 2D/(2+\theta)$;对于 $r > \xi (\theta=0)$,$\bar{d}$ 与 D 两者相等[49]。

(2) 分形子波函数

动力学计算要求分形子波函数的特殊形式,已经使用超局域形式来计算在分形网络里局域化动量弛豫和网络非谐效应的特别求值。Williams 和 Maris 的算法已经使 Nakayama 等能求解 $N > 10^5$ 个原子构成的点渗流网络的体系本征函数。对这些原子来说,两个最近邻原子以线性弹簧连接,原子具有单位质量。原子的运动方程是

$$\overline{U}_i(t) + \sum K_{ij}U_j(t) = 0 \qquad (12.45)$$

此处 U_i 是在第 i 点原子的标量位移。K_{ij} 为力常数,假如 i 或 j 是不耦合,$K_{ij}=0$;反之 $K_{ij}=1$。对角元素满足关系 $K_{ij}=-Z_i$,此处 Z_i 是位置 i 的坐标数。

得到分形子波函数如下

$$\phi_{\text{fr}}(r) \sim \exp\{-[r/\Lambda(\omega)]^{d_\phi}\} \qquad (12.46)$$

此处 $\Lambda(\omega) \sim q^{-1}(\omega)$。$\Lambda(\omega)$ 等同于局域长度,是 ω 的函数,$\Lambda(\omega) \sim \omega^{-\lambda}$,$\lambda = 0.71$。$\Lambda(\omega) \propto \omega^{-\bar{d}/D}$,$\bar{d}/D = 0.705$。$d_\phi$ 称为**超局域指数**(也有称为**第四个维数**),用以决定局域分形子波函数的范围。

12.3.4 分形子与谱维数

Alexander 和 Orbach 应用无规行走理论导得下式

$$\tilde{D} = \frac{2D}{D_w} \qquad (12.47)$$

式中,D 为分形体的分形维数,D_w 为行走分维,它与分形体的分维 D 有关。$\tilde{D}$ 即为谱维数,它与在分形上元激发的频谱有关,这种元激发就是分形子。对渗流集团,如 2.3 节所述,可求出谱维数为

$$\tilde{D} = \frac{2D}{D_w} = \frac{2(d\nu - \beta)}{2\nu - \beta + \mu} \tag{12.48}$$

近年来科学家对研究谱维数非常感兴趣，这有两个方面的原因。一方面是由于人们在渗流集团上进行反常扩散及电导的计算后惊奇地发现，对于 $d=6$ 的渗流集团，$\tilde{D} = \frac{4}{3}$；而对于 $1 < d \leqslant 6$ 的渗流集团，$\tilde{D}$ 非常接近于 $\frac{4}{3}$。因此，Alexander 和 Orbach 提出了一个猜想，他们认为 $\tilde{D} = \frac{4}{3}$ 是一个与空间维数无关的超普适常数，这个猜想称为 **AO 猜想**。人们在渗流集团和其他无规分形上进行了大量的实验和数值模拟工作，有一部分工作支持 AO 猜想，但有些结果是否定的。所以直到现在，AO 猜想还是一个尚未解决的课题。另一方面的原因是由于谱维数联系着静态的分维 D 和动态的行走分维 D_w。如果 AO 猜想是正确的，那么就可以找到一条"几何结构"与"动力学行为"相联系的途径。这将对认识无序材料的物理及化学性质带来重大的突破[117]。

12.4 小波变换的应用

现在人们已清楚地知道，像 Cantor 集、Koch 折线这样简单而且数学上严格自相似的分形体，在自然界中几乎不存在，广泛存在的是不能仅用一个分形维数描述的既复杂又不均匀的分形体。q 次的信息量维数 D_q 和多重分形的多标度连续谱为不均匀分形体的总体描述提供了有效的数学工具。对由不同 α 组成的无穷序列构成的谱 $f(\alpha)$ 来说，局部分维（局域标度指数）α 可以出现在很多地方，$f(\alpha)$ 可以粗略地看成 α 的出现频率，然而这种统计性的描述不能提供有关局部分维在空间分布的任何信息。类似的情况在信号处理中也存在，即如何把一个信号表示为时间和频率的二元函数。在傅里叶(Fourier)变换基础上发展起来的**小波变换**(wavelet transformation)为这类问题的解决提供了可能。

小波变换是最近七八年才发展起来的一种新的数学工具[281]，在频谱分析中它可以将一个一维信号分解成时间和频率的独立贡献，同时又不失去原有信号所包含的信息。这种分解的方法是选定适当的小波后，通过平移和伸缩来进行的。因此，它相当于一个数学显微镜，具有放大和位移功能。通过检查在不同的放大倍数下系统的行为，还可以进一步推测其动力学根源。由于这些原因，它对于研究多重（多标度）分形显然是十分重要的。Arneodo 等把小波变换的方法用到多重分形的描述上，并试图用图像直观地显示局部分维（局域标度指数）α 的空间分布，以及它和局域自相似性的联系，以便进一步了解分形体的复杂性[282]。王建忠对小波理论及其在物理和工程中的应用作了详细的阐述[283]。

什么是小波？概括地说，小波是由一个满足条件 $\int_R h(x)\mathrm{d}x = 0$ 的函数 h 通过平移和放缩而产生的一个函数族 $h_{a,b}$，h 称为**小波母函数**(mother wavelet)。$h_{a,b}(x)$ 的形式如下

$$h_{a,b}(x) = |a|^{-1/2} h\left(\frac{x-b}{a}\right), \quad a,b \in R, a \neq 0 \tag{12.49}$$

为什么小波会引起人们如此广泛的兴趣呢？下面以信号分析为例来说明它的作用。为方便起见，假定信号是一维的(实际的信号往往是多维的，不过分析的基本原理是相同的)。

信号分析的一个重要课题是研究 $f(t)$ 的频率特性。设 $f(t)$ 是一个给定的(比如，依赖时间的)信号，假定信号的能量为有限，即设 $f(t) \in L^2(R)$。传统用于频率分析的工具是傅里叶变换，记 $f(t)$ 的傅里叶变换为

$$F(\omega) \equiv \hat{f}(\omega) = \int_{-\infty}^{+\infty} f(t)\mathrm{e}^{-\mathrm{i}\omega t} \mathrm{d}t \tag{12.50}$$

则 $F(\omega)$ 包含了信号 $f(t)$ 的频率信息。

容易看出 $F(\omega)$ 仅仅确定了信号 $f(t)$ 在整个时间域 R 上的频率特征。但是，在许多实际问题中，往往需要知道的是信号在任一时刻(实际是任一短暂的时间间隔内)的频率特性。比如，要处理的是一个音乐或语言过程，则感兴趣的当然是全过程中任一时刻音调或声调的构成情况。又如，用计算机作图像处理时，也需要在图像信号输入的每一瞬时，及时地对处于不同空间、频率的图像信号成分作不同方式的处理。简而言之，在信号分析时，经常需要同时对信号在时间域(或空间域)和频率域上实行局部化，这是傅里叶变换做不到的。因此，需要寻找一种能对信号实行时频局部化分析的新方法。

在讨论对信号实行时频局部化之前，首先要给"局部化"概念一个精确的定义。从直观上看，信号 $f(t)$ 在时域与频域上都是局部的，f 与它的傅里叶变换 $\hat{f}$ 应该都有紧支集。但由解析函数理论知道，这样的非零函数是不存在的。因此，只能在概率分布的意义上去刻画信号的时频局部性。在信号分析理论中，对给定的信号 $g(t)$，通常用相平面(即 t-ω 平面)中的点 (t_g, ω_g)：

$$\begin{cases} t_g = \int_R t \mid g(t) \mid^2 \mathrm{d}t / \parallel g \parallel_{L^2}^2 \\ \omega_g = \int_R \omega \mid \hat{g}(\omega) \mid^2 \mathrm{d}\omega / \parallel \hat{g} \parallel_{L^2}^2 \end{cases} \tag{12.51}$$

来表示 $g(t)$ 的"中心"，而用量

$$\begin{cases} \Delta_g = \left(\int_R (t-t_g)^2 \mid g(t) \mid^2 \mathrm{d}t\right)^{1/2} / \parallel g \parallel_{L^2} \\ \Delta_{\hat{g}} = \left(\int_R (\omega-\omega_g)^2 \mid \hat{g}(\omega) \mid^2 \mathrm{d}\omega\right)^{1/2} / \parallel \hat{g} \parallel_{L^2} \end{cases} \tag{12.52}$$

分别表示信号 g 的时域宽度及频域宽度。直观上，时域宽度表示信号 $f(t)$ 本身主要"集中"在以 t_g 为中心的区间 $[t_g-\Delta_g, t_g+\Delta_g]$ 内，而频域宽度则表示信号 f 的频谱 $\hat{f}$ 主要"集中"在以 ω_g 为中心的区间 $[\omega_g-\Delta_{\hat{g}}, \omega_g+\Delta_{\hat{g}}]$ 内。它们的大小表征信号在时域及频域上局部性的好坏。可以证明：只有当 $g \in L^1 \cap L^2$ 及 $tg \in L^2$ 时 Δ_g 及 $\Delta_{\hat{g}}$ 才同时为有限，也就是 g 在时域、频域上同时为局部的。Δ_g 及 $\Delta_{\hat{g}}$ 同时为有限的函数 g 称为**窗口函数**。所谓对一个信号 f 实行时频局部化，就是把 f 按一族（连续的或离散的）窗口函数展开，而根据展开的系数（连续的或离散的）可以知道 f 在某一局部时间内，位于某局部频段的信号成分有多少。

因此，对信号实行时频局部化时，如何选取基本函数 g（它实质上替代了傅里叶变换中的基本函数 $e^{-i\omega t}$）是十分重要的。一种最为直观的信号局部化方式 $f \rightarrow (f\chi_{[t_0-\tau, t_0+\tau]})^{\wedge}$，从上述观点来看并不是一种有效的时频局部化方式，因为其中变换函数 $g_{\omega,\tau}^{(t)} = \chi_{[t_0-\tau, t_0+\tau]}(t) \cdot e^{-i\omega t}$ 的频域宽度为无穷，因此不能给出频域上的局部化。这一点也可以直接从傅里叶变换式

$$\hat{\chi}_{[t_0-\tau, t_0+\tau]}(\omega) = 2e^{-i\omega t} \frac{\sin \omega \tau}{\omega} \tag{12.53}$$

看出：$|\hat{\chi}_{[t_0-\tau, t_0+\tau]}(\omega)|$ 在 $|\omega| \rightarrow \infty$ 时衰减很慢，从而局部性很差。

Gabor 在 1946 年首先用 Gabor 变换来对信号作局部化分析，后来发展为熟知的**加窗傅里叶变换**（也称为**短时傅里叶变换**），可以把它简述如下。

设 g 是一个（实）窗口函数，即 $\Delta_g < +\infty$，$\Delta_{\hat{g}} < +\infty$，且满足如下标准化条件：

$$\int_{-\infty}^{\infty} |g(t)|^2 dt = 1 \tag{12.54}$$

及

$$\int_{-\infty}^{\infty} t|g(t)|^2 dt = 0, \quad \int_{-\infty}^{\infty} \omega|\hat{g}(\omega)|^2 d\omega = 0 \tag{12.55}$$

即 g 的中心是原点。

下面假定 g 总是满足以上标准化条件。这样的窗口函数的一个典型例子是 Gabor 变换中的基本函数 $g(t) = e^{-\frac{1}{a}t^2}$，$a > 0$。

对 $\forall f \in L_2(R_1)$，它的加窗傅里叶变换定义为

$$\Phi_f(\omega,\tau) = \int_{-\infty}^{\infty} e^{2\pi\omega t i} \overline{g(t-\tau)} f(t) dt, \quad i = \sqrt{-1} \tag{12.56}$$

记 $g_{\omega\tau}(t) = g(t-\tau)e^{-2\pi\omega t i}$，则 $\Phi_f(\omega,\tau) = \langle f, g_{\omega\tau} \rangle$。注意到 $g_{\omega\tau}(t)$ 的中心是 (τ, ω)，而 $\Delta_{g_{\omega\tau}} = \Delta_g$，$\Delta_{\hat{g}_{\omega\tau}} = \Delta_{\hat{g}}$，因此，$\Phi_f(\omega,\tau)$ 实质上反映了信号 $f(t)$ 在 $[\tau-\Delta_g, \tau+\Delta_g]$ 这一段时间内，频谱位于 $[\omega-\Delta_{\hat{g}}, \omega+\Delta_{\hat{g}}]$ 的成分的多少；也就是说 $\Phi_f(\omega,\tau)$ 刻画了 $f(t)$ 的局部时频信息。此外，$\Phi_f(\omega,\tau)$ 也包含了信号 $f(t)$ 的全部信息量，因为下面的反演公式成立：

$$f(t) = \int d\omega \int d\tau e^{-2\pi i\omega t} g(t-\tau) \Phi_f(\omega,\tau) \qquad (12.57)$$

相应地,离散加窗 Fourier 变换定义为

$$C_{m,n}(f) = \int_{-\infty}^{\infty} e^{2\pi i m\omega_0 t} \overline{g(t-nt_0)} f(t) dt, \quad n,m \in Z \qquad (12.58)$$

其中 $t_0, \omega_0 > 0$,是根据特定问题选取的时间步长和频率步长。可以证明,当 $\omega_0 t_0 \leqslant 2\pi$ 时,$f(t)$ 可由 $(C_{m,n}(f))_{m,n \in Z}$ 唯一确定。粗略地说,系数 $C_{m,n}(f)$ 反映了信号 $f(t)$ 在时刻 nt_0 时,频率成分 $m\omega_0$ 在总频谱中所占的"比率"。因此,与 $\Phi_f(\omega,\tau)$ 相似,$C_{m,n}(f)$ 也刻画了信号在时间域和频率域上的局部化特征。

在理论物理和工程中,常用相空间(对一维时频信号而言,它就是时间-频率两维空间。)来表征信号的状态,而信号局部化的情况则可以用相空间中相应的局部化格点来作直观表示。格点的疏密反映局部化程度的高低。

离散加窗傅里叶变换式(12.58)对应的局部化格点是:

$$(nt_0, m\omega_0) = \left(\int_{-\infty}^{\infty} t \mid g_{m,n}(t) \mid^2 dt, \int_{-\infty}^{\infty} \omega \mid \hat{g}_{m,n}(\omega) \mid^2 d\omega \right) \qquad (12.59)$$

其中

$$g_{m,n}(t) = e^{-2\pi i m\omega_0 t} g(t-nt_0) \qquad (12.60)$$

可以看出,离散加窗傅里叶变换的局部化格点在整个相空间里是等均分布的,也就是它的时间、频率局部化的格式与格点位置无关,它的这种局部化格式固定不变的特性,在应用中受到相当的限制。比如,用加窗傅里叶变换分析频域宽、频率变化激烈的信号时,由于要遵循信号测不准原理(the uncertainty principle),为了能正确获得高频的信息,时间局部化参数 t_0 不得不取很小,于是系数 $C_{m,n}(f)$ 总量很大。这表明在信号分析时,样本点要取得相当多,既不经济又费时间,不是理想的方法。因此,用加窗傅里叶变换处理有奇异性的信号不很有效,而在语音合成、地层分析、边缘探测等领域里,却经常需要处理这类信号。

小波变换首先就是作为处理这类信号的有力工具产生和发展起来的。信号 $f(t)$ 的小波变换定义为

$$W_f(b,a) = \mid a \mid^{-1/2} \int_{-\infty}^{\infty} \overline{h\left(\frac{t-b}{a}\right)} f(t) dt, \quad a \neq 0 \qquad (12.61)$$

其中 h 是小波母函数。

相应地,离散小波变换定义为

$$C_{m,n}(f) = \int_{-\infty}^{\infty} \overline{h_{m,n}(t)} f(t) dt \qquad (12.62)$$

其中

$$h_{m,n}(t) = a_0^{-m/2} h(a_0^{-m} t - nb_0), \quad 1 > a_0 > 0, \quad b_0 \neq 0 \qquad (12.63)$$

与加窗傅里叶变换相类似,可以对小波母函数 h 用如下条件标准化:

$$\int_R |h(t)|^2 dt = 1, \quad \int_R t|h(t)|^2 dt = 0 \qquad (12.64)$$

注意到函数 $h(t)$ 要满足 $\int_R h(t)dt = 0$，因此它具有一定振荡性，这一振荡性表征着 h 的某种频率特性。若记 $|a|^{-1/2}h\left(\dfrac{t-b}{a}\right)=h_{a,b}(t)$，则 $h_{a,b}(t)$ 的振荡性随 $1/|a|$ 的增大而增大。因此，a 是频率参数，而 b 是时间参数。在实际应用中，h 取为有紧支集的或衰减较快的函数，也就是 h 是时间频率均具局部性的函数。因此，小波变换同样可以实现信号的时频局部化，但小波变换与加窗傅里叶变换的局部化方式有明显不同，小波变换的时频局部化格式是与频率高低密切相关的。在频率高的区域上，时间局部化程度也高。形象地说，小波变换有"变焦距"的镜头，对高频部分，它有"显微"(zooming)能力。下面，从数学上更精确地说明这一点。

小波函数既然也是时间与频率都有局部性的函数，因此，类似于窗口函数，可以定义它的中心及相应的时域宽度和频域宽度，用这些值来量化它的局部性。但是，由于小波函数应满足 $\int_R h(t)dt = 0$，即它的频率 $\hat{h}(\omega)$ 在 $\omega=0$ 附近几乎为 0，所以它的中心的频率坐标以及它的频域宽度的定义要与一般窗口函数不同。对小波函数，比如 ψ，它的中心有两个，即 $(t_\psi, \omega_\psi^\pm)$，其中 t_ψ 定义同窗口函数，而（假定 ψ 已标准化）

$$\omega_\psi^\pm = \int_{0 \leqslant \pm\omega < \infty} \omega |\hat{\psi}(\omega)|^2 d\omega \qquad (12.65)$$

同样，它的时域宽度的定义不变，而频域宽度也按正频段与负频段分成两个：

$$\Delta_\psi^\pm = \left(\int_{0 \leqslant \pm\omega < \infty} \omega^2 |\hat{\psi}(\omega)|^2 d\omega\right)^{1/2} \qquad (12.66)$$

现设小波母函数 h 的中心是 $(0, \pm\omega_0)$，时频宽度为 Δh 及 $\Delta_h^\pm$，则 $h_{a,b}$ 的中心是 $\left(b, \dfrac{\pm\omega_0}{|a|}\right)$，时频宽度为 $|a|\Delta_h$ 及 $\dfrac{1}{|a|}\Delta_h^\pm$。即时域宽度随 $\dfrac{1}{|a|}$ 增大而缩小，这就表明小波变换的"变焦"性质。

下面给出离散小波变换式(12.62)的局部化格点：

$$(nb_0 a_0^m, a_0^{-m}\omega_0^\pm) = \left(\int_R t|h_{m,n}(t)|^2 dt, \int_{0 \leqslant \pm\omega < \infty} \omega |\hat{h}_{m,n}(\omega)|^2 d\omega\right) \qquad (12.67)$$

可以看出，格点在相平面上不是等均分布的，当 m 越大时（设 $0<a_0<1$），格点在 t 轴方向上分布越密。由于小波变换具有这种"变焦距"的特性，它成为语音合成、图像处理、边缘探测、数据压缩等领域中的有力工具。

在量子理论中，小波表示了一种新的凝聚态(coherent states)。通常，凝聚态是指由一个 L^2 函数 g，通过对相空间的点 (p,q) 平移而生成的函数族 $\{g^{(p,q)}\}_{(p,q)\in R^2} \subset L^2$，其中

$$g^{(p,q)}(x) = e^{ipx}g(x-q) \qquad (12.68)$$

借助凝聚态,可以在相空间的框架中去研究量子现象。因为这种凝聚态可以看作是 Weyl-Heisenberg 群的平方可积表示(酉表示),所以常称之为 Weyl-Heisenberg 凝聚态。

不难看出,小波函数族式(12.49)给出了与式(12.68)不同的另一类凝聚态。而这种凝聚态则是仿射群($ax+b$ 群)的酉表示,可称为**仿射凝聚态**。上面已经提到过,小波具有"变焦"性质,因此更适合于处理半经典场的问题。

小波的概念首先由地质学家 J. Worlet 和 A. Grossmann 在处理地震数据时引进,并成功地运用于地震信号的分析。稍后,法国著名数学家 Y. Meyer 得知他们的工作后,从理论上对小波作了一系列研究,他指出小波理论和奇异积分算子理论之间存在着深刻的联系,他的研究大大地丰富了现代调和分析的内容。Y. Meyer 的专著详细地介绍了他和他的同事及学生们在这方面的研究成果。在小波的纯数学理论发展的同时,它在工程和物理上的应用研究也发展得异常迅速。I. Daubechies 在小波专题研讨会的演讲稿中,对小波理论及其发展的过程和作出重要工作的科学家有概略的介绍。

从上面的介绍可以看到,小波分析来自傅里叶分析。小波函数存在性的证明依赖于傅里叶分析,它的思路也来源于傅里叶分析。因此,它不能代替傅里叶分析,它是傅里叶分析的新发展,与傅里叶分析相辅相成,为纯数学与应用数学提供新的强有力的工具。小波分析在量子场论、信号分析、图像识别、声学、逼近论、数值分析中都有许多应用,有待于人们去进一步掌握和发展[284]。

任一函数 $f(x)$ 的小波变换函数定义为

$$T(a,b) = \frac{1}{a}\int \bar{g}\left[\frac{x-b}{a}\right] f(x) \mathrm{d}x, \quad a>0, \quad b \in R \quad (12.69)$$

其中波包 g 是 0 附近的正则复值函数,$\bar{g}$ 是 g 的复共轭。g 至少要满足**零平均条件**,即

$$\int g(x) \mathrm{d}x = 0 \quad (12.70)$$

式(12.69)变换的效果相当于一台数学显微镜,其观察位置是 b,放大倍数是 $1/a$,光学特性由波包 g 决定。可以证明[281],变换式(12.69)对一大类函数都是可逆的,说明 f 的有效信息不会因为小波变换而丢失。

类似地,对一个分形测度 $\mathrm{d}\mu(x)$,可定义变换

$$T(a,b) = \frac{1}{a^n}\int \bar{g}\left[\frac{x-b}{a}\right] \mathrm{d}\mu(x), \quad a>0, \quad b \in R \quad (12.71)$$

式中 $1/a^n$ 是归一化因子。大家知道,分形体的重要特征是在小尺度上($\varepsilon \to 0$)具有自相似性,即

$$f_{x_0}(\lambda x) \sim \lambda^{\alpha(x_0)} f_{x_0}(x) \tag{12.72}$$

其中$f_{x_0}(x)=f(x+x_0)-f(x_0)$。把式(12.72)代入式(12.71)可得类似的标度不变行为

$$T(\lambda a, x_0+\lambda b) \sim \lambda^{\alpha(x_0)-n} T(a, x_0+b) \tag{12.73}$$

因此分析小波变换$T(a,b)$的标度性可得到原分形体的局部维数α。在应用中,通过变换$1/a$和b这两个参量,即可以研究其局域的标度性质。可以固定位置b,用$\ln|T(a,b=b^*)|$对$\ln a$作图来观察变换T随放大倍数$1/a$的变化情况[282]。在$\ln|T|\sim\ln a$图中,通常会出现振荡。对严格自相似的分形体,会出现周期为$\ln\beta$的周期性振荡,其中参数β是使图形能重复出现的放大倍数,如对Cantor集$\beta=3$。指数$\alpha(x_0)-n$可通过$\ln|T|\sim\ln a$图中的斜率来确定。还可以固定放大倍数$1/a$来观察$T(a,b)$随位置b的变化。$T(a,b)\sim b$图一般呈山峰状,并且随着放大倍数的增大,山峰变得越来越陡,越来越破碎。

在小波变换中,满足式(12.70)的波包g的选择具有很大的任意性。文献中常采用高斯(Gaussian)型波包

$$g(x) = (1-|x|^2)e^{-|x|^2/2} \tag{12.74}$$

小波变换的应用使人们能够从新的角度去形象地把握分形体的标度特征,但是初步的波包分析并不能揭示出比多标度分析更多的或者其他有效的普适性常数,所以现在波包分析在分形领域中的应用还仅仅是唯象的。

段虞荣等用分形理论和小波变换相结合的方法来选择油气田的勘探井位[285]。根据岩石断裂力学和石油、天然气的地质结构理论,石油、天然气一般存储在地层断层的岩石裂缝里,特别是在"背斜层"里,因此利用物理勘探,即采用人造地震的办法,通过搜集地震波沿地壳不同地质年代岩石传播,经吸收、折射和反射后得到的信号进行分析并通过复杂程序的物理解释,可预测石油、天然气的储层位置和储量。但是,由于地震波的波长很长,由此预测出的储层范围过大,往往导致选择勘探井位的位置不够精确,命中率不高或漏掉矿源,造成人力、物力、财力和时间上的极大浪费。利用地震波在地层断层剖面上的时间分形和能量分形,利用它们在统计上的自相似性,可以用不同的尺度(标度),在无标度域内适当放大或缩小分形对象的几何尺寸,这样就可以不断缩小钻井的范围,即提高选择钻井位置的精度。另外,将分形理论与高分辨率地震波的小波变换有机地结合起来,以便更准确地选择油气井的钻井位置。在地震波资料的最新分析里,小波变换能将信号作为一个既是时间又是频率的函数,因此小波变换可作为研究分形体(天然气、石油储量质量分布)在不同的长度标度的自相似性的一种合乎自然规律的工具。地震波信号的一个适当的图像时标表示是小波变换的平方模,它是一种能量表示,标模图提供了地震波信号的能量在时标平面上传播的一种图像形象。由于地层断层岩石的各向异性,地震波通过时波形被扩张或压缩而变形,因此地震波能量分形具有自仿射相似性,从而可将小波变换作为一台数学显

微镜,它非常适宜于研究具有分形性质的油气田储层的勘探钻井定位。

12.5 涨落与有序

12.5.1 涨落

混沌、分形、耗散结构、协同学等一系列新理论的诞生,对包括物理科学在内的各学科均产生了深远的影响,物理科学正在从决定论的可逆过程走向随机的和不可逆的过程。而在随机的和不可逆的过程中,涨落的作用已逐步为人们所重视。在本书的前面几章中已多次提到过涨落,在这一节中将较详细地讨论"通过涨落达到有序"。下面概括一下涨落的某些较突出的特点[81]。每当系统达到一个分叉点,决定论的描述便不适用了,系统中存在的涨落的类型影响着对于将遵循的分支的选择。化学混沌给出了一个例子(如 B-Z 反应),这里不再遵循某一条单独的化学轨道,所以无法预言随时间而演变的详情,只有统计的描述才是可行的。某种不稳定性的存在可被看作是某个涨落的结果,这涨落起初局限在系统的一小部分内,随后扩展开来,并引出一个新的宏观态。

这种情形改变了对微观层次(用分子或原子来描述的层次)和宏观层次(用浓度这样一类全局变量来描述的层次)之间关系的传统观点。在许多情形中,涨落只相当于小的校正。作为一个例子,考虑体积为 V 的容器中的由 N 个分子组成的气体,把这个体积划分为两个相等的部分,其中一个部分内的粒子数 X 是多少?这里变量 X 是一个"随机"变量,可以期望其值在 $N/2$ 左右。

概率论中的一个基本定理,即大数定律,给出对由涨落造成的"误差"的一个估计。实际上,大数定律指出,如果我们测量 X,那么必须期望数量为 $N/2 \pm \sqrt{N/2}$ 的值。假如 N 是个很大的数,则由涨落 $\sqrt{N/2}$ 所引入的差值可能也很大(若 $N=10^{24}$,则 $\sqrt{N}=10^{12}$);但是由涨落所引起的相对误差具有 $\sqrt{N/2}/(N/2)$ 或 $1/\sqrt{N/2}$ 的数量,因而对于足够大的 N 值,它趋近于零。只要系统变得足够大,根据大数定律便可在均值和涨落之间作出清晰的区分,而把涨落略去。

但是在非平衡过程中,可能发现刚好相反的情形,涨落可以决定全局的结果。可以说,涨落在此时并不是平均值中的校正值,而是改变了这些均值。这是一种新的情形,人们引入一个新词,把这种情形称为"**通过涨落达到有序**"。在给出一些例子之前,先作某些一般解释,以便说明这种情形的概念上的新奇性。

读者可能熟悉海森堡(Heisenberg)测不准关系,它以引人注目的方式表达出量子论的概率特点。由于在量子论中不再能同时测量位置和动量,因而经典的决定论被打破了。人们曾相信这一点对于描述如生命系统那样的宏观客体来说并不重要,但涨落在非平衡系统中的作用表明事情并非如此。在宏观层次上随机性仍然是主要的。值得注意的是和量子论(它赋予所有的基本粒子以波的性质)的另一个类比。如我们已经看到的,远离平衡态的化学系统也可能引出相干的波的状态,这就是 1.1 节中讨论过的化学钟。我们再次看到,量子力学在微观层次上所发现的某些性质现在在宏观层次上也出现了。

12.5.2 涨落和关联

为了找出一个特例,考虑 $A \rightleftharpoons X \rightleftharpoons F$ 这样一个反应链,在给定时刻 t 该组分的浓度为 X 的概率是多少?显然这个概率将是有涨落的,就像所涉及的不同分子间的碰撞数一样。很容易写出一个方程来描述由产生分子 X 的过程和消灭分子 X 的过程而得出的这一概率分布 $P(X,t)$ 的变化。可以对平衡系统或稳恒态系统进行计算,下面是对平衡系统得出的结果。

在平衡态,实际上采用一种经典的概率分布,即泊松分布,因为它在很多不同情形中都是成立的,例如电话呼叫的分布,或在某气体或液体中粒子浓度的涨落。此处,该分布的数学形式是无关紧要的。我们只想强调它的两个方面:首先,它导出大数定律,因此,在大系统中涨落确实成为可以忽略的;其次这一定律使我们能够计算在相距 r 的空间两个不同点处,粒子数 X 之间的关联。计算表明,在平衡态,不存在这样的关联。在两个不同点 r 和 r' 处找到两个分子 X 和 X' 的概率等于在 r 找到 X 和在 r' 找到 X' 的概率之积(假定 r 与 r' 间的距离大于分子间作用力的范围)。

在最近的研究中最没有料到的结果之一是,当进入非平衡态时,这种情形发生了剧烈的变化。首先,当接近分叉点时,涨落变得异常地大,而且大数定律也被违反了。这一点是意料中的,因为此时系统可能在不同的状态之间作出"选择"。涨落甚至可能达到和平均宏观值同样的数量级,于是涨落与均值之间的区分被打破了。此外,在非线性的化学反应中,长程关联出现了。相隔宏观距离的粒子变成相关的,局域的事件在整个系统中得到反响。值得注意的是,这种长程关联精确地发生在从平衡态到非平衡态的过渡点上。从这种观点看,这种过渡好像是一种相过渡。不过,这些长程关联的幅度起初较小,但随着与平衡态的距离增加而增大,并可能在分叉点处变为无穷大。

可以相信,这种类型的行为是非常令人感兴趣的,因为它为我们在讨论化学钟时提到的相互联系问题提供了一个分子的基础。甚至在宏观分叉点之前,系统也能通过这些长程关联而组织起来。让我们回顾本书的主要思想之一:非平衡是有序的源泉,在此处这种情形是特别清楚的。在平衡态,分子作为基本上是独立的实体而动作,它们互不关联,虽然它们当中的每一个都可能像我们所希望的那样复杂,但它们互不干涉。但是,非平衡却把它们引入了一种和平衡态大不相同的相干性。

物质的活性和它本身可能产生的非平衡条件有关。正如宏观状态一样,涨落和关联的规律在平衡态(此时得到泊松分布)是普适的;当我们越过平衡态与非平衡态间的边界时,它们随着所含非线性的类型而变得非常特殊。

12.5.3 涨落的放大

首先看两个例子,其中形成新结构之前的涨落的增长过程能被详细地描述。第一个例子是粘菌的聚集,当受到饥饿的威胁时,它们便聚集成一个超细胞的团块。这是生物系统中一个特别引人注目的自组织现象。阿米巴粘菌出自芽孢,作为单细胞的有机体而生长和繁殖,这种情形一直延续到主要由细菌提供的食物变得缺乏时为止。然后,这些阿米巴粘菌停止再生,并进入一个中间阶段,这阶段持续约 8 小时。在这时期的末尾,这些粘菌开始在作为聚集中心的一些细胞的周围聚集起来,这个聚集的发生是由于响应那些中心所发出的趋向信号(位移波)。这样形成的聚集体开始迁移,直到形成"果实体"的条件得到满足时为止。然后,细胞团块分化,形成一个由芽孢团块盖顶的茎状物。

对一个聚集过程模型的分析揭示出存在两类分叉。首先,聚集本身代表了一种空间对称的破缺;第二种分叉则打破了时间的对称性。对聚集过程的第一阶段的研究表明,聚集是从阿米巴粘菌群体内发出位移波开始的,是从阿米巴粘菌聚向某个像是自发产生的"吸引中心"的脉动运动开始的。在本例中,自组织机制引起了细胞间的相互联系(通信),显示了与化学钟类似的结果。粘菌聚集是通过涨落达到有序的一个典型例子:释放位移波的吸引中心的建立表明,由于富于营养的环境的消失,和正常的营养环境相应的代谢秩序已经变成不稳定的了。在这种食物短缺的条件下,任何一个阿米巴粘菌都可能第一个出来发射位移波并因而成为一个吸引中心,这个事实相当于涨落的随机行为。然后,这个涨落被放大,并将媒质组织起来。

涨落作用的另一个例证是白蚁筑窝的第一阶段。这是由格拉塞(Grassé)首先描述的,迪诺伯(Deneubourg)从我们感兴趣的观点出发对它进行了研究。白蚁窝的建筑过程是协调活动之一,这些活动引导一些科学家去推测昆虫社会中的"集体思想"。但奇怪的是,似乎在事实上白蚁只需很少的信息去参加建设如此宏伟和复杂的大厦作为它们的窝。这个活动的第一阶段,即打基础的阶段,已被格拉塞证明是白蚁的似乎无序的行为的结果。在此阶段,白蚁以随机的方式搬运和卸放土块,但在这样做的时候,它们用激素浸湿了土块,从而能吸引其他白蚁。情形可以表示如下:初始的"涨落"是土块稍大的浓度,这件事会不可避免地在某一时刻某一地点发生。此事件的放大是由于该区域中受到稍高激素浓度吸引的白蚁密度增加而产生的,当该区域中白蚁的数目增多时,它们在那里卸放土块的概率也就增大,这反过来又使激素的浓度进一步提高。这样,一些"柱子"形成了,彼此相隔一定距离,这距离与激素散布的范围有关。

虽然玻耳兹曼的有序性原理使我们能够描述一些化学的或生物学的过程,其中差别被夷平,初始条件被遗忘,但它无法解释这种情形,例如在不稳定状况下的少数

"决策"会使由大量相互作用的实体所组成的系统走向一个全局的结构。

当一个新的结构出自某个有限的扰动时,从一个状态引向另一个状态的涨落大概不会在一步之内就使初始状态消失。它首先必须在一个有限的区域内把自己建立起来,然后再侵入整个空间——这里有一个成核机制。根据初始涨落区域的尺寸是低于还是高于某个临界值(在化学耗散结构的情形,这个阈值特别与动力常数及扩散系数有关),该涨落或是衰退下去,或是进一步扩展到整个系统。我们熟悉经典相变理论中的成核现象:例如在气体中,凝结的小液滴不断地形成,又不断地蒸发。温度和压力达到某一点时液态将变成稳定的,这说明可以确定出一个临界的液滴尺寸(温度越低和压力越大,这个临界尺寸越小)。如果液滴的尺寸超过这个"成核阈",该气体几乎一下子就转变成液体。

此外,理论研究和数字模拟表明,临界核尺寸随着连接系统各区域的扩散机制的效能而增大。换句话说,系统内部发生的影响越快,不成功的涨落所占的百分比就越大,因而系统就越加稳定。临界尺寸问题的这一方面意味着在这种情形下,"外部世界"即涨落区域的环境总是倾向于阻尼这些涨落。根据涨落区域和外部世界之间关联的效率,涨落可能被抑制,也可能被放大。因此,临界尺寸取决于系统的"一体化能力"和放大涨落的化学机制之间的竞争。

这个模型适用于最近在对肿瘤的发生所作的试管内的实验研究中得到的结果。个别的肿瘤细胞被看作是一个"涨落",这个涨落能够通过复制而不受控制地和永久地发生和发展。然而它面对着免疫的细胞群体,免疫细胞群体可能成功地把它消灭,也可能遭到失败。跟踪复制过程和破坏过程的不同的特征参量值,可以预言该肿瘤是衰亡还是放大。这类动力学的研究使我们认识到免疫细胞和肿瘤之间相互作用的一些意想不到的特点。似乎免疫细胞会将死亡的和活着的肿瘤细胞混淆起来,结果使得癌细胞的消灭越来越困难。

复杂性的限度问题经常被提起。的确,系统越复杂,威胁系统稳定性的涨落的类型就越多。那么,人们会问,像生态组织或人类组织那样复杂的系统怎么可能存在呢?它们怎样设法去避免永久的混沌呢?关联的稳定化作用,扩散过程的稳定化作用,可能是对这些问题的一个不全面的回答。在复杂的系统中,物种和个体以多种不同的方式相互作用着,系统的各个部分间的扩散和关联大概都是有效的。通过关联的稳定化与通过涨落的不稳定性之间存在着竞争,竞争的结果决定着稳定性的阈。

可以相信,由"通过涨落达到有序"的概念启发出来的模型帮助我们能在某些情况下,对行为的个体和集体方面之间的复杂相互作用给出一个更加精确的表述。从物理学家的观点来看,这涉及两个方面之间的区分:一方面是系统的状态,在这些状态中,所有个体的主动性都必然变得无意义;另一方面是分叉区域,其中一个个体、一种思想或一个新行为能打乱全局状态。即使在这些区域中,仅靠任何个体、思想或行为,放大显然不会发生,只有靠那些"危险"的个体、思想或行为,就是说,靠那些能够为了自己的利益而利用使原先状态的稳定性得到保证的非线性关系的个体、思想或行为,放大才会发生。这样,便引导我们得出结论:一些非线性可能从基本过程的混沌中产生出秩序,也可能在不同的环境中成为破坏秩序的原因,并最终在另一分叉之外产生新的一致性。

"通过涨落达到有序"的模型引入了一个不稳定的世界,在那里,小的原因可能产生大的效果,但这个世界并非是任意而为的。相反,小事件放大的原因对于合理的研究而言是正当的事情。涨落并不引起系统活动性的改变,而且,不能控制涨落这个事实并不意味着我们不能找出涨落放大所引起的不稳定性的原因来。

12.6 研究方向

正如本书在绪论中所指出的,分形理论是近二三十年才发展起来的一门新的理论,因而目前仍处于不断发展之中。自然科学领域(如物理、化学、地球物理学及生物学等)中的分形学术论文不断增加,社会科学领域涉及分形的论文和书籍也越来越多。有关分形的国际会议及各种专题讨论会有增无减。国际学术刊物《混沌、孤子和分形》(*Chaos, Solitons and Fractals*)和《分形学》(*Fractals—An Interdisciplinary Journal on the Complex Geometry of Nature*)先后于1991年和1993年正式创刊。

但是,这些年来关于分形的争论也很多。特别是1988年以来,Mandelbrot与Krantz一直在为分形的价值而争论不休[258]。Krantz认为:"对分形一词没有明确的定义,作为一个数学家,我觉得这不是一个好兆头。"而Mandelbrot则认为,分形工作是充满想象力、具有挑战性的,这方面的研究加深了我们对自然的理解。"如果我只是证明了少数几个定理的话,那么用这些定理很难发现现在还没有创立的或潜在的研究领域","我的一个定理回答了自从Poincare定义了克莱因群的极限集后一直处于未解决状态的一个问题"。

Krantz提出的问题是值得我们认真思考的。一般地说,下列问题需要人们花精力和时间深入进行研究[287]。

(1) 如何判断一个对象是分形或多重分形

Mandelbrot在1982年指出,Hausdorff-Besicovitch维数严格大于其拓扑维数的集合称为分形。但这仅是试验性定义,很不严格,也无可操作性。1986年,他修改了这个尝试性定义,提出"其组成部分以某种方式与整体相似的形体叫分形"。总之,他自己也认为,目前仍然没有关于分形的完整而精确的定义。

不少学者认为,分形是"看"出来的,而无法严格证明"什么"是"分形"。因此,给分形一个严谨的定义,还需努力。没有分形的定义之前,要判断分形与非分形是有困难的。当然,也有学者如K. Falconer认为,无须给分形一个严格的定义,只要理解其含义就行了,正如"生命"一词一样,虽然目前尚无一致公认的定义,但人们照用不误。

(2) 分形维数的物理意义

分形维数是描述分形特征的定量参数。但如何理解分维确切的物理意义,这是人们经常提到的问题。Hausdorff 维数的意义似乎明确一些,它定量地描述出一个集规则或不规则的几何尺度,同时其整数部分反映出图形的空间规模。对动力系统而言,Hausdorff 维数大体上表示独立变量的数目。广义维数 D_q 或奇异谱 $f(\alpha)$,主要表征多重分形的非均衡性和奇异性。在材料科学中,发现分维与材料的某些性质参数有关;在化学领域,发现分维同催化剂的催化性和选择性有关。但是,分维能否作为一个独立参数存在,现在还不太清楚。在时间序列分析中,关联维数 D_g 或广义维数 D_q 似乎有其独特的作用。寻找分维的更深刻的意义和实际的用途,对分形理论的发展是一个极为重要的问题。

(3) 分形的动力学机制

分形理论主要致力于形态的描述(当然也对过程进行一些分析),对动力学机制(包括产生分形的充要条件)则很少涉及。为改变这种"知其然,而不知其所以然"的状况,有必要引入非平衡态物理学、协同学等学科中的一些概念和方法,还要把时间参量纳入研究之中。同时,应对分数阶微分方程、非线性发展方程、辛几何等方面的进展给予关注。目前,在化学动力学及酶动力学领域已有发展,主要是通过分形子维数 $\tilde{D}$ (谱维数,有时以 $\bar{d}$ 表示)沟通时间与概率之间的关系。但这远远不能说明分形的生长动力学。下一步应加强以下三个方面的研究:①用专门的仪器设备(如高速摄影机)详细记录 DLA 等生长过程,由实验观测资料建立其生长动力学模型,而不是仅仅依靠 Laplace 方程。换句话说,必须研究集团生长的时间演化规律和集团的结构标度行为。②应当考虑耗散结构及自组织临界(SOC, self organization critical)理论,进行有效的解析和数值研究。同时,要重视随机力和涨落对系统的影响。③从细胞自动机(CA, cellular automata)和神经网络(NN, neural network)方面对生长问题进行模拟研究。总之,分形动力学是急需努力开拓的领域。

(4) 分形重构问题

分形集有多种形成方式,但基本上都与迭代和递归过程有关,所形成的分形集都表现出某种自相似性或拟自相似性(quasi-selfsimilar)。分形重构问题广义而言是指任给一个几何上认为是分形的图形,能否以某个指定的方式生成它;狭义而言则是指能否通过映射迭代来实现这一分形图形,这是动力学研究的逆问题。

对于自相似的分形,目前已有"拼贴定理"(参见 11.6 节),即任意分形集总可以用一系列自相似分形来逼近。若把分形重构问题再扩大,则是"如何由分形维数来重构分形",即已知一个分形的维数,如何重新构建(还原)这个分形。目前关于时间序列的动力学重构已有一些进展,但还限于已知系统。显然,由于存在"一因多果"或"一果多因",由分形维数来重构分形还必须有其他的辅助参数,仅靠一个分维是不够的。

(5) 关于 Julia 集和 Mandelbrot 集的问题

Julia 集（记为 J 集）和 Mandelbrot 集（记为 M 集）是复数二次多项式 $f(z)=z^2+c$ 迭代的结果，两者密切相关。迭代序列保持有界的复数 Z_0 的集合叫 Julia 填充集，记为 K_c。J 集是闭子集且有界，它有完全不连通的 Cantor 型和拟圆周形状的连通型两类，取决于复数 C 的取值范围。M 集定义为由复平面的使 Julia 填充集 K_c 成为连通集的复数 C 构成的集合，它本身是一个平面紧致集，又是连通的，但其内部似乎是不连通的。当 C 是 M 集的一点，则它也是 Julia 填充集 K_c 的一点。M 集是否是局部连通的以及其边界维数的计算，是值得研究的问题。最近有人证明 M 集几乎是局部连通的，又有人提出 M 集边界的分维是 2。另外，对于临界有限的整超越函数族的 Julia 集，当参数变化时，其 Julia 集可能发生"爆炸"，在复指数函数族和复正弦函数族中都发现了这种现象。这些都是需要进一步研究的问题。

(6) 其他问题

① 随机多重分形的数学问题；

② 分形曲线的导数问题（如 Gibbs 导数）；

③ 分维计算的方法特别是由混沌时序计算分维的可信度问题；

④ 多重分形的热力学、相变实质及相变普适性划分判据问题；

⑤ 分形的小波分析及小波变换产生分形的问题[288]；

⑥ 生物膜的分形结构及其与细胞膜病变的关系问题；

⑦ 原子、分子的分形问题（包括量子混沌）；

⑧ 胖分形（fat fractal）及重正化混沌（renormchaos）问题[289]；

⑨ 自组织临界现象（SOC）及负幂律问题；

⑩ 图像的分形压缩问题。

总之，上面提到的这些问题对于分形理论的发展至关重要，需要人们深入进行探讨和研究。而分形理论作为非线性科学的一个组成部分，它必将在发展中不断完善和走向成熟。

近期，我国学者在相关的专业领域已经发表了一些专著[290—293]。

附录 计算机模拟源程序

1. Mandelbrot 集

(1) Quick BASIC 语言

```
     REM Mandelbrot Set
     DIM ao(100)
     x1=10: y1=10: num=0
     SCREEN 1, 1
     COLOR 0
     tx=-2: tx1=1
     ty=-1: ty1=1
     WINDOW (tx, ty)-(tx1, ty1)
50   FOR i=tx TO tx1 STEP (tx1-tx)/321
     FOR j=ty TO ty1 STEP (ty1-ty)/201
     x=i: y=j
     FOR k=1 TO 100
     rr=x^2: ri=y^2
     IF(rr+ri)>3 AND k>3 THEN 10
     y=2*x*y+j
     x=rr-ri+i
     NEXT k
10   colo=3
     IF k<100 THEN colo=2
     IF k<35 THEN colo=1
     IF k<15 THEN colo=0
     PSET (i,j), colo
     NEXT j
     NEXT i
     IF num<>0 THEN 30
25   LINE (PMAP(10,2), PMAP(10,3))-(PMAP(18,2), PMAP(15,3)),,B
     GET (PMAP(10,2),PMAP(10,3))-(PMAP(18,2), PMAP(15,3)), ao
```

```
30  xb=x1：yb=y1
    a￥=INKEY￥：IF a￥="" THEN 30
    IF a￥="i" THEN y1=y1-1：o=1+o
    IF a￥="k" THEN y1=y1+1：o=1+o
    IF a￥="j" THEN x1=x1-1：o=1+o
    IF a￥="l" THEN x1=x1+1：o=1+o
    IF o<2 THEN 60
    PUT(tx,ty1),ao,XOR
60  tx=PMAP(x1,2)：tx1=PMAP(x1+8,2)
    ty=PMAP(y1,3)：ty1=PMAP(y1+5,3)
    PUT(tx,ty1),ao,XOR
    IF a￥<>"!" THEN 30
    num=num+1
    CLS
    o=0：x1=10：y1=10
    GOTO 50
```

(2) C++语言(Borland),用 Windows 操作

EXETYPE	WINDOWS
CODE	PRELOAD MOVEABLE DISCARDABLE
DATA	PRELOAD MOVEABLE MULTIPLE
HEAPSIZE	5120
STACKSIZE	8192

```
#define STRICT
#define __MANDELBROTSET

#include <windwos.h>
#include <complex.h>

#define XWIDTH          160
#define YHEIGHT         160
#define ID_TIMER        101
#define TIMER_OUT       0.0002
#define X_BLANK         8
#define X_BLANK         27

#ifdef __MANDELBROTSET              // Mandelbrot Set
#define REGISTERCLASSNAME           "MANDBROT"
#define TITLEBARNAME                "Mandelbrot Set"
#define COMPLEXFUNCTION             z*z+c
#define FXBEGIN                     0.65625
```

```
        // nXBegin=FXBEGIN * nXWidth
# define FYBEGIN                    0.5
        //nYBegin=FYEIGHT * nYHeight
# define FDIVIDER                   0.3125
        //fDivider=FDIVIDER * nXWidth
# endif

long FAR PASCAL CALLBACK MainWndProc
    (HWND, unsigned, WPARAM, LPARAM);
BOOL InitApplication(HINSTANCE);
char CalculateColor (int, int);

complex    ICON      mandbrot.ico
mandbrot   BITMAP    mandbrot.bmp
//Contains the necessary headers and
    //definitions for this program
# include "mandbrot.h"

/* * * Global Variables * * */
HGLOBAL hglb;
    //Handle of memory block
void huge * lpvBuffer;
    //Pointer to allocated memory block
    //for data-storage
int nX, nY;
//Current point to calculate and paint(if possible)
    //See complex.h for XBEGIN, YBEGIN,
    //DIVIDER, XWIDTH, YHEIGHT
int nXBegin, nYBegin;
float fXDivider, fYDivider;
int nXWidth, nYHeight;
// Counter of Drawed points
long lCount;

static HANDLE hMandelbrot;

HINSTANCE hInst;      // current instance

BOOL InitApplication(HINSTANCE hInstance)
{
    WNDCLASS wc;
```

```c
//Fill in window class structure with
//parameters that describe the main window.
    wc.style=CS_HREDRAW|CS_VREDRAW|CS_GLOBAL-
        CLASS;
        //Class style(s).
    wc.lpfnWndProc=(long (FAR PASCAL CALLBACK *)
        (HWND, unsigned, WPARAM, LPARAM)) MainWndProc;
        // Function to retrieve messages for
    wc.cbClsExtra=0;       //No per-class extra data.
    wc.cbWndExtra=0;       //No per-window extra data.
    wc.hInstance=hInstance;
        // Application that owns the class.
    wc.hIcon=LoadIcon(NULL, IDI_APPLICATION);
    wc.hIcon=LoadIcon(hInstance, "complex");
    wc.hCursor=LoadCursor(NULL, IDC_ARROW);
    wc.hbrBackground=
        (HBRUSH) GetStockObject(WHITE_BRUSH);
    wc.lpszMenuName=NULL;
        // Name of menu resource in. RC file.
    wc.lpszClassName=REGISTERCLASSNAME;
        // Name used in call to CreateWindow.
    /* Register the window class and
            return success/failure code. */
    return (RegisterClass(&wc));
}

/************************/
BOOL InitInstance(HINSTANCE hInstance, int nCmdShow)
{
    HWND hWnd;      //Main window handle.
/* Save the instance handle in static variable,
    which will be used in many subsequence calls
    from this application to Windows.        */
    hInst=hInstance;
    /* Create a main window for
        this application instance. */
    hWnd=CreateWindow(
```

```
                REGISTERCLASSNAME,
                    // See RegisterClass () call.
                TITLEBARNAME,
                    // Text for window title bar.
                WS_CAPTION | WS_THICKFRAME | WS_MINIMIZE-
                    BOX,
        //      WS_OVERLAPPED | WS_SYSMENU | WS_MINIMIZE-
                    BOX,
                    // Window style.
                CW_USEDEFAULT,
                    //Default horizontal position.
                CW_USEDEFAULT,
                    //Default vertical position.
                XWIDTH+X_BLANK,         //Width.
                YHEIGHT+Y_BLANK,        //Height.
                NULL,   //Overlapped windows have no parent.
                NULL,   //Use the window class menu.
                hInstance,
                    // This instance owns this window.
                NULL    //Pointer not needed.
            );


        /* If window could not be created,
            return "failure" */
            if (! hWnd)
                    return (FALSE);

            hMandelbrot=LoadBitmap(hInst,"mandbrot");

        /* Make the window visible; update its client area;
            and return "success" */
                    ShowWindow(hWnd, nCmdShow);
                        // Show the window
                    UpdateWindow(hWnd);
                        // Sends WM_PAINT message

                    return (TRUE);
                        // Returns the value from PostQuitMessage
            }
```

/************************
 FUNCTION: MainWndProc(HWND, unsigned, WORD, LONG)
*********************/
long FAR PASCAL CALLBACK MainWndProc
　　(HWND hWnd, unsigned message,
　　WPARAM wParam, LPARAM lParam)
{
　　int i,j;
　　unsigned char ch;
　　float f;
　　DWORD l;
　　COLORREF crColor;
　　HDC hdc;　　　// HDC for Window
　　HDC hMemDc;
　　PAINTSTRUCT ps;
　　　　// Paint Struct for BeginPaint call
　　switch (message) {
　　case WM_CREATE: // Initialize Global vars
　　　　　　l=(DWORD)(XWIDTH+1);
　　　　　　l *=(DWORD)(YHEIGHT+1);
　　　　　　hglb=GlobalAlloc(GHND, l);
　　　　　　lpvBuffer=GlobalLock(hglb);
　　　　　　nX=0;
　　　　　　nY=0;
　　　　　　nXWidth=XWIDTH;
　　　　　　nYHeight=YHEIGHT;
　　　　　　nXBegin=FXBEGIN * nXWidth;
　　　　　　nYBegin=FYBEGIN * nYHeight;
　　　　　　fXDivider = FDIVIDER * nXWidth;
　　　　　　fYDivider=FDIVIDER * nYHeight;
　　　　　　lCount=0;
　　　　　　SetTimer(hWnd, ID_TIMER, TIMER_OUT,
　　　　　　　　NULL);
　　　　　　return NULL;
　　case WM_PAINT:
　　　　　　hdc=BeginPaint(hWnd &ps);
　　　　　　if (nXWidth==XWIDTH &&
　　　　　　　　nYHeight==YHEIGHT)

```
            {
                hMemDc=CreateCompatibleDC(hdc);
                SelectObject(hMemDc, hMandelbrot);
                BitBlt(hdc, 0, 0, nXWidth,
                    nYHeight, hMemDc, 0,
                    0, SRCCOPY);
                DeleteDC (hMemDc);
                nX=nXWidth;
                nY=nYHeight;
            }
            else
            {
                l=0;
                for(i=0; i<nXWidth; i++)
                for(j=0; j<nYHeight; j++)
                {
                    if(l==lCount) break;
                    SetPixel(hdc, i,j,
                    PALETTEINDEX ( * (
                    (unsigned char huge * )
                    lpvBuffer+1)));
                    l++;
                }
            }
            EndPaint (hWnd , &ps);
            break;
    case WM_DESTROY:
            // message: window being destroyed
            KillTimer(hWnd, ID_TIMER);
            GlobalUnlock(hglb);
            GlobalFree(hglb);
            DeleteObject(hMandelbrot);
            PostQuitMessage(0);
            break;
    case WM_MOVE:
            if(nXWidth ! =XWIDTH||
                nYHeight ! =YHEIGHT)
            {
```

```
                    hdc=GetDC(hWnd);
                    l=0
                    for(i=0; i < nXWidth; i++)
                    for(j=0; j<nYHeight; j++)
                    {
                        if(l==lCount)break;
                        SetPixel(hdc, i, j,
                        PALETTEINDEX(*(
                        (unsigned char huge *)
                        lpvBuffer+1)));
                        l++;
                    }
                    ReleaseDC(hWnd, hdc);
}
return (NULL);
        case WM_SIZE:
                if (wParam==SIZE_RESTORED
                && (LOWORD (lParam)!=
                    nXWidth | HIWORD (lParam)!=
                    nYHeight))
                {
                    nX=0;
                    nY=0;
                    nXWidth=LOWORD(lParam);
                    nYHeight=HIWORD(lParam);
                    nXBegin=FXBEGIN * nXWidth;
                    nYBegin=FYBEGIN * nYHeight;
                    fXDivider=FDIVIDER * nXWidth;
                    fYDivider=FDIVIDER * nYHeight;
                    lCount=0;

                    l=(DWORD) (nXWidth+1);
                    l *=(DWORD) (nYHeight+1);
                    GlobalUnlock(hglb);
                    GlobalFree(hglb);
                    hglb=GlobalAlloc(GHND, l);
                    lpvBuffer=GlobalLock(hglb);
                }
                break;
```

```
case WM_TIMER:
    if (nX!=nXWidth || nY!=nYHeight)
    {
        ch=CalculateColor(nX,nY);
        l=(DWORD)nX;
        l*=(DWORD)nYHeight;
        l+=(DWORD)nY;
        *((unsigned char huge *)
            lpvBuffer+l)=ch;
        hdc=GetDC(hWnd);
        SetPixel(hdc, nX, nY,
                PALETTEINDEX(ch));
        ReleaseDC(hWnd, hdc);
        nY++;
        if (nY==nYHeight &&
            nX!=nXWidth)
        {
            nX++;
            nY=0;
        }
        lCount++;
    }
    break;

default:
    // Passes it on if unproccessed
        return (DefWindowProc(hWnd, message,
            wParam, lParam));
}
return(NULL);
}
#pragma argsused
/*************************/
int PASCAL WinMain (HINSTANCE hInstance,
            HINSTANCE hPrevInstance,
            LPSTR lpCmdLine, int nCmdShow)
{
    MSG msg;
        // message
```

```c
        if (! hPrevInstance)
            // Other instances of app running?
        if (! InitApplication(hInstance))
            // Initialize shared things
                return (FALSE);
            //Exits if unable to initialize
/* Perform initializations that apply to a
    specific instance */
        if (! InitInstance(hInstance, nCmdShow))
            return (FALSE);
/* Acquire and dispatch messages until a WM_QUIT
    message is received. */
            while (GetMessage(&msg, // message structure
                NULL,
            // handle of window receiving the message
                NULL,
            // lowest message to examine
                NULL))
            // highest message to examine
            {
            TranslateMessage(&msg);
            // Translates virtual key codes
            DispatchMessage(&msg);
            // Dispatches message to window
            }
            return (msg.wParam);
            //Returns the value from PostQuitMessage
}

/**************************/
char CalculateColor (int nX, int nY)
{
    int k;
    unsigned char ch;
    double a, b;
    struct complex z,c;
    a=(nX-nXBegin)/fXDivider;
```

```
        b=-(nY-nYBegin)/fYDivider;
        c=complex(a,b);
        z=complex (1e-5,1e-5);
        for(k=1; k<=100; k++)
{
        z=COMPLEXFUNCTION;
        if (abs(z)>2.30668)break;
}
ch=k;
if(ch==1) ch++;
if(ch==100)ch=0;

return ch;
}
// End of file mandbrot.cpp
```

2. Julia 集

Quick BASIC 语言

```
REM Julia Set
ar=3.3：ai=0
    xs=330：ys=210：r=4：tm=50
    x0=0：x1=1：y0=-.5：y1=.25
    SCREEN 1, 0
    WINDOW(x0, -y1 -.1)-(x1, -y0 -.1)
    dx=(x1-x0)/xs：dy=(y1-y0)/ys
    FOR i=x0+dx TO x1-dx STEP dx
    FOR j=y0+dy TO y1-dy STEP dy
    ZR=i：zi=j：t=0
    zr2=ZR*ZR：z2=zi*zi
20  zzr=ZR-zr2+z2：ZZI=zi*(1-2*ZR)
    ZR=ar*zzr-ai*ZZI：zi=ar*ZZI+ai*zzr
    zr2=ZR*ZR：z2=zi*zi
    IF(zr2+z2)>r GOTO 10
    t=t+1
    IF t<tm GOTO 20
    PSET (i,-j),1
10  NEXT j
```

        NEXT i
        END

3. DLA 凝聚

C++ 语言(Borland), 用 Windows 操作

EXETYPE	WINDOWS
CODE	PRELOAD MOVEABLE DISCARDABLE
DATA	PRELOAD MOVEABLE MULTIPLE
HEAPSIZE	5120
STACKSIZE	8192

```
#define STRICT

#include <windows.h>
#include <complex.h>
#include <stdlib.h>
#include <string.h>
#include <stdio.h>

#define XWIDTH         150
#define YHEIGHT        150
#define HALFX          75
#define HALFY          75
#define R              100
#define STAND_COLOR    5
#define ID_TIMER       101
#define TIMER_OUT      0.0002
#define X_BLANK        2
#define Y_BLANK        21

#define REGISTERCLASSNAME    "DLAMODEL"
#define TITLEBARNAME         "DLA Model"

long FAR PASCAL CALLBACK MainWndProc(HWND,
                 unsigned, WPARAM, LPARAM);
BOOL InitApplication(HINSTANCE);
int CalculatePoint(int &, int &);


complex  ICON   dlamodel.ico
//Contains the necessary headers and definitions
```

```
//for this program
#include "dlamodel.h"

/* * * Global Variables * * */
unsigned char szPoints[XWIDTH][YHEIGHT];
int nX, nY;
        //Current point to calculate
        //and paint(if possible)
long lCount;
char szIconName[]="complex";
const float pi=3.1415926536;

HINSTANCE hInst;          //current instance

BOOL InitApplication(HINSTANCE hInstance)
{
    WNDCLASS wc;

        //Fill in window class structure with
        //parameters that describe the
        //main window.

    wc.style=CS_GLOBALCLASS;
        // Class style(s).
    wc.lpfnWndProc=(long(FAR PASCAL CALLBACK *)
            (HWND, unsigned, WPARAM, LPARAM))
                MainWndProc;
        //Function to retrieve messages for
    wc.cbClsExtra=0;
        // No per-class extra data.
    wc.cbWndExtra=0;
        // No per-window extra data.
    wc.hInstance=hInstance;
        // Application that owns the class.
    wc.hIcon=LoadIcon(hInstance, szIconName);
    wc.hCursor=LoadCursor(NULL, IDC_ARROW);
    wc.hbrBackground=(HBRUSH)GetStockObject
                (DKGRAY_BRUSH);
    wc.lpszMenuName=NULL;
        // Name of menu resource in .RC file.
    wc.lpszClassName=REGISTERCLASSNAME;
        // Name used in call to CreateWindow.
```

/* Register the window class and
   return success/failure code. */

        return(RegisterClass(&wc));
}
/*************************/
BOOL InitInstance(HINSTANCE hInstance, int nCmdShow)
{
        HWND   hWnd;   // Main window handel.

/* Save the instance handel in static variable,
   which will be used in */
/* many subsequence calls from this
   application to Windows.   */

        hInst=hInstance;
/* Create a main window for this
   application instance. */

            hWnd=CreateWindow(
                REGISTERCLASSNAME,
                    // See RegisterClass() call.
                TITLEBARNAME,
                    // Text for window title bar.
// WS_CAPTION | WS_THICKFRAME | WS_MINIMIZEBOX,
                WS_OVERLAPPED | WS_MINIMIZEBOX,
                    // Window style.
                CW_USEDEFAULT,
                    // Default horizontal position.
                CW_USEDEFAULT,
                    // Default vertical position.
                XWIDTH+X_BLANK,   //Width.
                YHEIGHT+Y_BLANK,   //Height.
                NULL,
                    // Overlapped windows
                    // have no parent.
                NULL,
                    // Use the window class menu.
                hInstance,

```
                        // This instance owns this window.
                NULL
                        // Pointer not needed.
        );

/* If window could not be created,
   return "failure" */
        if (! hWnd)
                return (FALSE);
/* Make the Window visible; update its client area;
   and return "success" */
                ShowWindow(hWnd, nCmdShow);
                        // Show the window
                UpdateWindow(hWnd);
                        // Sends WM_PAINT message

                return (TRUE);
                        // Returns the value from PostQuitMessage
}


/*****************************
FUNCTION: MainWndProc(HWND, unsigned, WORD, LONG)
*****************************/
long FAR PASCAL CALLBACK MainWndProc
        (HWND hWnd, unsigned message, WPARAM wParam,
         LPARAM lParam)
{
        int i, j, nFlag;
        long l;
        HDC hdc;          // HDC for Window
        PAINTSTRUCT ps;
                // Paint Struct for BeginPaint call

        switch (message) {
        case WM_CREATE: // Initialize Global vars
        for(i=0; i<XWIDTH; i++)
        for(j=0; j<YHEIGHT; j++)
                szPoints[i][j]=0;
        szPoints[XWIDTH/2][YHEIGHT/2]=
```

```
                STAND_COLOR;
            nX=0;
            nY=0;
            lCount=0;
            SetTimer(hWnd, ID_TIMER,
                    TIMER_OUT, NULL);
            return NULL;
        case WM_PAINT:
            hdc=BeginPaint(hWnd, &ps);
            l=0;
            for(i=0; i<XWIDTH; i++)
                for (j =0; j<YHEIGHT; j++)
                    SetPixel(hdc, i,j,
                            PALETTEINDEX(2));
            for(i=0; i<XWIDTH; i++)
            for(j=0; j<YHEIGHT; j++)
            {
                if(l==lCount) break;
                if(szPoints[i][j]==STAND_COLOR)
                {
                    SetPixel (hdc, i,j,
                    PALETTEINDEX(szPoints[i][j]));
                    l++;
                }
            }
            EndPaint(hWnd, &ps);
            break;
        case WM_DESTROY:
            // message: window being destroyed
            KillTimer (hWnd, ID_TIMER);
            PostQuitMessage(0);
            break;
        case WM_MOVE:
            hdc=GetDC(hWnd);
            l=0;
            for(i=0; i<XWIDTH; i++)
            for(j =0; j<YHEIGHT; j++)
```

```
                SetPixel(hdc, i, j,
                        PALETTEINDEX(2));
        for(i=0; i<XWIDTH; i++)
        for(j=0; j<YHEIGHT; j++)
        {
            if(l==lCount)break;
            if(szPoints[i][j]==STAND_COLOR)
            {
                SetPixel (hdc, i, j,
            PALETTEINDEX (szPoints[i][j]));
                l++;
            }
        }
        ReleaseDC(hWnd, hdc);
        return (NULL);
    case WM_TIMER:
        nFlag=CalculatePoint (nX, nY);
        if(nFlag==0)
        {
            hdc=GetDC(hWnd);
            SetPixel(hdc, nX, nY,
        PALETTEINDEX(szPoints[nX][nY]));
            ReleaseDC(hWnd, hdc);
            lCount++;
        }
        break;
    default:
            // Passes it on if unproccessed
                return (DefWindowProc(hWnd, message,
                        wParam, lParam));
    }
    return(NULL);
}

#pragma argsused
/************************/
int PASCAL WinMain(HINSTANCE hInstance,
            HINSTANCE hPrevInstance,
```

                    LPSTR lpCmdLine, int nCmdShow)
{
        MSG msg;   // message
        randomize();
        if(! hPrevInstance)
                    // Other instances of app running?
        if(! InitApplication(hInstance))
                // Initialize shared things
                return (FALSE);
                // Exits if unable to initialize
/* Perform initializations that apply to a
   specific instance */
        if(! InitInstance(hInstance, nCmdShow))
                return (FALSE);
/* Acquire and dispatch messages until a WM_QUIT
   message is received. */
        while(GetMessage(&msg, // message structure
            NULL, // handle of window
                // receiving the message
            NULL, // lowest message to examine
            NULL)) // highest message to examine
        {
            TranslateMessage(&msg);
                // Translates virtual key codes
            DispatchMessage(&msg);
                // Dispatches message to window
        }
        return (msg.wParam);
                // Returns the value from
                // PostQuitMessage
}

/************************/
int CalculatePoint(int & nX, int & nY)
{
     static int sav_x, sav_y, flag;
     int x, y, sita, ran, count=0;

```
        if(flag==1)
        {
            x=sav_x;
            y=sav_y;
            goto next_step;
        }
        sita=random(360);
        x=HELFX+R*cos(sita/pi/2.);
        y=HALFY+R*sin(sita/pi/2.);
    next_step:
        count++;
        if (count==1000)
        {
            sav_x=x;
            sav_y=y;
            flag=1;
            return(1);
        }
        ran=random(100);
        if(ran<34)
        {
            if(x<=XWIDTH/2)x++;
            else x--;
        }
        else if(ran>66)
        {
            if(x<=XWIDTH/2) x--;
            else x++;
        }
        ran=random(100);
        if(ran<34)
        {
            if(y<=YHEIGHT/2) y++;
            else y--;
        }
        else if(ran>66)
        {
            if(y<=YHEIGHT/2) y--;
```

```
        else y++;
    }
    if( x<1 || x>=XWIDTH-1||
        y<1||y>=YHEIGTH-1)
            goto next_step;
    if ( szPoints[x-1][y]!=STAND_COLOR
        &&szPoints[x+1][y]!=STAND_COLOR
        &&szPoints[x][y-1]!=STAND_COLOR
        &&szPoints[x][y+1]!=STAND_COLOR
        &&szPoints[x-1][y-1]!=STAND_COLOR
        &&szPoints[x-1][y+1]!=STAND_COLOR
        &&szPoints[x+1][y-1]!=STAND_COLOR
        &&szPoints[x+1][y+1]!=STAND_COLOR)
            goto next_step;
    szPoints[x][y]=STAND_COLOR;
    nX=x;
    nY=y;
    flag=0;
    return(0);
}
```

4. Koch 树

Quick BASIC 语言

REM Koch Tree

pi=3.14159265#: n=12
DIM x(2^(n+1)-2), y(2^(n+1)-2)
SCREEN 2, 0: CLS
WINDOW (-.333, 0)-(.3333, 1)
a=SQR(1/3) * COS(pi/6)
b=SQR(1/3) * SIN(pi/6)
a1=a: a2=b: a3=b: a4=-a
b1=.6667: b2=-b1
x(0)=0: y(0)=0
FOR M=1 TO n
L2=2^(M-1)-1: L1=L2*2+1: L3=L1*2
FOR k=0 TO L2
x0=x(L2+k): y0=y(L2+k)

```
y(L1+K)=a1 * y0+a2 * x0
x(L1+K)=a3 * y0+a4 * x0
y(L3-K)=b1 * y0+1-b1
x(L3-K)=b2 * x0
PSET (-x(L1+k), y(L1+k))
PSET (-x(L3-k), y(L3-k))
NEXT k
NEXT M
END
```

参 考 文 献

[1] Gleick J. CHAOS. New York:Viking Penguin Inc. ,1988. 混沌. 张淑誉译. 上海:上海译文出版社,1990
[2] Nicolis G, Prigogine I. Self-Organization in Nonequilibrium Systems. New York:Wiley, 1977
[3] Prigogine I. From Being To Becoming. San Francisco:W. H Freeman and Company, 1980
[4] Prigogine I. Introduction to Thermodynamics of Irreversible Processes. 3rd ed. , New York:Interscience Pub. ,1967
[5] Haken H. Synergetics. 2nd ed. , Berlin:Springer-Verlag, 1978
[6] 王身立. 耗散结构理论向何处去. 北京:人民出版社,1989
[7] Thom R. Structural Stability and Morphogenesis. Massachusetts:Benjamin, 1975
[8] 漆安慎. 科学,1989,41(3):168
[9] Mandelbrot B B. Fractal:Form, Chance and Dimension. San Francisco:Freeman, 1977
[10] Mandelbrot B B. The Fractal Geometry of Nature. San Francisco:Freeman, 1982
[11] Velarde M G, Normand C. Scientific American, 1980, 243(1):93
[12] 于渌,郝柏林. 相变和临界现象. 北京:科学出版社,1984:189-200
[13] Белосов Б П. Сборник Рефератов по Радиационной Медицине,1958
[14] Nicolis G, Portnow J. Chem Rev, 1973, 73:365
[15] Epstein I R et al. Scientific American, 1983, 248(3):96
[16] Жаботинский A M. ДАН СССР. 1964,157:392
[17] Winfree A T. Scientific American, 1974, 230(6):82
[18] 李如生. 非平衡态热力学和耗散结构. 北京:清华大学出版社,1986
[19] Noyes R M. Ber Bunsenges Phys Chem, 1980, 84:295
[20] Zhabotinsky A M. Ber Bunsenges Phys Chem, 1980, 84:303
[21] Reichl L E, Schieve. Instabilities, Bifurcations and Fluctuations in Chemical Systems. Austin:U. T. Press, 1982
[22] Haken H. A Course of Lectures in Synergetics. 协同学讲座. 宁存政、李应刚译. 西安:陕西科学技术出版社,1987
[23] Haken H. 信息与自组织. 宁存政,郭治安,罗久里等译. 成都:四川教育出版社,1988
[24] 张颖清. 全息生物学研究. 济南:山东大学出版社,1985
[25] 张颖清. 自然杂志,1989,12(1):26
[26] 高安秀树著. 分数维. 沈步明,常子文译. 北京:地震出版社,1989
[27] Groot De S R, Mazur P. Non-equilibrium Thermodynamics. 非平衡态热力学. 陆全康译. 上海:上海科技出版社,1981
[28] Onsager L. Phys Rev, 1931, 37:405;1931, 38:2265
[29] Prigogine I. Acad Roy Belg, Bull Classe Sci, 1945, 31:600
[30] Prigogine I. Etude Thermodynamique des Phénomènes Irréversibles. Liège:Desoer, 1947

[31] Glansdorff P, Prigogine I. Thermodynamic Theory of Structure, Stability and Fluctuations. New York: Wiley-Interscience, 1971

[32] Prigogine I. Structure, Dissipation and Life. Communication presented at the first international conference "The Oretical Physics And Biology", Versailles (1967). Amsterdam: North—Holland Pub. , 1969

[33] Schrödinger E. What is life? London: Cambridge University Press, 1945

[34] Moore W J. Physical Chemistry, 5th ed. London: Longman, 1972

[35] Kreuzer H J. Nonequilibrium Thermodynamics and Its Statistical Foundations. Oxford: Clarendon Press, 1981

[36] Gyarmati I. Nonequilibrium Thermodynamics. Berlin: Springer-Verlag, 1970

[37] 朗道等著. 连续介质力学. 彭旭麟译. 北京: 人民教育出版社, 1960

[38] Katchalsky A, Curran P F. Nonequilibrium Thermodynamics in Biophysics. Cambridge: Harvard University Press, 1965

[39] 朗道, 粟弗席兹著. 统计物理学. 杨训恺等译. 北京: 人民教育出版社, 1964

[40] Tolman R C. The Principles of Statistical Mechanics. Oxford: Oxford University Press, 1938

[41] 中山大学数学力学系. 常微分方程. 北京: 人民教育出版社, 1979

[42] Glansdorff P, Prigogine I. Physica, 1954, 20: 773; 1964, 30: 351

[43] Falconer K. Fractal Geometry. 分形几何. 曾文曲, 刘世耀译. 沈阳: 东北工学院出版社, 1991: 42

[44] Falconer K. The Geometry of Fractal Sets. Cambridge: Cambridge University Press, 1985

[45] 董连科. 分形理论及其应用. 沈阳: 辽宁科学技术出版社, 1991: 27

[46] Vicsek T. Fractal Growth Phenomena. Singapore: World Scientific, 1992: 12

[47] Rammal R. Phys Rep, 1984, 103: 151

[48] 曾文曲, 王向阳等著. 分形理论与分形的计算机模拟. 沈阳: 东北大学出版社, 1993

[49] Rammal R. J Stat Phys, 1984, 36: 547

[50] Russel D A et al. Phys Rev Lett, 1980, 45: 1175

[51] Kaplan J, Yorke J. Lecture Notes in Math, 1978, 730: 228

[52] Simo C. J Stat Phys, 1979, 21: 465

[53] Mandelbrot B B. Self-affine Fractal Sets. In: Pietronero L, Tosatti E, ed. Fractals in Physics. Amsterdam: North-Holland, 1986

[54] Barnsley M F. Fractals Everywhere. Orlando: Academic Press, 1988

[55] Barnsley M F, Sloan A D. A better way to compress images. Byte, 1988, 13: 215-233

[56] Falconer K. Fractal Geometry-Mathematical Foundations and Applications. New York: Wiley, 1990

[57] Falconer K. The Hausdorff dimension of self-affine fractals, Math Proc Camb Phil Soc, 1988, 103: 339-350

[58] 王连祥等编著. 数学手册. 北京: 高等教育出版社, 1979

[59] 高安秀树著. 分数维. 沈步明, 常子文译. 北京: 地震出版社, 1989: 135

[60] Wilson K G, Kogut J. Phys Rep, 1974, 12：75

[61] Falconer K 著. 分形几何. 曾文曲, 刘世耀译. 沈阳：东北工学院出版社, 1991：301

[62] 董连科. 分形理论及其应用. 沈阳：辽宁科学技术出版社, 1991：54

[63] 同[62]：60

[64] 同[43]：266

[65] 同[43]：275

[66] Peitgen H, Richter P H. The Beauty of Fractals. Berlin：Springer, 1986

[67] Dewdney A K. 科学（中文版, 谭建亮译）, 1985, 12：78

[68] Dewdney A K. 科学（中文版, 朱丹译）, 1988, 3：76

[69] 同[26]：14

[70] 同[43]：58

[71] 同[43]：199

[72] Pande C S et al. Acta Metall, 1987, 35：163

[73] Mu Z Q, Lung C W. J Phys D：Appl Phys, 1988, 21：848

[74] 谢和平, 陈至达. 力学学报, 1988, 20(3)：264

[75] 董连科, 王晓伟, 王克钢等. 高压物理学报, 1990, 4：118

[76] Lung C W, Zhang S Z. Physica D, 1989, 38：242

[77] 龙期威. 高压物理学报, 1990, 4：259

[78] 谢和平, 陈至达. 力学学报, 1989, 21(5)：613

[79] Mandelbrot B B, Pussaja D E, Paully A. J. Nature, 1984, 308：721

[80] Feder J. Fractals. New York：Plenum Press, 1988

[81] Prigogine I, Stengers I. Order Out of Chaos. New York：Bantam Books, Inc., 1984. 从混沌到有序. 曾庆宏, 沈小峰译. 上海：上海译文出版社, 1987

[82] Poston T, Stewart I. Catastrophe Theory and Its Applications. London：Pitman, 1978

[83] Rossler O E. Phys Lett, 1976, 57A：397

[84] Swinney H L. Physica D, 1983, 7：3

[85] 同[18]：161

[86] Sattinger D H. Topics in Stability and Bifurcation Theory. Berlin：Springer, 1973

[87] Procaccia I, Ross J. J Chem Phys, 1977, 67：5558

[88] Procaccia I, Ross J. Suppl Prog Theor Phys, 1978, 64：244

[89] 普里戈金 I. 自然杂志, 1980, 3(1)：11

[90] Prigogine I. Science, 1978, 201：777

[91] Hanson M P. J. Chem Phys, 1974, 61：2081

[92] 郝柏林. 物理学进展, 1983, 3(3)：330

[93] Feigenbaum M J. J. Stat Phys, 1978, 19：25

[94] Schlögl F. Z Physik, 1972, 253：147

[95] May R M. Stability and Complexity in Model Ecosystems. Princeton：Princeton University Press, 1973

[96] Prigogine I, Lefever R. J. Chem Phys, 1968, 48: 1695

[97] Tyson J. J. Chem Phys, 1973, 58: 3919

[98] Schaefer D W. Materials Research Society Bulletin, 1988, 13(2): 23

[99] Witten T A, Sander L M. Phys Rev Lett, 1981, 47: 1400

[100] Forrest S R, Witten T A. J. Phys A, 1979, 12: L109

[101] 同[46]: 138

[102] 邓昭镜. 超微粒与分形. 重庆: 西南师大出版社, 1993: 344

[103] Vold J M. Journal of Colloid Science, 1963, 18: 684-695

[104] Hutchison H P, Sutherland D N. Nature, 1965, 206: 1036

[105] Caprile B, Levi A C, Liggieri. In: Pietronero L, Tosatti E, ed. Fractals in Physics. Amsterdam: Elsevier Science Publishers B. V., 1986. 279-282

[106] Schaefer D W, Martin J E, Wiltzius P et al. Phys Rev Lett, 1984, 52: 2371

[107] Schaefer D W, Shelleman R A, Keefer K D et al. Physica 1986, 140 A: 105

[108] Ball R C, Witten T A. Phys Rev A, 1984, 29: 2966

[109] Eden M. In: Neyman J, ed. Proc. of the Fourth Berkeley Symposium on Mathematical Statistics and Probability. Berkeley: University of California Press, 1961: Vol. 4, 223

[110] 同[46]: 186

[111] Jullien R, Botet R. J. Phys, 1985, A18: 2279

[112] Kardar M et al. Phys Rev Lett, 1986, 56: 889

[113] Niemeger L et al. Phys Rev Lett, 1984, 5: 1033

[114] Sander L M. 郭凯声译. 科学, 1987, 5: 51

[115] Saffmann P G, Taylor G I. Proc Roy Soc, 1958, A245: 312

[116] 林鸿溢, 李映雪. 分形论. 北京: 北京理工大学出版社, 1992

[117] 黄昀. 物理, 1992, 21(8): 506

[118] 同[102]: 321

[119] 黄昀. 百科知识, 1992, 6: 54

[120] Meakin P. Phys Rev A, 1983, 27(3): 1495

[121] Meakin P. Phys Rev A, 1983, 27(5): 2616

[122] Meakin P, Jullien R. J. Physique, 1985, 46: 1543

[123] Skjeltrop A T. Phys Rev Lett, 1983, 51: 1119

[124] Jullien R. J. Phys A, 1986, 19: 2129

[125] Jullien R. Phys Rev Lett, 1985, 55: 1697

[126] Vicsek T. J. Phys A, 1983, 16: L647

[127] Botet R. In: Pietronero L, Tosatti E, ed. Fractals in Physics. Amsterdam: Elsevier Science Publishers B. V., 1986. 255

[128] Zheng X, Wu Z Q. Z. Phys, 1988, B73: 129

[129] Witten T A, Sander L M. Phys Rev B, 1983, 27: 5686

[130] Meakin P. Phys Rev Lett, 1983, 51(13): 1119

[131] Kolb M, Botet R, Jullien R. Phys Rev Lett, 1983, 51(13): 1123

[132] Thompson B R, Rossi G, Ball R C et al. In: Pietronero L, Tosatti E, ed. Fractals in Physics. Amsterdam: Elsevier Science Publishers B. V., 1986. 237

[133] Rossi G, Thompson B R, Ball R C et al. ibid, 231

[134] Rácz Z, Vicsek T. Phys Rev Lett, 1983, 51: 2382

[135] 同[46]: 280

[136] Park C W, Homsy G M. Phys Fluids, 1985, 28: 1583

[137] Szép J, Cserti J, Kertész J. J. Phys A, 1985, 18: L413

[138] Liang S. Phys Rev A, 1986, 33: 2663

[139] Daccord G, Nittmann J, Stanley H E. Phys Rev Lett, 1986, 56: 336

[140] Vicsek T. Phys Rev A, 1985, 32: 3084

[141] Meakin P, Family F, Vicsek T. J. Colloid Interface Science, 1987, 117: 394

[142] Dewdney A K. 科学(中文版,朱丹译), 1989, 11: 83

[143] Dewdney A K. 科学(中文版,朱丹译), 1988, 6: 72

[144] 浅间一男著. 人为什么成为人. 宋成有, 刘基秋译. 沈阳: 辽宁大学出版社, 1991

[145] 冯端. 金属物理学, 第二卷. 北京: 科学出版社, 1990

[146] Kadanoff L P. Physics, 1966, 2: 263

[147] Kihlborg L. Advances in Chemistry, Ser. 39. Washington D. C.: American Chemical Society, 1963

[148] Zhang Jizhong(张济忠), Tao Kun, Yan Xinshui. Nuclear Instruments and Methods in Physics Research B, 1990, 45: 239-241

[149] Horsthemke W, Lefever R. Phys Lett, 1977, 64A: 19

[150] Arnold L et al. Z. Physik, 1978, B29: 367

[151] Zhang Jizhong(张济忠). Physical Review B, 1990, 41(13): 9614-9616

[152] 张济忠, 李恒德. 金属学报, 1990, 26(4): B277

[153] Zhang Jizhong(张济忠). Phys Stat Sol(a), 1990, 119: 41-46

[154] Zhang Jizhong(张济忠). J Phys: Condens Matter, 1991, 3: 8005-8009

[155] Zhang Jizhong(张济忠), Liu Delu. Journal of Materials Science, 1992, 27: 4329-4332

[156] 张济忠. 物理学报, 1992, 41(8): 1302—1307

[157] Zhang Jizhong(张济忠), Yang Xiaojun, Li Hengde. J Mater Sci Technol, 1993, 9: 373-375

[158] 张济忠, 阳晓军, 李恒德. 气固相变时碘的分形凝聚. 见: 辛厚文. 分形理论及其应用(三). 合肥: 中国科学技术大学出版社, 1993: 157-159

[159] 耶菲莫夫 А И 等著. 无机化合物手册. 高胜利, 宋俊峰译. 西安: 陕西科学技术出版社, 1987

[160] 张通和, 刘尚合, 李国辉等. 离子注入原理与技术. 北京: 北京出版社, 1982

[161] Liu B X. Nuclear Instruments and Methods in Physics Research B, 1991, 59/60: 475-480

[162] Voss R F. J. Stat Phys, 1984, 36: 81

[163] Huang L J, Li H D, Liu B X. J Appl Phys, 1988, 63: 2879

[164] Shang C H, Li H D, Liu B X. Phys Rev B, 1989, 40: 2733

[165] Ding J R, Liu B X. Phys Rev B, 1989, 40: 5834

[166] Liu B X, Ding J R. Phys Rev B, 1989, 40: 7432

[167] Matsushita M, Sano M, Hayakawa Y et al. Phys Rev Lett, 1984, 53: 286

[168] Sawada Y, Dougherty A, Gollub J P. ibid, 1986, 56: 1260

[169] Grier D, Ben—Jacob E, Clarke R et al. ibid, 1986, 56: 1264

[170] Sawada Y, Hyosu H. Physica D, 1989, 38: 299

[171] Brady R M, Ball R C. Nature, 1984, 309: 225

[172] 王牧,闵乃本. 电化学沉积中枝晶——DBM 形态周期转变的研究. 见: 分形理论及其应用(二). 武汉: 华中理工大学出版社, 1991: 36

[173] 骆桂蓬,韦钰. 电化学沉积金属铜过程中的枝晶及分形形态. 见: 辛厚文. 分形理论及其应用(三). 合肥: 中国科技大学出版社, 1993: 225-230

[174] Elam W T et al. Phys Rev Lett, 1985, 54: 701

[175] Oki F et al. Jpn J. Appl Phys, 1969, 8: 1056

[176] Herd S R et al. J. Non-Cryst Sol, 1972, 7: 309

[177] 张人佶等. 物理学报, 1986, 35: 365

[178] Duan Jianzhong et al. Sol. Stat Comm, 1987, 64: 1

[179] 候建国,吴自勤. 物理学报, 1988, 37: 1735

[180] Duan Jianzhong, Wu Ziqin. Solid State Comm, 1988, 65: 7

[181] 吴自勤. 物理, 1992, 21: 550

[182] Radnoczi G et al. Phys Rev A, 1987, 38: 4012

[183] Ben-Jacob E et al. Phys Rev Lett, 1986, 57: 1903

[184] Deutscher G, Lereah Y. Phys Rev Lett, 1989, 60: 1510

[185] Zhang Renji, Li Li, Wu Ziqin. Thin Solid Films, 1992, 208: 295-303

[186] Nathan M, Ahearn S. J. Appl Phys, 1990, 67: 6586

[187] Walker J. 科学(中文版,王世德译), 1988, 3: 81

[188] Engineering Dielectrics, Vols. Ⅰ-Ⅵ (American Society for Testing and Materials). Philadelphia, 1983

[189] Meek M, Craggs J D. Electrical Breakdown of Gases. New York: Wiley, 1978

[190] Nasser E. Fundamentals of Gaseous Ionization and Plasma Electronics. New York: Wiley, 1971

[191] Fava R A. In: Schutz J M ed. Treatise on Material Science and Technology. New York: Academic, 1977. Vol. 10, Pt. B, 677

[192] 刘俊明. 二维和三维 NH_4Cl 水溶液的分形与枝晶生长. 见: 分形理论及其应用(二). 武汉: 华中理工大学出版社, 1991: 48-51

[193] 毛法根. 氯化铵不规则结晶的形态与分形研究. 见: 辛厚文. 分形理论及其应用(三). 合肥: 中国科学技术大学出版社, 1993: 231-237

[194] Zhang J Z, Ye X Y, and Yang X D. Phys. Stat. Sol. (b),1999,215:1025-1032

[195] Yang F, Zhang J Z,and Pan F. Phys. Stat. Sol. (a),2001, 188:1013-1021

[196] Jensen P, Barabasi A-L,Larralde H, Havlin S, and Stanley H E. Nature 1994, 368:22

[197] Zhang J Z, Shen Y H, and Xie A J. J. Phys.: Condens. Matter, 2003,15:1943

[198] Shen Y H, Xie A J, Zhang J Z, Dong T. Physica B, 2003, 337 :281

[199] Shen Y H, Xie A J, Zhang J Z, Cui F Z, and Zhu H G. Physica B, 2005,363:61

[200] Pearce E I, Tomlinson A. Ophthalmic and Physiological Optics, 2000, 20: 306

[201] Luna fertility indicator. http://www. lunafertility. com

[202] Ring N. Natural Healing in Gynecology: A Manual for Women, Glasgow: Harper Collins, 1996

[203] Sha Q Q, Zhang J Z, Sun J Y. Physica Status Solidi (a), 1995, 147(1): 129

[204] Vicsek T. Fractal Growth Phenomena. Singapore: World Scientific, 1992: 329

[205] Zhang J Z, Ye X Y, Yang X J, and Liu D L. Physical Review E, 1997, 55:5796

[206] Meakin P. Fractal, Scaling and Growth Far from Equilibrium. Cambridge: Cambridge University Press, 1998: 242

[207] Pelletier J D, Leier A L, Steidtmann J R. Geology, 2009, 37: 55

[208] 新浪网,车行天下,廖佳驾派力奥走遍中国. http://www. sina. com. cn

[209] 新浪网.科技,人类基因组. http://www. sina. com. cn

[210] Maselko J. Materials Science and Engineering C, 1996, 4:199

[211] Kohno H, Iwasaki T, Takeda S. Materials Science and Engineering B, 2002, 96:76

[212] Joyce B A, Vvedensky D D. Materials Science and Engineering R, 2004, 46:127

[213] Tsuchiya H, Macak J M, Sieber I et al. Electrochemistry Communications, 2005, 7: 295

[214] Pocheau A, Bodea S, Georgelin M. Physical Review E, 2009, 80: 031601

[215] Podsiadlo P, Michel M, Critchley K et al. Angew. Chem. Int. Ed., 2009, 48:7073

[216] Hong L H, Yen S C. Lin F S. Small, 2009, 5:1855

[217] Levchenko I, Ostrikov K, Mariotti D et al. Carbon, 2009, 47:2379

[218] Zhang J Z, Ye X Y, and Yang X D. MRS Bulletin, 1999,24(11): 5

[219] Zhang J Z, Wang W Q, and Li N. Defect and Diffusion Forum, 2008.278:45

[220] Takayasu H, Nishikawa I. In: Wiedeman M P. Proceedings of the First International Symposium for Science on Form. Circulation Research XII. 1963. 375

[221] 李后强,赵华明. 科学, 1990, 42(2): 100

[222] 高山茂美. 河川地形. 日本:共立出版社,1974

[223] 艾南山. 曼德布罗特景观和赫斯特现象. 见: 辛厚文. 分形理论及其应用(三). 合肥:中国科学技术大学出版社, 1993: 444-446

[224] Mandelbrot B B, Wallis J R. Noah, joseph, and operational hydrology. Water Resour Res, 1968, 4(5): 909-918

[225] Mandelbrot B B, Wallis J R. Some long—run properties of geophysical records. Water Resour Res, 1969, 5(2): 321-340

[226] 洪时中,洪时明. 分维测算中"无标度区"的客观判定与检验. 见: 辛厚文. 分形理论及其应用(三). 合肥: 中国科学技术大学出版社, 1993: 434-436

[227] 安镇文, 分形与混沌理论在地震学中的应用与探讨. 同[226]: 392-396

[228] 洪时中,洪时明. 科学, 1990, 42(2): 104

[229] 辛厚文,廖结楼,阳立志. 低温物理学报, 1993, 15(3): 161

[230] Alexander S, Orbach R. Le Journal de Physique Letters, 1982, 43(17): L625

[231] Buttiner H, Blamen A. Nature, 1987, 329: 700

[232] Chakrabarti B K, Ray O K. Solid State Communications, 1988, 68: 81

[233] Avnir D, Farin D, Pfeifer P. Nature, 1984, 308: 261

[234] Allen J P et al. Biophys J., 1982, 38: 299

[235] 黄昀. 物理, 1992, 21(7): 424

[236] Flory P J. Principles of Polymer Chemistry. Ithaca: Cornell University Press, 1979

[237] Fisher M E. J. Phys Soc Japan, 1969, 26: 44

[238] 尼科里斯,普利高津著. 罗久里,陈奎宁译. 探索复杂性. 成都: 四川教育出版社, 1986

[239] 龙期威. 材料中的多度域分形. 见: 辛厚文. 分形理论及其应用(三). 合肥: 中国科学技术大学出版社, 1993: 284-290

[240] Lung C W. In: Pietronero L, Tosatti E ed. Fractals in Physics. Amsterdam: Elsevier Science Publishers B. V., 1986. 189

[241] Lung C W, Mu Z Q. Phys Rev B, 1988, 38: 11781

[242] 穆在勤,龙期威,康雁. 材料科学进展, 1992, 6(3): 227

[243] Long Q Y, Li S Q, Lung C W. J. Phys D: Appl Phys, 1991, 24: 602

[244] 穆在勤,龙期威. 金属学报, 1988, 24(2): A142

[245] Herrmann H J. Physica D, 1989, 38: 192

[246] 江来珠,崔崑. 金属学报, 1992, 28(1): A27

[247] 张人佶. 摩擦学学报, 1993, 13(4): 343

[248] 林鸿益,李树奎,杨道明. 非晶硅薄膜中的分形凝聚过程. 见: 分形理论及其应用(二). 武汉: 华中理工大学出版社, 1991: 80

[249] 赵晓鹏,席守谋,袁明典. 高强钢多冲疲劳断口的分形研究. 同[248]: 89

[250] 刘文予,朱耀庭,朱光喜等. 金属断口纵剖面的分形分析. 同[248]: 90

[251] 付苒,穆在勤,艾素华. 近门槛区疲劳断口的分形模型. 同[248]: 75

[252] 杨道明,袁其兴,李树奎等. 动态断裂韧性与分形. 同[248]: 81

[253] 赵晓鹏,盛薛军,罗春荣. 断裂剖面分形特性的计算机模拟. 同[248]: 88

[254] 张军,周永河,林汉同等. 铸态球铁断口剖面的分形与分形谱特性. 同[248]: 100

[255] 李长春,李国清,李光霞等. 冲蚀磨损表面和磨屑的分形特性. 同[248]: 104

[256] Zhang Jizhong(张济忠), Yang Xiaojun, Li Hengde. MRS(Material Research Society) Fall Meeting, Nov. 30-Dec. 4, 1992, Boston, USA

[257] Zhang Jizhong(张济忠), Zhang Chong Hong, Li Hengde. J. Phys: Condens. Matter, 1992, 4: L245-L248

[258] 郭国霖,桂琳琳,唐有祺. 溶胶—凝胶过程及多孔材料的分形研究. 见：辛厚文. 分形理论及其应用(三). 合肥：中国科学技术大学出版社，1993：313

[259] 张志军,贾春德,吴希平. 黄铜在粘着磨损形成过程中的分形结构. 同[258]：314-316

[260] 徐利华,陈刚,丁子上. 先进耐磨陶瓷的冲蚀表面的分维特性. 同[258]：317-319

[261] 高后秀,王建中,杨敬宇等. Cu-Zn-Al合金表面振荡花样的分形动力学过程研究. 同[258]：320-322

[262] Dewdney A K 著. 科学(中文版,朱丹译)，1990，9：84

[263] 黄登仕,方曙. 分形理论在经济管理中的应用. 见：程光钺. 分形理论及其应用(一). 成都：四川大学出版社,1989：111-113

[264] Montroll E W, Shlesinger M F. J. Stat Phys, 1983, 32：209

[265] 方曙,黄登仕. 科学，1990，42(2)：109-112

[266] [美]洛伦兹著. 混沌的本质. 刘式达,刘式适,严中伟译. 北京：气象出版社,1997

[267] 姜万通. 混沌. 分形与音乐. 上海：上海音乐出版社，2005

[268] 施光南. 施光南歌曲选. 上海：上海文艺出版社,1981

[269] Renyi A. Probability Theory. Amsterdam：North-Holland, 1970

[270] Mandelbrot B B. J. Fluid Mech, 1974，62：331

[271] Grassberger P. Phys Lett, 1983, 97(A)：227

[272] Benzi R, Paladin G, Parisi G et al. J. Phys A, 1984, 17：3521

[273] Frisch U, Parisi G. In：Ghil N, Benzi R, Parisi G ed. Turbulence and Predictability of Geophysical Flows and Climatic Dynamics. Amsterdam：North-Holland, 1985

[274] Halsey T C, Jensen M H, Kadanoff L P et al. Phys Rev A, 1986, 33：1141

[275] 康承华. 多重分形参量和热力学函数. 见：辛厚文. 分形理论及其应用(三). 合肥：中国科学技术大学出版社，1993：125-128

[276] Kohmoto M. Phys Rev A, 1988, 37：1345

[277] 黄立基. 科学，1990，42(3)：197

[278] Botet B, Jullien R. Phys Rev Lett, 1985, 55：1943

[279] 沈中城,华人炎,邓乘风. 分形子与无序系统的物理性能. 同[275]：129

[280] Alexander S, Entin-Wohlman O, and Orbach B. Phys Rev B, 1985, 33：3935；1986，34：2726.

[281] Grossmann A, Morlet J. In：Streit L ed. Mathematics and Physics, Lectures on Recent Results. Singapore：World Scientific, 1987

[282] Arneoda A, Grasseau G, Helschneider. Phys Rev Lett, 1988, 61：2281

[283] 王建忠. 数学进展,1992, 21(3)：289

[284] 邓东臯,彭立中. 数学进展,1991, 20(3)：294

[285] 段虞荣,高如曾,何光明. 用分形理论和小波变换相结合的方法来选择油气田的勘探井位. 同[275]：366

[286] Krantz S G, Mandelbrot B B. 数学译林，章祥荪译. 1992, 11(4)：337-345

[287] 李后强,分形研究的若干问题及动向. 同[275]：1-4

[288] 李后强,汪富泉. 分形理论及其在分子科学中的应用. 北京:科学出版社,1993
[289] Chirikov B V. Chaos, Solitons & Fractals, 1991, 1(1): 79-103
[290] 孙霞,吴自勤,黄畇. 分形原理及其应用. 合肥:中国科学技术大学出版社,2003
[291] 常杰,陈刚,葛滢. 植物结构的分形特征及模拟. 杭州:杭州大学出版社,1995
[292] 熊兆贤. 陶瓷材料的分形研究. 北京:科学出版社,2000
[293] 龙其威. 金属中的分形与复杂性. 上海:上海科学技术出版社,1999